PHYSIOLOGIE

MÉDICALE

ET

PHILOSOPHIQUE.

Imprimerie de BELON, au Mans.

TRAITÉ

DE

PHYSIOLOGIE

MÉDICALE ET PHILOSOPHIQUE.

PAR

Alm. **LEPELLETIER**, DE LA SARTHE.

EXPERIENTIA. VERITAS

QUATRE VOLUMES IN-8, AVEC 8 PLANCHES ET DES TABLEAUX SYNOPTIQUES.

TOME TROISIÈME.

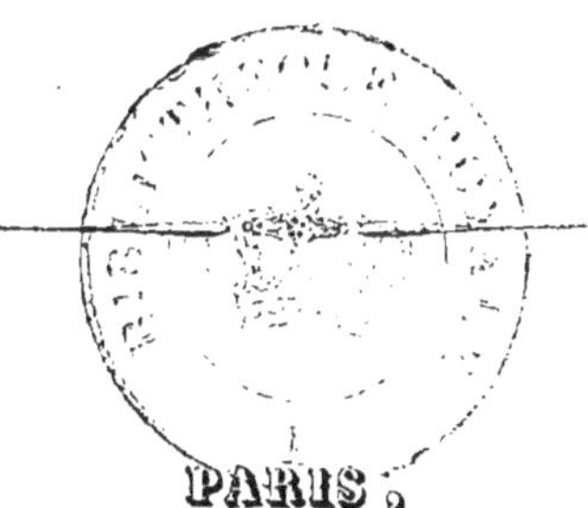

PARIS,

GERMER BAILLIÈRE, LIB. RUE DE L'ÉCOLE DE MÉDECINE, N° 13 B

—

AU MANS, BELON, IMP.-LIB., PLACE ST-NICOLAS, N° 2.

1832.

AVIS DE L'AUTEUR.

Le quatrième et dernier tome de cet ouvrage est sous presse et va paraître incessamment.

L'impartialité bienveillante avec laquelle ont été reçus les deux premiers volumes, nous fait espérer le succès du troisième, et nous impose l'obligation de justifier non-seulement les éloges que des écrivains habiles ont bien voulu nous accorder, mais encore les prévisions favorables qu'ils n'ont pas craint d'exprimer sur la partie encore inédite que nous imprimons actuellement.

Les observations faites dans l'intérêt de la science et de la vérité seront accueillies avec reconnaissance et convenablement utilisées.

Les critiques judicieuses, dirigées dans ce double objet, seront adoptées ou réfutées avec les mêmes intentions.

Toutes celles qui reconnaîtraient d'autres motifs, ou qui n'offriraient aucune valeur, passeront inaperçues.

TABLE DES MATIÈRES

CONTENUES DANS CE TROISIÈME VOLUME.

FONCTIONS DE RELATIONS.

PHYSIOLOGIE

MÉDICALE

ET

PHILOSOPHIQUE.

TROISIÈME CLASSE.

FONCTIONS DE RELATION.

Nous allons étudier, sous ce titre, les actions physiologiques au moyen desquelles tous les êtres organisés, l'homme plus spécialement encore, entretiennent des rapports avec les objets extérieurs, souvent à des distances qui n'ont d'autres bornes que celles de l'immensité.

Rudimentaires chez les végétaux limités à l'accomplissement des phénomènes vitaux, nutritifs et reproducteurs, incomplètes chez les animaux renfermés plus ou moins étroitement dans le cercle des besoins physiques, ces fonctions, perfectionnées chez l'homme, deviennent, en raison de leur développement, l'un des principaux attributs de son espèce. Franchissant par leur intermédiaire les exigences des nécessités matérielles, il s'élève au-dessus de tous les corps organisés vivants, s'élance dans une sphère étrangère à ces derniers, et susceptible d'offrir des ali-

Tome III.   1

mens à ses affections, à son génie. Trouvant dans son économie d'une part, un principe immatériel, suceptible des plus hautes conceptions, de l'autre, des instrumens admirables appropriés à tous les genres d'impression intellectuelle, il peut entretenir des relations multipliées non-seulement avec la terre sur laquelle il paraissait d'abord exclusivement fixé, mais encore avec ces mondes éloignés dont l'ensemble et l'enchaînement constituent l'univers. Telle est assurément la plus belle prérogative de l'homme; telle est la cause principale de la sublimité qui le distingue, et doit le soustraire pour jamais à ces rapprochemens injurieux qu'une aveugle philosophie voulut établir entre les animaux et lui.

Pour bien comprendre l'ensemble de ces fonctions, nous devons les étudier dans leur enchaînement naturel, et suivre avec précision tous les développemens admirables qu'elles viendront nous offrir. D'après cette idée, nous les exposerons successivement sous trois titres principaux : 1° *Fonctions d'impression*; 2° *de combinaison intellectuelle*; 3° *d'expression*.

En effet, 1° *recevoir* les impressions déterminées sous l'influence des objets extérieurs, ou de certaines modifications organiques particulières à l'individu; 2° *percevoir, combiner* les sensations que ces impressions font naître; en former des idées, des raisonnemens, des jugemens, des résolutions; 3° *exprimer* ces dernières, en manifestant par des signes sensibles toutes les dispositions morales du sujet; tel est, en dernière analyse, le canevas sur lequel viennent se dessiner toutes les fonctions de relation. Des organes doués, les uns de la sensibilité commune, les autres d'une sensibilité spéciale, pour les actions *d'impression*; un centre nerveux dirigé, comme instrument, par le principe immatériel, vers lequel convergent tous les conducteurs des sensations, duquel divergent ceux des volitions, pour les actions *de combinaison intellectuelle ;* des appareils contractiles et moteurs, pour les actions *d'expression ;* tel est l'ensemble des organes employés à l'exercice normal de ces mêmes fonctions. D'après cette exposition naturelle et simple, nous voyons, dans notre espèce, l'encéphale devenir l'agent essentiel des relations physiologiques extérieures, et constituer anatomiquement la partie fondamentale de l'homme *percevant, jugeant* et *voulant.* Il nous est dès-lors facile de comprendre pourquoi les animaux supérieurs, offrant ce même centre nerveux, partagent avec nous, mais sous des modifications importantes et bien déterminées, les relations extérieures *senties, raisonnées* et *volontaires ;* alors que les animaux inférieurs et les végétaux, privés des mêmes dispositions organiques, restent constamment étrangers à ces rapports, entretenant exclusivement ceux qui se trouvent liés à l'accomplissement des fonctions vitales, nutritives et génitales.

C'est en procédant avec méthode et précision dans cette voie de la nature et de la vérité, que nous espérons mieux faire connaître les actions *du principe immatériel* effectuées par l'intermédiaire des organes ; exposer nettement ses modifications dans les différens êtres ; et prouver, comme déjà nous l'avons avancé, que la science physiologique est le fondemeut essentiel de la philosophie.

Les fonctions de relation, envisagées dans leur ensemble, nous offrent des caractères particuliers qui les distinguent des autres, et que nous réduirons aux suivans.

1º Leur principal but est l'extension des rapports individuels aux objets environnans. Entraînant les animaux supérieurs et l'homme hors d'eux-mêmes,

elles concourent à les répandre extérieurement, offrant
l'un des principaux moyens sur lesquels repose l'harmonie relative des sujets de la nature universelle , et
plus particulièrement encore de ceux qui, par leur ensemble , constituent l'économie vivante.

2° Elles ne présentent que des rapports indirects
avec le maintien de la vie. Ainsi nous pouvons, par la
pensée, dépouiller l'homme des actions d'impression,
de combinaison intellectuelle et d'expression sans détruire sa faculté vitale. Ce que nous supposons ici, la
nature le fait chaque jour sous nos yeux. Nous voyons,
en effet, des vieillards arrivés à la décrépitude, après
avoir perdu graduellement l'exercice des phénomènes
de relation, n'entretenant plus aucun commerce appré-
cié avec les objets extérieurs, et qui cependant conservent encore l'existence active.

3° Elles peuvent éprouver une mort partielle sans
entraîner la destruction générale. Ainsi, nous observons
un assez grand nombre de sujets frappés d'hémiplégie
complète, et qui vivent long-tems avec cette fâcheuse
infirmité.

4° Elles sont absolument rudimentaires à la naissance,
restent, pendant toute la vie, sous l'influence de l'habitude , et n'acquièrent leurs perfectionnemens qu'au
moyen d'une véritable éducation. Aussi, les voyons-nous
toujours, sans le bienfait de ce puissant modificateur,
conserver des défectuosités remarquables et n'offrir leur
entier développement que chez les peuples civilisés où
la culture et l'imitation font souvent ici beaucoup plus
que les dispositions natives.

5° Elles n'offrent point, comme la plupart des autres,
ces intermittences rapprochées qui pourraient, au premier aspect, leur donner une apparence de continuité ;
les manifestations en sont au contraire isolées par des

intervalles assez longs d'un repos en général plus ou moins exactement proportionné au tems, à l'activité de leur exercice.

6° Les fonctions de relation se trouvent toujours immédiatement placées, dans l'état normal, sous l'influence de la volonté ; disposition exigée par la nature même de ces actions physiologiques. On conçoit en effet combien serait déplorable et mal assurée l'existence des animaux supérieurs et de l'homme, plus spécialement encore, si, poussés par un moteur aveugle et sans discernement, ils ne pouvaient garder aucune mesure, employer aucun raisonnement, aucune liberté réactionnelle dans les rapports nombreux et diversifiés qu'ils doivent incessamment entretenir avec tous les objets extérieurs, les uns avantageux, les autres nuisibles à leur conservation. Il est aisé de comprendre les funestes conséquences d'une pareille disposition en observant, dans notre espèce, les aberrations destructives auxquelles se trouve nécessairement exposé le sujet exclusivement guidé par les impulsions instinctives, après avoir perdu, sous l'influence d'une aliénation mentale prolongée, les facultés normales de raisonner et de vouloir.

ORDRE PREMIER.

FONCTIONS D'IMPRESSION.

Nous comprenons, sous ce titre général, toutes les actions physiologiques dont le but essentiel est de recueillir les excitations portées sur nos organes à l'occasion des objets extérieurs, des réminiscences mnémoniques ou des modifications vitales internes, pour en constituer ultérieurement, par la mise en jeu de la perceptibilité, ces résultats diversifiés que nous appelons communément *sensations*, et que nous distinguerons en *générales* et *spéciales*, d'après la nature du modificateur qui les détermine, et celle de l'organe particulièrement affecté.

Les physiologistes ne s'accordent pas encore sur le siége des sensations. Les uns le placent dans les organes d'impression, les autres dans le cerveau. *Parmi les premiers*, nous citerons Gall, anatomiste aussi remarquable par ses travaux importans sur le système nerveux, que philosophe paradoxal en raison des applications abusives qu'il en a voulu faire à la psychologie. Toute sensation, d'après cet auteur, est effectuée dans l'organe même auquel notre âme la rapporte. Il établit cette opinion sur les faits suivans qui lui paraissent incontestables : « 1° Il existe des animaux acéphales qui sont également « sensibles. 2° Le degré de sensibilité chez les différens « sujets n'est pas en proportion de la masse du cerveau, « mais du nombre des nerfs. 3° Les animaux décapités « peuvent encore exécuter des mouvemens volontaires. « 4° Le cerveau naturellement insensible est coupé « sans douleur. 5° Chaque sens a son ganglion spécial. « 6° En perdant un sens déterminé, l'on voit en même-« tems s'évanouir toute la série des idées qui s'y rat-« tachent. » Dans l'état actuel de nos connaissances, la plupart de ces principes essentiellement erronés n'ont plus besoin de réfutation. *Au nombre des seconds,* viennent se ranger à peu près tous les philosophes et tous les physiologistes modernes. L'exposition de leur doctrine suffira pour détruire entièrement celle que nous venons de signaler.

Les sensations, quelle que soit leur nature, siégent en

dernier résultat dans le cerveau ; les organes sensitifs ne sont, à proprement parler, que des voies d'importation impressionnelle, ou si l'on veut encore, les ministres employés à la collection des excitations intellectualisées par cet agent central sous l'influence du principe immatériel dont il n'offre lui-même que l'intermédiaire et l'instrument. Ainsi, lorsqu'un agent extérieur s'applique à l'un des organes en communication directe avec le centre nerveux eucéphalique, cet organe, modifié diversement, suivant la nature de l'agent, suivant ses dispositions normales ou pathologiques, reçoit une impression qu'il transmet au cerveau. Celui-ci la perçoit en vertu des facultés spéciales dont il est doué, mais surtout en raison du concours indispensable que vient offrir le principe immatériel. Cette *impression* revêt alors tous les caractères d'une véritable *sensation*. C'est peut-être pour n'avoir pas distingué convenablement *la première*, simple modification vitale de l'organe sensitif par une cause d'excitation, de *la seconde*, perception encéphalique de cette modification transmise, que les auteurs ont si longuement et si vaguement discuté sur cet objet important et facile à régler dans ses bases fondamentales. Ainsi l'*impression* a son siége dans les organes sensitifs; la *sensation*, dans le cerveau; celui-ci ne présente que l'*instrument* du principe immatériel. Prouvons ces trois propositions qui doivent nous conduire par degrés à la théorie naturelle des intellectualisations régulières, et consécutivement à l'exposition raisonnée des actions de combinaison dans tous leurs développemens

Les organes sentitifs sont le siége des impressions.— En précisant la valeur des termes, nous voyons les impressions sensitives se réduire à la disposition vitale déterminée temporairement, dans l'organe affecté, par l'influence d'un modificateur susceptible d'entraîner ce résultat. Si l'excitant se trouve représenté par un agent extérieur physique ou chimique, la vérité de l'assertion en problême n'a plus besoin d'une démonstration, elle est évidente. En effet, les organes sensibles deviennent alors des intermédiaires indispensables à la modification impressionnelle qui n'existerait pas sans leur concours. Détruisez l'irritabilité dans les parties qui la présentaient au plus haut degré, agissez désormais sur ces dernières au moyen des stimulans énergiques, il n'en résulte aucune impression vitale, et dès-lors, aucune sensation encéphalique. Portez directement cette action sur le cerveau, même nullité de sensation perçue. Excitez les organes de rapport, soit pendant le sommeil, soit après avoir neutralisé les facultés cérébrales au moyen des narcotiques, vous n'observez aucun signe de perception, mais seulement des caractères d'impression locale. Ainsi, lorsque nous irritons la peau d'un membre paralysé, le sujet n'éprouve aucune sensation, ne fait aucun mouvement pour s'éloigner d'une influence pénible dans les dispositions normales, alors que la rougeur et la turgescence de la partie lésée témoignent de la réalité d'une impression plus ou moins forte dans cette même partie. D'un autre côté, les dispositions actuelles des organes qui reçoivent directement ces impressions modifient positivement, sans aucun changement dans l'encéphale et dans les agens extérieurs, les sensations ultérieurement déterminées par l'intervention du centre nerveux. Nous savons, en effet, combien sont différentes les perceptions produites à l'occasion de la chaleur portée sur l'enveloppe cutanée saine ou frappée d'inflammation, dans ses conditions normales ou dépouillée de son épiderme ; nous observons également ment chaque jour, sous ce rapport, les résultats opposés des alimens âcres, des liqueurs alcoholiques sur la muqueuse digestive actuellement dans l'état naturel, ou, depuis long-tems, le siége d'une phlegmasie chronique. Considérations du plus haut intérêt, et sur lesquelles nous reviendrons ailleurs avec détail.

Lors, au contraire, que les impressions s'éveillent dans nos organes à l'occasion d'une réminiscence, d'une influence vitale, et sans la présence actuelle d'aucun agent extérieur, la question semble, au premier aspect, moins positive et moins facile à résoudre. Avec un peu de réflexion, on s'apperçoit bientôt que ces difficultés apparentes ne sont que des illusions de l'esprit, les deux conditions que nous venons de signaler se trouvant implicitement renfermées dans la première. Ainsi l'homme complétement privé des yeux n'éprouvera plus aucune sensation visuelle, même par les impulsions de la vitalité, les impressions de cet ordre n'ayant plus, chez l'individu, leur siége indispensable et leur point naturel de départ. Celui qui n'a jamais été doué des organes de l'ouïe ne peut offrir aucune perception auditive, même par le bienfait de la mémoire, les impressions particulières, seules capables d'en fournir le principe, n'ayant trouvé dans aucun tems, chez ce dernier, l'appareil nécessaire à leur manifestation.

Les sensations ont leur siége dans le cerveau.—Dans toute excitation perçue, l'organe influencé devient, comme nous l'avons démontré, le foyer de l'impression, tandis que celui de la sensation est exclusivement offert par le cerveau. Que l'on suspende seulement l'action de ce viscère au moyen des narcotiques, de la compression etc., l'effet local est produit dans l'appareil sensitif, mais il ne se manifeste plus aucune perception. C'est dès-lors par une erreur, dont le raisonnement seul peut dissiper les caractères insidieux, que nous rapportons le plaisir et la douleur à l'organe soumis aux modificateurs qui les déterminent. Un fait curieux, et qui se reproduit fréquemment après les grandes opérations chirurgicales, prouve mieux que toutes les argumentations la vérité des principes que nous venons d'établir.

Nous voyons chaque jour des sujets, plusieurs années après la perte d'un membre, par l'amputation, éprouver précisément les douleurs qu'ils ressentaient dans cette partie, lors qu'elle tenait encore à l'organisme; avoir besoin de réfléchir et même d'examiner, pour se convaincre qu'elle en est entièrement séparée. Ce n'est point en effet dans le moignon que s'éveille la souffrance, elle est exactement rapportée au point primitivement affecté par la carie, l'ostéosarcome, le cancer etc., avec toutes les nuances particulières à ces différentes altérations. Il est dès-lors évident que la sensation ne pouvant pas occuper un membre depuis long-tems étranger à l'économie vivante, son siége doit se rencontrer ici dans le cerveau. Ces modifications physiologiques, remarquables, désignées par le terme impropre de *douleurs sympathiques*, ne sont, en dernière analyse, que des réminiscences plus ou moins circonstanciées du centre nerveux encéphalique. Directement et péniblement affecté par ces maladies lorsqu'elles étaient inhérentes à la constitution, il peut les éprouver encore, après un tems plus ou moins limité, sous l'influence exclusive de la mémoire, alors que les parties désorganisées n'offrent plus aucune connexion avec lui. Cette reproduction de la douleur, aussi facile à concevoir que celle des passions gaies ou tristes, ne laisse aucun doute sur la réalité de notre seconde proposition.

Le cerveau n'est que l'instrument du principe immatériel.—Sans nous arrêter à combattre toutes les absurdités du matérialisme, sans nous égarer avec les métaphysiciens trop exclusifs au milieu des dissertations les plus vagues et dans un dédale de raisonnemens le plus souvent obscurs, nous arriverons à l'immatérialité de l'âme par la route naturelle, en indiquant seulement ici l'une des preuves que nous développerons dans l'histoire des actions de combinaison.

Les agens extérieurs, susceptibles d'exciter nos organes sensitifs, appartiennent inévitablement aux corps. La perception, l'idée qui naît à l'occasion de cette influence devient un produit absolument étranger, par son essence, aux conditions de la matière. Dans cette nécessité d'obtenir un semblable résultat consécutivement à des impressions corporelles, un appareil organique seul eût été pour toujours insuffisant ; un principe immatériel isolé, n'aurait pas davantage assuré l'accomplissement de cette fonction. Le premier bornant ses effets à des modifications physiques ou chimiques n'eût jamais fait surgir une pensée. Le second ne trouvant plus aucun moyen de s'appliquer à la matière, eût été constamment étranger à l'impression qu'elle est susceptible d'occasionner. Il fallait un corps, un organe capable de se mettre en communication directe avec les agens d'excitation ; un principe immatériel intellectualisant les impressions déterminées. Il fallait une liaison intime entre le second et le premier, dans les rapports d'un moteur à l'instrument qu'il emploie. Ce moteur impalpable, nécessaire, indivisible, c'est l'*âme* ; cet instrument corporel, central, indispensable, c'est le *cerveau*.

D'après ces notions simples, toutes puisées dans la nature même des choses, nous voyons les conditions de l'homme et des animaux qui sentent, pensent, raisonnent et jugent, exiger impérieusement, pour les fonctions d'impression, le concours de la matière vivante et du principe immatériel. Nous approfondirons ultérieurement les différences fondamentales que ce principe doit nécessairement présenter sous le rapport du premier et des seconds.

Si nous examinons actuellement les sensations relativement à la nature des modificateurs qui les déterminent, des organes qui les éprouvent, des caractères fondamentaux qu'elles présentent, nous les voyons se partager naturellement en deux ordres 1° *générales*, 2° *spéciales*. Un excitant physique ou chimique, indistinctement, une partie de l'organisme en communication directe avec l'encéphale au moyen des nerfs, une modification vitale appréciable seulement par le plaisir ou la douleur qu'elle occasionne, tels sont *l'agent*, *l'appareil*, le *résultat* des premières. Un excitant spécial, l'odeur, le son, la lumière, par exemple, une partie sensible, appropriée à cette influence, comme la pituitaire, l'oreille, l'œil etc., une impression particulière ne rencontrant pas même d'analogue ; tels sont le *modificateur*, *l'organe*, le *produit* des secondes. Les unes et les autres vont actuellement fixer isolément notre attention.

SENSATIONS GÉNÉRALES.

Nous accordons ce titre aux impressions déterminées par la mise en jeu de la sensibilité percevante commune, à l'occasion des influences variées d'un corps extérieur, d'une réminiscence ou d'une modification vitale. Ce premier ordre des actions d'impression est le plus universellement répandu. Nous le rencontrons seul dans les végétaux et chez les animaux qui forment les derniers degrés de la série ; toutefois les sensations générales éprouvées par ces êtres rudimentaires, en quelque sorte bornées à l'excitation organique, ne doivent pas être comparées à celles de l'homme et des animaux supérieurs qui les reçoivent avec centralisation et conscience. Les mouvemens de la sensitive, du polype, en conséquence de l'application d'un agent étranger, prouvent sans doute que ces individus ont été modifiés à leur manière ; mais serait-il bien convenable d'assimiler ces résultats aux déterminations raisonnées d'un animal qui perçoit les impressions avec discernemeut ? Nous ne le pensons pas.

Tous les tissus doués de la sensibilité encéphalique, dans l'état normal, ceux qui l'offrent actuellement, dans l'état pathologique, peuvent recevoir des impressions qui se modifient de manière à constituer des sensations générales. Tous les agens susceptibles d'éveiller l'excitabilité nerveuse, sont dès-lors capables d'occasionner ces dernières. Les êtres vivans, pourvus d'un centre cérébral bien distinct, se trouvent en mesure non seulement de percevoir, d'intellectualiser ces impressions, mais encore de réagir en conséquence d'un raisonnement, d'une détermination volontaire.

Deux systèmes nerveux se distribuent aux organes des sensations communes. Aux uns, plus particulièrement des nerfs que nous avons décrits sous le titre *d'encéphaliques* ; aux autres, des cordons médullaires que nous avons présentés sous la dénomination de *nerfs ganglionaires*.

Deux membranes de rapport enveloppent l'animal tout entier, servent directement à ses relations avec les corps étrangers dont l'action se borne au contact des surfaces libres. L'une extérieure est nommée *peau* ; l'autre, intérieure, offrant en quelque sorte plusieurs prolongemens de celle-ci, reçoit le titre de *muqueuse*. La première, comme organe de sensation, est plus spécialement liée au système de l'encéphale , tandis que la seconde appartient plus positivement à celui des ganglions.

De ces deux importantes modifications organiques résultent nécessairement deux modes sensitifs essentiellement différens. Les impressions qui portent plus directement sur le système nerveux encéphalique , désignées par un assez grand nombre de physiologistes sous le nom de *sensations externes*, sont ordinairement , en raison de la susceptibilité du sujet , et de l'intensité de la cause qui les produit. Elles agissent immédiatement sur l'encéphale , jettent le trouble dans ses phénomènes de relation , soit par la douleur, soit même par le plaisir qu'elles entraînent. Elles n'offrent qu'une influence disproportionnée à leur développement apparent , sur les fonctions vitales et nutritives. Ainsi , nous voyons se concilier avec l'existence active , avec une certaine régularité dans l'enchaînement des lois physiologiques représentant ses bases fondamentales , des sensations extérieures très-vives , des douleurs suraiguës, comme on l'observe , dans l'accouchement, pendant les grandes opérations etc. La syncope se manifeste rarement au milieu de ces violentes perturbations de l'organisme. Nous rencontrons, chaque jour, des sujets nerveux qui peuvent supporter les convulsions et les spasmes les plus prolongés sans dérangement notable dans la santé.

Les impressions plus particulièrement éveillées dans le système nerveux ganglionaire , et que les physiologistes modernes ont nommées *sensations internes*, offrent des caractères qui ne permettent pas de les confondre avec celles que nous venons d'examiner. Elles semblent toucher directement le principe de la vie qu'elles menacent d'une extinction irrévocable dans toutes les circonstances qui les développent d'une manière très-pénible. Il suffit pour s'en convaincre d'observer les conséquences des névralgies gastriques, des étranglemens intestinaux etc.; leurs symptômes n'ont aucune ressemblance avec ceux des névroses, des compressions de la peau. C'est aux impressions de cet ordre que viennent se rattacher les impulsions instinctives exerçant leur empire sur le centre nerveux encéphalique, par l'intermédiaire des ganglions ; manifestant même quelquefois leurs effets pendant le sommeil. Ainsi la réplétion des vésicules séminales détermine souvent des songes érotiques, et consécutivement l'émission du fluide générateur. La plénitude extrême de la vessie provoque des rêves qui prennent une direction relative à l'évacuation de l'urine, laquelle se trouve abondamment excrétée lorsque le sujet croit être dans un lieu convenable à cette évacuation ; dans l'hypothèse contraire, cette modification vitale devient quelquefois assez pénible pour occasionner le réveil. Les sensations internes présentent fréquemment l'origine et le premier élément des passions. Ainsi, les stimulations légères de la muqueuse digestive par le vin, le café développent sensiblement la gaîté ; les phlegmasies chroniques des viscères abdominaux entraînent, au contraire, chez la plupart des sujets, le découragement, la tristesse, quelquefois même le dégoût de la vie.

Les sensations générales, quelle que soit leur nature, sont ordinairement produites par des causes physiques, chimiques ou vitales ; souvent encore par des réminiscences plus ou moins éloignées. Dans la première catégorie viennent se ranger le frottement, la pression, le déchirement, la division, l'extension des tissus organiques ; dans la seconde, la chaleur, le froid, l'électricité, les acides, les alcalis, les sels ; dans la troisième, l'impulsion, l'accumulation du sang, la tension, la surabondance nerveuse dans un appareil de l'économie ; enfin, dans la quatrième , le souvenir d'une impression avec les circonstances physiologiques de sa première manifestation normale.

Déterminées sous l'influence de ces différens modificateurs, les sensations que nous venons d'étudier offrent, pour dernier résultat, le plaisir ou la douleur. Les idées qu'elles font naître sont peu nombreuses, peu diversifiées, et viennent en grande partie se renfermer dans le cercle étroit de ces deux sentimens. Aussi, les animaux, bornés à ces impressions, offrent-ils un moral obtus et des perceptions tellement rudimentaires qu'il est permis, sous ce rapport, de les rapprocher des conditions du végétal. Nous allons voir au contraire actuellement les sensations spéciales agrandir le domaine de l'intelligence en raison de leur nombre, de leur développement et de leur perfection.

SENSATIONS SPÉCIALES.

Nous rangeons dans cet ordre les impressions reçues au moyen d'organes particuliers, déterminées par des agens appropriés à ces organes, et sans influence analogue sur le reste de l'économie. Un appareil de structure étrangère à celle des autres, doué d'une sensibilité spéciale outre la perceptibilité commune ; un excitant exclusif, unique, invariable dans sa nature ; une sensation isolée devenant l'occasion d'une classe d'idées qui ne s'établirait pas autrement dans notre intelligence , tels sont *l'instrument*, le *modificateur* et le *résultat* des sensations spéciales qui nous offrent cinq variétés essentielles dans les organismes les plus compliqués : 1° *palpation* , 2° *gustation*, 3° *olfaction* , 4° *audition*, 5° *vision*, et qu'en langage vulgaire on comprend sous le titre collectif de *sens*. Nous voyons des caractères communs distinguer les impressions particulières des sensations générales, et des conditions propres les différencier entre elles.

Directement liées aux phénomènes de relation, elles n'offrent que des rapports éloignés avec les fonctions nutritives et vitales ; aussi, leur suspension prolongée, quelquefois même étendue à toute la durée de la vie, paraît-elle sans inconvénient notable pour l'existence individuelle ; mais alors cette suspension réduit l'homme à végéter exclusivement en soi-même. Le priver par la pensée des appareils sensitifs que nous venons d'énumérer, c'est rompre les liens qui l'unissaient à la nature entière ; c'est concentrer le foyer de la vitalité dans l'étroite circonscription de son économie, en lui fermant toute voie d'expansion au dehors.

Outre les rapports généraux, les sensations spéciales en offrent de plus particuliers avec telle ou telle fonction de l'organisme. Ainsi l'audition et la vision sont plus étroitement liées aux actions de combinaison intellectuelle et d'expression ; le goût et l'odorat, à l'élaboration digestive ; le toucher, à toutes, en même tems qu'il sert de régulateur aux autres sens. La vision appartient plus directement encore à la locomotion, l'audition, à la voix, à la parole. On conçoit dès-lors pourquoi la cécité complète entraîne l'immobilité ; la surdité, le mutisme. La vue paraît moins essentielle à l'intelligence que l'ouïe ; le toucher pouvant suppléer la première, tandis qu'aucun sens n'est en mesure de remplacer la seconde. Si l'on considère que c'est plus spécialement au moyen de la parole que nous exprimons toutes les nuances des sentimens, toutes les modifications des pensées, l'aveugle né semblera moins impropre aux travaux de l'esprit que le sourd-muet, et l'on comprendra que le sujet qui naîtrait privé de ces deux sens n'offrirait qu'une intelligence rudimentaire.

Les impressions recueillies par les appareils des sensations spéciales peuvent se reproduire au moyen de la force des réminiscences, comme si la cause qui les a déterminées continuait son action. Après la vision d'un objet très-éclairé, l'œil est fatigué, pendant quelque tems, sous l'influence d'une modification semblable à celle que produirait une vive lumière. Consécutivement aux effets acoustiques d'un concert prolongé, le son des instrumens les plus éclatans retentit encore à l'oreille, alors que toute excitation réelle a cessé depuis long-tems. Il ne faut pas croire cependant que ces différentes sensations se gravent également dans le souvenir ; les unes y tracent des impressions profondes, les autres seulement des caractères fugitifs. Si nous les rangeons d'après la première de ces dispositions, nous trouvons : *la vue, l'ouïe, le toucher, l'odorat, le goût.* Pour mieux faire comprendre ces modifications de la faculté de sentir, nous devons sommairement considérer *leurs appareils, leur nombre, leurs divisions,* avant de passer à leur histoire particulière.

CARACTÈRES GÉNERAUX DES APPAREILS SENSITIFS.

On peut définir chacun des organes de sensation spéciale : *Instrument physiologique plus ou moins compliqué, plaçant le cerveau dans une disposition convenable à la perception des qualités physiques ou chimiques inhérentes aux corps.* Pour mériter le titre de *sensitif,* un appareil doit offrir certain nombre de conditions essentielles que nous réduisons à cinq principales, et dont la réunion suffit pour le faire placer, *à priori*, dans cette catégorie.

1º *Situation extérieure, sur l'un des points de la périphérie du sujet* ; toujours dans celui qui devient le plus avantageux pour établir les rapports de cet appareil avec les objets environnans, et plus spécialement encore pour favoriser l'action du modificateur particulier à la sensation dont il s'agit. On conçoit en effet que placer des organes de cet ordre dans l'une des cavités splanchniques, serait en même tems les condamner à la nullité d'action.

2º *Communication directe avec l'encéphale par le moyen des nerfs*. En supprimant, en effet, cette même disposition, l'impression s'arrêterait au sens, ne serait plus transmise au centre cérébral où son changement en perception peut exclusivement s'opérer.

3º *Structure particulière, conformation appropriée à la nature d'un modificateur spécial*: Ainsi l'œil, véritable instrument de dioptrique, est translucide pour donner passage à la lumière ; l'oreille, disposée en cornet acoustique, renferme un nerf déjà d'une grande mollesse, et de plus immergé dans un fluide pour lui donner la faculté de recevoir les plus légères vibrations etc.

4º *Grande quantité de nerfs proportionnellement au volume de l'organe*. Ces nerfs y sont toujours de deux espèces bien distinctes. L'un, essentiellement affecté au sens, jouissant d'une irritabilité spéciale qui le met en rapport avec son modificateur exclusif. Ainsi, pour l'œil, le *nerf optique*, seul capable de recevoir les influences de la lumière ; pour l'oreille, le *nerf acoustique*, seul impressionnable par les vibrations sonores etc. Ces derniers éprouvent nécessairement, dans leur pulpe, des variétés de constitution relatives aux différentes sensations dont l'origine leur est confiée. La chimie n'a point encore éclairé cet objet important, mais l'anatomie nous démontre que cette pulpe médullaire se dépouille d'autant plus complétement de son névrilème, que le sens dont elle fait partie se trouve naturellement en rapport avec un agent plus délicat dans son action ; et dès-lors d'après cette progression : dans les appareils du *toucher*, du *goût*, de *l'odorat*, de *l'ouie*, de *la vue*. Les autres nerfs, doués des propriétés communes, sont destinés, dans cet organe, au développement de la sensibilité percevante générale, et de la vitalité nécessaire aux fonctions réparatrices.

5° *Existence de trois appareils plus ou moins rigoureusement exprimés*. Dans un organe des sens, nous trouvons toujours, à proprement parler, trois organes secondaires, offrant chacun un but particulier, concourant au résultat commun. Nous les désignons par le terme d'appareils : 1° *protecteur*, garantissant l'organe principal contre les agressions étrangères ; 2° *de perfectionnement*, favorisant et développant l'action du modificateur particulier ; 3° *sensitif*, essentiellement destiné à recevoir l'impression de ce dernier. En prenant l'organe de la vision pour exemple ; les sourcils, les paupières, les glandes lacrymales et leurs conduits nous offrent le premier de ces appareils ; le globe oculaire, véritable lunette achromatique, nous présente le second ; le nerf optique et la rétine, son épanouissement, nous fournissent le troisième.

NOMBRE DES SENS.

Chez l'homme, chez les animaux les plus compliqués et les plus élevés dans l'échelle zoologique, le nombre des sens particuliers se borne à cinq. On avait prétendu que plusieurs d'entre eux en offraient un sixième, en appuyant cette opinion sur un fait plus spécieux que probant. Ainsi Jurine et Spallanzani, ayant détruit les yeux d'une chauve-souris, l'abandonnèrent dans un appartement ouvert ; elle se dirigea par le lieu que traversait la lumière, comme si la vision eût guidé ses mouvemens ; d'où l'on inféra que cet animal était doué d'un sixième sens. L'expérience est remarquable, mais la conséquence nous paraît essentiellement erronée. D'abord les auteurs n'indiquent pas même les caractères propres, l'organe spécial de ce prétendu sens, et l'animal dont il s'agit n'offre aucun appareil capable d'en faire soupçonner l'existence ; ensuite, il est aisé de concevoir qu'une chauve-souris, dont le tact est d'une extrême finesse, doit éprouver, par le plus léger courant d'air, et peut-être même de lumière, des impressions susceptibles de la diriger dans son vol. On a déjà, depuis long-tems, observé que plusieurs autres animaux, naturellement privés des organes visuels, étaient cependant sensibles aux vibrations lumineuses ; dispositions qui faisaient dire à M. de Humbold que les polypes jouissent de la faculté de palper la lumière.

Le nombre, la diversité, la nature des sens accordés aux différentes espèces animales, sont toujours en raison de la nature, de la diversité, du nombre des milieux dans lesquels ces dernières sont destinées à vivre. Cette admirable répartition devient une preuve nouvelle que l'univers n'a point été formé par une aveugle fatalité ! Nous trouvons encore dans ces différens êtres le développement relatif de tel ou tel sens en harmonie parfaite avec les besoins et le genre de vie. Ainsi, les animaux qui doivent exister dans les lieux souterrains où la lumière ne pénètre jamais, sont constamment privés des organes de la vision. L'aigle et tous les oiseaux qui s'élèvent dans les hautes régions de l'atmosphère, devant apercevoir les objets à des distances infinies dans l'immensité, sont doués d'un appareil visuel très-énergique et susceptible des plus grandes modifications. Le chien et les autres animaux chasseurs, destinés à poursuivre le gibier, d'après les émanations qu'il développe sur son passage, offrent un odorat bien remarquable par sa finesse. Les animaux timides que la faiblesse de leurs moyens défensifs oblige à reconnaître, au plus léger bruit, l'ennemi qui les menace, afin de l'éviter par la fuite, présentent la plus grande perfection dans l'appareil auditif.

Une question assez importante vient naturellement se présenter ici. Existe-t-il des animaux qui se trouvent mieux partagés que l'homme, sous le rapport des sens? Plusieurs philosophes, comparant isolément la vue de ce dernier à celle de l'aigle, son odorat à celui du chien, son tact à celui de la chauve-souris, du polype etc., ont décidé la question par l'affirmative, en exhalant des plaintes sans fondement sur l'imperfection humaine, en refusant de placer notre espèce au premier rang dans la création. C'est aux physiologistes guidés par les faits et le raisonnement qu'il appartient de résoudre ce problème.

Il ne s'agit point ici d'établir un parallèle entre chacun des sens de l'homme et celui que la nature y fait correspondre dans plusieurs animaux différens, mais de rapprocher l'ensemble des facultés sensitives du premier de celles du sujet le mieux partagé, sous ce rapport, au nombre des seconds. D'après cette idée qui constitue le fond de la question en litige, nous avançons qu'il n'est pas un seul animal que, sous ce dernier point de vue, l'on puisse même comparer à l'homme. Aucun organe de sensation ne présente, il est vrai, chez ce dernier, la finesse et le développement que nous avons signalés pour quelques-uns dans plusieurs espèces animales, mais chez lui, tous ces appareils se trouvent dans un équilibre parfait et dans une harmonie d'action que l'on ne rencontre sur aucun autre point de l'échelle zoologique. En effet, si nous observons, pour certains animaux, l'un des organes sensitifs avec les perfectionnemens exigés par la nature du milieu, par les relations que nécessite le genre de vie du sujet etc., nous voyons toujours ces dispositions favorables achetées aux dépends des autres sens qui s'affaiblissent dans la même proportion, et disparaissent même quelquefois absolument. Ainsi, chez l'aigle, dont la vue paraît forte et perçante, à quoi se réduisent le goût, l'odorat et particulièrement le toucher? Dans le chien, dont l'odorat est remarquable, l'ouïe n'offre pas la même finesse, la vue paraît débile et très-bornée, le toucher se trouve à-peu-près complétement sacrifié etc. Si nous parcourons entièrement la série, nous verrons partout les mêmes preuves démontrer jusqu'à l'évidence que, sous le rapport des sensations, l'homme tient encore le premier rang parmi les animaux. Si, d'un autre côté, nous comparons les résultats intellectuels de ces impressions diverses, nous voyons se prononcer, entre notre espèce et toutes les autres, un intervalle immense que la plus grande perfectibilité animale ne viendra jamais combler.

DIVISION DES SENS.

Plusieurs physiologistes veulent établir entre les sens des distinctions qui, d'une part, nous semblent offrir peu de justesse, et qui, d'un autre côté, nous paraissent à peu près inutiles. Les uns ont partagé les organes sensitifs en deux classes, d'après leur action : 1° *au contact*, l'odorat, le goût, le toucher ; 2° *à distance*, la vue, l'ouïe. Sans doute, nous entendons le bruit, nous voyons la forme, la couleur d'un corps séparé du nôtre par un long intervalle ; mais en y réfléchissant un peu, nous sentons que ce même corps n'est point le modificateur des sensations éprouvées, puisqu'elles se rattachent, pour la première, à l'influence *du son*, et, pour la seconde, à celle de la lumière. Or, si l'on empêchait ces deux agens d'exciter *immédiatement*, l'un, le nerf auditif, l'autre, la rétine, en les isolant par le vide et la présence d'un corps opaque, dès-lors toute sensation acoustique et visuelle deviendrait impossible ; d'où nous devons naturellement inférer que les sens agissent tous au contact.

Bichat admet également deux ordres de sensations : 1° *de l'intelligence*, la vue, l'ouïe ; 2° *intermédiaires aux fonctions nutritives et de relation*, l'odorat, le goût et le toucher. Mais s'il est permis d'avancer que les premières ont, avec les facultés intellectuelles, une liaison plus directe que les secondes, il est impossible de refuser à ces dernières l'avantage de fournir aussi des idées, et dès-lors fautif d'établir entr'elles une distinction qui deviendrait le principe d'un isolement peu physiologique.

D'autres ont voulu diviser les sens, d'après la nature de l'impression. Ainsi, sens : 1° *chimiques*, l'odorat, le goût ; 2° *physiques*, l'ouïe, la vue, le toucher. M. Cuvier considère au contraire toutes les sensations comme le résultat d'une impression chimique ; M. Jacobson, comme celui d'une modification physique. Il est évident que l'on confond ici la nature du modificateur et celle de la sensation. Ce modificateur peut être en effet chimique ou physique, mais la sensation est toujours nécessairement vitale. Ajoutons que toute classification nous paraît ici défectueuse et d'ailleurs absolument inutile.

Une question bien plus importante vient naturellement se présenter en forme de complément à ces considérations générales : *Quelle est la cause de la spécialité des sens ?* en d'autres termes, pourquoi l'œil est-il exclusivement affecté par la lumière; l'oreille par les sons; la pituitaire par les odeurs etc. ? Quelques physiologistes ont cherché la raison de ces dispositions, dans la forme particulière des appareils sensitifs. Il suffit, pour éloigner d'une direction aussi complétement erronée, de faire observer que cette condition des organes est seulement relative aux appareils protecteurs et de perfectionnement; que l'on disposerait envain autour du nerf acoustique un œil parfaitement constitué ; au-devant du nerf optique l'oreille la mieux établie ; que dans ces deux cas on n'obtiendrait aucune sensation soit visuelle, soit auditive. C'est donc évidemment dans l'organisation spéciale des nerfs du sentiment, dans la nature propre des facultés vitales qui leur sont départies. que nous devons, en dernier résultat, placer la cause essentielle de ces modifications particulières ; toutefois avec peu d'espoir d'en pénétrer le mystère, puisque les forces de la vie ne sont appréciables que par les résultats qu'elles déterminent, et que l'anatomie, la chimie, déjà si perfectionnées dans leurs étonnans progrès, nous laissent encore au milieu d'une ignorance entière, lorsqu'il s'agit de préciser exactement ces spécialités de structure et de composition.

Après avoir présenté ces considérations physiologiques sur les sensations spéciales, nous devons en étudier les principales variétés, en suivant l'ordre naturel des analogies qu'elles conservent avec les sensations communes, et de leur plus grande généralisation dans la série des animaux.

CHAPITRE PREMIER

PALPATION.

§. I. ÉTYMOLOGIE, DÉFINITION, CARATÈRES, BUT. — La palpation , ἅφεσις , des Grecs; *palpatio, tactus ,* des Latins ; encore nommée tact, toucher, peut être définie : *application immédiate et volontaire de la main, ou de la partie qui la remplace, aux corps à connaître, impression transmise à l'encéphale, et convertie en perception.* Il ne faut plus dès-lors confondre le tact et la palpation. L'un et l'autre sont produits par l'action des corps sur les organes doués de la sensibilité percevante générale; mais la palpation est précédée par une sorte d'érection intellectuelle, par le désir d'établir un rapport; elle est dirigée par la volonté individuelle ; c'est l'organe qui va s'appliquer au corps, et non pas le corps à l'organe ; elle offre d'ailleurs quelque chose de spécial par la conformation de l'appareil qui l'exécute , par le nombre , la disposition , la sensibilité des nerfs qui reçoivent l'impression. Aussi , la main seule, chez l'homme , peut-elle exécuter le toucher dans sa perfection, et les autres parties, au moyen desquelles on cherche à la suppléer dans cette fonction, ne l'exercent-elles que d'une manière incomplète. Le tact, au contraire , s'effectue le plus souvent sans attention et sans volonté. C'est une impression occasionnelle, imprévue, toujours vague, et peu susceptible de nous donner d'autres notions que celles de la chaleur, du froid, du sec, de l'humide etc.; n'offrant aucun organe propre, aucune disposition exclusive, rentrant, en grande partie, dans les sensations communes, et pouvant être considéré tout au plus comme un toucher rudimentaire.

La palpation, envisagée sous ce double point de vue, sert à marquer le passage des sensations générales aux sensations spéciales. Moins universelle que les premières, elle n'offre point, dans l'organisme, la circonscription rigoureuse des secondes. Elle présente, sans aucune comparaison, le sens le plus universellement répandu, puisqu'il est permis de l'admettre dans presque toute l'échelle zoologique, avec des modifications et des nuances graduées depuis les animaux inférieurs jusqu'à l'homme, qui seul nous la présente avec ses caractères essentiels et toute sa perfection ; qui doit à ces conditions remarquables, beaucoup plus qu'on ne le pense vulgairement, la justesse de ses idées, la rectitude, la supériorité de ses jugemens dans tout ce qui appartient à la sphère des sensations extérieures.

Le but essentiel du toucher est de placer les animaux, l'homme plus particulièrement encore, dans la condition d'apprécier les qualités des corps étrangères à l'action des autres sens, bien souvent même de rectifier les illusions nombreuses de ces derniers ; caractères qui, rapprochés de la précision de ses résultats, lui méritèrent le nom de *sens régulateur, géométrique etc.*

§. II. APPAREIL. — On s'est habitué depuis long-tems à considérer les surfaces libres, douées de la sensibilité percevante générale, telles que l'origine des muqueuses, et plus spécialement encore la peau, comme les organes essentiels du toucher. Cette erreur est une suite nécessaire de celle que nous avons signalée, dans laquelle on identifiait le tact avec ce dernier. Ne voulant pas toutefois les isoler complétement, et trouvant dans l'un un premier rudiment de l'autre, nous examinerons, physiologiquement d'abord l'enveloppe dermoïde, comme organe du tact, ensuite la main, comme instrument particulier de la palpation.

DE LA PEAU ET DE SES ANNEXES. — L'homme et la plupart des animaux sont enveloppés extérieurement par une membrane désignée sous le nom de *peau*, s'enfonçant à l'intérieur, en prenant celui de *membrane muqueuse*. De telle sorte qu'il existe, par le fait, deux tégumens continus, l'un externe, plus épais et mieux protégé; l'autre interne, moins solide et plus fin ; c'est dans l'intervalle qui les sépare que se trouvent placés tous les organes de l'économie. Des expériences nombreuses démontrent sinon l'identité, du moins l'analogie d'organisation entre ces deux tissus. C'est ainsi qu'en retournant un polype, on voit la muqueuse prendre insensiblement tous les caractères de la peau, *et vice versâ*. Dans les renversemens habituels du rectum, de l'utérus, le tégument interne revêt graduellement les dispositions et les propriétés de l'enveloppe dermoïde etc.

LA PEAU, — δέρμα, des Grecs, *cutis*, des Latins, considérée chez l'homme et chez les animaux supérieurs, nous offre toujours deux usages essentiellement différens, mais également utiles. 1° Par sa consistance, elle protége physiquement les organes sous-jacens. 2° Par le développement de sa faculté de sentir, elle avertit l'économie de la présence des corps extérieurs, de manière à solliciter immédiatement les réactions appropriées. Ces deux moyens de résistance, l'un passif, l'autre actif, sont nécessairement opposés dans leur perfectionnement, et se rencontrent chez les animaux, sous des proportions variables, suivant l'organisation des espèces, leurs instrumens de fuite ou d'agression, leur caractère, leur genre de vie etc. Ainsi, pour les animaux faibles, timides, incapables de s'éloigner avec assez de rapidité des atteintes fâcheuses qui les menacent, la sensibilité de la peau se trouve entièrement sacrifiée à sa résistance passive, qui dès-lors en forme une véritable égide, comme on l'observe dans le hérisson, le porc-épic, la tortue etc. Au contraire, si l'animal est doué d'une grande agilité, s'il peut éluder les attaques par la ruse, ou les repousser avec énergie, la peau semble perdre, en raison de ces avantages, les caractères protecteurs que nous venons de signaler ; alors qu'elle gagne dans la même proportion, comme organe du tact. Le cerf, le renard, le taureau nous en offrent des exemples. Tous les intermédiaires se trouvent naturellement placés entre ces deux extrêmes. Chez l'homme qui, par la supériorité de son génie, peut se créer des abris artificiels, se forger des armes redoutables, l'enveloppe dermoïde conserve à peine ses caractères protecteurs et devient un appareil à peu près exclusivement sensitif.

Organisation.—La peau dont la structure est assez compliquée, nous offre différens tissus que nous rattachons à deux ordres principaux, afin d'en mieux comprendre la disposition ; 1° *parties propres*, la peau réduite à ses élémens essentiels ; 2° *parties accessoires*, toutes les annexes qui peuvent s'y trouver ajoutées.

Parties propres.—Les anatomistes ont émis des opinions différentes relativement à l'organisation de la peau. Nous indiquerons particulièrement celles de Malpighi et de Gaultier qui nous paraissent avoir le mieux approfondi cet objet.

Malpighi admet quatre élémens principaux dans cette membrane : 1° le *derme*, 2° le *réseau muqueux*, 3° le *corps papillaire*, 4° l'*épiderme*. Le *derme* ou *chorion* est la partie fondamentale de la peau, celle qui lui donne sa principale résistance. Fibro-celluleux, peu susceptible d'extension, il présente un réseau dont chacun des nombreux orifices laisse passer une artère, une veine, des vaisseaux lymphatiques, des nerfs et du tissu cellulaire. C'est à l'étranglement de ces paquets vasculeux, par la circonférence de l'ouverture dermoïde, qu'il faut attribuer le *bourbillon* dans le furoncle et dans l'anthrax, disposition qui démontre anatomiquement l'avantage incontestable des larges incisions pratiquées dès le début dans ces maladies pour effectuer le débridement et prévenir la gangrène. Le *réseau muqueux*, — d'un gris blanchâtre, d'une texture molle, criblé d'une multitude incalculable de pertuis que Leuwenhoeck prétend avoir comptés au nombre de cinquante mille dans un pouce carré, devient le siége du dépôt de la matière colorante ; laiteuse chez l'habitant du nord, cuivreuse chez les peuples méridionaux, et noire dans la race nègre. Cette couche pulpeuse, en même tems qu'elle protège les nerfs, paraît maintenir ces derniers dans un état de souplesse favorable à l'exercice de leurs fonctions. Gall considère le corps muqueux comme l'origine et la matrice de ces cordons médullaires qui vont ensuite former l'encéphale par leur union ; théorie fautive et combattue par tous les anatomistes modernes. Le *corps papillaire*, — bien remarquable aux pieds, aux mains, et plus spécialement aux extrémités digitales où nous voyons ses épanouissemens rangés en paraboles concentriques, est formé par les terminaisons des nerfs sensitifs généraux, dépouillés de leur névrilème et disposés en mèches de forme variable, donnant à la peau la sensibilité percevante commune qu'elle présente avec un grand développement, surtout, comme nous le verrons dans l'appareil essentiel de la palpation. L'*épiderme*, — du grec ἐπὶ sur, et δέρμα peau, *cuticula* des latins, petite peau, épichorion de quelques anatomistes modernes, est une couche

mince, inorganique, formant la partie la plus.extérieure
de l'enveloppe cutanée, offrant beaucoup d'analogie de
composition avec les cheveux, les ongles et la substance
cornée ; présentant un grand nombre d'orifices, les uns
traversés obliquement par les poils, et les autres livrant
habituellement passage au produit de la perspiration
dermoïde. Il est en effet impossible d'admettre avec
Leuwenhoeck, la disposition imbriquée à la manière
des écailles du poisson. Haller attribuait la formation de
l'épiderme au desséchement des couches les plus superficielles du réseau muqueux ; Morgagni la rapportait
aux pressions de l'atmosphère ; il est aujourd'hui suffisamment démontré qu'elle n'est autre chose que le produit
d'une véritable sécrétion, et qu'elle rentre, de même
que celle des poils, des écailles etc., dans le système
général des excrétions épuratoires. Du reste, cette membrane, une fois constituée, paraît étrangère aux lois de
la vie. Se reproduisant incessamment, elle ne reçoit
aucun nerf, aucun vaisseau, ne présente aucun phénomène de nutrition ; insensible dans toutes ses modifications, elle se trouve jetée, sur les épanouissemens
nerveux, comme une gaze légère, pour diminuer l'irritabilité qu'ils offriraient avec excès, toutefois sans neutraliser entièrement les impressions des corps extérieurs.
Plus épais, l'épiderme détruirait le toucher ; plus mince,
il abandonnerait la peau sans défense à des agressions
étrangères qui détermineraient les plus vives douleurs,
au lieu d'occasionner des sensations normales. Il suffit
pour s'en convaincre d'essayer le tact, d'une part, au
moyen des mains calleuses d'un agriculteur ; de l'autre,
sur la peau dénudée par l'action d'un vésicatoire. Déta-
ché du corps muqueux, l'épiderme ne s'y recolle jamais;
il tombe alors sous forme d'écailles furfuracées, en se
brisant après sa dessication ; circonstance qui, sans

doute, en avait imposé relativement à la disposition squammeuse. Il s'épaissit par la compression prolongée, acquiert insensiblement la dureté de la corne, agit péniblement sur les nerfs sous-jacens, comme on le voit pour les cors insensibles par eux mêmes, et cependant auxquels on attribue gratuitement la douleur qu'ils occasionnent.

Gaultier porte jusqu'à six les élémens essentiels de la peau : 1° *le derme*, — offrant, dans toute la surface extérieure, des sillons assez profonds. 2° *les bourgeons vasculaires*,—unis deux à deux sur les sillons du derme, fournissent, par leur sommet, un canal qui va se ramifier dans la *couche albuginée superficielle* ; par leur base, un autre conduit qui vient se distribuer au bulbe des poils, en donnant, comme nous le verrons, l'explication de l'analogie que présentent ces derniers et la peau, sous le rapport de la couleur. 3° *La couche albuginée profonde*, —également épaisse dans toutes ses parties, et laissant dès-lors subsister les sillons qu'elle recouvre. 4° *La substance brune*,—siége naturel de la matière colorante. 5° *La couche albuginée superficielle*,—rendant à la peau l'uniformité qu'elle présente extérieurement. 6° *L'épiderme*,—tel que nous l'avons indiqué. La théorie de Gaultier n'est point encore généralement admise; toutefois elle éclaire plusieurs points dans l'histoire physiologique de la peau, comme nous l'observerons en étudiant ses parties accessoires.

Quelles que soient, au reste, les idées que l'on adopte sur l'organisation de cette membrane, elle offre deux surfaces, l'une *interne*, adhérente, l'autre *externe*, libre. *La première* est unie lâchement aux muscles par du tissu cellulaire graisseux. Des fibres contractiles servent à la doubler dans quelques points sous le nom de *peauciers*. Il n'en existe qu'un seul chez l'homme, le *thoraco-facial* ; pour certains animaux, et notamment dans les pachydermes, cette modification est presque générale. C'est l'action de ces organes accessoires qui hérisse les poils chez les bêtes féroces, pendant les convulsions de la colère. La *seconde*, protégée par l'épiderme, offre des plis ou sillons de quatre espèces différentes. 1° les intervalles papillaires, 2° les rides occasionnées par la flexion des parties; 3° celles que produit la contraction des peauciers; 4° celles qui sont le résultat d'un amaigrissement prononcé. Des follicules sébacés occupent les divers points de l'enveloppe dermoïde où s'effectuent des frottemens habituels, et produisent une humeur grasse destinée à faciliter ces derniers en les rendant moins offensifs. Les anciens peuples, et surtout les Africains suppléaient à son peu d'abondance par les onctions au moyen d'une huile étrangère. Le développement de la peau varie beaucoup dans les différentes classes d'animaux. Épaisse chez les ruminans, mince chez les rongeurs, elle est intermédiaire à ces deux extrêmes pour les carnivores et pour l'homme.

Parties accessoires.—Elles offrent des modifications de l'épiderme dont elles partagent les fonctions protectrices dans l'homme et dans la série des animaux. En comprenant toutes les variétés qu'elles présentent pour l'échelle zoologique, nous les réduisons à six : 1° *poils*, 2° *ongles*, 3° *cornes*, 4° *plumes*, 5° *écailles*, 6° *coquilles*.

Les poils,—dans leur ensemble, constituent l'appareil protecteur naturel aux mammifères. Implantés dans l'épaisseur du chorion, ils traversent obliquement les autres parties, et se trouvent ainsi naturellement couchés à la surface de cette membrane. Envisagés d'une manière générale, ces prolongemens nous offrent des organes bulbeux à l'origine, disposés en tubes dans le reste de leur trajet, et contenant intérieurement une huile animale colorante. Ils nous présentent par conséquent deux objets essentiels à noter : 1° l'organe sécréteur ; 2° le fluide sécrété. 1° *Organe sécréteur.* — Il se partage naturellement en deux parties ; le bulbe, la tige pileuse. Le *bulbe* est un renflement capsulaire à deux ouvertures, qui reçoit des vaisseaux et des nerfs, et qui sécrète l'huile particulière dont la tige est remplie. D'après Gaultier, une matière colorante variable, formée par l'action physiologique des bourgeons vasculaires, est versée, par les conduits indiqués, d'une part, dans la cavité bulbeuse pour s'y mêler à l'huile animale, de l'autre, dans la substance brune de la peau. Quelle que soit au reste la théorie que l'on adopte relativement à cette élaboration sécrétoire, il n'en reste pas moins démontré que la matière colorante des poils et celle de l'enveloppe dermoïde, se trouvent sécrétées par un organe commun, et peuvent être envisagées comme identiques. En exceptant quelques aberrations de la nature, nous rencontrons en effet bien rarement un système pileux noir et crépu sur la peau laiteuse et blanche d'un sujet lymphatique ; plus rarement encore une chevelure ondulante et blonde sur le derme olivâtre ou bazané d'un individu bilieux. Le nègre et l'albinos offrent également ces rapports d'une manière constante. Chez les animaux dont les poils sont blancs et noirs par intervalles, on voit la peau, dans les mêmes limites présenter des caractères identiques sous le rapport de la coloration. Nous avons rencontré plusieurs faits analogues chez l'homme ; nous citerons le suivant comme l'un des plus remarquables. Culerier, Louis, âgé de seize ans, d'un tempérament lymphatique, enfant de l'hôpital du Mans, offre sur l'enveloppe dermoïde un assez grand nombre de taches d'un blanc lacté, avec épaississement dans les parties affectées. Sur tous les points où cette modification se rencontre, les poils sont d'une blancheur éblouissante, surtout aux organes génitaux. Il existe sur le front une mèche de cheveux assez volumineuse, contrastant par ces caractères avec la teinte blonde que présentent les autres parties du système pileux. La théorie de Gaultier se trouve en harmonie constante avec ces faits, et nous pensons qu'elle est bien préférable à celle de Blumenbach, expliquant ces modifications diverses par l'influence chimique de l'air, de la chaleur et de la lumière; aux rêveries de quelques auteurs qui les attribuent les uns, à des élaborations sécrétoires du cerveau, les autres, au dépôt de la matière colorante biliaire etc. Sans doute l'insolation brunit la peau, comme il est aisé de le prouver en comparant, sous ce dernier rapport, le citadin efféminé au robuste habitant de la campagne, mais il ne s'agit ici que d'une simple coloration de l'épiderme; aussi disparaît-elle par le renouvellement de ce dernier, et cette influence ne sera-t-elle jamais susceptible de modifier un sujet de la race blanche de manière à lui donner les caractères essentiels du nègre.

Gaultier ayant trouvé l'occasion d'appliquer des vésicatoires chez un homme de couleur, après avoir exactement rasé les poils, observa, pendant toute la suppuration, un grand nombre de points blanchâtres correspondans aux sections des tiges pileuses; dès que la surface dénudée cessa d'élaborer du pus, les points indiqués s'entourèrent d'aréoles brunâtres qui, se confondant par leur extension, rendirent à la peau sa teinte noire primitive. Cette observation curieuse, dont nous avons récemment constaté l'exactitude sur un autre sujet de la même race, devient en quelque sorte le complément des preuves qui démontrent, d'une manière incontestable, toute la vérité de cette explication relativement à la coloration des poils et de la peau.

La tige pileuse est un cylindre incolore, épidermoïde à l'extérieur, spongieux, et même, d'après quelques auteurs, érectile intérieurement. Ainsi Lodère cite le fait d'un jeune homme, à système pileux noir, qui présentait une forte mèche de cheveux écarlate foncé, prenant la rougeur d'une crête de coq pendant les accès de colère. Il n'est peut-être pas invraisemblable d'ajouter cette cause d'érection à l'influence des peauciers, le mouvement du sang vers la tête se trouvant accéléré par la violence des passions analogues. Les observateurs dignes de foi rapportent que dans la plique., la section des cheveux a plusieurs fois occasionné des hémorrhagies assez graves. Ces modifications pathologiques, en exagérant les caractères naturels des productions pileuses, deviennent très-propres à nous faire mieux apprécier une organisation que sa ténuité, dans l'état normal , soustrait à nos investigations ordinaires. Les poils, abandonnés à toute la liberté de leur accroissement, se bifurquent souvent à l'extrémité la plus éloignée. Lorsqu'on les coupe, ils fournissent une certaine quantité de fluide onctueux par une ouverture béante qui ne tarde pas à s'oblitérer.

2° *Fluide sécrété.* — Cette humeur nous présente un mélange d'huile animale, de mucus et de matière colorante variable. Ainsi dans les cheveux noirs, d'après Vauquelin, on trouve à l'analyse une grande proportion de substance animale semblable au mucus desséché; un peu d'huile blanche concrète; une très-petite quantité d'huile grise-verdâtre, épaisse comme le bitume; des traces de manganèse et de fer oxydés ou sulfurés, de la silice, du soufre des phosphate, carbonate de chaux. Dans les cheveux rouges, des oxydes et des sulfures en moins grande proportion, du soufre en quantité plus considérable, une huile animale de cette couleur : aussi peut-on les noircir par un mélange de craie, de chaux vive et de protoxyde de plomb. M. Bienvenu, dans sa dissertation sur le système pileux, rapporte qu'à Ville-Dieu, département de la Manche, plusieurs chaudronniers offrent des cheveux parfaitement verts, sans éprouver aucune maladie particulière. Cette modification serait-elle déterminée par l'action du cuivre que travaillent journellement ces ouvriers ? Cette opinion ne sera pas invraisemblable si l'on considère qu'il suffit d'employer un peigne de plomb pour foncer notablement la couleur des cheveux rouges. Les blancs ne présentent point les sulfures et les oxydes indiqués ; ils offrent seulement un peu de phosphate de magnésie joint à l'huile mucilagineuse entièrement incolore. Les nuances intermédiaires se rattachent naturellement aux diverses combinaisons de ces principes constituans.

Tous les faits se réunissent pour démontrer que la matière colorante des poils et de la peau n'est autre chose qu'un produit sécrété ; que la canitie, la maladie des albinos, envisagée sous ce dernier point de vue, se rattachent immédiatement à la suspension de cette élaboration vitale. Ainsi le Dr Hamilton dit, qu'en 1820, un nègre, âgé de cinquante-quatre ans, devint blanc successivement de la tête aux pieds, conservant seulement quelques taches grisâtres et la couleur naturelle des cheveux. M. Compagne, médecin à Sigean, parle d'une femme de trente-six ans, affectée d'encéphalite aiguë, chez laquelle, au troisième septénaire, les cheveux blanchirent complétement dans l'espace de cinq jours, et reprirent, vers la fin de la quatrième semaine, leur couleur noire primitive. Pendant nos horribles convulsions révolutionaires, on a vu d'illustres victimes présenter ce phénomène dans la seule nuit qui précédait leur exécution. Les chagrins, les contradictions, les souffrances, les travaux intellectuels opiniâtres, la vieillesse etc. produisent, avec plus de lenteur, des résultats analogues. Cette altération vient se rattacher à deux mo-modifications essentiellement différentes. 1° Au défaut de sécrétion du fluide colorant, sans abolition nutritive; les poils peuvent encore vivre et conserver leur solidité d'implantation, comme on l'observe chez les jeunes sujets. 2° A l'oblitération des conduits qui portent cette matière dans les tiges capillaires, comme on le voit par les progrès de la caducité. La même cause, agissant alors sur les vaisseaux nourriciers du bulbe, détermine successivement la décoloration, la mort et la chute irrévocable de ces productions épidermoïdes. Il en résulte bientôt une *calvitie*, dont le mécanisme présente beaucoup d'analogie avec celui qui détermine l'avulsion sénile des dents. Il existe un grand nombre de variétés individuelles relativement à l'âge où se manifestent les perversions indiquées. Nous connaissons un jeune homme de vingt-ans, dont les cheveux sont tombés entièrement, et sans aucune maladie notable. Une dame de quatre-vingt-quinze ans, à laquelle nous donnons des soins, conserve une très-belle chevelure blonde sans aucune apparence de canitie. Une autre, de quatre-vingt-neuf ans, blanchit à quatre-vingt-sept, et reprit l'année suivante la couleur brune qu'elle offrait d'abord. Haller cite plusieurs faits semblables.

Chez les animaux qui n'ont pas, comme nous, la faculté d'accommoder exactement des abris artificiels aux principales variétés des saisons, les poils tombent, et se reproduisent chaque année, vers le printems, formant de cette manière une fourrure d'été plus mince et plus légère, une autre d'hiver, plus épaisse et plus chaude. Aplatis dans les rongeurs, coniques pour quelques es-

pèces , noueux chez un petit nombre de variétés , cylindriques dans la majorité des sujets, ils deviennent très-
durs pour le sanglier , et forment des pointes acérées
chez le hérisson , le porc-épic ; se réunissent pour constituer des espèces d'écailles , chez le pangolin , marquant
ainsi le passage aux autres parties accessoires de la peau.
Les moustaches du chat reçoivent des nerfs de la cinquième paire. On les avait considérées comme un sixième
sens , imaginant qu'après leur section , cet animal de-
venait moins clairvoyant pendant la nuit.

Dans notre espèce , les poils ont reçu quelques dénominations particulières, en raison des localités qu'ils occupent ; on les désigne par les termes de *barbe* , au
menton ; de *cils* , aux paupières ; de *cheveux*, au péricrâne etc. On les rencontre spécialement autour des
ouvertures qu'ils protégent, à la tête , aux aisselles , à
la poitrine, aux organes génitaux etc. La barbe caractérise la virilité , comme des cheveux plus souples et plus
longs deviennent l'apanage du sexe féminin. Ils concourent à l'établissement des types fondamentaux chez les
différens peuples. Ils sont allongés, plats et d'une couleur pâle chez les habitans du nord ; bouclés et noirs
pour ceux du midi ; courts et lanugineux dans la race
nègre. Des observateurs aussi patiens que minutieux en
ont compté, par chaque pouce carré , 572 noirs , 608
blonds, 790 jaunes, sur diverses têtes européennes. Ils
jouissent d'une vertu galvanique très-prononcée. Bridane
dit avoir obtenu, par leur frottement, assez de feu pour
enflammer de l'esprit de vin , et d'électricité pour effectuer des commotions. On a vu la barbe et les cheveux
étincelans pendant un violent accès de colère.

Outre leurs fonctions protectrices, les poils semblent
encore présenter un émonctoire par lequel est éliminé le phosphate calcaire en excès , et cette espèce

d'huile animale qui maintient leur souplesse, nécessite habituellement des soins de propreté. C'est probablement en raison de cette influence dérivative, alors peut-être exagérée, que Casimir Médicus rasait le pénil dans la blennorrhagie, et d'autres praticiens, le péricrâne dans les céphalalgies rebelles.

Les ongles — sont des productions épidermoïdes placées, chez l'homme, à la partie postérieure des extrémités digitales qu'elles enveloppent incomplétement et de manière à soutenir la pulpe sensitive de ces extrémités. Dans les animaux carnassiers elles perdent cet usage; épaissies et recourbées en crochets acérés sous le nom de *griffes*, elles deviennent des instrumens d'agression. Chez le plus grand nombre des herbivores elles renferment plus ou moins entièrement les pieds en leur fournissant des gaînes terminales sous les dénominations d'ergots, de sabots etc.

Dans l'espèce humaine, on peut regarder les ongles comme formés par la juxta-position d'un certain nombre de poils émanant d'une série de bulbes dont l'ensemble constitue la matrice de ces productions, et se trouve logé sous la peau dans une étendue de plusieurs lignes. Ils se développent d'après un mécanisme absolument semblable; leur accroissement s'effectue constamment de la racine à l'extrémité libre, jamais dans le sens de l'épaisseur, comme on l'avait pensé d'abord. L'expérience nous a démontré plusieurs fois qu'un ongle ordinaire se renouvelle en totalité dans l'espace de cinq à six mois, lorsqu'il est entretenu dans ses dimensions normales par des sections assez rapprochées. En les abandonnant sans cette précaution, ils se recourbent antérieurement, se déforment, et prennent l'aspect des griffes de certains animaux. Leur souplesse est conservée par la sécrétion de l'huile animale qui les pénètre ; aussitôt que cette élaboration n'existe plus, ils deviennent secs et cassans.

LES CORNES — présentent beaucoup d'analogie de composition avec les ongles ; seulement elles sont plus épaisses, plus consistantes ; on les rencontre surtout chez les ruminans. Elles naissent du coronal, fournissent par leur cavité des prolongemens aux sinus frontaux. il faut toutefois y distinguer deux parties bien différentes : l'une centrale, véritable apophyse osseuse ; l'autre formant l'étui corné qui sert d'enveloppe à la première, et qui seule appartient aux productions épidermoïdes.

LES PLUMES, — accessoires de la peau chez les oiseaux, offrent la même composition que les poils dont elles ne diffèrent que par la forme ; encore les voyons-nous, dans les premiers instans de leur apparition, à l'état de simple duvet, s'en rapprocher beaucoup sous ce dernier rapport. C'est par le moyen d'un renflement bulbeux que ce duvet s'accroît ; ensuite il est remplacé par le germe de la plume s'entourant d'une gaîne cylindrique dont les divisions ultérieures constituent les barbes. La substance pulpeuse intérieure forme cette production centrale qui présente une série de nodosités. Après avoir acquis son entier accroissement, le tube nourricier s'oblitère insensiblement par son extrémité d'implantation, il se dessèche, tombe, est remplacé par un autre, absolument comme la tige pileuse des mammifères.

La coloration des plumes, dans ses admirables variétés, sert à distinguer non seulement les familles, mais encore les mâles et les femelles dans la même espèce. Constituant des abris et des appareils de protection pour les oiseaux, augmentant leur légèreté spécifique, elles offrent, en même tems, à ces derniers des rames aériennes, avec lesquelles ils parcourent impunément les plus hautes régions de l'atmosphère.

LES ÉCAILLES — se présentent sous la forme d'expansions épidermoïdes aplaties, imbriquées, naissant par des bulbes accolées, à la manière des ongles, recouvrant la peau des reptiles et des poissons ; se détachant avec la cuticule, à certaines époques de l'année, pour faire place à des écailles nouvelles. Devenant les organes protecteurs de ces animaux, elles détruisent à peu près entièrement le tact pour leur enveloppe naturellement peu sensible, n'offrant que les rudimens presque imperceptibles du corps capillaire. En se redressant, chez les reptiles, elles servent également *au ramper*. Leur coloration est modifiée dans les espèces, chez les différens individus, sans offrir, avec celle de la peau, l'analogie que nous venons de signaler entre les nuances de cette membrane et celles des poils.

LES COQUILLES — sont des enveloppes calcaires, formant à l'animal un réceptacle plus ou moins complet, et dont la solidité varie d'après les proportions relatives de la partie épidermoïde et du phosphate de chaux. Dans cette catégorie viennent se placer les étuis des insectes, les abris des animaux univalves, bivalves, les plaques souvent très-dures des testacés, la carapace des tortues etc. Cette modification de l'appareil accessoire détruit entièrement les conditions tactiles de la peau, réduisant cette membrane au rôle exclusif d'organe protecteur.

Ainsi, toutes les parties secondaires que nous venons d'examiner : *poils*, *ongles*, *cornes*, *plumes*, *écailles*, *coquilles*, ne sont que des modifications de l'épiderme, des formes diversifiées du système pileux; ordinairement appropriées aux besoins de l'animal, tantôt voilant à peine les épanouissemens nerveux de l'enveloppe dermoïde, en laissant à la sensibilité toute sa finesse d'exploration ; tantôt formant à ces derniers un bouclier impénétrable, et bornant les phénomènes cutanés à ceux d'une défense passive, d'après la nature des relations auxquelles se trouve particulièrement destiné l'animal dans la série des êtres dont il fait partie. Outre ces usages particuliers, la peau sert également, comme nous l'avons démontré dans l'examen des fonctions vitales et nutritives, d'organe supplémentaire aux poumons, d'émonctoire à toute l'économie, de régulateur à la température individuelle, avec des modifications relatives aux circonstances d'organisation que nous venons de signaler.

ORGANE ESSENTIEL DU TOUCHER. — Nous avons considéré l'origine des muqueuses, l'enveloppe dermoïde, comme des organes du tact, mais elles ne méritent pas celui d'appareil essentiel du toucher. Pour acquérir ces caractères, la peau doit réunir les conditions suivantes : 1° Un support conformé en instrument solide, à pièces mobiles, suceptible de s'appliquer et de se mouler sur la forme des corps ; 2° un tissu cellulaire sous-cutané, de souplesse et d'épaisseur appropriées ; 3° un corps papillaire développé, des épanouissemens nerveux en assez grand nombre ; 4° un épiderme très-fin, sans dureté ni sécheresse prononcées.

La main offre toutes ces conditions essentielles dans le plus admirable degré de perfection. Formée, pour son extrémité libre, par des doigts flexibles et résistans, dont l'un, nommé *pouce*, est aisément opposé à tous les autres ; elle peut, sous l'influence de la volonté, embrasser un grand nombre de corps, saisir les plus ténus, parcourir les surfaces des plus volumineux. Ces doigts, à leur phalange terminale, sont garnis d'un coussinet celluleux élastique, soutenu par l'ongle, recouvert d'une peau fine très-sensible, offrant un grand nombre de papilles nerveuses, disposées en paraboles concentriques, et protégées par un épiderme assez fort pour les garantir contre la douleur, assez léger pour conserver au toucher la délicatesse dont il a besoin. Des. appareils musculaires, aussi simples que diversifiés, meuvent toutes ces parties, en modifiant convenablement les formes des divisions carpienne et métacarpienne. Ces dispositions de la main en font un instrument de préhension très-avantageux, un appareil de palpation plus parfait encore; devenant en quelque sorte l'apanage exclusif de l'homme, et suffisant pour en caractériser la supériorité, relativement à l'intelligence, en raison de la précision qu'il donne aux idées, comme sens positif et régulateur des autres. Les animaux supérieurs sont en effet, sous ce dernier rapport, bien éloignés de notre espèce. Dans le singe lui-même, qui paraît se rapprocher davantage de l'homme, quelles différences essentielles ne se manifestent pas, en comparant chez eux l'organe du toucher? Les doigts du premier n'offrent point la même agilité, leur mobilité particlle n'est plus garantie par l'isolement complet des tendons. Le pouce est trop court, et son opposition dès-lors imparfaite. L'épiderme sensiblement épaissi par la nécessité de la marche quadrupède, rend . la palpation beaucoup plus obtuse. Pour quelques espèces, on voit la *queue prenante* former un accessoire assez avantageux; chez le castor, le prolongement coccygien large, aplati, sert aux mêmes usages. Dans les autres animaux, la main est remplacée d'une manière toujours plus ou moins défectueuse relativement au phénomène que nous étudions. Ainsi, chez la taupe, le porc, le sanglier etc., par le nez; chez l'éléphant, par la trompe; chez l'âne, le cheval etc., par les lèvres; chez les ruminans, le chien et la plupart des carnivores, par la langue; chez le perroquet, les oiseaux de proie etc., par les pattes, qui deviennent alors moins favorables à la progression. Chez le plus grand nombre des oiseaux aquatiques et plongeurs , par l'extrémité du bec, alors plus molle et plus élargie ; chez les poissons , par des *barbillons*, ou prolongemens très-sensibles, disposés autour de la bouche ; dans les mollusques, par des expansions nommées *tentacules* ; chez les polypes et les reptiles, par toute la surface extérieure. Il résulte évidemment de ces dispositions que l'homme seul jouit d'une palpation entière et parfaite ; que le tact, à peu près exclusivement, se trouve départi à tout le reste de la série zoologique.

Plusieurs auteurs ont pensé qu'en multipliant davantage les os qui composent la main , cet instrument aurait pu s'améliorer d'une manière bien satisfaisante. Buffon prétendait qu'en donnant aux doigts plus de souplesse et de mobilité, l'on obtiendrait, sous le rapport du toucher, des résultats beaucoup plus avantageux encore. Sans noter les défectuosités que présenterait la main, dans ces deux hypothèses, comme organe de préhension, sans parler des complications au moins inutiles qu'on lui ferait éprouver, elle deviendrait, en perdant son admirable simplicité , beaucoup moins propre à la palpation elle-même, n'offrant plus un appareil assez ferme , assez exact dans ses mouvemens, pour effectuer ce phénomène avec la précision qu'il exige.

En résumant toutes ces considérations, relatives à l'organe du toucher, plus spécialement étudié chez l'homme, nous le voyons présenter les trois appareils : 1° *protecteur*, l'épiderme et ses modifications ; 2° *de perfectionnement*, la main telle qu'elle est constituée ; 3° *sensitif*, le corps papillaire des extrémités digitales.

§. III. Modificateur.—Il est représenté par l'ensemble des corps envisagés sous le rapport de leurs propriétés physiques ou chimiques susceptibles d'affecter l'organe de palpation ; ainsi, la chaleur, le froid, la consistance, la mollesse , les rugosités , le poli, toutes les formes de la matière etc., sont autant de modificateurs du toucher, pouvant faire naître, dans le centre encéphalique, les différentes idées qui doivent les représenter à l'esprit. Ces agens sensitifs appartiennent en effet, à-peu-près exclusivement, à l'investigation tactile, puisque le plus grand nombre est imperceptible pour la vue, l'ouïe, le goût et l'odorat.

§. IV. Appétit. — La curiosité, le désir d'apprécier positivement les qualités des corps extérieurs dont nous soupçonnons le rapprochement, ou dont la présence nous est manifestée par les autres sens, le besoin de rectifier les erreurs auxquelles ces derniers nous exposent, telles sont les impulsions naturelles qui nous engagent à palper les objets dont nous voulons connaître et surtout préciser les caractères essentiels. Aussi ne sommes-nous jamais bien pénétrés de la réalité de ces propriétés matérielles, et ne les conservons-nous point assez profondément dans le souvenir, lorsqu'elles n'ont pas été constatées par l'action du toucher. C'est pour cette raison que le jeune enfant promène incessamment ses mains agiles et délicates sur tous les corps dont il est environné. Cet appétit, assez vif, assez impérieux, concourt au bonheur, dès qu'il est satisfait, laisse au contraire, dans l'âme, une sorte d'impatience et de regret, en le supposant contrarié dans l'exécution du phénomène qu'il sollicite.

§. V. Étude. — C'est au moyen de la main, plus spécialement, que l'homme exerce la palpation, qu'il étudie les propriétés tactiles des corps, et qu'il rectifie les illusions des autres sens. Lorsque nous désirons connaître, dans un objet, les qualités les plus susceptibles d'agir sur le toucher, après un appel de l'attention, sous l'influence d'une détermination volontaire, nous saisissons cet objet, nous en parcourons les différens contours, en appliquant particulièrement la pulpe digitale sur les points les plus importans et les plus difficiles à bien apprécier. C'est ainsi que nous explorons, lorsqu'il s'agit, par exemple, de préciser la force, la faiblesse, la lenteur, la fréquence, et toutes les autres modifications du pouls. Il se manifeste, consécutivement à l'exercice explorateur de l'organe sensitif, une impression relative à la nature de l'agent qui l'occasionne ; cette impression est transmise, par les cordons nerveux, au cerveau qui l'élabore, et la convertit en perception, sous l'influence du principe immatériel.

Vitale comme toutes les autres sensations, celle du toucher nous fait particulièrement juger les conditions de la matière dans lesquelles ne rentrent pas les odeurs, les saveurs, la lumière et les sons. Ainsi, nous explorons, dans les corps, par son intermédiaire : le volume, la forme, la consistance, le poids, la température, l'éloignement et le contact, le mouvement et le repos, l'élasticité, le poli etc. On a même prétendu que certains aveugles portaient la finesse de palpation jusqu'à distinguer les couleurs, et que des sourds appréciaient ainsi les vibrations sonores. Il est évident que l'on confond ici les impressions tactiles d'un corps diversement coloré ou mis en vibration, avec les sensations acoustique et lumineuse que l'oreille et l'œil doivent seuls communiquer à l'encéphale. On conçoit, en effet, que les premières ne peuvent donner aucune idée de la couleur ou des sons, exclusivement relatifs aux secondes. Le sourd et l'aveugle distinguent ici deux modifications du toucher, mais non point deux sensations différentes par leur nature ; c'est toujours pour eux la palpation ; jamais ni la vision, ni l'audition supplémentaires. Toutefois, nous avons observé un sourd, qui précisait les vibrations du grave et celles de l'aigu, souvent avec des intermédiaires assez nombreux ; un aveugle , qui différenciait les métaux insipides , et qui pouvait jouer aux cartes. Il existe à Paris , dans l'Institution royale, une jeune personne qui reconnaît les étoffes de soie diversement teintes, sans jamais les confondre.

Le plus grand nombre des résultats de l'application du sens que nous étudions offre une justesse , une vérité peu susceptibles d'illusions essentielles ; circonstance qui lui fait donner, sous ce rapport , une préférence marquée. Ainsi , dans la première enfance , où les impressions sont insolites et neuves , alors que les autres sensations manquent de l'expérience nécessaire pour les soustraire à l'erreur , on voit le jeune sujet employer incessamment l'organe du toucher, même pour l'exploration des objets qui ne rentrent pas dans sa compétence, passer le tems du noviciat de la gustation , de l'olfaction , de l'audition et de la vision , dans une palpation continuelle. A mesure qu'il avance dans la carrière de la vie, désabusé par la rectification de ses propres fautes, instruit par l'habitude et l'éducation , il a moins besoin du toucher, et ne l'exerce bientôt plus d'une manière si fréquente et si variée. Cette observation frappera nécessairement tous ceux qui, voulant étudier l'homme avec profondeur , examineront l'enfance , l'âge viril et la vieillesse , établissant des rapports avec tous les objets environnans.

Si nous examinons actuellement le *tact* ou toucher passif , nous le trouvons beaucoup plus généralement répandu, souvent même, dans la série des animaux , en raison inverse du toucher volontaire ; le polype, la chauve-souris nous en fournissent des exemples. Il ne s'agit plus, dans le premier, d'un sens particulier ; les impressions qu'il reçoit ne sont presque jamais précédées par le désir d'un rapport ; elles offrent une sorte de vague et d'indécision qui les font rentrer dans la communauté des sensations générales. Toutes les notions dont il devient l'occasion se bornent aux idées de la présence des corps, du froid, du chaud etc. ; encore nous expose-t-il fréquemment, sous ce dernier point de vue, de même que la palpation, à des erreurs que le thermomètre seul peut rectifier. Ainsi, nous trouvons les lieux souterrains plus chauds pendant l'hiver que pendant l'été, bien que leur température, assez peu variable, augmente un peu dans cette dernière saison. L'illusion tactile vient ici du jugement *absolu* que nous portons sur une modification *relative*, déterminée par la comparaison du milieu souterrain et de l'air extérieur. Nous disons chaque jour, en conséquence d'une illusion du même ordre : Le marbre est plus froid que le bois et la plupart des autres corps. Cependant plusieurs thermomètres appliqués à ces divers objets, sous l'influence d'un milieu commun, indiquent précisément la même chaleur. Ici nous identifions deux circonstances bien différentes, l'abaissement réel de la température du marbre, la soustraction du calorique dont il nous prive instantanément en raison de sa faculté conductrice et du poli de ses surfaces, touchant la nôtre par un grand nombre de points en même tems. Aussi, dans l'hypothèse où le degré thermométrique de ces corps dépasserait de beaucoup celui qui nous est propre, le marbre, d'après les mêmes lois physiques, nous semblerait beaucoup plus brûlant que tous les autres, et nous tomberions, sous le rapport de la chaleur, dans une erreur identique à celle que nous avions déjà commise relativement au froid.

Ces illusions de *l'impression mathématique*, dont la nature semble avoir fait le *régulateur* des autres, nous indiquent assez la circonspection et la réserve qui doivent accompagner les jugemens basés, d'une manière exclusive, sur le témoignage des sens.

§. VI. INFLUENCE DE L'HABITUDE. —— Comme toutes les sensations, le toucher s'émousse par l'habitude relativement à la vivacité de l'impression, et se perfectionne sous le rapport des notions qu'il fournit. Ainsi, nous supportons, avec beaucoup moins de peine, vers le milieu des hivers et des étés, un froid très-vif, une chaleur très-forte, que, vers le commencement des mêmes saisons, une température bien plus rapprochée du moyen terme entre ces deux extrêmes. Le frottement d'un vêtement de flanelle, quelquefois insupportable dans les premiers jours, ne produit bientôt plus aucune excitation incommode. En palpant fréquemment les corps, on acquiert la faculté d'en apprécier plus exactement les conditions tactiles. Par cette exploration seule, un fabricant exercé distingue immédiatement les différentes qualités des soieries, des toiles, des draps etc.; avantage que ne présente point l'homme sans expérience, fût-il même naturellement doué du toucher le plus délicat. Il est peu de résultats, dans cet ordre, que ne puisse opérer l'éducation relativement au sens que nous étudions. Au milieu des faits nombreux qui viennent le démontrer nous citerons les suivans : l'aveugle de Piseaux continuait à se livrer, avec une rare dextérité, aux ouvrages manuels les plus minutieux. Saunderson, antiquaire privé de la vue, distinguait aisément une médaille fausse d'une vraie. Ganivasius ayant perdu complétement la vision, pouvait encore très-bien sculpter par le secours du toucher.

§. VII. SYMPATHIES.— Le toucher se trouve naturellement lié à tous les phénomènes de l'organisme par une sympathie sans réciprocité. Souvent très-développée du premier aux seconds, elle existe à peine, devient même quelquefois absolument inappréciable des seconds au premier. Nous en trouvons la raison dans l'importance et la nécessité des actions tactiles relativement au plus grand nombre des fonctions de l'économie, dans l'inutilité de la plupart de ces fonctions sous le rapport de la palpation. C'est en conséquence de ces dispositions essentielles que nous voyons les excitations de la peau retentir plus ou moins fortement dans tous les systèmes, avec des résultats variés suivant les caractères particuliers de ces modifications vitales. Ainsi, le contact d'un objet dégoûtant influence les organes digestifs quelquefois d'une manière assez desagréable pour solliciter le vomissement. Celui d'un reptile, de certains insectes produit, dans toute la constitution, le malaise, l'horripilation, le frémissement, quelquefois même des convulsions partielles ou générales. Celui d'un corps très-doux, moëlleux, élastique, velouté, doué d'une température moyenne, détermine dans tout l'organisme des ébranlemens nerveux suivis d'une sensation voluptueuse dont les effets portant plus spécialement sur les organes reproducteurs, occasionnent un état commun de bien-être et d'expansion. Nous devons même faire observer que toutes nos jouissances physiques se rattachent naturellement à des impressions dont le siége se rencontre dans les organes du tact, et l'origine, dans cette action des modificateurs auxquels il peut être soumis. Les différentes excrétions physiologiques, les rapprochemens lascifs, la copulation etc., dans leurs effets particuliers à cet objet, démontrent la réalité du principe que nous venons d'établir. Le plus remarquable de tous ces résultats généraux de la palpation est le *chatouillement*, que M. Sédillot fait dériver de *catus*, chat, en raison de la grande sensibilité que présente cet animal au même genre d'excitation. On le détermine en passant avec légèreté, sur l'enveloppe dermoïde, un corps souple et toujours incapable de la froisser péniblement. Les parties les plus riches en épanouissemens nerveux, lors surtout que ces derniers communiquent fréquemment avec les ganglions, sont précisément celles où le chatouillement est le plus facile à provoquer, et détermine les plus violentes réactions. Une volonté ferme peut résister pendant quelques instans à cette influence ; aussitôt qu'elle est vaincue, l'impulsion devient instinctive, maîtrise la raison, et prend les caractères des passions les plus impérieuses dans les mouvemens désordonnés qu'elle entraîne. Le rire morbifique produit par les contractions anormales et sympathiques du diaphragme, l'agitation et les contorsions les plus énergiques pour fuir cette modification vitale sans pouvoir s'arrêter, même à l'aspect d'un véritable danger, les cris, les spasmes, les convulsions, la syncope et quelquefois la mort, tel est l'ensemble des perturbations constitutionnelles ordinairement effectuées par ce genre d'excitation locale. On conçoit maintenant pourquoi les sujets du tempérament nerveux ganglionaire le plus développé sont en même tems les plus chatouilleux ; pourquoi les organes génitaux, les flancs, les lèvres, le nez, les oreilles, les faces plantaire des pieds, palmaire des mains etc., sont les points de l'enveloppe extérieure où cette sensation, si promptement généralisée, peut s'éveiller avec le plus d'empire et de facilité. Le tyran farouche dont l'histoire ne parlera désormais qu'avec une véritable horreur, connaissait bien les angoisses que nous venons d'énumérer, lorsqu'après avoir épuisé tous les raffinemens des plus barbares cruautés, il fit du chatouillement un nouveau moyen de supplice.

§. VIII. Altérations. — Le toucher peut offrir les quatre modifications pathologiques. 1° *Augmentation.*—

Elle est assez commune dans les phlegmasies cutanées, et plus spécialement dans celles qui siégent aux mains, aux pieds etc. , pendant le cours de plusieurs névroses. Chez les sujets affectés d'hydrophobie, le tact se trouve exagéré, de manière que les plus faibles agitations de l'air occasionnent des angoisses que ces malheureux expriment par leurs cris déchirans. Trois hommes, atteints de cette affreuse maladie, ont succombé devant nous, à l'Hôtel-Dieu de Paris, après quelques jours des plus violens accès; ils nous suppliaient de ne pas agiter l'atmosphère, n'éprouvant aucune douleur plus vive que celle dont les déplacemens de ce milieu devenaient le principe, et sentaient une personne approcher à la distance de vingt pas. 2° *Diminution.* — Elle peut être produite, soit par l'épaississement de l'épiderme, soit par l'abaissement de la sensibilité nerveuse. On l'observe surtout dans les affections chroniques de la peau ; dans la période qui précède la desquamation pendant les éruptions cutanées. 3° *Perversion.* — Elle se manifeste souvent dans les névralgies. Ainsi, l'on voit des sujets rechercher avec sensualité le contact, les uns, des corps froids ; les autres, des objets très-chauds ; ceux-ci, des surfaces rugeuses ; ceux-là, des formes arrondies ; d'autres, enfin, être frappés de syncope, sous l'influence tactile d'un métal poli etc. 4° *Suspension.* — On la rencontre dans les parties où la douleur s'est fortement développée, après les brûlures, les divisions, les étranglemens, les contusions affectant surtout l'appareil nerveux de ces parties. Le toucher se rétablit, dans cette circonstance, par la cicatrisation normale de ces tissus, et par la réorganisation naturelle de l'épiderme et de la peau.

CHAPITRE DEUXIÈME.

GUSTATION.

§. I. ÉTYMOLOGIE, DÉFINITION, CARACTÈRES, BUT. — La gustation, γευσις, des Grecs; *gustatio*, des Latins, peut être définie : *impression des saveurs sur la muqueuse linguale, transport de cette impression au centre sensitif, qui la convertit en perception.* Cette action physiologique, particulièrement unie à la digestion, dont elle constitue l'un des phénomènes accessoires, se rencontre dès-lors chez un grand nombre d'animaux. Destinée, par sa nature, à nous faire connaître les modifications de la *sapidité*, dans les corps en général, et dans les alimens, d'une manière plus spéciale encore, elle fait naître, pour ces derniers, *l'appétit*, lorsqu'ils offrent une saveur agréable; *la répugnance*, dans l'hypothèse contraire. Les idées qui se développent en nous par cet intermédiaire, à peu près entièrement renfermées dans le cercle des besoins physiques, ne concourent jamais d'une manière bien remarquable à l'agrandissement de l'intelligence, et dès-lors ne sont pas du nombre de celles qui se gravent profondément dans le souvenir. Ces considérations nous offrent la raison positive du peu d'extension des facultés intellectuelles chez les hommes livrés à tous les raffinemens de la gastronomie, puisant ainsi le plus grand nombre de leurs sensations dans les différentes variétés des impressions gustatives.

Il faut donc voir, dans le sens que nous étudions, moins un instrument de l'existence morale, qu'un moyen de conservation physiologique, relatif à l'élaboration alimentaire, dont il garantit l'exercice habituel, en combattant l'indifférence absolue, qui bientôt eût compromis directement la réparation nécessaire à tout l'organisme. Rapprochant l'homme des animaux, beaucoup plus que toutes les autres sensations, celle du goût les dirige, dans la satisfaction de leurs premiers besoins, d'une manière d'autant plus instinctive et plus certaine, qu'ils sont moins éloignés de la nature, et que leurs appétits sont moins faussés par les abus inséparables de la civilisation. En liberté dans la prairie, le jeune coursier, sans autre guide, se repaît de l'herbe nutritive, en négligeant la plante vénéneuse; tandis que l'homme, dont les dispositions originelles sont trop souvent détruites par les dispositions acquises, est entraîné, sous l'influence du même régulateur, à l'usage d'alimens nuisibles, soit par leurs caractères propres, soit par les modifications que vient encore leur imprimer l'art culinaire.

§. II. APPAREIL. — On avait d'abord considéré toute la muqueuse palatine comme organe du goût. Il suffit de promener un corps sapide, un fragment de sucre, par exemple, sur les différens points de cette membrane, pour s'apercevoir que l'impression spéciale ne se manifeste qu'à l'instant où ce modificateur particulier est mis en contact avec la face supérieure de la langue; dans tous les autres lieux, il ne se développe que des impressions tactiles. Ici nous trouvons déjà plus distinctement les trois appareils affectés aux sensations spéciales.

Appareil protecteur. — Il est représenté par la cavité buccale, dont les parois garantissent la langue de toute aggression extérieure; par les follicules muqueux, lubrifiant, au moyen de leur produit, la membrane gustative, et la soustrayant ainsi à tous les inconvéniens des excitations trop directes.

Appareil de perfectionnement. — Il se trouve naturellement dans les glandes salivaires, dont le fluide sécrété favorise très-avantageusement la solution des molécules sapides; et plus particulièrement encore dans la langue, facilitant, par la souplesse et la mobilité dont elle est douée, les applications de l'organe essentiel.

Appareil sensitif. — Il est circonscrit dans la muqueuse linguale, où se ramifient les dernières divisions du nerf gustatif, en donnant naissance à des épanouissemens désignés sous le terme de *papilles.* Afin d'arriver à des idées précises, dans un point longuement controversé, nous examinerons d'abord les spécialités de cette partie de la muqueuse buccale; et nous déterminerons ensuite positivement le nerf qui doit être envisagé comme propre à la sensation occasionnée par les corps sapides.

La muqueuse linguale, dans sa partie supérieure exclusivement, présente une couleur vermeille, une sensibilité percevante générale très-déliée, une sensibilité spéciale évidente et relative à l'action particulière des saveurs. En l'examinant avec attention, dans toute cette partie, nous y voyons des éminences multipliées et que nous distinguons en trois ordres; papilles : 1° *coniques,* 2° *fungiformes,* 3° *caliciformes.* Ces dernières, au nombre de sept ou neuf, disposées en V, dont le sommet est dirigé vers le pharynx, occupent la base de la langue et ne sont, à proprement parler, que des follicules muqueux destinés à lubrifier la membrane buccale, et plus spécialement à favoriser le glissement du bol alimentaire. Les autres, disséminées sur les deux tiers antérieurs de cet organe, paraissent formées d'un épanouissement nerveux et vasculaire susceptible d'érection, comme on l'observe dans les excitations normales, et surtout dans les irritations sympathiques de la gastrite aiguë. Il nous reste maintenant à préciser le cordon médullaire qui concourt à la formation de ces papilles en constituant ainsi l'appareil sensitif de la gustation.

Quatre nerfs se distribuent à la langue. 1° Plusieurs filets des ganglions nazo et sphéno-palatins ; 2° le glosso-pharyngien, neuvième paire (Bichat); 3° l'hypoglosse, douzième ; 4° le lingual, branche de la cinquième. En examinant les fonctions de cet appareil musculo-membraneux on les voit également se réduire à quatre principales : 1° nutrition, 2° sensation commune, 3° mouvemens divers, 4° sensation spéciale du goût. Un nerf correspond à chacun de ces phénomènes essentiels ; il ne reste dès-lors qu'à distribuer à tous ceux que nous venons d'énumérer le rôle qui leur convient naturellement. Nous devons procéder méthodiquement vers ce terme, et pour l'atteindre, consulter en même tems l'anatomie, la physiologie, les altérations pathologiques et l'expérimentation comparée.

Boerhaave dit avoir vu le goût détruit après la section du nerf hypoglosse dans l'excision d'une tumeur carcinomateuse de la langue, et pense dès-lors que celui-ci doit être considéré comme siége essentiel de l'impression gustative. Haller ayant excité, l'un après l'autre, tous les nerfs de cet organe, au moyen du galvanisme, s'aperçut bientôt que l'irritation de l'hypoglosse et du glosso-pharyngien seuls déterminaient les contractions de ses muscles, alors que la même influence portée sur le nerf lingual n'entraînait aucun mouvement. M. Richerand ayant répété ces expériences, en reconnut l'exactitude, et découvrit qu'en établissant le courant, du trajet de ce dernier nerf à la muqueuse, on faisait naître une saveur métallique prononcée ; d'où ces phy-

siologistes infèrent que les deux premiers cordons nerveux sont moteurs de la langue et du pharynx, tandis
que le troisième est exclusivement relatif à l'organe du
goût. Galien, Vesale, Willis partagèrent cette opinion
sans l'appuyer sur des faits aussi probans. Charles Bell
démontre que ces conclusions se trouvent en rapport
exact avec sa manière d'envisager l'origine des nerfs.
Ainsi le lingual, *sensitif*, est à racine postérieure avec
renflement ganglionaire ; l'hypoglosse, *moteur exclusif*,
ne présente qu'une racine antérieure ; le glosso-pharyngien, *associant ces deux organes*, part de la colonne
propre aux nerfs *respiratoires* de l'auteur. M. Magendie s'est assuré, par des expériences comparatives, que la
section du nerf lingual détruit entièrement la sensibilité
gustative. Si nous passons actuellement aux terminaisons
particulières de ces nerfs dans la langue, nous y trouvons la confirmation définitive de ces opinions. Ainsi ,
1° Les *filets* des ganglions nazo et sphéno-palatins se distribuent dans le parenchyme ; 2° le *glosso-pharyngien*,
dans les muscles de la langue, du pharynx et dans la
membrane muqueuse de ces deux organes ; 3° l'*hypoglosse*, dans les muscles du premier exclusivement ; 4° le
lingual traverse , au milieu de ces derniers , toute
l'épaisseur du corps charnu sans lui fournir des rameaux,
gagne la muqueuse de la face supérieure, et semble bien
positivement constituer, par ses épanouissemens terminaux, les papilles *coniques* et *fungiformes*.

En résumant toutes ces considérations, nous voyons
disparaître la confusion qui d'abord se présentait relativement aux fonctions particulières de ces différens nerfs.
Il nous semble actuellement bien démontré que l'on doit
ainsi diviser leurs attributions spéciales : 1° sensibilité
présidant aux phénomènes de nutrition et de sécrétion
vitale, *filets* des ganglions nazo et sphéno-palatins ;

2º sensibilité présidant aux sensations générales de la langue et du pharynx ; motilité de ces deux organes, relativement à leurs phénomènes d'association, *glosso-pharyngien*. 3º Motilité de la langue relativement à ses phénomènes propres, *hypoglosse*. 4º Sensibilité présidant à la sensation spéciale du goût, *lingual*. Ajoutons que la cinquième paire fournit également les nerfs des organes producteurs de la salive, très-probablement pour lier cette élaboration sécrétoire à la gustation dont elle assure et favorise le développement.

Chez les animaux, — l'appareil du goût nous offre d'assez nombreuses modifications. Rudimentaire chez les polypes, auxquels plusieurs physiologistes l'ont même refusé, nous le voyons s'agrandir, se perfectionner dans la série zoologique, et prendre insensiblement, pour les animaux supérieurs, des caractères analogues à ceux qu'il manifeste dans l'homme. Du reste, il se trouve toujours placé à l'orifice de la première cavité digestive.

Chez les mollusques, ils est quelquefois difficile de bien spécifier le siége de la gustation ; cependant nous croyons impossible de l'établir ailleurs qu'à l'entrée du conduit alimentaire. La même observation s'applique aux *animaux articulés*. Chez les abeilles, les mouches etc., il paraît exister à l'extrémité de la trompe. *Dans les rayonnés*, on le rapporte à l'intérieur du sac nutritif, aussi les voyons-nous ingérer, dans leur estomac, tous les corps environnans, et rejeter, par le vomissement, ceux qui n'offrent pas les conditions appropriées, seulement après les avoir explorés et jugés à leur manière par la muqueuse gastrique. *Chez les reptiles et le plus grand nombre des poissons*, nous voyons l'appareil antérieur de la langue se réduire aux dimensions les plus bornées, et quelquefois à des conditions de sécheresse et d'insensibilité qui doivent rendre le goût très-obtus.

Dans les oiseaux, cet organe présente assez ordinairement des.papilles cornées. Chez le perroquet dont la gustation semble acquérir un plus grand développement, et qui paraît même savourer les substances employées à sa nutrition, la langue est aussi plus molle et plus charnue. *Dans les cétacés*, la membrane gustative est tellement lisse et dépourvue du corps papillaire, que la faculté d'apprécier les saveurs devient au moins douteuse. *Chez les mammifères* on rencontre des modifications très-variées relativement à la forme, aux dispositions, à la mollesse de l'organe sensitif. Dans un grand nombre de ruminans, les papilles sont déjà rudes au toucher; la plupart des carnivores en offrent qui prennent la dureté de la corne et, dirigées en arrière, peuvent déchirer les tissus délicats léchés par l'animal.

§. III. MODIFICATEUR.—On lui donne communément le nom de *saveur*, χυμὸς des Grecs, *sapor* des Latins. Il ne faut pas entendre par cette expression, soit une vibration, soit une substance analogues à la lumière, au calorique, à l'électricité etc., mais seulement une propriété particulière aux corps sapides, et modifiée diversement dans chacun d'eux. L'agent spécial que nous recherchons n'est donc autre chose que les molécules de ces corps présentées à l'état de solution. Aussi toute substance insoluble dans les fluides salivaire et perspiratoire de la bouche, devient-elle, par cela même, absolument insipide.

Les physiologistes ont fait des recherches multipliées pour découvrir la cause essentielle de cette propriété. Des observateurs microscopiques ont admis, à cette occasion, dans tous les corps sapides, une certaine quantité d'animalcules susceptibles d'exciter diversement la langue. Le vinaigre, ont-ils ajouté, devient piquant parce que les animalcules de cette liqueur offrent un aiguillon acéré ; l'eau paraît au contraire fade et presque insipide, en raison de la forme obtuse que présente celui du plus grand nombre des infusoires en mouvement dans ce fluide. On peut citer une opinion semblable, mais la réfuter sérieusement deviendrait au moins fastidieux.

Quelques mécaniciens, sans autant d'invraisemblance, ont rapporté la cause des saveurs aux conditions moléculaires, prétendant que les particules obrondes communiquent la sensation du sucre, et celles qui sont anguleuses, l'impression d'un acide. En supposant même que cette explication physique parût satisfaisante relativement aux deux modifications que nous venons d'indiquer, comment pourra-t-on l'appliquer aux saveurs amère, nauséabonde, aromatique, salée etc. ? Nous ne pensons pas qu'il soit possible de nous l'apprendre: Haller a d'ailleurs fait observer que les molécules de l'huile et de l'acide citrique ont absolument la même forme et sont globuleuses, dispositions qui ruinent complétement cette hypothèse.

Il nous semble beaucoup plus physiologique d'envisager la saveur comme une propriété inhérente à la nature, à la composition même du corps sapide. Vouloir en approfondir l'essence, est évidemment poursuivre une chimère, puisque c'est avoir la vaine prétention de remonter à cet ordre primitif des causes dont l'investigation devient à jamais impossible. Toutefois, il nous est démontré par l'expérience que cette propriété se trouve en général d'autant plus développée que les corps sont plus solubles dans les humeurs de la cavité buccale ; et qu'elle disparaît entièrement lorsque ces derniers ne sont pas susceptibles d'être dissouts par les fluides indiqués. C'est ainsi qu'un fragment de silex appliqué sur l'organe du goût n'éveille d'autre sensation que celle du tact, alors qu'une parcelle de poivre, de sel marin etc., produisent, outre cette impression, celle d'une saveur particulière à ces mêmes corps.

On a diversement classé les modifications sapides. Galien en compte huit : *austère, acerbe, amère, salée, âcre, acide, douce, grasse*. Boerhaave dix : *acide, douce, amère, salée, âcre, alcaline, vineuse, spiritueuse, aromatique, acerbe*. Linné également dix : *douce, âcre, grasse, styptique, amère, acide, muqueuse, salée, aqueuse, sèche*. Haller douze : *fade, douce, amère, acide, acerbe, âcre, urineuse, salée, spiritueuse, aromatique, nauséeuse, putride*. Le défaut d'uniformité de ces divisions nous en démontre assez tout l'arbitraire. Aussi, nous bornant à les indiquer, nous ne croyons pas devoir leur accorder plus d'importance.

§. IV. APPÉTIT. — Le sentiment instinctif qui nous invite à l'exploration des corps sapides, offre des rapports intimes avec celui que fait naître le besoin des alimens. C'est donc ordinairement, dans les circonstances naturelles, sous l'influence de la faim que nous sommes conduits, moitié par instinct, moitié par réminiscence, à rechercher certaines substances pour en apprécier la saveur. Lorsque ce besoin de la réparation est satisfait, le sentiment que nous étudions disparaît, se trouve même quelquefois remplacé par une véritable répugnance. L'homme raisonnable, attentif à repousser les mensongères insinuations des appétits abusifs, n'éprouve jamais d'attrait à savourer des alimens nouveaux ou même des assaisonnemens, lorsque l'estomac est abondamment rempli. Ces vicieuses dispositions, très-rares dans les hordes sauvages, beaucoup plus communes chez les peuples civilisés, constituent la *gourmandise*, pour le premier cas, et la *friandise*, pour le second ;

leur ensemble reçoit le nom de *gastronomie*. C'est pour entretenir la faculté gustative au-delà de ses limites naturelles, que l'art culinaire et ceux qui s'y trouvent annexés modifient, d'une manière variée, tous ces mêts qui surchagent nos tables dans les repas somptueux, et dont les saveurs excitantes, nuancées avec une si fâcheuse habileté, nous font presque toujours dépasser les bornes du besoin naturel par l'impulsion des nécessités factices. Le sens du goût n'est pas responsable des excès dans lesquels il peut alors entraîner ; soumis aux lois primordiales, il servirait plutôt à les prévenir ; accusons exclusivement nos habitudes funestes entretenues et développées sous l'influence destructive des abus du luxe et de la civilisation.

§. V. ÉTUDE. — Plusieurs conditions sont indispensables à l'accomplissement des phénomènes gustatifs : 1° la présence d'un corps sapide plus ou moins soluble dans les fluides buccaux. 2° L'intégrité de la muqueuse linguale et du nerf qui lui communique la sensibilité spéciale du goût. 3° L'absence d'un enduit épais, susceptible de masquer les papilles nerveuses. 4° Le ramollissement de l'appareil sensitif par les humeurs salivaires et perspiratoires incessamment versées dans la bouche. C'est en produisant des modifications opposées que certaines maladies, et notamment la duodénite, la gastrite, l'angine etc., diminuent, pervertissent, quelquefois même suspendent complétement, pour un tems plus ou moins prolongé, la faculté de percevoir les saveurs.

Plusieurs physiologistes ont voulu retrouver dans le goût une simple modification du toucher ; d'autres l'ont envisagé comme le résultat d'une impression physique ; M. Jacobsum a particulièrement soutenu cette opinion. M. Cuvier pense au contraire que cette impression est chimique. Il nous semble que les auteurs ont encore pris, dans cette occasion, l'influence matérielle du modificateur sur l'organe, pour la sensation elle-même. Avec cette première distinction fondamentale, nous adoptons la théorie de M. Cuvier. En effet, puisqu'il est indispensable que les corps jouissent de la solubilité pour devenir sapides, en d'autres termes, qu'ils soient présentés molécule à molécule aux organes d'exploration pour effectuer la sensation gustative, il est par cela même démontré que leur action immédiate sur la muqueuse linguale se trouve chimiquement opérée. Que l'on expérimente au moyen d'un fragment de verre, d'argent, d'or etc., jamais on ne produira qu'une excitation physique. Si nous examinons actuellement l'impression sensitive reçue par l'organe approprié, de même que toutes les autres, elle n'appartient plus au domaine de la physique et de la chimie, elle est essentiellement vitale. Sa nature particulière est ensuite comprise dans la sensibilité spéciale des nerfs gustatifs, dont cette faculté n'est plus actuellement un problème. Son développement est d'autant plus parfait que ces nerfs sont plus volumineux, mieux constitués, la langue plus spongieuse, la membrane papillaire plus humide, recouverte par un épiderme plus délié. Aussi, voyons-nous les femmes et les enfans, chez lesquels prédominent ces dispositions, rechercher des saveurs faibles, telles que celles des fruits aqueux, du sucre etc., tandis que l'homme arrivé dans l'âge viril, avec des conditions opposées, préfère les saveurs fortes, celle des boissons alcoholiques, par exemple. Déterminée convenablement dans l'appareil du goût, l'impression sapide est propagée vers le cerveau par le moyen du nerf lingual, et bientôt convertie en perception sous l'influence du principe immatériel.

La sensation gustative, résultat final de ces différentes actions physiologiques, plus spécialement liée, comme nous l'avons déjà dit, aux fonctions nutritives, dirige l'homme et les animaux dans le choix de leurs alimens, dispose l'estomac aux perfectionnemens de son élaboration, et devient un attrait puissant qui garantit l'exercice habituel des phénomènes digestifs indispensables à la conservation individuelle. Cette impulsion instinctive, modérée dans les constitutions normales, revêt quelquefois, chez le gastronome, tous les caractères d'une passion, d'une véritable monomanie.

§. VI. Influence de l'habitude.—Assez prononcée relativement à cette fonction, elle présente, pour effet essentiel, d'affaiblir notablement la vivacité de l'impression, en même tems qu'elle rend la sensation plus nette, plus susceptible d'être bien jugée. Ainsi l'homme qui, pour la première fois, prend un vin généreux, un aliment très-sapide, éprouve des sensations fortes, mais il est incapable de bien préciser les caractères de ces modificateurs; d'un autre côté le gourmet et le sujet versé dans l'art culinaire distinguent aussitôt jusqu'aux nuances les plus légères des impressions, alors cependant que le goût de ces individus, en quelque sorte blasé, n'éprouve qu'une sensation comparativement assez faible.

Les mêmes excitations sapides répétées, sans aucun changement, occasionnent bientôt le dégoût. Il n'existe qu'un seul moyen d'éviter cet épuisement d'une faculté précieuse, puisqu'elle se rattache directement à la conservation de l'organisme, c'est de varier la nature plutôt que l'intensité des impressions gustatives ; on se délasse d'autant plus convenablement d'une saveur par une autre, que le sens conserve alors sa fraîcheur et sa pureté. En augmentant, au contraire, d'une manière graduée, la force des excitans pour soutenir le développement de la sensation, on conduit inévitablement l'appareil soit à l'inflammation des tissus qui le composent dans ses parties essentielles, soit à l'extinction de la sensibilité spéciale qui le distingue. Lorsqu'il n'existe encore qu'un affaiblissement plus ou moins notable, on peut ramener cet appareil à ses conditions primitives par le repos et l'usage progressif des modificateurs les plus faibles.

§. VII. Sympathies.—Elles deviennent très-intimes entre l'organe du goût et l'estomac. Il suffit qu'une saveur désagréable affecte le premier, pour que des spasmes et des convulsions se développent dans le second ; souvent même la simple réminiscence d'un objet capable de produire cette pénible sensation, agit avec assez de force pour occasionner le vomissement. Ces modifications sympathiques sont d'autant plus habituelles et plus profondes qu'elles sont déterminées par des liaisons réciproques entre les appareils indiqués. Ainsi, dans les embarras muqueux ou bilieux de l'estomac, dans les phlegmasies aiguës ou chroniques de ce viscère, le goût présente ordinairement un état d'affaiblissement ou de perversion. De là ces *anorexies* qui deviennent un bienfait de la nature en s'opposant à l'ingestion alimentaire ; ces anomalies gustatives nommées *pica*, *malacia*, qui s'opposent toujours puissamment à la guérison radicale en raison des imprudences continuelles qu'elles introduisent dans le régime nutritif. C'est par une extension de cette même sympathie que le goût s'unit fonctionnellement à l'utérus pendant les premiers mois de la gestation, aux époques menstruelles, surtout lorsqu'elles sont irrégulières, difficiles, et que l'on voit survenir toutes ces lésions pathologiques du sens que nous étudions.

§. VIII. Altérations.—Elles nous offrent les quatre modifications principales. 1° *augmentation*. — On l'observe quelquefois pendant les inflammations suraiguës de l'appareil digestif, surtout lorsqu'elles entraînent la desquamation de l'épiderme sur la muqueuse linguale. Il existe alors plutôt irritation maladive que sensation physiologique ; les saveurs les plus faibles agissent elles-mêmes avec trop de vivacité. Le sujet, dans ces dispositions, se trouve instinctivement conduit à la recherche des substances les plus douces, les moins sapides. 2° *Diminution.*—Elle se manifeste le plus ordinairement dans les phlegmasies chroniques du conduit alimentaire, surtout lorsque ces inflammations ont leur siége à peu-près exclusif dans le tissu muqueux, la langue se couvrant alors sympathiquement d'un enduit épais, adhérent, et qui soustrait, en grande partie, les épanouissemens du nerf gustatif à l'influence des molécules sapides. C'est par la destruction de la cause et non par l'usage des excitans, qui toujours en augmentent l'intensité, que l'on doit combattre ce genre d'altération. La vieillesse, par l'affaiblissement de la sensibilité, par un développement gradué dans la sécheresse et dans l'épaisseur de l'épiderme lingual, amène la diminution progressive du goût, mais d'une manière beaucoup moins prononcée que pour les autres sens, modification exigée par l'union de ce dernier aux phénomènes digestifs ; plaçant en conséquence, dans les impressions gustatives, les dernières jouissances de la caducité. 3° *Perversion.*—Elle est toujours la conséquence d'une altération directe ou sympathique affectant la nature même de la sensibilité spéciale des nerfs linguaux. Ainsi les névralgies de la cinquième paire, celles qui portent sur l'utérus, l'estomac, les intestins etc., nous en offrent d'assez fréquens exemples, notamment chez les hypocondriaques, les mélancoliques, les femmes enceintes etc., qui savourent avec délice, les uns, du savon, de la suie, du plâtre, de la brique pilée, du papier ; les autres, des fruits acerbes, des viandes crues, du pain noir mal fermenté, des fromages

putréfiés etc. Une circonstance bien remarquable doit surtout fixer ici l'attention. Des substances aussi directement
nuisibles par leur action sur les organes avec lesquels on
les voit alors en contact, ne produisent ordinairement,
dans cette occasion, aucun des accidens que l'on pourrait craindre ; comme si la nature modifiait convenablement les facultés digestives pour les accommoder à toutes
les anomalies bizarres des organes gustatifs. 4° *Extinction.*—La paralysie, la compression, la section des nerfs
trijumeaux, l'état calleux de la muqueuse linguale, quelquefois même l'influence prolongée d'une angine, d'une
gastrite chronique, peuvent suspendre et même anéantir complétement le sens du goût. On voit alors se manifester une indifférence entière pour l'accomplissement
des phénomènes digestifs ; consécutivement la langueur
et l'inaction des organes qui les exécutent ; la détériora-
tion profonde et graduée du physique et du moral ;
quelquefois même, l'ennui, le découragement et l'indifférence pour la vie. Des effets aussi généraux, aussi
graves, produits par une cause en apparence légère et
bornée, démontrent encore l'importance du goût dans
la série des actions physiologiques.

CHAPITRE TROISIÈME.

OLFACTION.

§. I. ÉTYMOLOGIE, DÉFINITION, CARACTÈRES, BUT.—
L'olfaction, οσφρεσις des Grecs, *olfactio, odoratio* des

Latins, peut être définie : *action des odeurs sur la pituitaire*, *transport de cette impression au cerveau par les nerfs olfactifs*, *réaction de l'encéphale qui la convertit en perception sous l'influence du principe immatériel.* Ce phénomène sensitif uni à la respiration, comme le goût à l'élaboration digestive, paraît spécialement destiné à reconnaître les qualités de l'air qui doit pénétrer dans les poumons, comme la gustation explore celles des alimens qui peuvent être confiés à l'estomac. Ainsi, lorsque l'atmosphère ambiante contient des miasmes dangereux et surtout des gaz corrosifs, délétères etc., l'odorat fait naître une répugnance proportionnée aux caractères nuisibles de ces agens destructeurs, la respiration est suspendue par l'influence d'une impulsion instinctive, et sans la participation raisonnée de la volonté. Pour bien connaître l'espèce de gêne, d'anxiété, de strangulation laryngée qui se font alors éprouver, il suffit de séjourner, pendant quelques instans, au milieu d'un air chargé d'acides hydro-sulfurique, sulfureux, nitreux etc. L'effet que nous indiquons est si positif et si général que l'on désigne ordinairement ces odeurs sous le nom de *suffocantes.*

Ce but essentiel de l'olfaction ne constitue pas son genre exclusif d'utilité. Nous la voyons encore devenir l'accessoire du goût dans le choix des alimens et dans l'avantage de préparer une bonne digestion. Nous savons que les mêts qui plaisent à l'odorat sont recherchés avec plus d'empressement ; aussi l'art culinaire, dont la satisfaction du goût présente l'objet fondamental, est-il bien loin de négliger les modifications relatives à l'appareil olfactif. Toutefois, s'il était nécessaire d'établir la supériorité de l'un ou l'autre de ces deux sens, comme explorateur alimentaire, nous ferions seulement observer que certaines substances, les vieux fromages , par exemple, d'une odeur infecte, repoussant l'odorat, mais flattant le goût, sont pris avec appétit et presque toujours assez facilement digérés.

L'olfaction, rudimentaire dans les premières années, ultérieurement développée sous l'influence de l'habitude, et surtout par les perfectionnemens assez tardifs que reçoit alors son appareil, fournit encore, à l'esprit, des matériaux pour l'intelligence ; à l'âme, des élémens pour les passions affectives. Quel homme n'a senti cette expansion de la vie, cette influence bienfaisante, au milieu d'un parterre émaillé des fleurs délicieuses qu'arrosent les pleurs de l'aurore précédant un beau jour ! C'est évidemment dans une de ces rêveries pleines d'illusions, que Zimmermann et le trop sensible Jean-Jacques placèrent l'odorat au premier degré, comme sens des facultés intellectuelles. Il appartient davantage aux impulsions instinctives, et s'il peut augmenter les prestiges de l'imagination, il n'offre jamais une source féconde aux principes constituans de la pensée.

C'est en conséquence des mêmes inductions que Buffon, exagérant la puissance de ce moyen explorateur, en fait « *le sens* universel du *sentiment,* chez les animaux ; « l'œil qui voit les objets, non seulement où ils sont, « mais encore dans les lieux qu'ils ont occupés. » Ce naturaliste ajoute que l'ours, le cheval, le sanglier, le renard, le corbeau, l'échassier, le cygne, un grand nombre de poissons et d'insectes flairent beaucoup plus loin qu'ils ne voient.

D'autres ont prétendu que ce même sens pouvait entretenir la vie, par une sorte d'alimentation. Bacon rapporte qu'un gentilhomme de sa connaissance passait fréquemment quatre ou cinq jours sans prendre aucun aliment solide, aucune boisson, respirant seulement, par intervalles assez rapprochés, les émanations odorantes qui s'élevaient d'un faisceau de plantes aromatiques auxquelles il ajoutait des légumes forts , tels que l'oignon , l'ail etc. Diogène assure que Démocrite prolongea son existence par l'odoration du pain chaud. Oribase connaissait un philosophe qui pouvait se nourrir par celle du miel. En accordant à ces faits l'authenticité qu'on leur suppose , nous pensons que ce n'est point en fournissant des élémens nutritifs que l'odorat a pu soutenir la vie , mais seulement par l'excitation physiologique attachée au développement de son activité.

§. II. Appareil. — Toujours placé dans un lieu plus ou moins rapproché des voies respiratoires, l'instrument de l'olfaction nous offre, d'une manière assez précise, les trois parties que nous désignons par les termes d'*appareils* : 1° *protecteur* ; 2° *de perfectionnement* ; 3° *sensitif*. Nous devons les examiner isolément , et sous les rapports fonctionnels.

1° *Appareil protecteur*. — Il est représenté par le nez , éminence pyramidale , placée , comme un chapiteau , sur les ouvertures antérieures des fosses nasales , de manière à les garantir avantageusement. Cette éminence, dont le volume et la disposition constituent l'un des traits essentiels de la physionomie, occupe le milieu de la face ; dominant la bouche , elle est surmontée latéralement par les yeux. On a caractérisé les formes principales qu'elle peut offrir, sous les dénominations de nez : 1° *Aquilin* ; assez allongé , pointu , recourbé inférieurement ; ordinaire à la race européenne , surtout aux Français , aux Italiens , aux Espagnols etc. 2° *Épaté*, *camard* , court, large , épais , arrondi , charnu ; plus particulier à la race nègre , aux habitans des régions hyperboréennes. 3° *Retroussé* ; comme tronqué à son extrémité libre , qui laisse antérieurement les deux ouvertures à découvert ; il est assez commun parmi les

Chinois. Le nez, quelle que soit sa configuration, est formé par des os, des fibro-cartilages, des muscles, du tissu cellulaire, et couvert par une enveloppe dermoïde mince, pourvue d'une grande quantité de follicules sébacés. Une cloison élastique le divise en deux parties. Chacune de ces cavités est l'origine antérieure des fosses nasales; elle présente latéralement une ouverture mobile désignée par le terme de narine; garnie de poils volumineux, durs, bornés dans leur accroissement, et nommés *vibrisses*, prévenant l'introduction des corpuscules extérieurs, sans nuire à la circulation de l'air. Les altérations très-nombreuses que peut éprouver cette première partie de l'appareil olfactif, donnent à la physionomie un aspect plus ou moins repoussant. Chez les Hébreux, on excluait du sacerdoce tous ceux qui présentaient ces altérations dégoûtantes. Chez les Égyptiens, on amputait le nez des femmes adultères; plusieurs législateurs ont décidé que cette mutilation devait être envisagée comme une cause légitime de divorce.

2° *Appareil de perfectionnement.* — Il est composé d'une série de cavités anfractueuses, destinées, par la multiplicité de leurs contours, à ralentir le passage de l'air qui doit effectuer l'impression olfactive, à le mettre en réserve, dans l'intention de prolonger l'action de ce modificateur sur l'organe qu'il doit particulièrement exciter. Ces cavités doubles, et désignées par le terme collectif de *fosses nasales*, commencent antérieurement aux narines, se terminent en arrière dans le pharynx, par deux ouvertures habituellement libres, et qui peuvent être momentanément fermées par le soulèvement du voile palatin. Chacune des fosses nasales, comprise entre ces deux limites, représente un canal triangulaire, à base inférieure, variable par ses dimensions, surtout en longueur, et dont le développement, dans ce dernier sens , est presque toujours opposé à celui du crâne. Par une conséquence nécessaire , les manifestations de l'odorat , au moins chez la plupart des animaux , sont en raison inverse de celles que présente l'intelligence; en proportion assez rigoureuse avec celles de la sensualité. Ce canal disposé en plan incliné , des narines aux ouvertures pharyngiennes , reçoit, dans son trajet, les orifices de plusieurs cavités secondaires , sans autre issue terminale , et décrites sous le nom générique de *sinus*. Le conduit principal et ses anfractuosités accessoires sont établis sur chacun des côtés , et séparés au moyen d'une cloison commune formée , en arrière , par le vomer; en-devant, par le fibro-cartilage triangulaire ; au milieu , par la lame éthmoïdale; de telle sorte qu'il existe , à proprement parler, deux appareils olfactifs , l'un droit , l'autre gauche.

La partie supérieure du canal triangulaire , sensiblement retrécie, nous offre, d'avant en arrière, les os du nez, la voûte criblée de l'ethmoïde , le corps du sphénoïde , où se trouve l'ouverture du sinus, creusé dans cet os. La partie inférieure assez large , concave transversalement , présente , en suivant la même direction , le maxillaire supérieur et le palatin. La région interne est représentée par la cloison ; l'externe est la plus compliquée dans sa structure ; elle porte l'orifice de tous les sinus , à l'exception du *sphénoïdal* que nous venons d'indiquer. On y remarque , de haut en bas, les trois cornets et leurs méats; du nez au pharynx , l'ouverture du sinus *frontal*, pratiqué dans l'os du même nom ; celle des sinus *ethmoïdaux antérieurs*, *maxillaire*, *ethmoïdaux postérieurs*, également renfermés dans les os, dont ils empruntent leur dénomination ; sous le méat inférieur , la terminaison du canal que l'on désigne par le titre de *nasal*, et qui dépose, dans cette cavité, le surplus des larmes employées au besoin de l'œil, servant dès-lors à ceux de l'odorat, en humectant l'organe de sensation, en même tems qu'elles favorisent la dissolution du modificateur. Derrière et près l'orifice guttural des fosses nasales, se rencontre le pavillon de la trompe d'Eustache.

3° *Appareil sensitif.* — Il est représenté par une membrane muqueuse rouge, molle, très-vasculaire, très-nerveuse, connue sous les dénominations de *pituitaire*, *membrane de Schnéïder*, qui, le premier, l'a décrite avec assez de précision. Elle revêt, à l'intérieur, les cavités que nous venons d'énumérer, sans toutefois présenter l'excitabilité olfactive dans ces différentes anfractuosités, au moins d'une manière notable; circonstance qui nous conduira nécessairement à rechercher, pour les fosses nasales, quel est le siége précis de l'odoration. Cette membrane reçoit, comme toutes les autres, des vaisseaux sanguins et lymphatiques, des nerfs qui lui donnent la sensibilité percevante générale; elle est habituellement le siége d'une perspiration et d'une sécrétion folliculaire muqueuse, dont les produits s'unissent aux larmes, pour la maintenir dans un état de souplesse nécessaire à ses fonctions, et la garantir contre l'irritation des agens extérieurs. Outre ces dispositions communes, la pituitaire en présente qui lui sont particulières. Elle reçoit des filets du nasal ; des branches ophthalmique, frontale ; des nerfs vidien, palatin, dentaire inférieur, maxillaire supérieur; du ganglion sphéno-palatin; enfin, le nerf de la première paire tout entier. Au milieu de cette confusion d'organes sensibles, et de cavités revêtues par la membrane de Schnéïder, il faut avant tout apprécier le nerf essentiel de l'olfaction et le point de l'instrument où s'effectue l'impression particulière.

Sous le premier rapport, — Méry prétend avoir vu l'odorat jouissant d'une grande finesse chez un homme

dont les deux nerfs de la première paire étaient entièrement calleux, et dès-lors attribue la faculté olfactive
au nerf de la cinquième. Haller ne le croit pas entièrement étranger à cette même sensation. M. Magendie fait
la section du nerf olfactif, l'odoration et la sensibilité
générale persistent. Il coupe le nerf nasal ; ces deux facultés sont détruites. D'un autre côté, Oppert, Ceratti,
Loder ont toujours vu la perte de l'odorat coïncider avec
la compression ou la destruction du premier. Dans les
animaux inférieurs la cinquième paire seule paraît se
distribuer aux organes des sens, mais à mesure que
l'on s'élève dans l'échelle zoologique, on voit un nerf
particulier s'ajouter à l'appareil sensitif, en constituer
la base fondamentale en lui donnant les moyens d'apprécier l'influence d'un modificateur spécial. Ces dispositions, en même tems qu'elles nous indiquent assez
positivement le concours du nerf nasal dans l'odoration,
nous prouvent évidemment qu'il ne faut pas l'envisager,
dans les organismes parfaits, comme l'instrument principal de cette sensation. C'est exclusivement à l'olfactif
qu'il faut attribuer l'avantage de recevoir les impressions
odorantes. Quelques auteurs le font naître du lobe cérébral antérieur ; d'autres, des corps striés ; Gall de la
moëlle allongée. Béclard a vu très-distinctement cette
origine dans un cas d'hydrocéphale. Elle est évidente
chez les poissons osseux. Charles Bell assure qu'elle s'effectue seulement dans les cordons médullaires postérieurs, et dès-lors par une seule racine ; preuve nouvelle,
en adoptant la théorie de cet anatomiste célèbre, que
la première paire se range naturellement dans la catégorie des nerfs sensitifs. Si nous ajoutons qu'elle se distribue, pour la pituitaire, précisément dans les points où
bientôt nous verrons siéger l'odorat, il faudra nécessairement, avec la grande majorité des anatomistes et des

physiologistes modernes, ou lui reconnaître ces qualités spéciales, ou la regarder comme un nerf surabondant et sans usages dans l'économie. En résumant les preuves des meilleurs observateurs, il nous paraît actuellement facile de préciser pour l'appareil olfactif, comme nous l'avons fait pour celui de la gustation, les fonctions départies à chacun des nerfs qui viennent s'y ramifier. Ainsi les filets du ganglion sphéno-palatin communiquent la sensibilité nutritive ; ceux du nerf nasal donnent la sensibilité percevante générale ; ceux des branches ophtalmique, frontale, des nerfs vidien, palatin, dentaire inférieur, maxillaire supérieur concourent aux phénomènes d'association ; enfin le nerf de la première paire offre le siége exclusif de la sensibilité spéciale relative à l'odoration. Il suffit de considérer la mollesse de ce nerf, la ténuité de son névrilème, comparativement à ces dispositions dans le nasal, pour comprendre tous les avantages du premier dans l'exercice des actions délicates qui lui sont confiées.

Sous le second rapport.—Les auteurs ne sont pas encore unanimes dans la localisation positive de l'odorat. Haller semble penser que toutes les cavités nasales, revêtues par la pituitaire, sont disposées à recevoir les impressions olfactives. D'autres physiologistes ont plus particulièrement concentré ces impressions dans les sinus, quelques-uns sur les cornets etc. Nous chercherons à décider la question par des raisons incontestables puisées dans l'observation de l'homme et dans les considérations analogiques des animaux.

Desault et Deschamps ont fait des injections odorifères dans les sinus frontaux. Le premier de ces chirurgiens pansant une fistule des mêmes anfractuosités, par laquelle s'effectuait la respiration, les mit en contact avec des émanations analogues. M. Richerand répéta la même expérience pour les sinus maxillaires, et, dans tous ces essais, aucun phénomène d'olfaction ne se manifesta. En considérant, d'un autre côté, la sécheresse, le peu d'épaisseur et de vitalité de la pituitaire dans les sinus, on sentira bientôt qu'en ne la supposant pas même entièrement dépourvue de la faculté olfactive, ce n'est pas du moins dans ces cavités qu'il faut placer le siége essentiel de ce phénomène, et qu'il est beaucoup plus naturel de les envisager comme des réceptacles destinés à l'accumulation des molécules odorantes.

Sur les cornets, au contraire, la muqueuse est plus épaisse, plus molle, plus sensible ; elle offre moins d'adhérence aux parties osseuses, et reçoit une quantité plus considérable des divisions de la première paire. En général, dans les animaux, les cornets sont d'autant plus développés que l'odorat acquiert plus de perfection et d'étendue. Ainsi, chez les cétacés, où l'odorat est rudimentaire, peut-être nul, on trouve la pituitaire sèche, les cornets à peine formés ; dans quelques espèces, on n'en rencontre même aucun vestige. Les carnassiers qui se nourrissent avec des substances en putréfaction, et dont l'odeur est ordinairement très-forte, présentent le cornet inférieur volumineux, souvent même avec un grand nombre de subdivisions. Chez les oiseaux, dont l'odorat paraît assez fin, le ganglion olfactif auquel on avait attribué la sensibilité spéciale de l'appareil, se trouve proportionnellement beaucoup moins volumineux que chez un grand nombre de mammifères qui ne jouissent pas, au même degré, de la faculté d'apprécier les odeurs. Les cornets sont cartilagineux, très-développés, le supérieur plus particulièrement. Enfin quelques expériences remarquables du célèbre Scarpa nous semblent décider la question.

Ayant disposé, au milieu d'une basse-cour, peuplée de

différentes espèces volatiles, des graines mêlées à des matières très-odorantes, il s'aperçut bientôt que les oiseaux carnassiers s'approchant d'abord de cet aliment le refusaient ensuite, alors qu'il était pris, sans aucune répugnance, par tous les autres. Examinant les dispositions de l'appareil olfactif chez ces divers animaux, il vit précisément les deux modifications essentielles déjà signalées par les auteurs : 1° chez les oiseaux carnassiers, un développement remarquable des cornets, du supérieur plus particulièrement ; caractères que ne présentaient point les granivores exclusifs ; 2° l'épuisement presque entier du nerf de la première paire dans le cornet supérieur, les deux autres seuls recevant des filets de la cinquième d'une manière évidente. Il résulte positivement de tous ces faits : 1° que la pituitaire, qui recouvre les cornets, le supérieur plus spécialement, est le siége principal de l'odorat ; 2° que le nerf de la première paire constitue l'appareil essentiel des impressions olfactives.

Chez les animaux. — Le sens de l'odoration manque dans quelques espèces ; il est toujours établi sur le trajet de l'air pour ceux qui respirent, et présente, chez le plus grand nombre, des modifications très-variées. *Dans les insectes et les mollusques.* — La facilité avec laquelle on fait approcher, par des substances odorifères, les animaux de cette catégorie, tels que les mouches, les limaces etc., nous semble prouver que ces derniers sont doués de l'olfaction. Mais quel est l'appareil chargé de l'effectuer ; quel est le siége de l'impression déterminée par les odeurs ? Les naturalistes ne s'accordent pas sur cet objet. Les uns pensent que les tentacules ou même la peau, chez les mollusques, pourraient bien être l'instrument olfactif. D'autres considèrent comme tel un organe que M. Jacobson a découvert sur la cloison qui sépare l'origine des voies aériennes, et dont plusieurs physiologistes ont fait un appareil intermédiaire aux sens de la gustation et de l'olfaction. Ces conjectures nécessiteront des recherches ultérieures pour la solution du problème en litige. *Dans les poissons,*—la membrane pituitaire molle, pulpeuse, diversement repliée, soutenue par des lames cartilagineuses, forme, à peu près seule, toutes les anfractuosités. Ces animaux attirés la nuit par des appas odorans, jouissent de l'olfaction que leur avaient contestée plusieurs physiologistes. *Chez les reptiles,*—cet appareil est rudimentaire; les sauriens offrent à peine quelques indices des cornets; la pituitaire est sèche et peu sensible. *Pour les oiseaux,*—dont certaines espèces jouissent d'un odorat très-fin, les narines se trouvent creusées dans la partie supérieure du bec; les cornets sont cartilagineux; le supérieur offre un grand volume, surtout chez les carnassiers; l'inférieur est le moins développé. Les nerfs olfactifs ne se divisent plus pour traverser une lame criblée, mais arrivent jusqu'à la pituitaire avant de présenter aucune ramification. Une ouverture de la cloison moyenne établit ordinairement communication entre les deux fosses nasales. Les sinus paraissent ne pas exister. *Dans les mammifères,* —l'appareil olfactif acquiert plus d'accroissement et de perfection, notamment chez les carnivores. Il est bien remarquable pour le chien, le porc etc. En général ces conditions semblent se rattacher plus spécialement, dans ces derniers, à l'agrandissement des cornets. Chez la taupe, le nez est armé d'un os en forme de boutoir qui lui sert à fouiller la terre. Pour l'éléphant, il est représenté par la trompe. Dans le plus grand nombre des animaux, les narines, alors qu'elles existent, ne sont jamais dirigées de manière à tourner les ouvertures antérieures de l'appareil vers le sol pendant la station bipède ; disposition particulière à l'homme et qui sert à prouver que la situation verticale est propre à sa nature. Dans la race nègre, **on** trouve les organes de l'olfaction plus largement établis, et l'odorat communément plus fin.

§. III. MODIFICATEUR. — On le nomme ordinairement *odeur*; ὀσμή, des Grecs; *odor*, des Latins. Les physiciens, les chimistes et les physiologistes sont loin de s'accorder sur la nature de cet agent spécial. On peut réduire à deux principales toutes les théories appropriées à cet objet important : 1° *Émanations odoriferes*, 2° *vibrations olfactives*. Chacune de ces hypothèses doit fixer notre attention.

1° *Théories des émanations odoriferes*. Les auteurs qui partagent cette opinion pensent que les odeurs sont des molécules matérielles à l'état de vaporisation, et présentées à la muqueuse olfactive, dans cette condition indispensable ; mais ils diffèrent sur la nature de ces molécules vaporisées. Les uns prétendent qu'elles sont formées par une substance particulière, et les nomment *effluves*, les autres soutiennent que le corps odorant lui-même se gazéifie pour les constituer.

Effluves odorans. — Les anciens regardant le principe des odeurs comme un élément particulier, jouissant dans les corps d'une existence indépendante, voulurent en caractériser la nature par le terme d'*arome*, et les émanations, par celui *d'effluves odorans*. Aristote prétendait que la substance olfactive était la même que la matière des saveurs, seulement avec cette différence que la première se trouvait à l'état vaporeux, la seconde à l'état liquide ; que l'une influençait actuellement l'organe de l'odorat, et l'autre, celui du goût. La plus simple réflexion suffit pour détruire ces opinions erronées. En effet, il existe un grand nombre de corps, faisant éprouver en même tems l'odeur et la saveur qui leur sont départies, souvent avec des qualités opposées. Ainsi, les substances balsamiques, dont l'odeur est généralement agréable, offrent une saveur âcre, amère et quelquefois très-pénible. Certains fromages, séduisans pour le goût, sont repoussés par l'odorat. La rose, le jasmin, dont l'odeur est assez forte, paraissent à peu près insipides. La plupart des sels, d'une saveur très-marquée, sont inodores. Haller, cherchant à rétablir ces idées fautives, prétend que la saveur est un élément fixe, et l'odeur, un principe volatil. N'est-ce pas répéter la même supposition, en diversifiant seulement les termes qui l'expriment. Si nous accordions à ces auteurs l'existence d'un principe volatil odorant, nous serions forcés de l'envisager comme beaucoup moins subtil que la chaleur et la lumière ; en effet, il est arrêté par le verre, que traversent librement ces modificateurs. On veut expliquer cette différence, en l'attribuant à l'eau vaporisée, qui sert de véhicule aux effluves odorifères. Cette réponse est bien plus évasive que satisfaisante.

Sublimation des corps odorans. — Déjà plusieurs philosophes de l'antiquité regardaient les odeurs comme un résultat de la gazéification des corps doués de la propriété d'exciter l'appareil olfactif. Ainsi Théophraste ne craint pas d'avancer que « tous les corps sont odori- » fiques, parce qu'il ne s'en trouve pas un seul que l'action du calorique ne puisse vaporiser. » Les chimistes modernes, et particulièrement Fourcroy, pensent que cet *arome*, ces prétendus *effluves* odorans ne sont autre chose que les molécules du corps lui-même sublimées par la chaleur, et dissoutes par l'air ambiant. Cette opinion, sans répondre à toutes les objections, nous offre des notions plus satisfaisantes et plus positives. En effet, ou les particules vaporisées présentent la même nature que la substance dont elles émanent, et dans cette hypothèse, nous les envisageons comme l'élément odorifère ; ou ces particules sont de nature différente, et la substance indiquée n'est plus le corps odorant ; l'arome, les effluves réclament exclusivement ce titre ; il est évident que l'on recule ici la difficulté sans la résoudre.

Plusieurs expériences viennent se réunir pour donner du poids à la théorie que nous examinons ; d'autres, également assez probantes, semblent en ébranler toute la réalité. Bertholet ayant renfermé du camphre dans un tube rempli de mercure, vit ce métal baisser et la partie supérieure du réservoir presenter un gaz odorant. Bénédict Prévost, disposant des corps odorifères à la surface de l'eau, s'aperçut qu'ils étaient bientôt agités d'un mouvement de rotation déterminé par la force expulsive des molécules propres à l'olfaction. Nous ne dirons pas, avec les partisans de la sublimation, que les corps sont d'autant plus susceptibles d'agir sur la pituitaire qu'ils deviennent plus volatils, en faisant de cette propriété la condition essentielle, pour ne pas dire exclusive de cette modification. Nous pensons au contraire qu'il existe, dans la matière odorifique, des dispositions plus particulières à cet objet. En effet, l'eau, l'hydrogène, l'azote et beaucoup d'autres corps gazeux ou très-faciles à vaporiser, n'offrent point une odeur appréciable, tandis que l'étain, le cuivre, naturellement solides et peu susceptibles de passer à l'état gazéiforme, influencent très-positivement l'appareil olfactif, lors surtout qu'on les soumet à des frottemens répétés. Nous reconnaissons, d'un autre côté, qu'il existe des circonstances propres à développer ces résultats dans un corps déterminé. Au nombre des plus importantes nous signalerons la chaleur et l'humidité. Ainsi, les émanations de nos amphithéâtres ne sont jamais plus infectes et plus nuisibles, celles des jardins couverts de fleurs plus suaves et plus délicieuses que dans les automnes et les printems remarquables par ces caractères; dispositions qui semblent donner plus de valeur à la théorie que nous venons de préseuter. Mais d'autres faits paraissent infirmer ces inductions. Si l'on prend une quantité bien déterminée d'ambre gris, qu'on le place dans un vaste appartement, qu'après une ou même plusieurs années on le pèse de nouveau, l'on ne rencontre aucune diminution notable, et cependant il a rempli, pendant ce long intervalle, par des émanations odorantes assez fortes, la capacité du réceptacle indiqué. En supposant à cette expérience une exactitude rigoureuse, il serait difficile d'y répondre autrement que par des considérations relatives à l'extrême divisibilité de la matière, au défaut de perfection de nos moyens pondérateurs; et l'on sent assurément toute la faiblesse d'une semblable réfutation.

Si nous accordons à la théorie de la sublimation cette réalité que l'on pourrait aisément, ou détruire, ou du moins contester, il ne faut pas envisager toutes les molécules des corps odorans comme susceptibles d'exciter la sensibilité spéciale de la membrane pituitaire. Une prétention de ce genre offrirait le grave inconvénient de fausser les idées fondamentales relatives à l'objet que nous examinons. Nous pensons, au contraire, que l'on doit accorder cette propriété seulement à quelques-uns des élémens de ces mêmes corps et spécialement à ceux qui sont plus faciles à dilater par le calorique, à séparer des combinaisons dans lesquelles ils se trouvent engagés. C'est pour cette raison qu'une fleur, par exemple, n'est pas odorante avant la formation de ces particules volatiles; et que souvent elle perd cet avantage sans avoir été modifiée dans sa forme et dans son volume.

2° *Théorie des vibrations olfactives.* — Plus nos expériences deviennent positives et démontrent que les

corps odorans ne perdent rien de leur poids en conséquence des impressions olfactives ; que l'air chargé de
ces émanations n'offre aucun élément étranger appréciable par l'analyse ; enfin que les productions odorifi-
ques se comportent le plus ordinairement comme l'atmosphère, plus nous éprouvons le besoin d'une théorie
simple, naturelle, et qui rentre dans l'unité fondamentale que semblent actuellement promettre celles des
sons, du calorique et de la lumière. Déjà Walther avait
dit : « un corps est odorant par le mouvement vibratil
« qu'il détermine à l'instar du son. » En 1816, avant
de connaître l'opinion de cet auteur, nous avons pro-
fessé les mêmes idées, à Paris, dans nos cours publics
de physiologie. Sans doute nous sommes bornés à des
présomptions plus ou moins fortes lorsqu'il s'agit d'établir positivement ces principes ; nous manquons jusqu'ici
des preuves incontestables qui seules peuvent satisfaire
un esprit observateur ; aussi présentons-nous la théorie
des *vibrations odorifères* comme une simple conjecture,
et dans l'intention de signaler cet objet aux recherches
des habiles physiciens de notre époque. Toutefois, en
considérant les objections sérieuses que l'on peut faire
aux deux autres hypothèses, en voyant un corps exciter
pendant long-tems des impressions olfactives, souvent
dans une sphère très-étendue, sans éprouver aucune perte
appréciable par nos moyens d'estimation les plus délicats, n'est-il pas assez naturel d'envisager les odeurs
comme des vibrations, ou comme d'autres modifications
analogues de l'air atmosphérique déterminées par l'action spéciale des corps odorans, qui, rentrant dans la
loi générale des corps chauds, lumineux, sonores, agi-
raient sans faire aucune déperdition substantielle notable?
N'attachons pas trop d'importance à ces considérations,
ajoutons seulement qu'elles sont de nature à fixer l'atten-

tion des savans et plus particulièrement encore des expérimentateurs, soit pour les rejeter, soit pour les admettre d'après un ensemble de faits bien observés. Dans toutes ces recherches, les vibrations sonores, dont la réalité n'est plus douteuse, offriront le point fixe pour marcher du connu à l'inconnu. Si nos présomptions se changent alors en certitude, nous croyons qu'il sera désormais très-facile de ranger les théories de la chaleur et de la lumière sous la même loi, puisque les preuves qui serviront aux unes feront naître et viendront fortifier celles qui démontreront la réalité des autres, et *vice versâ*.

Quelles que soient, au reste, les idées que l'on adopte relativement à la nature des odeurs, on voit ce modificateur agissant dans l'atmosphère avec une intensité relative au carré de la distance, accompagnant l'air dans ses déplacemens, et développant l'olfaction à des éloignemens très-considérables. Bayle nous assure que l'on reconnaît, par les émanations de la canelle, à plus de vingt-cinq milles en mer, l'approche de l'île de Ceylan. Si l'on en croit les historiens, des vautours fûrent attirés, d'Asie sur les champs de Pharsale, par l'odeur des cadavres qui s'y trouvaient entassés après la fameuse bataille du même nom.

Plusieurs auteurs ont voulu classer les nuances particulières du modificateur que nous étudions, en s'appuyant sur des bases plus ou moins fautives. Ainsi, les uns, considérant exclusivement la manière dont le sens de l'olfaction est ébranlé par son agent spécial, ont distingué les odeurs en deux classes : 1° *fortes*, 2° *faibles*. Mais ne voyons-nous pas une odeur quelconque s'affaiblir avec le tems, sans éprouver aucun changement dans sa nature propre. Autant et mieux vaudrait admettre une division semblable pour les couleurs. Les autres ayant particulièrement égard au résultat moral de l'impression ont reconnu des odeurs : 1° *agréables*, 2° *pénibles*. Il faudrait alors supposer tous les goûts semblables, encore, dans cette hypothèse, on rapprocherait des odeurs essentiellement différentes. Nous savons, au contraire, que le même agent olfactif excite le plaisir chez les uns, la répugnance chez les autres. Telle femme vaporeuse, qui respire avec délices les émanations des plumes et de la corne brûlées, ne supporte pas, sans anxiété, celles de la rose et des parfums les plus généralement estimés. Le Groënlandais recherche avidement les exhalaisons infectes qui s'élèvent des poissons en putréfaction. Les Romains estimaient celles du foie d'esturgeon qu'ils employaient dans la confection de leur brouet noir. En général nous aimons l'odeur des mêts qui servent à notre alimentation habituelle. Toutefois il existe, sous ce rapport, autant de nuances dans les caractères agréables ou pénibles de cet agent, que dans les goûts particuliers des nombreuses familles animales, des divers peuples et des différens individus. Enfin, parmi ces modificateurs nous en rencontrons qui sont d'abord insupportables, et qui, perdant insensiblement ce caractère, viennent se ranger dans la catégorie des plus universellement appréciés, comme on l'observe pour le musc, et la plupart des substances analogues. Les vins de la Moselle, de Rivesaltes etc. présentent beaucoup d'analogie, sous le rapport de l'odeur, avec l'urine du chat, naturellement si repoussante ; mitigée, adoucie pour ces boissons fermentées, elle développe, comme le disent les gourmets, un *bouquet délicieux*.

Haller admettait des odeurs 1° *ambroisiaques*, agréables ; 2° *fétides* ou désagréables ; 3° *mixtes*. Lorry nous en présente cinq variétés : 1° *camphrées*, 2° *narcotiques*, 3° *éthérées*, 4° *acides*, 5° *alcalines* ; Linnée, sept : 1° *ambroisiaques*, rose, musc etc. ; 2° *fragrantes*, lys, jasmin etc. ; 3° *aromatiques*, laurier etc. ; 4° *alliacées*, phosphore etc. ; 5° *fétides*, champignons etc. ; 6° *vireuses*, opium etc. ; 7° *nauséabondes*, cucurbitacées etc. Fourcroy les réduit à quatre *aromes* : 1° *huileux fixe* ; 2° *huileux volatil* ; 3° *acide* ; 4° *hydro-sulfureux*.

Toutes ces divisions sont défectueuses, incomplètes, ou même entièrement erronées ; toutes offrent un vice radical, celui de porter sur des fondemens ruineux. Une seule base conviendrait à ce genre de classification, *la nature même de ces odeurs* ; et les notions relatives à cet objet sont encore un problème. Arrêtons-nous aux faits et négligeons une classification dont l'utilité pourrait d'ailleurs être contestée.

Les trois règnes nous fournissent des modificateurs odorans. *Dans le minéral*, ils sont en petit nombre, peu recherchés, si l'on excepte quelques acides particuliers. *Dans l'animal*, on les rencontre en plus grande proportion, mais ils deviennent communément repoussans. *Dans le végétal*, ils se trouvent beaucoup plus agréables et plus multipliés. On peut s'en convaincre en visitant nos serres, nos parterres, où la nature se montre toujours supérieure à l'art ; et nos riches magasins de parfumerie où l'art paraît quelquefois surpasser la nature.

§. IV. Appétit.—Assez directement lié à la respiration, le sentiment qui nous indique l'exercice des facultés olfactives s'identifie, sous ce premier rapport, au besoin de la rénovation sanguine, devient ainsi plus naturel et plus impérieux. Comme simple régulateur du sens que nous étudions, il est moins pressant et paraît plutôt un résultat de l'éducation et de l'habitude, qu'une impulsion essentiellement instinctive. Ainsi les hommes et les animaux qui se trouvent éloignés de nos modifications sociales éprouvent sans doute le plaisir que leur occasionnent les odeurs agréables, mais ils ne les recherchent

point avec cet empressement qui les porte vers l'accomplissement des fonctions génitale, digestive, circulatoire etc. ; au contraire, les peuples amollis, efféminés
par les abus de la civilisation, par les raffinemens de la
sensualité, se couvrent de parfums, ressentent continuellement la privation des agens susceptibles d'entretenir et de varier les impressions de l'odorat. Alors,
seulement, l'appétit de l'olfaction prend un caractère
positif et spécial.

§. V. ÉTUDE. — Plusieurs conditions sont indispensables à l'exercice régulier de l'odoration. 1° L'introduction des molécules ou des modifications odorifères dans les
fosses nasales par l'inspiration de l'air qui leur sert de
véhicule. On conçoit dès-lors pourquoi la nature a placé
l'appareil olfactif précisément sur le trajet des canaux
respiratoires. Lower et Perrault ont constaté, par l'expérience, que l'on détruit entièrement l'odorat en prati-
quant la section de la trachée-artère sur un chien, de
manière à soustraire les fosses nasales au courant atmosphérique. L'animal prend alors, sans répugnance, des
alimens qu'il avait refusés d'abord, après les avoir flairés.
C'est en conséquence de ces dispositions que nous pouvons traverser les lieux remplis des émanations les plus
infectes, sans éprouver aucune sensation désagréable,
par la seule volonté de suspendre les mouvemens respiratoires, ou même de les effectuer exclusivement par la
bouche, pendant toute la durée de ce passage. 2° L'air
ambiant doit offrir un certain degré de chaleur et
d'humidité, la sécheresse et le froid enchaînant plus ou
moins complétement les manifestations olfactives. 3° Les
fosses nasales seront libres et parcourues dans toutes
leurs anfractuosités par l'agent essentiel de l'odoration.
4° La pituitaire, dans un état d'intégrité parfaite, a
besoin d'être suffisamment humectée par les produits

des sécrétions lacrymale, folliculaire et perspiratoire. Trop sèche ou trop humide, cette membrane muqueuse est moins favorablement disposée à l'impression des odeurs, comme on l'observe au début et vers la terminaison du coryza. 5° Les nerfs de cet appareil, et notamment l'olfactif et le nasal doivent se trouver dans l'état physiologique.

Toutes ces conditions étant remplies d'une manière satisfaisante, l'air atmosphérique chargé des molécules odorantes, ou présentant alors des vibrations particulières, arrive dans les fosses nasales, au moyen de l'inspiration. Nous devons ici faire une distinction importante. Lorsque l'olfaction s'effectue sous l'influence de la volonté, lorsque nous avons l'intention d'apprécier et d'analyser exactement les impressions qu'elle fait naître, le sens est en quelque sorte monté, par une action préparatoire, au degré convenable pour la fonction qu'il doit exécuter. Nous approchons les narines largement ouvertes assez près du corps à connaître; nous effectuons, exclusivemement par ces orifices, plusieurs inspirations successives, évitant de porter l'air au-delà du pharynx, de manière qu'il se trouve mis en rapport surtout avec les cornets. Dans cette exploration préméditée, que nous désignons par le terme *flairer*, la modification sensitive est d'autant plus forte que les conditions odorifères sont plus développées, et que l'attention a davantage concentré son influence vers l'appareil olfactif. Dans les circonstances communes, lorsque l'odoration est opérée sans impulsion volontaire, l'air, chargé des émanations qui doivent la solliciter parcourt les fosses nasales, dans chaque mouvement d'inspiration, détourné d'ailleurs, par la bouche, en proportion plus ou moins considérable. L'impression est ici beaucoup moins énergique et moins positive. Elle ne fait naître aucune idée précise, et laisse à peine une trace légère dans le souvenir.

Quel que soit le mode employé, les odeurs, en dépôt sur la pituitaire, y déterminent une excitation, dont la cause peut être physique ou chimique, dont le résultat est essentiellement vital, et présente un caractère de spécialité relative à la sensibilité particulière de l'organe qui la reçoit; elle est transmise au cerveau par les nerfs de la première paire, et convertie en perception sous l'influence du principe immatériel.

Directement liée aux phénomènes respiratoires, intermédiaire aux fonctions nutritives et des relations extérieures, l'olfaction nous fait acquérir des notions importantes et déjà très-multipliées. Elle effectue l'exploration préparatoire de l'air qui doit pénétrer dans les poumons, et servir à l'hématose; elle peut même signaler dans l'atmosphère la présence de certains miasmes dangereux qui seraient difficilement appréciés par les moyens chimiques les plus parfaits. Disposée de manière à présenter en quelque sorte la sentinelle avancée du goût, nous la voyons concourir avec ce dernier à l'investigation alimentaire. Elle indique l'éloignement et la direction des corps odoriférans. C'est ainsi que le chien suit les traces de son maître, et celles des animaux qu'on lui fait chasser; que les guides, en activité, de Smyrne à Babylone, jugent la distance approximative de cette dernière cité, en flairant comparativement le sable des lieux qu'ils ont déjà parcourus. Elle nous fait connaître une propriété spéciale des corps, *l'odeur*; occasionne un sentiment de bien-être et d'expansion, lorsque cette impression est agréable; produit l'anxiété, la suffocation, le vomissement, la syncope, et même instantanément l'extinction de la vitalité, dans l'hypothèse contraire. Sennert et Bayle rapportent l'histoire d'un malade qui

fut soumis à tous les inconvéniens de la superpurgation,
pour avoir séjourné dans un laboratoire de pharmacien
où l'on pilait de l'ellébore et de la coloquinte. On connaît généralement tous les avantages des excitations olfactives que produisent l'éther, le vinaigre, l'ammonia-
que etc., lorsqu'il est urgent de rappeler l'activté des
grandes fonctions, dangereusement suspendues par l'asphyxie, le coma, la lypothymie etc.

§. VI. Influence de l'habitude. — Ce puissant
modificateur diminue la vivacité des impressions odori-
fiques, en même tems qu'il augmente la perfection des
jugemens portés consécutivement aux sensations de cet
ordre. Ainsi, lorsque nous flairons un corps pour la première fois, il produit sur la pituitaire une excitation
très-forte, proportionnellement à la nature, à l'intensité
de ses caractères odorans. Plus occupé de cette même
sensation, relativement soit au plaisir, soit à la peine
qu'elle nous fait éprouver, que sous le rapport de l'estimation réfléchie que nous en pouvons faire, notre esprit
n'en conserve aucune idée bien positive, et capable de
servir de base à la comparaison que nous voulons ultérieurement établir avec celles qui s'en rapprochent ou s'en
éloignent davantage. En répétant ces explorations, nous
perdons ordinairement en douleur, en jouissance impressionnelle, ce que nous gagnons du côté de la faculté de raisonner ces modifications physiologiques. Le
parfumeur qui, dans sa profession, exerce beaucoup
l'odorat, présente un affaiblissement notable relativement aux effets de l'impression, mais il acquiert la faculté d'analyser jusqu'aux nuances les plus fugitives des
odeurs, en les combinant de manière à produire ces
résultats si précieux pour la sensualité. L'habitude agit
encore de manière à diminuer le sentiment du plaisir
dont l'odoration peut être la source, à rendre plus sup-

portables , quelquefois même satisfaisantes les modifications pénibles qu'elle est d'abord capable d'occasionner.
Ne voyons-nous pas les hommes nés dans les quartiers
fangeux de nos cités vivre, sans déplaisir, au milieu des
émanations infectes qui s'en élèvent incessamment ; préférer même souvent cette atmosphère miasmatique à la
respiration de l'air le plus pur.

§. VII. SYMPATHIES. — L'odorat entretient dans
l'organisme un assez grand nombre de rapports ; les plus
intimes sont relatifs aux appareils circulatoire, digestif,
respiratoire et génital. C'est en conséquence de ces dispositions naturelles qu'une odeur agréable et forte réveille
l'action du cœur dans la syncope, celle des muscles ins-
pirateurs, du diaphragme plus particulièrement, dans
l'asphyxie ; qu'elle favorise la chymification des alimens
en augmentant l'attrait de leur ingestion, tandis que certaines odeurs antipathiques produisent le vomissement,
l'asphyxie , la syncope, et quelquefois la mort instantanée, par leur action indirecte sur les mêmes fonctions.
Plusieurs émanations, telles que celles de la rose, du
musc etc., déterminent l'excitation des organes génitaux. C'est un piége de la coquetterie surannée d'autant
plus adroit, que ce moyen, employé pour faire oublier
les injures du tems, sert encore à masquer certaines
odeurs qui ne présenteraient pas les mêmes attraits.
Convenablement utilisées par un médecin observateur,
les sympathies olfactives peuvent offrir un grand nombre
d'applications à l'hygiène, à la pathologie.

§. VIII. ALTÉRATIONS. — Elles sont relatives aux
quatre modifications principales. 1° *Augmentation.*—
On la voit se manifester assez fréquemment dans l'encéphalite et dans quelques névroses de l'appareil olfactif.
La sensibilité spéciale de la pituitaire devient alors tellement délicate, qu'il est impossible au sujet de recevoir,

sans douleur et sans anxiété, les impressions odorantes, même les plus faibles. Nous avons constaté par l'expérience toute la nécessité d'isoler exactement les malades ainsi affectés, et la gravité des accidens qui peuvent compliquer les maladies cérébrales en négligeant les indications relatives à ce phénomène important. 2° *Diminution.*—Elle est ordinairement produite par le coryza, sous l'influence de la sécheresse qui survient dans la première période, ou du flux muqueux surabondant qui caractérise la seconde ; par l'abus de l'olfaction. Le cardinal de Richelieu s'entourait d'une atmosphère si dangereusement parfumée, que les personnes qui le visitaient n'y pouvaient séjourner sans imminence de suffocation. Hallé rapporte qu'un couple sibarite, après avoir épuisé tous les moyens relatifs à ce genre de sensualité, placèrent des substances odorantes jusque dans le soufflet qui servait à l'alimentation de leur foyer, et devinrent graduellement insensibles aux plus fortes impressions de cette nature. L'usage excessif du tabac produit des résultats analogues. 3° *Perversion.* — On la rencontre assez fréquemment dans les névroses des olfactifs; dans les phlegmasies chroniques de la pituitaire, des appareils digestif, respiratoire etc. Elle rend insupportables des odeurs qui plaisent au plus grand nombre des individus, et fait rechercher des émanations généralement repoussantes. Ainsi, telle femme hystérique, maniaque, mélancolique, exprimant une aversion insurmontable pour l'odeur de la rose, de l'œillet, de la violette etc., éprouve des jouissances indicibles en respirant les exhalaisons infectes des fosses d'aisance, d'une lampe qui vient de s'éteindre etc. De même que les facultés digestives se modifient en raison des perversions du goût dans les rapports soit de la cause à l'effet, soit de l'effet à la cause, les dispositions respiratoires semblent s'accommoder aux anomalies olfactives, et soutenir, avec moins d'inconvénient que dans l'état normal, toutes les influences nuisibles de ces importations miasmatiques. *4° Extinction.* Elle peut être consécutive à l'épuisement déterminé par l'âge, par les abus de la sensualité ; à l'état fongueux de la pituitaire ; à la présence d'un polype ; à la paralysie des nerfs olfactifs etc.

CHAPITRE QUATRIÈME.

AUDITION.

§. I. ÉTYMOLOGIE, DÉFINITION, CARACTÈRES, BUT.—L'audition, ἀκρόασις des Grecs ; *auditio, auscultatio* des Latins, peut être définie : *Action des vibrations sonores sur l'appareil acoustique, transport de cette impression au cerveau qui la convertit en perception sous l'influence du principe immatériel.* A peu près étrangère aux fonctions nutritives et vitales, cette modification sensitive devient l'apanage exclusif des phenomènes de relation. En la rapprochant de la vision, on trouve les deux grands moyens du commerce habituel et réciproque entretenu par les êtres intelligens et passionnés. Sous le premier point de vue, la faculté d'apprécier les sons nous paraît supérieure à celle de recevoir les impressions de la lumière. Celle-ci, dans plusieurs cas, est aisément suppléée par le toucher ; aucun sens ne peut remplacer l'autre dans les communications de la pensée. C'est au moyen de la parole que toutes les idées abstraites sont immédiatement exprimées ; c'est dès-lors par l'audition exclusivement qu'elles arrivent à l'esprit ; si l'on excepte l'écriture plus propre à les conserver qu'à les rendre avec ces nuances imperceptibles et surtout avec cette rapidité qu'exige la conversation. A ces avantages nous devons ajouter ceux de concourir plus essentiellement au bonheur de l'homme moral, et d'offrir des applications plus directes aux besoins de la sociabilité. Ainsi, pour tout ce qui rentre particulièrement dans le domaine intellectuel, l'aveugle participe davantage que le sourd aux rapports naturels des peuples civilisés. Il reçoit les communications qui lui sont faites et transmet les siennes avec autant de facilité que de précision. Par une conséquence du même principe, il cherche beaucoup moins l'isolement, conserve une gaîté plus habituelle, plus faiblement altérée sous l'influence das privations auxquelles il est nécessairement condamné. Le sourd, au contraire, paraît étranger à tous les êtres sensibles qui l'environnent ; il promène des regards inquiets sur tous les objets de ses relations, évite les réunions nombreuses par le dégoût qu'elles inspirent à celui qui n'y trouve que l'anxiété, l'abandon, la contrainte, l'impossibilité d'en partager le charme et d'en apprécier les avantages. Il n'est en effet rien de plus pénible que la solitude au milieu d'un concours de personnes rassemblées dans un but commun d'intérêt ou de plaisir ; elle reproduit, pour l'homme intelligent, les tortures que le supplice de Tantale faisait éprouver à l'homme sensuel. Entraîné par ces dispositions fâcheuses, le sujet privé de l'audition tend insensiblement à la misanthropie. S'il ne remplit pas le vide affreux d'une semblable existence par les distractions et les travaux appropriés à son état physiologique, la tristesse, l'ennui, la mélancolie viendront incessamment l'assiéger.

Appuyée sur l'expérience de chaque jour, la réalité des graves inconvéniens dont nous venons d'esquisser le tableau démontre jusqu'à l'évidence que l'ouïe doit être envisagée comme l'âme de nos rapports extérieurs. Moins importante aux phénomènes individuels, on la voit manquer chez un grand nombre d'animaux qui semblent destinés à ne vivre que pour eux-mêmes, et se développer , se perfectionner chez les autres en raison de la diversité , de l'étendue plus considérable des relations qu'ils entretiennent dans la sphère de leurs habitudes naturelles. L'homme qui naîtrait dépourvu des appareils acoustique et visuel, existerait à peu près sans intelligence. En perdant le premier, il devient beaucoup plus impropre aux travaux de l'esprit qu'en se trouvant privé du second. Il suffit de comparer les difficultés et les résultats de l'éducation chez les aveugles et chez les sourds-muets pour se convaincre entièrement de la réalité des principes que nous venons d'établir.

§. II. **APPAREIL.** — Il nous offre , chez l'homme et dans un assez grand nombre d'animaux, la réunion des trois divisions principales que nous désignons , d'après leurs usages, par les termes d'appareils : 1° *protecteur*, et de collection ; 2° *de perfectionnement* ou conducteur; 3° *sensitif*.

1° *Appareil protecteur et de collection.*—Il comprend toute cette première partie que les anatomistes désignent par le nom d'*oreille externe* ; renfermant le *pavillon* et le *conduit auditif.*

Le pavillon—est constitué par l'ensemble de plusieurs fibro-cartilages élastiques, mis en mouvement par des muscles propres , recouverts d'une peau mince et que lubrifie la sécrétion folliculaire sébacée. Plusieurs saillies et divers enfoncemens y reçoivent les dénominations d'*élix* , d'*antélix* et leur rainure ; de *tragus*, d'*antitra-*

gus; de *fosse naviculaire* et de *conque* ; il est inférieu- rement terminé par une éminence molle, arrondie, nommée *lobule* ; traversée chez les sauvages et même chez certains peuples civilisés, s'en rapprochant souvent plus qu'on ne l'imagine, par des ornemens prétendus qui toujours gâtent les dispositions de la nature sans y rien ajouter d'avantageux. *Des puissances motrices partielles*, offrant les muscles de l'élix, grand et petit, du tragus, de l'antitragus, transverse, modifient les dispositions propres du pavillon ; *d'autres, communes*, présentant les muscles auriculaires supérieur, antérieur, postérieur, impriment à l'oreille des déplacemens généraux plus ou moins étendus. La réunion de ces divers élémens forme une sorte d'*infundibulum* qui, chez certains animaux, remplit des usages analogues à ceux du cornet acous- tique, en se dirigeant de manière à recevoir les vibrations sonores. Dans l'état de nature, on trouve encore, même pour l'homme, quelques rudimens de ces dispositions avantageuses. Dans l'état de civilisation, aplatie, défor- mée par les habitudes et les coiffures, l'oreille, d'ailleurs frappée d'immobilité par l'atrophie de ses muscles, perd en grande partie les caractères d'appareil collectif. M. Savart prétend que le pavillon offre également, pour usage essentiel, de vibrer et de conduire directement les sons au tympan. D'après cet auteur, l'action des muscles intrinsèques a pour objet principal d'effectuer la tension graduée des fibro-cartilages qui servent à constituer l'oreille externe.

Le conduit auditif,—en partie creusé dans l'os tem- poral, décrit une courbe à convexité supérieure, plus étroit à son milieu qu'à ses extrémités dont l'une, externe, fait suite à la conque et se trouve garnie de poils destinés à prévenir l'introduction des corpuscules en mouvement dans l'atmosphère, et dont l'autre, interne, est formée par la membrane du tympan. La longueur de ce canal varie de dix à douze lignes. Il est revêtu par un prolongement de la peau devenant assez analogue au tissu muqueux, offrant des cryptes dont le produit sécrété prend le nom de cérumen. Les sinuosités du conduit auditif paraissent destinées à garantir le tympan des impulsions atmosphériques trop directes, aussi le voyons-nous tortueux dans la plupart des animaux.

2° *Appareil de perfectionnement ou conducteur.*—On le désigne encore sous les noms d'oreille moyenne, de caisse du tympan. Il présente une cavité creusée dans la base du rocher, offrant six ouvertures, la chaîne des osselets, avec des nerfs et des muscles particuliers. Ces divers objets sont ainsi disposés : 1.° *en dehors*, l'ouverture intérieure du conduit auditif, oblitérée par la membrane du tympan que forment trois feuillets : l'un externe, cutané ; l'autre, interne muqueux ; un moyen, de nature fibreuse. Dumas prétend que l'on y trouve des lignes elliptiques auxquelles il attribue la faculté de correspondre à chacun des tons principaux. Cette condition de structure et ses résultats ne sont pas admissibles. Un autre orifice, plus petit et libre, est celui des anfractuosités mastoïdiennes pratiquées dans l'apophyse du même nom. 2° *en dedans*, une troisième ouverture nommée *fenêtre ovale*, établissant une communication entre l'oreille moyenne et l'oreille interne, mais se trouvant complétement fermée, dans l'état naturel, moitié par une membrane fibreuse, moitié par la base de l'étrier. Un quatrième orifice arrondi, connu sous le titre de *fenêtre ronde*, appartenant à la rampe externe du limaçon également oblitérée par une expansion semblable. 3° *En avant*, une cinquième ouverture à peu près capillaire, suivie du conduit fibro-cartilagineux, très-évasé, en forme d'entonnoir, libre et béant à la partie postérieure des fosses nasales derrière le voile palatin, et désigné par le terme de *trompe d'Eustache;* seule communication extérieure qui puisse effectuer le renouvellement de l'air dans la caisse du tympan. 4° *Inférieurement*, une petite fente nommée scissure glénoïdale, constituant le sixième orifice, et livrant passage au tendon du muscle antérieur du marteau, à l'un des filets du rameau crânien de la cinquième paire, sous le titre de *corde du tympan.*

Une chaîne d'osselets occupe l'intérieur de cette cavité, mesurant tout l'espace compris entre la membrane tympanique et celle de la fenêtre ovale. Ces osselets sont de la première à la seconde, le *marteau*, fixé par son manche à la circonférence supérieure de l'une; l'*enclume*, *l'os lenticulaire* et l'*étrier* fermant, comme nous l'avons dit, avec sa base, une partie de la fenêtre oblitérée par l'autre. Ces petits os, articulés dans l'ordre indiqué, doivent leurs mouvemens aux muscles : antérieur, interne du marteau, à celui de l'étrier. Une membrane muqueuse, prolongement de la pituitaire, pénétrant par la trompe d'Eustache, revêt cette cavité naturellement remplie d'air atmosphérique, dont une portion se trouve mise en réserve dans les cellules mastoïdiennes. Une branche nerveuse du facial pénètre dans l'oreille moyenne, donne la motilité aux petits muscles indiqués. On y trouve de plus des filets du ganglion cervical supérieur, communiquant la sensibilité nutritive ; des divisions appartenant au rameau crânien du trijumeau, s'anostomosant, d'une part, avec le glosso-pharyngien, de l'autre, par la *corde du tympan*, avec le nerf lingual ; transmettant la sensibilité percevante générale, établissant les rapports fonctionnels des organes de l'audition et de la parole.

3° *Appareil sensitif.*—Il est généralement décrit sous le nom d'oreille interne. Sa cavité se trouve établie dans l'épaisseur du rocher. On peut le diviser en trois parties essentielles, faciles à distinguer par leur forme et leur situation : *le vestibule, les canaux semi-circulaires, le limaçon* ; constituant, dans leur ensemble, ce que les anatomistes nomment *labyrinthe.*

Le vestibule,—occupant la partie moyenne de l'oreille interne, sert, comme son nom l'indique, d'introduction aux deux autres divisions, et paraît constituer la portion principale de l'appareil sensitif. Sa forme est irrégulière et sa capacité variable.

Les canaux semi-circulaires, — au nombre de trois, décrivent à peu près chacun un demi-cercle. Deux sont verticaux et latéralement unis par l'une de leurs extrémités. L'autre, présentant ses ouvertures propres, est horizontal.

Le limaçon , — dont le nom fait assez connaître la disposition et la forme, nous offre deux canaux parallèles, conoïdes, isolés par une cloison commune, roulés en spirale, de manière à parcourir deux tours et demi. Ces conduits, nommés *rampes,* s'ouvrent, par leur base, l'un, dans l'oreille moyenne, sous le titre de fenêtre ronde ; l'autre, dans l'oreille interne ; ils communiquent par leur sommet. Le Cat reconnaisait dans la cloison indiquée, de nature membraneuse, des fibres décroissantes qu'il envisageait comme les cordes graduées d'un clavecin. Nous examinerons bientôt la théorie basée sur cette hypothèse.

Le labyrinthe,—ensemble de ces cavités en communication, est revêtu par une membrane assez analogue aux muqueuses pour l'aspect, sécrétant un fluide légèrement visqueux nommé *lymphe de Cotunni* ; plus récemment *vitrine auditive,* en le comparant, sous le rapport des propriétés physiques et chimiques, au *corps vitré* ou *vitrine oculaire*. Il paraît avoir pour usage essentiel d'entretenir le nerf acoustique dans un état de mollesse et d'humidité favorables à ses fonctions ; de lui transmettre les vibrations sonores par des ondulations inoffensives. M. Ribes, adoptant l'opinion ancienne, pense qu'une certaine proportion d'air se trouve habituellement dans l'oreille interne. M. Itard, d'accord avec les modernes, fait observer qu'il ne s'y rencontre jamais que d'une manière accidentelle. Plusieurs canaux sous le titre d'*aqueducs* rampent dans les parois du labyrinthe ; M. Ribes n'y voit que des moyens de transmission vasculaire, comme dans toutes les autres divisions du système osseux ; M. Magendie prétend qu'ils sont destinés au reflux de la lymphe pendant les ébranlemens des sons très-forts.

Des filets ganglionaires, faciaux, trijumeaux, pénètrent-ils dans l'oreille interne ? La question n'est pas anatomiquement résolue. Plusieurs considérations physiologiques tendraient à la décider par l'affirmative. Ainsi, la cinquième paire envoie quelques-unes de ses divisions à l'organe essentiel de tous les appareils sensitifs ; la membrane de Cotunni jouit de la sensibilité nutritive et percevante générale ; plusieurs expérimentateurs, et surtout M. Magendie, nous assurent avoir observé l'affaiblissement notable de l'audition immédiatement après la section entière du nerf trijumeau. L'auditif, huitième paire (Bichat) s'épuise tout entier dans les cavités labyrinthiques. Né par diverses racines du corps restiforme et de la paroi antérieure du quatrième ventricule, très-mou, très-pulpeux, il s'introduit par le canal auditif interne et se divise en trois branches principales destinées au vestibule, au limaçon, aux canaux semi-circulaires. Il ne peut dès-lors exister aucun doute sur la détermination du nerf essentiellement acoustique.

Afin de représenter l'instrument de l'ouïe dans son ensemble et dans sa plus grande simplicité, nous avons, pour cette planche, observé beaucoup plus la succession des objets que leurs dimensions et les règles de la perspective, dont les dispositions ne pouvaient se concilier avec la nécessité d'embrasser toutes ces parties sous un même aspect.

A. Pavillon de l'oreille.

B. Conduit auditif ; *oreille externe.*

C. C.' Membrane du tympan.

D. Caisse du tympan : *oreille moyenne.*

E. Labyrinthe ; *oreille interne.*

F. Trompe d'Eustache.

G. Chaîne des osselets avec leurs muscles.

H. Promontoire, saillie du vestibule et du limaçon.

I. Pyramide, saillie analogue.

K. Nerf facial distribué aux muscles.

L. Filet crânien de la cinquième paire, *corde du tympan.*

M. Scissure glénoïdale traversée par le tendon du muscle antérieur du marteau et par la corde du tympan.

N. Apophyse mastoïde avec son ouverture et ses anfractuosités.

O. Limaçon avec ses deux rampes.

P. Canaux semi-circulaires.

Q. Nerf auditif et ses divisions.

Chez les animaux,—l'appareil acoustique nous offre des modifications variées et d'autant plus intéressantes à bien apprécier qu'elles précisent, dans cet instrument compliqué, pour les organismes supérieurs, les parties accessoires, et celles qui deviennent essentielles à l'accomplissement de la fonction. Les *polypes* n'ont aucun vestige de l'appareil auditif. Quelques auteurs ont prétendu qu'ils jouissaient du sens de l'ouïe dans toute la surface cutanée. L'abbé Nollet soutient avoir observé, sur lui même, que la chose n'est pas impossible dans l'eau. Il est évident que l'on confond ici l'impression purement tactile effectuée par les vibrations sonores, chez tous les êtres irritables, avec la sensation acoustique particulière, exclusivement relative aux animaux doués d'un organe et d'un nerf propre à ce genre d'excitation physiologique. *Dans les mollusques* d'un ordre plus élevé, nous trouvons un filet nerveux spécial renfermé dans une petite cavité cartilagineuse commune au cerveau, à tous les organes sensitifs. Une membrane, une pulpe de nature particulière, un corps dur offrant quelques dépressions qui paraissent être les rudimens des canaux semi-circulaires, mais sans communication extérieure. Tous les animaux inférieurs, dans cette catégorie, ne présentent pas l'instrument auditif, et, par une conséquence naturelle, ne produisent aucun son, la voix et l'audition se trouvant ordinairement réunies dans tout organisme bien constitué. *Chez les insectes,* l'appareil acoustique est à peu près indéterminé; cependant un grand nombre d'entre eux semble jouir de la sensibilité spéciale départie à ce dernier. *Chez les crustacés,* et notamment dans l'écrevisse, l'organe de l'ouïe se réduit encore à la présence d'un sac fibreux recevant le nerf acoustique au milieu d'un fluide gélatiniforme, et communiquant avec l'extérieur. *Pour les reptiles,* il n'existe pas de conduit auditif externe. Plusieurs semblent entendre par la trompe. Dans l'oreille moyenne, on voit un petit cartilage fixé à la membrane du tympan, suivi d'un os assez long. Comparetti démontre l'existence d'un petit muscle entre ces deux corps formant toute la chaîne des osselets. L'oreille interne, comme toutes les autres parties de l'appareil, est peu développée ; les canaux semi-circulaires sont très-petits, et l'on ne trouve à la place du limaçon qu'un léger sinus qu'il est permis de regarder comme son premier rudiment. Le vestibule est proportionnellement plus spacieux. Trois petits corps gélatineux se trouvant comme suspendus aux filets terminaux du nerf acoustique semblent destinés à fortifier les impressions sonores. *Chez le crocodile*, on voit la conque remplacée par deux lèvres auxquelles, dans leur culte superstitieux, les anciens attachaient des ornemens. Les canaux labyrinthiques forment un cercle à peu près complet. *Dans les reptiles ichtyoïdes*, le limaçon manque entièrement. *Pour les salamandres*, l'oreille interne existe seule. *Chez les poissons*, on a pendant long-tems nié l'existence de l'appareil auditif; aujourd'hui tous les anatomistes en reconnaissent la réalité. Les oreilles externe et moyenne sont remplacées par un petit canal partant de la fenêtre ovale, s'ouvrant à la peau sans membrane du tympan, se trouvant même recouverte par l'enveloppe dermoïde pour les poissons cartilagineux. Le vestibule renferme trois petits corps éburnés, suspendus aux divisions du nerf acoustique, et servant, d'après Camper, en augmentant la force des vibrations sonores, à contrebalancer les inconvéniens du milieu dans lequel vivent ces animaux, opinion qui n'est pas généralement admise. *Chez les oiseaux*, l'oreille externe, ordinairement très-petite, n'est jamais surmontée par une conque. Le tympan n'offre que deux osselets pourvus d'un muscle commun. L'oreille interne présente un limaçon rudimentaire et conoïde. Pour cette classe, on voit l'appareil acoustique se proportionner, dans ses perfectionnemens, à la hauteur du vol, à l'étendue de la voix modulée. *Chez les mammifères*, cet appareil ne présente que des modifications peu remarquables sous le rapport du labyrinthe et du tympan, mais il en offre d'assez importantes relativement à l'oreille externe. L'homme seul porte un lobule caractérisé, une conque aplatie, peu favorable à la collection des ondes sonores; comme si la nature avait cru pouvoir négliger une disposition perfectionnée chez les animaux timides, livrés aux seules ressources de l'organisation. *Pour les quadrumanes*, l'orang-outang, par exemple, la conque est plus étendue, plus mince que dans notre espèce; elle ne présente aucun bourrelet circulaire. A mesure que l'on descend vers les mammifères inférieurs, le conduit auditif devient proportionnellement plus long et plus verticalement dirigé. *Dans les animaux timides*, le lapin, le lièvre, le cheval etc., la conque représente un véritable cornet acoustique, mis en mouvement par des muscles très-nombreux; on en compte jusqu'à vingt chez ce dernier. *Pour les animaux terreins*, cette conque eût été complétement inutile, aussi n'en rencontrons-nous aucune trace; le tympan offre un grand développement: il en est de même pour le labyrinthe; le sens de l'ouïe paraît destiné, chez ces derniere, à remplacer tous les autres. En général, dans les mammifères, l'ouïe semble d'autant plus fine que la direction de la membrane tympaniqne devient plus parallèle à celle du sol. Home prétend que cette membrane présente des fibres musculaires chez l'éléphant.

Ce que la nature vient d'effectuer dans l'analyse de l'appareil acoustique le plus compliqué, M. Flourens a conçu l'ingénieuse pensée de l'opérer artificiellement. Il a détruit, sur différens pigeons, d'une manière progressive, 1° la membrane du tympan, des deux côtés et d'un seul comparativement; 2° la première partie de la chaîne des osselets ; 3° la seconde ; 4° la membrane de la fenêtre ovale ; 5° celle de la fenêtre ronde ; 6° les canaux semi-circulaires ; 7° le limaçon ; 8° la membrane et le nerf vestibulaires. Voici les conclusions de l'auteur, basées sur un assez grand nombre de faits, pour en établir positivement la réalité.

Oreille externe. — La destruction du tympan n'altère pas très-sensiblement l'ouïe. Des observateurs nous assurent que l'excision de la conque, chez l'homme, affaiblit à peine l'audition.

Oreille moyenne. — L'ablation du marteau, de l'enclume, produit également peu d'effet sur la sensation. Celle de l'étrier la diminue beaucoup. Celle des membranes qui se trouvent sur les fenêtres ovale et ronde, encore davantage.

Oreille interne. — La rupture du limaçon offre moins d'importance que celle des canaux semi-circulaires. Lorsque ces derniers sont ouverts et qu'on les irrite, l'animal exécute avec une extrême rapidité plusieurs mouvemens horizontaux de la tête ; il entend, mais avec agitation et souffrance. Le déchirement incomplet du nerf vestibulaire affaiblit notablement l'ouïe, sa destruction entière amène irrévocablement la surdité.

Il résulte évidemment de ces données expérimentales et de celles que l'anatomie comparée vient de nous présenter, qu'au milieu des complications de l'appareil acoustique, dans les organismes supérieurs, le vestibule, et plus spécialement son nerf particulier, offrent l'organe essentiel de l'impression, les autres modifications sur-ajoutées devenant accessoires et seulement relatives aux perfectionnemens de l'appareil, dans la faculté de recevoir les excitations auditives.

§. III. MODIFICATEUR. — On lui donne communément le nom de *son*, de vibrations, d'ondes sonores.

Le son , ἤχος, des Grecs, *sonus*, des Latins , n'est point un corps particulier comme l'hydrogène , l'oxygène etc. Les physiciens ne l'ont pas même rapproché , sous ce rapport, du calorique, de la lumière, du magnétisme et de l'électricité. Nous devons l'envisager comme une modification spéciale , imprimée à certains corps nommés sonores , transmise au nerf acoustique par un milieu conducteur. Cette modification est désignée par le terme de *vibration*.

M. Lamarck suppose , dans l'atmosphère , un fluide *vibratil* , d'une grande subtilité , qui pénétre invisiblement le globe et les corps disposés à sa périphérie. M. Geoffroy Saint-Hilaire dit que le son « est une ma-« tière résultant de la combinaison de l'air extérieur « avec l'air polarisé du corps sonore. » Il est aisé de voir que ces explications et ces hypothèses, pour le moins contestables , ne peuvent convenir à la marche rigoureuse et sévère que nous avons adoptée. Négligeant tous les systèmes seulement ingénieux ou brillans , nous devons établir sur des faits positifs la théorie du modificateur acoustique , en nous élevant par degrés de son élément fondamental aux complications des effets qu'il produit par ses merveilleux développemens.

La vibration , — principe de toute manifestation sonore, est l'ensemble des déplacemens alternatifs qu'éprouvent , les unes relativement aux autres , les molécules de la matière convenablement disposée à recevoir ces ébranlemens , sous l'influence de la percussion, du frottement , de l'extension etc. Encore nommées *trémoussemens particulaires,* ces vibrations transmises par le corps sonore à des intermédiaires élastiques, peuvent être communiquées à l'appareil auditif , et déterminer l'excitation spéciale que nous étudions. Dès-lors , pour bien concevoir la nature du son, les modifications dont il est susceptible, et les résultats qu'il occasionne dans les organes acoustiques, nous devons considérer cet agent relativement 1° au corps qui le produit ; 2° au milieu qui le transmet ; 3° à l'appareil qui reçoit l'impression.

1° *Du son, relativement au corps qui le produit.* — La matière devient sonore, dans certaines conditions, sans lesquelles cette faculté n'existe plus. Au nombre de ces conditions, nous devons particulièrement indiquer 1° l'élasticité ; 2° une certaine densité ; 3° une disposition telle que, sous l'influence de la percussion, de l'extension, du frottement etc., ses molécules éprouvent des trémoussemens notables et prolongés. Ainsi, la cloche en cuivre, en argent etc., soumise au choc ; la corde en boyau, suffisamment tendue, frottée par l'archet, donnent un *son* bien appréciable ; au contraire, la pierre, qui ne soutient pas la vibration ne rend qu'un *bruit* ; la graisse concrète, incapable de réaction moléculaire, ne produit aucun de ces deux résultats.

Les corps vibrent à l'état : 1° *Solide.* — Nous trouvons alors des modifications importantes et relatives à la nature, à la forme du corps, à la direction du mouvement communiqué. Ainsi, *dans les tiges métalliques*, suivant l'axe, pour la balance de torsion ; suivant le diamètre, pour les ressorts fixés par l'une de leurs extrémités, courbés, ensuite abandonnés par l'autre. *Dans les cordes élastiques*, pour les instrumens de cet ordre. *Dans les surfaces incurvées*, pour les cloches et toutes les variétés des corps analogues. *Dans les surfaces planes*, pour les plaques en métal, en bois etc., pour les membranes tendues. 2° *Liquide.* — La vibratilité s'y trouve démontrée par les rides occasionnées à leur surface, en conséquence des trémoussemens excités dans les parois du verre qui les contient ; par leur propriété conductrice du son. Toutefois ils ne peuvent jamais seuls produire

un effet acoustique ; ils vibrent exclusivement par communication, leurs molécules offrant une instabilité qui
ne permet pas de leur imprimer directement ces conditions temporaires. 3° *Gazeux.* — Par les mêmes raisons,
encore beaucoup plus fortement exprimées, les gaz ne sont
pas susceptibles de recevoir, sans intermédiaire, ces impulsions sonorifiques ; mais touchant un solide actuellement en vibration, ils partagent ses dispositions mo-
mentanées, comme on le voit pour les colonnes et les
masses d'air qui remplissent nos divers instrumens de
musique.

Quelle que soit la nature et la forme des corps soumis
aux modifications vibratiles, on peut y considérer deux
mouvemens, dont le caractère et les effets ne doivent pas
être confondus. 1° *Mouvement partiel ou moléculaire.*
— Il est représenté par les déplacemens alternatifs de
leurs élémens physiques, d'où résulte ce trémoussement
intérieur qui détermine positivement le son. 2° *Mouvement général ou d'ensemble.* — Il change la direction
ou l'apparence extérieure des corps ; c'est lui qui constitue la vibration proprement dite, et qui mesure la durée, le degré, la force des résultats sonores.

Pour se former une idée précise de ces deux mouvemens, il faut examiner une tige métallique, une corde,
une cloche pendant qu'elles se trouvent sous l'influence
que nous venons de signaler. En touchant alors ces instrumens, ils nous communiquent un frémissement bien
distinct, résultat de l'agitation spéciale déterminée dans
les particules du corps sensible par les molécules du
corps vibrant. Ce frémissement et cette agitation sont les
effets du *mouvement partiel ou moléculaire.*

Si l'on examine avec attention ces mêmes instrumens,
on les voit incessamment changer de forme. Ainsi, la
tige métallique simule un V dont les branches se rap-

prochent insensiblement et s'identifient lors du repos complet. La corde figure un losange dont la circonscription se resserre à mesure que l'étendue des vibrations diminue. La cloche, par la circonférence de sa base, décrit des ovales alternatifs et qui reviennent progressivement à la disposition circulaire. Ces changemens, dans la forme et dans la direction, sont les conséquences *du mouvement général ou d'ensemble.*

Au milieu de ces déplacemens communs, nous voyons constamment s'établir des mouvemens fractionnés et particuliers, produisant, pour une oreille bien exercée, des sons accessoires dans le son principal. Ces divisions spontanées prennent le titre de *nœuds de vibration.* Nous les examinerons dans les divers instrumens, et nous apprécierons les avantages de ces notions relativement aux phénomènes de l'appareil auditif.

Les vibrations ne deviennent *sonores,* ou du moins perceptibles pour nous, qu'entre deux limites assez rigoureusement établies. Ainsi, lorsqu'un corps en exécute, par seconde, moins de 32 ou plus de 8000, il ne produit aucun son relativement à notre oreille. Nous verrons l'influence des nombres intermédiaires sur les modifications acoustiques.

Cinq caractères principaux doivent être bien distingués dans le son proprement dit. *Le timbre, l'intensité, le volume, la durée, le ton.*

1° *Le timbre* — est la qualité la nature essentielle et fondamentale du son. C'est à l'arrangement des molécules et surtout à la composition élémentaire qu'il faut en attribuer la détermination et les variétés. Ainsi, dans les métaux, il est généralement aigre, fatiguant pour l'oreille. Dans les bois minces, desséchés, servant à la confection de nos instrumens, il est ordinairement agréable. Pour la voix humaine, il est aussi diversifié que les individus; rauque chez les uns, glapissant chez les autres, offrant quelquefois, surtout chez les femmes, tous les attraits du charme et de la séduction. Pour le verre il est brillant, limpide, il agit profondément sur l'appareil nerveux; quelle âme sensible pourrait écouter les accents plaintifs de l'harmonica, loin de cette rêverie mélancolique dont les tendres émotions s'expriment par les larmes du plaisir? Dans nos plus belles exécutions musicales, ce timbre est la seule voix qui parle au cœur, le reste est pour l'esprit, et rentre plus ou moins directement dans le domaine de l'art.

2° *L'intensité.* — La force du son tient à l'étendue, à l'énergie des vibrations, dans leurs mouvemens particulaires et généraux. Elles peuvent être absolues ou relatives. En passant mollement l'archet sur le monocorde, cet instrument rend un son faible; en l'attaquant avec chaleur il produit un son fort. En soumettant deux cloches identiques à des percussions, l'une très-violente, et l'autre à peine caractérisée, on obtient comparativement des modifications sonores très-developpées dans la première circonstance, à peu près imperceptibles dans la seconde, *et vice versâ.*

3° *Le volume* — du son paraît ordinairement relatif au volume du corps ou de la masse d'air mis en vibration, comme il est aisé de s'en convaincre en ébranlant avec l'archet les cordes *monotones* comparativement sur le violon et sur la basse.

4° *La durée* — des modifications sonorifiques, après la suspension de la cause qui vient de les occasionner, dépend essentiellement de l'élasticité des corps vibrans. C'est ainsi, toutes choses égales d'ailleurs, qu'une corde, un instrument humides soutiennent beaucoup moins les sons qu'un instrument, une corde actuellement dans un état de sécheresse favorable aux trémoussemens particulaires.

5° *Le ton*—n'est autre chose que le caractère du son relativement aux nombreuses modifications qu'il peut éprouver dans les intermédiaires du *grave* à *l'aigu*. Si l'on admet conventionnellement un son fondamental désigné par le terme *diapason*, répondant au *la* musical, tous les degrés qui se trouveront au-dessus, offriront des tons plus ou moins aigus, et tous ceux qui seront au-dessous, des tons plus ou moins graves.

La différence de ces tons dépend spécialement du nombre des vibrations effectuées par le corps sonore, dans un tems donné ; celui qui présente les oscillations les moins rapides, est le *plus grave* ; nous trouvons le *plus aigu* dans les conditions opposées. Ces deux limites paraissent établies dans les résultats appréciables à notre oreille, pour la gravité, à 32, pour l'acuité à 8000 vibraions par seconde, intervalle qui donne à peu près huit octaves. Au-delà de ces bornes, les sons deviennent étrangers à nos facultés acoustiques.

Dans leur succession du grave à l'aigu, de l'aigu au grave, les tons peuvent être soumis à des règles positives et que la nature semble indiquer dans une oreille bien organisée ; on donne à cette coordination méthodique le nom d'*harmonie* ; lors au contraire qu'ils sont rapprochés sans intention et sans art, ils déterminent cette modification auditive si pénible, que l'on appelle *bruit*, *discordance*, *cacophonie* etc.

On distingue sept tons principaux désignés par les noms : *ut, ré, mi, fa, sol, la, si* ; leur succession prend le titre de *gamme* ; en répétant le premier, on obtient une *octave*. Le même corps vibrant, en changeant ses dispositions, peut donner des octaves différentes, offrant un point d'identité acoustique, nommé *unisson*, à l'octave simple, double, triple etc., suivant les nouvelles conditions imprimées à ce dernier.

On appelle *intervalle* un espace tonique séparant deux sons consécutifs. Dans la gamme naturelle, il en existe trois variétés. 1° *Intervalle majeur*; dans la proportion de 8 à 9, sous le rapport du nombre des vibrations, isolant *ut* et *ré*, *fa* et *sol*, *la* et *si*. 2° *Intervalle mineur*; dans la proportion de 9 à 10, isolant *ré* et *mi*, *sol* et *la*. 3° *Intervalle nommé demi-ton*; dans la proportion de 15 à 16, isolant *mi* et *fa*, *si* et *ut*. On agrandit, on diminue ces intervalles, on les rétablit dans leur état primitif en plaçant avant la note à modifier le signe *dièze*, qui l'élève d'un demi ton; le *bémol*, qui la baisse en proportion semblable; le *bécarre*, qui la rend à l'intonation normale. Si l'on donne à ces mêmes intervalles une valeur de trois, quatre ou cinq espaces *majeurs*, *mineurs* ou *sémi-toniques*, en les combinant diversement, ils prennent les noms de *tierce*, *quarte*, *quinte* etc. On les appelle *octave*, en leur faisant comprendre toute la distance que forment, dans notre gamme, les trois tons majeurs, les deux tons mineurs et les deux demi-tons réunis. On désigne par le terme d'*échelle musicale* une série de tons modifiés que l'on peut convenablement introduire dans l'intervalle d'une octave. Les compositeurs européens en ont admis trois 1° *diatonique*, formée de 8 sons; 2° *chromatique*, de 13; 3° *enharmonique*, de 24. La première procède par les tons naturels de la gamme; la seconde, par demi tons; la troisième, par quarts de ton.

L'ensemble des règles qui déterminent l'enchaînement de tous les sons, d'après un système raisonné, constitue la science musicale, dont les productions, exécutées par la voix ou les instrumens, révèlent cet art délicieux que nos tems modernes ont porté vers une si rare perfection.

Si nous appliquons actuellement ces principes à la vibration des corps sonores, il nous sera facile d'en comprendre toute la justesse et de prévoir leur nécessité pour établir avantageusement la théorie de l'audition.

Un ressort vibratil étant mis en mouvement de manière à produire un effet acoustique déterminé, l'on peut aisément augmenter, d'une manière progressive, l'acuité du son en diminuant le volume et surtout la longueur de ce même corps.

Lorsque nous frappons simultanément deux cloches de hauteur, de largeur, d'épaisseur différentes, nous obtenons deux sons particuliers et qu'il serait facile d'accorder à la tierce, à la quarte, à la quinte, à l'octave etc., en modifiant convenablement les rapports de ces deux agens.

La colonne d'air, ébranlée dans nos instrumens à vent, donne un ton relatif à sa longueur. On double par conséquent la gravité de ce dernier en fermant l'ouverture inférieure ; on augmente son acuité par degrés en ouvrant les orifices latéraux, et dès-lors en raccourcissant la colonne aérienne par l'établissement d'un ou plusieurs nœuds de vibration. Si l'on ralentit le courant d'air, le ton baisse ; il monte dans l'hypothèse contraire par la détermination de ces nœuds. Un résultat analogue se trouve produit au moyen de l'évasement inférieur du tube instrumental, comme on l'observe dans la clarinette, par exemple. Si la colonne d'air s'échauffe ou se trouve comprimée, les vibrations en deviennent plus fréquentes. C'est ainsi que nous voyons, dans un concert, les instrumens à vent gagner vers les tons aigus et les instrumens à corde vers les tons graves. C'est plus particulièrement dans les cordes élastiques et tendues que les résulats de ces applications deviennent positifs et calculables. On peut établir en axiome que le nombre des vibrations, et par conséquent l'ascension du grave à l'aigu, se trouve en raison inverse de la longueur, du volume, de la racine carrée de la densité ; en raison directe de la racine carrée de la tension. Ainsi, deux cordes égales sous tous les rapports, donnent un son parfaitement homogène que l'on appelle *unisson*. En rendant l'une de ces cordes moitié plus fine, ou moitié plus courte, ou quatre fois plus tendue, le ton qu'elle donne est précisément à l'octave supérieure de celui que fournit l'autre, dont les conditions n'ont pas été changées. En plaçant légèrement les doigts sur divers points de ces mêmes cordes, sans les appliquer au manche de l'instrument, pour le violon, la quinte, la basse etc. , on caractérise davantage les nœuds de vibration naturellement disposés à s'effectuer, et l'on obtient les sons nommés *harmoniques*, dont l'expression offre quelque chose d'aérien et de céleste. On peut encore imprimer aux cordes un trémoussement assez marqué dans le sens longitudinal en les frottant, suivant leur axe, avec l'archet ou même avec les doigts. On détermine alors plutôt un sifflement désagréable que des accords mélodieux.

Dans ces modifications diverses, lorsque le nombre des vibrations acoustiques arrive à 32 en descendant, à 8000 en montant, les sons ne se trouvent déjà plus appréciés par un certain nombre de sujets, et cessent d'être perceptibles pour tous, aussitôt qu'ils ont franchi l'une ou l'autre de ces limites ; circonstance qui nous prouve, d'une part, que l'universalité des individus ne jouit pas de la même capacité auditive ; de l'autre, que les trémoussemens inaperçus par notre oreille, au-delà des termes indiqués, deviendraient peut-être sensibles pour des appareils constitués plus avantageusement.

2° Du son relativement au corps qui le transmet.—

Lorsqu'il n'existe aucune portion de matière entre le corps vibrant et l'appareil acoustique, ces modifications actuelles du premier restent sans influence pour le second, les sons développés n'arrivent plus à l'oreille, et relativement à cet organe, se trouvent dans un état de nullité complète. Il suffit, pour s'en convaincre, de placer une montre, une machine musicale etc. sous la cloche pneumatique. A mesure que l'air se rarifie, les sons éprouvent un affaiblissement notable ; ils disparaissent entièrement aussitôt que le vide est parfait, pour se manifester de nouveau lorsque l'on fait rentrer cet air dans la capacité du récipient.

Afin de bien comprendre la marche des vibrations sonores, il faut les prendre à leur source et les examiner dans le trajet qu'elles ont à parcourir pour atteindre l'appareil auditif.

Les physiciens du moyen âge ont beaucoup trop rapproché, dans ces considérations, la marche des sons et les progrès de la lumière, en supposant l'existence des *rayons sonores* après avoir démontré la réalité des *rayons lumineux*, marchant toujours en ligne droite, ou brisée par le fait même de la réflexion. Nous pensons avec les physiciens modernes, d'après les faits et l'observation, que les vibrations sonores doivent se transmettre, comme celles qui n'offrent pas ce caractère, en conséquence des lois qui régissent les mouvemens moléculaires dans les corps élastiques soumis au frottement, à la percussion etc. Il semble dès-lors plus convenable de désigner, dans un corps, les régions en *trémoussement*, séparées au moyen des régions *en repos*, sous le titre d'*ondes sonores*, que sous celui de *rayons*.

Ces ondes partent du corps en vibration dans tous les sens pour se communiquer à ceux qui l'environnent, avec des résultats différens, suivant la nature et les conditions actuelles de ces derniers, en marquant plusieurs points analogiques relatifs aux modifications de la lumière par les milieux qui se rencontrent sur son passage. Trois circonstances principales viennent caractériser ces modifications et ces résultats. Ainsi, les ondes sonorifères peuvent agir : 1° *Sur un corps conducteur non directement sonore.* Elles suivent leur marche primitive sans aucun changement. Cet intermédiaire est alors aux vibrations acoustiques, ce qu'est un milieu transparent aux rayons lumineux. 2° *Sur un corps conducteur et directement sonore.* Celui-ci mis en mouvement transmet les sons, mais après leur avoir fait éprouver, sous le rapport du timbre, de la force, de la durée, les changemens appropriés à sa nature, à son volume, à sa forme etc. ; en offrant, pour les ondes sonores, ce que les milieux diaphanes et colorés présentent pour la lumière. 3° *Sur un corps non sonore et non conducteur.* Les vibrations auditives ou sont immédiatement réfléchies d'après des règles qu'il est facile de préciser, ou se trouvent complétement absorbées. Cet obstacle devient alors, pour les trémoussemens acoustiques, à peu près analogue, dans le premier cas, aux corps opaques incolores ; dans le second, aux corps noirs pour les vibrations lumineuses.

Transmission par les corps non directement sonores.— Les vibrations que nous étudions frappant un corps de cette espèce déterminent, dans ses molécules, des ébranlemens transmis à distance variable et toujours en ondulations divergentes. Le son traverse alors ces conducteurs sans éprouver aucune modification dans sa nature, mais avec des circonstances relatives aux dispositions essentielles ou temporaires de ces mêmes conducteurs.

Pour mériter ce titre, un corps doit offrir l'élasticité, la consistance et la densité d'une manière assez prononcée. La vitesse et la force des communications se trouvent même, comme nous le verrons, en raison du développement de ces propriétés.

Les intermédiaires de cette première catégorie, dans l'impossibilité de recevoir immédiatement l'impression vibratile, ont besoin qu'un agent, directement sonore, vienne leur communiquer ces ébranlemens particuliers. Ainsi, les déplacemens de l'air atmosphérique en masse, constituant ce que l'on nomme les *vents*, ne produisent aucun son distinct lorsqu'ils s'opèrent en rase campague et dans une vaste plaine ; mais en s'effectuant au milieu des arbres, des habitations, des corps susceptibles de vibrer et de faire partager les mêmes dispositions à ce milieu, nous les voyons occasionner des sifflemens et des modifications acoustiques variées. De même que la plupart des autres gaz, l'air diffère, sous ce rapport, des fluides qui peuvent transmettre les vibrations auditives, mais qui ne les partagent pas de manière à devenir sonores par communication.

L'eau, toutes les substances liquides ont été pendant long-tems regardées comme impropres à la translation des ondes sonorifiques. Les expériences de l'abbé Nollet, celles de plusieurs autres physiciens ont complétement détruit cette erreur. Il suffit d'agiter une clochette au fond d'un fleuve, où l'on se trouve actuellement submergé, pour juger de la force considérable avec laquelle s'opère la transmission. On peut même, dans cette circonstance, entendre la voix d'une personne extérieurement placée, lorsque les vibrations viennent frapper assez perpendiculairement la surface aqueuse. Si l'impulsion est très-oblique, les ondes sonores glissent avec asssez de facilité par une sorte de réflexion. C'est peut-être à cette cause qu'il faut attribuer l'opinion fautive que nous venons de signaler. Nous y trouvons l'explication des faits remarquables , cités par Haller , qui nous apprend que des matelots pouvaient converser , à deux lieues en mer, au moyen du porte-voix ; et que, dans les mêmes circonstances , plusieurs décharges d'artillerie furent entendues à plus de quatre-vingt milles.

Tous les milieux ne transmettent pas les sons avec la même vitesse et la même intensité. En général, on voit la force des vibrations diminuer suivant le carré de la distance parcourue. Cet affaiblissement gradué n'apporte aucun changement à la vitesse ; elle est identique dans toutes les parties du trajet, pour les sons les plus forts et pour les plus légers.

Si nous choisissons l'air comme type fondamental, nous trouvons que cette vitesse des ondes sonores est , d'après les uns, sous une température à 6 degrés , de 337 mètres par seconde ; d'après les autres, sous une élévation marquant 15, 9, de 340, 89. Elle est augmentée par la chaleur, par les vents favorables, diminuée par les vents opposés ; ceux qui tombent sur le trajet en formant un angle droit, l'humidité de l'atmosphère etc. ne la modifient pas d'une manière notable. Elle présente à peu près une identité parfaite dans l'air libre et dans celui que renferment les différens tubes, seulement les sons conservent plus d'intensité par ce dernier.

En comparant actuellement , sous ce premier rapport, la marche des vibrations dans le milieu que nous venons d'examiner, et dans les corps beaucoup plus denses, nous trouvons des différences bien remarquables.

M. Hassenfratz a reconnu , dans plusieurs cavernes profondes, que les sons arrivaient plus promptement à celle de ses oreilles qu'il appliquait à la muraille. Il pouvait ainsi percevoir distinctement les deux impressions auditives , et juger leur intervalle. M. Biot expérimentant sur des tuyaux en fonte , présentant une longueur de 2929 pieds , estime la différence à deux secondes et demie. La vitesse, par la colonne d'air étant de 337 mètres par seconde , celle du même son transmis par la matière des tubes s'élevait à 3,538 mètres dans un tems semblable. On doit surtout remarquer avec admiration que les ondes sonores peuvent se couper dans toutes les directions , sans jamais se confondre ou s'altérer mutuellement; que les plus faibles comme les plus développées arrivent simultanément à l'oreille , au milieu des mêmes circonstances , comme il est facile de s'en assurer, en écoutant l'ensemble d'une partition. Sur ces deux propriétés essentielles repose évidemment la possibilité de l'art musical tout entier.

Relativement à l'intensité des vibrations sonores, plusieurs différences très-importantes viennent également se manifester. Ainsi , toutes choses égales d'ailleurs , les corps transmettent ces vibrations avec une force proportionnée à leur densité , à leur élasticité. Le même intermédiaire , en acquérant ou perdant ces propriétés, devient bon ou mauvais conducteur des sons. En conséquence de cette loi positive , raréfié sous la cloche pneumatique , déposant des vapeurs aqueuses par le refroidissement , l'air ne transmet plus ces derniers avec la force qu'ils conservaient en parcourant une atmosphère sèche et comprimée. Si nous étendons la comparaison des gaz aux fluides, et de ces derniers aux solides, nous obtenons des résultats beaucoup plus évidens encore. On connaît généralement l'expérience de la poutre. Quelle que soit la longueur de ce corps , le choc le plus léger sur l'une de ses extrémités est entendu par l'oreille appliquée sur l'autre , tandis qu'un troisième observateur, pour lequel ces vibrations arrivent par l'intermédiaire de l'air , est incapable de les percevoir à la distance de deux ou trois pieds.

Indépendamment des conditions particulières à la densité, à l'élasticité des milieux conducteurs, il existe encore deux moyens de recevoir ou de propager les sons avec plus de force, à des distances plus considérables. L'un appartient au *cornet acoustique*, l'autre au *porte-voix*, instrumens identiques dans leur influence relative à la transmission des ondes sonores, mais dont les applications ne doivent pas être confondues.

Le cornet acoustique est représenté par un cylindre fistuleux droit ou recourbé, dont l'une des extrémités, réduite au diamètre de quelques lignes, s'applique à l'oreille, et dont l'autre, plus ou moins largement évasée, présente un infundibulum susceptible d'embrasser un plus grand nombre de molécules aériennes en vibration ; de rendre, par conséquent, à l'appareil auditif, des sons plus énergiques, en raison de cette forme, et du maintien de la colonne gazeuse dans son conduit solide. La matière employée à la confection de ce dernier ne paraît pas exercer d'influence pour ces transmissions acoustiques ; fait qui démontre assez positivement que la communication ne s'établit point ici par l'ébranlement des parois instrumentales, mais seulement par les vibrations de la colonne d'air qui s'y trouve incarcérée. En donnant aux *stéthoscopes* nouveaux une forme d'entonnoir, par la base, on a dès-lors augmenté les avantages de leur emploi, dans toute la partie de l'auscultation médicale plus spécialement relative aux modifications sonores, difficiles à bien apprécier.

Le porte-voix est également un cylindre plus ou moins long, dont l'extrémité la plus élargie s'applique à la bouche de l'interlocuteur. En coërçant l'air mis en vibration, en prévenant la divergence des ondes sonores, qui sont obligées de suivre les directions du conduit, il conserve aux trémoussemens acoustiques leur force première, à des distances que la parfaite élasticité de l'air atmophérique rend incalculables. M. Biot, expérimentant avec des tuyaux en fonte, d'une longueur de 951 mètres, entendait les mots les plus faiblement articulés. En Angleterre, pour les maisons riches, des porte-voix sont établis dans les principaux appartemens, et vont, en suivant les détours obligés, porter des ordres précis aux lieux où se tiennent ordinairement les gens de service. En appréciant davantage ces moyens de communication, nous les verrons peut-être un jour se généraliser dans nos habitations. Il suffit quelquefois d'un sillon conducteur, pour déterminer une partie des effets que nous venons d'énumérer. C'est ainsi que deux personnes, placées vers la terminaison des angles opposés d'une voute, peuvent s'entendre à voix basse, alors qu'une troisième, écoutant près de l'une ou l'autre des deux premières, hors la ligne de conduite, se trouve dans l'impossibilité de participer à la conversation. Cette première modification devient en quelque sorte l'intermédiaire de celles qu'éprouve la transmission des vibrations sonores, dans l'air libre, et dans celui que renferme les canaux cylindriques.

Transmission par les corps directement sonores. — En traversant un milieu de cette nature, les ondes sonorifiques sont ordinairement changées d'une manière plus ou moins notable dans leur intensité, dans leurs caractères essentiels, avec des influences relatives au timbre, à la force des sons. Nous trouvons une application facile de cette nouvelle condition, dans les vibrations de la basse, du violon, de la guitare et de tous les instrumens du même ordre. Supposons, en effet, leurs cordes soutenues par des corps non sonores, à des tensions, à des longueurs identiques : en y passant l'archet, elles donneraient le son qui leur est propre. Convenablement établies sur ces instrumens , elles transmettent à ces derniers les vibrations qu'ils rendent seulement , après leur avoir communiqué des caractères particuliers , et tellement bien différenciés que seuls ils pourraient servir à faire distinguer, non seulement la basse du violon , celui-ci , de la guitare etc. , mais encore les divers instrumens de la même catégorie ; chacun d'eux offrant son timbre spécial , comme chacun de nous a sa voix propre. Au milieu de ces changemens , le ton se conserve tel qu'il est communiqué par le premier corps mis en trémoussement. Ainsi, plusieurs cordes semblables et dans les mêmes conditions vibreront à l'unisson pour tous ces instrumens. Cette loi devient si positive , qu'en plaçant deux lyres , par exemple , à quelque distance l'une de l'autre , et qu'en faisant résonner une seule corde , la modification identique se manifeste exclusivement dans la corde semblable de l'autre instrument. On donne à ce résultat le nom de *vibration sympathique.* M. Savart pense que l'unisson n'est pas indispensable à la production de cet effet. Il cherche à le prouver au moyen de plusieurs appareils membraneux très-heureusement imaginés , et sur lesquels nous reviendrons en étudiant les usages du tympan.

Lorsque les ondes sonores éprouvent, dans les intermédiaires que nous examinons , les réflexions qu'elles peuvent offrir, leur force, graduellement accrue , paraît se développer en proportion de ces résultats, comme on l'observe surtout pour le cor , où chaque percussion nouvelle des parois de l'instrument devient une cause d'augmentation dans l'intensité des sons , dont l'accroissement n'a d'autre terme que celui du nombre de ces modifications particulières.

Absorption ou réflexion par les corps non sonores et non conducteurs. — Les sons , en rencontrant des milieux de ce genre, se trouvent absorbés ou réfléchis. Les corps mous, lanugineux, cotonneux etc. produisent le premier de ces résultats, et peuvent dès-lors être utilement employés dans les circonstances qui réclament un préservatif contre les inconvéniens du bruit. Un assez grand nombre de substances déterminent le second, qui doit plus spécialement nous occuper.

Les ondes sonores, de même que les rayons du calorique et de la lumière, tombant à la surface de certains corps non résonnans et non conducteurs, sont renvoyés, en formant un angle de réflexion égal à l'angle d'incidence. Après ce changement, qui n'intéresse que la direction primitive, les sons reviennent avec le même timbre et le même ton, leur force n'éprouve que les diminutions effectuées par la distance; l'affaiblissement des sons réfléchis étant soumis aux mêmes lois que celui des sons directs.

La répétition des modifications acoustiques, ordinairement opérée dans cette circonstance, a reçu le nom d'*écho*, phénomène remarquable, dont la cause, personifiée par l'antiquité fabuleuse, devint une invisible nymphe incessamment occupée à répéter les joyeux accens du bonheur, les soupirs et les gémissemens de l'infortune.

Cette réflexion est presque toujours effectuée, lorsque les vibrations frappent un rocher, un mur, un édifice, quelquefois même un nuage, comme on l'observe dans les retentissemens de la foudre, et dans plusieurs circonstances dont le merveilleux et la crédulité n'ont point manqué d'exagérer les résultats. Plusieurs conditions étant indispensables à l'audition des ondes renvoyées, l'écho n'est pas constamment perceptible.

L'oreille ne peut apprécier deux sons différens, qu'autant qu'ils se trouvent éloignés d'un dixième de seconde.

Pendant ce tems, les ondes sonores parcourent, dans l'air atmosphérique, un trajet de 34 mètres, en se plaçant dès-lors à 17 d'un mur, par exemple, on peut distinguer le son primitif et le son répété.

L'écho devient sensible, pour celui qui parle, toutes les fois que le plan du corps réfléchissant est perpendiculaire à l'incidence des ondes sonores ; pour une personne étrangère, lorsqu'elle peut recevoir successivement, à l'intervalle au moins d'une dixième, les vibrations directes et les trémoussemens réfléchis. Il est aisé d'expliquer, d'après ces principes généraux, toutes les modifications du résultat que nous étudions.

Plusieurs échos peuvent être produits, soit dans la même direction, lorsque le son fondamental va frapper des plans verticaux et parallèles, mais situés à des éloignemens de 17 mètres au moins les uns des autres ; soit en parcourant une ligne plus ou moins exactement arquée, les inclinaisons favorables de ces plans occasionnant une série de réflexions dans la direction parabolique, circulaire, ellipsoïde etc. Quelle que soit la ligne suivie, l'écho s'affaiblit toujours en raison du carré de la distance. Il produit par conséquent l'illusion d'une personne qui fuit, répétant plus ou moins exactement les derniers mots dont son oreille est frappée. Fallait-il d'autres prestiges pour exciter l'imagination des poëtes à créer ces nymphes et ces naïades craintives, évitant furtivement les regards des profanes mortels, en redisant leurs plaintes ou leurs amoureux accens ; pour échauffer l'âme du sujet mélancolique et malheureux qui dès-lors ne se croyant plus seul dans l'isolement de la nature, y cherche un confident à ses chagrins, et semble prêter à tout la pensée, pour que tout réponde à sa douleur !

Au nombre des effets les plus remarquables de l'écho,

nous citerons les suivans. L'abbé Guynet dit avoir entendu, près le château de la *Rochepot*, bâti sur ce monticule caverneux, un écho qui répétait jusqu'à seize syllabes. Nous lisons dans les nouveaux mémoires de la société royale, qu'à dix-sept milles de Glascow, dans le voisinage d'une habitation de Rosneath, construite sur un lac bordé de collines arides et de bois impénétrables, on trouve un écho qui répète exactement trois fois un air de cor de *huit demi brèves*, avec la circonstance extraordinaire que chaque répétition s'effectue sur deux tons plus bas que les sons qui la précèdent. En supposant à ce dernier fait la réalité qu'on lui prête, nous devons le regarder comme une exception à la règle générale et comme un de ces phénomènes extraordinaires qui se montrent supérieurs à nos explications.

3° *Du son relativement à l'appareil qui reçoit l'impression.* — Produit par les corps vibrans, transmis, quelquefois modifié par les milieux conducteurs, le son parvient à l'oreille, détermine, comme nous le verrons bientôt, des effets particuliers sur les appareils de collection, de perfectionnement, de sensation, et pour dernier résultat, l'impression acoustique immédiatement suivie de l'audition normale.

§. IV. Appétit. — Étrangère aux phénomènes essentiellement vitaux et nutritifs, l'audition ne se trouve point commandée, chez l'homme isolé, par un sentiment impérieux, lorsqu'il n'a rien à craindre pour sa conservation et pour sa vie. Dans l'état de civilisation, par cela même qu'il jouit incessamment et sans obstacle de l'usage régulier du sens que nous étudions, l'impulsion instinctive qui le dirige prend un caractère positif et bien exprimé, seulement dans les circonstances capables d'exciter la curiosité par leur importance ou leur nouveauté. Dans l'état sauvage, ayant à se défendre contre un grand nombre d'agressions qui menacent fréquemment son existence, l'homme est plus naturellement porté vers l'exercice de cette fonction. Chez le premier, l'appétit est surtout provoqué par la raison, par l'intelligence ; tandis que chez le second, il appartient plus spécialement aux passions, à l'instinct. En examinant les animaux timides, nous reconnaissons combien est puissante l'impulsion qui les porte à recueillir les sons les plus légers, et nous trouvons une preuve bien certaine de l'existence du régulateur primordialement chargé de veiller à l'accomplissement des phénomènes acoustiques.

Si nous considérons actuellement le sujet devenu sourd par un accident, nous le voyons, au milieu des relations qu'il ne peut plus entretenir, éprouvant un sentiment d'insuffisance et d'anxiété qui démontrent assez l'importance de cette fonction et la peine que fait naître le besoin qui la sollicite, alors qu'il n'est pas satisfait.

§. V. ÉTUDE. — Pour analyser avantageusement les actes nombreux et compliqués de l'audition ; pour les bien concevoir dans leur ensemble, nous devons étudier progressivement l'influence des ondes sonores sur les appareils : 1° *de collection*, 2° *de transmission*, 3° *de sensation* ; apprécier les différentes modifications qu'elles éprouvent, l'impression particulière et finale qu'en reçoivent les nerfs auditifs.

1° *Sur l'appareil de collection.* — Celui-ci représente un cornet acoustique destiné à recueillir les vibrations sonores. Assez imparfait chez l'homme civilisé, plus conforme à cet emploi chez le sauvage, nous le voyons perfectionné, sous ce rapport, dans un grand nombre d'animaux. Toutefois il n'est pas essentiel au transport des ébranlemens sonorifiques, et l'excision de l'oreille externe est à peu près sans résultat pour affaiblir ces derniers. Héister cite l'observation d'un jeune enfant doué de la faculté de percevoir les sons les plus légers, bien qu'il n'offrît aucune trace de cet appareil et même du conduit auditif.

Les ondes sonores partent du corps vibrant en lignes divergentes ; les unes tombent sur le pavillon de la conque ; toutes les autres sont absolument étrangères à l'audition. Boërhaave pensait que les premières, en conséquence des réflexions qu'elles éprouvent, sont employées, sans exception, dans les phénomènes acoustiques ; opinion qu'il est inutile de réfuter aujourd'hui, puisqu'il suffit, pour arriver à des notions positives sur ce point, de faire observer que ces réflexions s'effectuant sous un angle égal à celui d'incidence, l'aplatissement de l'oreille, surtout chez les peuples civilisés, détourne le plus grand nombre des vibrations de la direction qu'elles devraient suivre pour concourir à la fonction. M. Savart, trop bon physicien pour expliquer les usages du pavillon d'après une hypothèse aussi fautive, prétend qu'il remplit l'office d'appareil conducteur, non point en renvoyant les sons vers la partie centrale, mais en vibrant à la manière des membranes tendues, avec des modifications effectuées par ses muscles propres, les extrinsèques ayant pour objet de mouvoir la conque tout entière pour la diriger vers les agens de cette impression. On sent aisément la supériorité d'une pareille explication sur celle de Boërhaave, mais il est difficile de lui reconnaître l'exactitude, la précision et toute l'importance que voudrait lui donner son auteur. Sans doute, il doit exister propagation des trémoussemens sonores par les tissus élastiques dont l'oreille externe est à peu près entièrement constituée, mais les faits d'anatomie comparée, pathologique, les expériences de M. Flourens prouvent évidemment que ce moyen de propagation, en lui donnant même toute la réalité que d'autres physiologistes ont contestée, ne présente qu'un accessoire dont l'influence éprouve de nombreuses modifications chez les différens individus.

Les ondes sonores qui tombent directement sur l'ouverture du conduit auditif et sur l'excavation qui le précède immédiatement, sous le titre d'*infundibulum*, nous paraissent les seules qu'il faut envisager comme attaquant la membrane du tympan de manière à déterminer essentiellement et positivement l'excitation acoustique.

Cette collection des sons peut s'effectuer involontairement et sans préparation ; elle est alors moins avantageuse et la sensation ultérieure moins parfaite. La préméditation, la volonté peuvent lui servir de guide. Dans cette nouvelle circonstance, l'attention est concentrée vers l'appareil auditif qui se dispose à l'impression. L'oreille est dirigée vers le corps en vibration ; elle se redresse, comme on le voit, surtout chez les animaux timides. Cette action préparatoire, sans être indispensable, devient au moins très-utile dès qu'il faut apprécier des nuances légères dans les modifications sonores. Elle constitue ce phénomène accessoire que l'on nomme *écouter* ; expression qu'il ne faut pas confondre avec celle d'*entendre*. En effet, on peut écouter sans entendre, et souvent entendre sans écouter. Nous prêtons l'oreille dans le premier cas, nous allons volontairement chercher l'impression auditive que nous n'obtenons pas toujours ; dans le second, c'est la vibration elle même qui vient trouver notre organe, et qui détermine la sensation indépendamment de notre participation raisonnée

Dans cette action d'écouter attentivement, la mâchoire inférieure se trouve ordinairement abaissée. Quelques physiologistes ont pensé que cette ouverture de la bouche avait pour but d'augmenter la perfection des résultats sensitifs en favorisant l'entrée d'un certain nombre de vibrations par la trompe d'Eustache. Cette explication, erronée dans son principe, le devient encore davantage dans ses conséquences. En effet, les ondes sonores importées par cette route nouvelle, dans une direction opposée à la marche naturelle des autres, loin de rendre l'impression plus complète, y jetteraient au contraire le trouble et la confusion. Aussi les animaux qui, d'après une organisation particulière, entendent par cette voie, sont-ils en même tems privés de l'oreille et du conduit auditif externe. Une expérience très-simple décide entièrement la question. Elle consiste à placer une montre dans la bouche sans toucher les dents ; les mouvemens du balancier deviennent alors imperceptibles ; ce qui n'arriverait pas si les vibrations pouvaient être communiquées par la trompe. L'abaissement du maxillaire, en lui supposant un objet relatif à l'audition, agirait bien plus avantageusement en augmentant les dimensions de ce conduit par le mouvement du condyle en avant et en bas. D'un autre côté, nous pensons que ce résultat est produit surtout par le relâchement des muscles élévateurs de la mâchoire, l'attention étant alors exclusivement dirigée vers l'appareil acoustique ; aussi ne l'observons-nous bien positivement que chez les sujets distraits par une forte contention auditive.

2° *Sur l'appareil de transmission.* — Offrant pour objet essentiel de communiquer les sons à l'oreille interne, cet appareil doit accomplir deux phénomènes importans. 1° *L'établissement de l'unisson ;* 2° *la modification relative à l'intensité des vibrations sonores.* Les auteurs ne s'accordent nullement sur la nature et le mécanisme de ces actions physiologiques. Nous indiquerons d'abord leurs théories sur chacun de ces phénomènes dont nous exposerons ensuite la marche et le développement.

Établissement de l'unisson. —Nous entendons par ce terme les conditions dans lesquelles se place naturellement l'oreille moyenne pour vibrer au ton des corps dont nous voulons apprécier les effets acoustiques. Il ne faut pas, avec quelques physiciens, envisager cette oreille comme un instrument de musique chargé d'effectuer, par lui même, tous les accords du rythme et de l'harmonie ; mais seulement comme un appareil conducteur des ondes sonores, pouvant s'accommoder à toutes les transitions du grave à l'aigu et *vice versâ*. Procédant avec trop d'exclusion, les physiologistes ont successivement chargé de cet emploi : *la membrane du tympan, des fenêtres ovale et ronde, la chaîne des osselets, l'air de la caisse, la cloison des rampes du limaçon.*

MEMBRANE DU TYMPAN. — Dumas imagina dans cette membrane des fibres elliptiques, représentant chacune un ton particulier. D'autres attribuèrent ces résultats aux alternatives de la tension et du relâchement par les mouvemens du marteau. M. Adelon fait judicieusement observer que les différens degrés, qui séparent le second et le premier de ces états, ne suffisent point à l'ascension du grave à l'aigu dans les huit octaves que notre oreille peut apprécier. M. Savart ayant démontré, sur des appareils membraneux, que ces derniers forment des nœuds de vibration, dont le rapprochement se trouve toujours en proportion des tons produits, applique ces idées au tympan, qui dès-lors se mettrait à l'unisson, indépendamment de toute modification étrangère. Les tensions et les relâchemens, dont il est susceptible, seraient exclusivement relatifs à l'intensité des ondes sonores. Au premier état, il vibrerait sous l'influence de tous les sons, en fractionnant ses nœuds, de manière à s'accommoder à toutes les vitesses ; au second, il ne se trouverait mis en trémoussement que par les sons très-forts, mais alors avec une exagération des mouvemens généraux, qui pourraient occasionner des lésions assez graves dans l'appareil sensitif. D'après ces lois acoustiques, la tension du tympan, étrangère aux tons aigus ou graves, coïnciderait seulement avec les sons très-faibles, pour en obtenir des vibrations; avec les sons très-forts, pour limiter leur amplitude, et garantir l'appareil des accidens qui pourraient survenir sans cette précaution. M. Itard, auquel nous devons des observations si judicieuses, relativement à l'ouïe, soit dans l'état normal, soit dans les dispositions pathologiques, n'a jamais vu les changemens indiqués pour la membrane du tympan, dans la réception des sons aigus ou graves, forts ou faibles. En admettant même la réalité de ces explications, nous serons forcés d'accorder beaucoup moins d'importance aux phénomènes qu'elles nous révèlent, si nous considérons que la membrane tympanique peut être perforée, détruite sans altération notable pour l'audition, qui s'effectue cependant alors sans modification des trémoussemens, par cette membrane. Riolan parle d'un sourd qui, s'étant crevé le tympan avec un cure-oreille, entendit bientôt à peu près comme dans l'état normal. Chéselden avait même conçu le projet de cette perforation dans les cas analogues. M. Itard l'a faite avec succès. D'un autre côté, M. Savard pourrait invoquer plusieurs faits en faveur de son opinion. Ainsi, Camper connaissait un conseiller au parlement, sourd depuis son enfance, qui pouvait chasser l'air par le conduit auditif externe, avec assez de force pour éteindre une bougie. Les artilleurs sont très-exposés à la déchirure du tympan; nous en avons rencontré plusieurs qui, faisant passer la fumée du tabac par la trompe d'Eustache, l'expulsaient ensuite par la conque. Les sujets dont l'oreille est paresseuse entendent moins bien encore sous l'influence d'une atmosphère humide et brumeuse. Willis rapporte qu'une dame, incapable de percevoir les sons de force moyenne, pouvait soutenir une conversation, à demi-voix, en faisant battre un tambour dans son appartement. Ces faits contradictoires en apparence, nous conduisent à l'induction toute naturelle, que les usages de la membrane du tympan ne sont pas indispensables à l'audition, mais qu'ils en deviennent un perfectionnement très-avantageux, que le mécanisme des phénomènes qui lui sont relatifs paraît avoir été bien interprété par M. Savart, et se rapporte beaucoup plus à la force, à la faiblesse, qu'à la gravité, à l'acuité des vibrations sonores.

MEMBRANES DES FENÊTRES OVALE ET RONDE. — Nous verrons, en étudiant le mécanisme de la chaîne des osselets, que ces membranes suivent toujours les mouvemens du tympan, et que leurs différens degrés de tension et de relâchement peuvent encore s'appliquer aux mêmes résultats.

CHAINE DES OSSELETS. — Les physiologistes du moyen âge ont émis des idées essentiellement fautives, relativement aux fonctions de cette partie. Béranger de Carpi soutient que les vibrations sonores ont pour cause la percussion des osselets acoustiques les uns sur les autres. Massa dit au contraire que le marteau seul frappe sur la membrane du tympan, comme la baguette sur le tambour. Des opinions semblables n'ont plus besoin de réfutation. Chaussier pense, avec le plus grand nombre des auteurs modernes, que les mouvemens de ces osselets offrent pour objet d'effectuer la tension ou le relâchement des membranes du tympan, des fenêtres ovale et ronde. Il considère leur chaîne comme un levier à bascule, de telle sorte que, d'après ce physiologiste, les contractions du muscle de l'étrier tendraient la membrane du tympan, et celles des muscles du marteau, la membrane de la fenêtre ovale. On admet plus généralement, comme nous le verrons, une disposition absolument inverse. M. Savart compare la chaîne des osselets, maintenant les membranes indiquées, à l'âme du violon, chargée de soutenir les deux tables de l'instrument. Quelques écrivains ont prétendu que l'existence des muscles tympaniques se trouvait liée, chez l'homme, à la perfectibilité morale du sens, et qu'ils étaient remplacés par des ligamens, pour le plus grand nombre des animaux. La tension est expliquée, pour la membrane de la fenêtre ronde, par le refoulement du fluide vestibulaire, celle de la fenêtre ovale étant alors portée vers l'oreille interne ; de manière que, dans le relâchement ou l'extension, elles se trouvent toujours opposées, relativement au sens de leur excavation ou de leur convexité.

AIR DE LA CAISSE. — Renouvelé par la trompe d'Eustache, cet air, qui remplit naturellement le tympan et ses anfractuosités, a pour objet, suivant les physiologistes actuels, d'effectuer en grande partie la transmission des ondes sonores. D'après M. Savart, il affranchit des modifications atmosphériques les membranes des fenêtres ovale et ronde ; il trouve un diverticulum dans les cellules mastoïdiennes, lorsqu'il est soumis aux compressions du tympan.

CLOISON DES RAMPES. — Elle offre, avons-nous dit, une succession de fibres, dont le volume et la longueur diminuent de la base vers le sommet du limaçon. Plusieurs physiciens ont comparé ces fibres aux cordes graduées de la harpe et du forté ; considérant les plus longues et les plus volumineuses comme établissant l'unisson des tons graves ; les plus courtes et les plus fines, comme réglant celui des tons aigus. Cette application offre quelque chose de mathématique et de séduisant au premier aspect, mais elle supporte difficilement un examen plus sévère. En effet, ces prétendues cordes vibrantes se touchent réciproquement dans toute leur étendue, loin de présenter l'isolement exigé pour cette indépendance d'action. On répond que les expériences de M. Savart démontrent, dans les membranes continues, la formation spontanée des nœuds vibratils, et par conséquent la possibilité d'obtenir ainsi toutes les vibrations relatives dans la cloison indiquée. Mais, n'est-ce pas appuyer une théorie qu'il faudrait prouver, sur des considérations elles-mêmes hypothétiques, et d'ailleurs pourrait-on ne pas reculer devant la difficulté de supposer, dans une membrane aussi limitée, des nœuds de vibration assez multipliés pour correspondre à toutes les nuances des tons que notre oreille est susceptible d'apprécier ?

Modifications relatives à l'intensité. — Si l'appareil conducteur doit s'établir en mesure de transmettre les vibrations sonores dans le ton qui leur est propre, il doit également se modifier de manière à les renforcer lors qu'elles sont très-faibles, pour les rendre perceptibles ; à modérer la violence de leur communication lors qu'elles deviennent très-intenses, afin de garantir l'appareil sensitif des désordres qui suivraient nécessairement une agression aussi peu ménagée. Nous le voyons arriver à ces résultats essentiels par le concours de plusieurs phénomènes que les auteurs ont souvent isolés en attribuant exclusivement à l'un d'entre eux ce qui ne peut appartenir qu'à leur ensemble. Au nombre de ces dispositions acoustiques, nous devons particulièrement indiquer : la tension des membranes du tympan, de la fenêtre ovale, de la fenêtre ronde, de la chaîne des osselets, des muscles qui la meuvent, de l'air contenu dans la caisse. Peut-être aussi les réflexions des vibrations opérées dans les rampes du limaçon, consécutivement aux ébranlemens imprimés à la membrane de la fenêtre ronde, ne sont-elles pas sans influence. Toutefois, au milieu de ces modifications simultanées, pouvant s'établir dans une gradation relative aux circonstances du moment, les trémoussemens les plus légers sont aisément communiqués, et les sons les plus forts, bornés dans leur amplitude vibratile, deviennent moins pénibles et moins offensifs.

Après avoir indiqué les deux résultats principaux des phénomènes effectués par l'oreille moyenne, et fait connaître l'opinion des physiologistes sur cet objet, nous devons en étudier le mécanisme en le réduisant à sa plus grande simplicité.

Transmission des ondes sonores. — Les vibrations acoustiques recueillies par la conque, dirigées par le conduit auditif externe, viennent frapper la membrane du tympan avec une *force*, un *timbre*, un *ton* déterminés. Ces conditions doivent être propagées au nerf principal sans aucune altération essentielle, mais avec les garanties et les ménagemens relatifs à la délicatesse de l'organe, à la possibilité de l'impression. Dans la communication des sons très-faibles ou très-forts, d'après les raisons que nous avons indiquées, la membrane du tympan, celles des fenêtres ovale et ronde, la chaîne des osselets doivent offrir une tension proportionnée à l'éloignement du terme moyen dans les gradations établies vers l'un ou l'autre de ces deux extrêmes. Un relâchement d'autant plus considérable que les trémoussemens se rapprochent davantage de ce même terme. L'air de la caisse éprouve simultanément soit une compression, soit une raréfaction en mesure assez positive des modifications indiquées.

Si nous cherchons le mécanisme de ces phénomènes

divers, concourant au même but, en consultant la planche
qui représente l'appareil, nous les voyons s'accomplir
d'après des lois harmoniques d'une facile interprétation.

Les membranes du tympan et de la fenêtre ovale se
trouvent, dans leurs mouvemens, sous l'influence de la
chaîne osseuse. L'une est plus spécialement encore dirigée par le marteau, l'autre, par l'étrier. Le marteau,
fixé par son manche à la partie supérieure de la première,
nous représente un levier à bascule, intermobile. Sous
l'influence du muscle interne, le mouvement s'effectue
de dehors en dedans, pour ce manche, entraînant avec
soi la membrane tympanique dont il opère ainsi l'extension. Le muscle de l'étrier appuyant cet os sur la membrane de la fenêtre ovale produit un effet semblable en
la portant vers l'oreille interne. En conséquence de
cette action, l'humeur labyrinthique, refoulée dans les
rampes du limaçon, dirige la membrane de la fenêtre
ronde vers l'oreille moyenne, avec une force proportionnée au développement des premières modifications
que nous venons de signaler. Il est évident que l'air de
la caisse, pressé dans plusieurs sens, éprouve une con-
densation également relative à ces influences réunies.
La chaîne des osselets et les muscles indiqués offrent un
état de roideur en mesure de tous ces résultats favorables, comme il est actuellement aisé de le comprendre,
à la transmission des ondes les plus légères, aux bornes
que devaient rencontrer les mouvemens généraux dans
les vibrations très-énergiques.

Le relâchement progressif de ces diverses parties est
également simple dans sa cause et positif dans ses effets.
Le muscle interne, celui de l'étrier cessant d'agir, le
muscle antérieur se contractant, le marteau présente
un mouvement de bascule en sens inverse ; la membrane
du tympan, celles des fenêtres ovale et ronde se trouvent

rendues à leur état normal. Dès-lors, n'étant plus comprimé, l'air de l'oreille moyenne reprend ses conditions primitives, et la chaîne des osselets, sa laxité naturelle. Cette nouvelle condition est celle du repos. C'est en partant de ce point que l'appareil de transmission se monte graduellement en mesure, soit de la ténuité, soit de la force des vibrations acoustiques. Il suffit de s'observer soi-même pendant l'impression des sons très-développés ou très-fugitifs, pour sentir que l'une et l'autre circonstance exige un travail, une contention plus ou moins pénibles de cet appareil.

Il est maintenant facile d'établir tous les rapports des altérations que présentent ces phénomènes avec les modifications variables des parties qui sont chargées de leur exécution. Nous comprenons, en effet, pourquoi l'humidité de l'atmosphère, la destruction du tympan vers sa partie supérieure, la carie des osselets, la paralysie de leurs muscles, l'oblitération de la trompe d'Eustache etc., diminuent, pervertissent plus ou moins notablement les facultés auditives, quelquefois même les détruisent complétement en coïncidant avec d'autres lésions du labyrinthe.

Ainsi répétées, les vibrations sonores parviennent à l'oreille interne, au moyen de la chaîne des osselets et de l'air contenu dans la caisse du tympan. Le premier de ces intermédiaires est plus spécialement relatif à la membrane de la fenêtre ovale, tandis que le second appartient surtout à celle de la fenêtre ronde. Chez les animaux, soumis à des expériences très-variées, ces intermédiaires n'ont pas semblé d'une utilité rigoureuse, puisqu'on a pu les détruire, sans altérer notablement l'audition. Dans l'homme, ils paraissent plus essentiellement liés à l'intégrité de la fonction, comme le démontrent la perversion acoustique, et quelquefois la surdité produites par les maladies graves du tympan , des osselets , de la trompe etc. Il ne faut cependant pas exagérer la nécessité de l'oreille moyenne, pour transmettre les vibrations sonores. En fermant exactement les deux conduits auditifs , on entend bien distinctement le bruit d'une montre , appliquée sur les pariétaux ; dès que l'instrument se trouve écarté, même de quelques lignes , toute perception disparaît : circonstance qui démontre que les ondes sonorifères peuvent arriver au nerf labyrinthique , immédiatement par les os crâniens , et sans l'intervention de la caisse du tympan. Mais alors il est indispensable que le corps vibrant touche la tête , soit directement, soit par le moyen d'un solide conducteur; ce qui prouve toute l'utilité de l'appareil normal de transmission , dans les conditions ordinaires , où l'air devient toujours le milieu conducteur des trémoussemens sonores.

3° *Sur l'appareil de sensation.* — L'homme, de même que les animaux , offre le nerf auditif , comme organe essentiel de l'impression , et les cavités de l'oreille interne , comme partie fondamentale du sens , les autres n'en présentant que des accessoires. Nous ne croyons pas , cependant , qu'il soit possible de réduire l'appareil acoustique, chez le premier , à cette grande simplicité , que nous avons reconnue , dans certaines familles des seconds. Nous pensons , au contraire, que si l'on doit recourir dans ces recherches à l'usage raisonné de l'anatomie comparée, l'on doit également en éviter les applications abusives. Dans notre espèce , les organes de transmission paraissent indispensables aux perfectionnemens de la fonction, aussi les trouvons-nous développés même chez le jeune enfant, où leur importance relative à l'éducation ne comportait pas un état rudimentaire prolongé.

Les sons, communiqués à la lymphe de Cotunni, par

les membranes de la fenêtre ovale et ronde produisent, dans cette humeur, des ondulations mollement imprimées à la pulpe sensitive, qui, d'après la délicatesse et la ténuité de son organisation, n'aurait pas supporté des agressions plus violentes, sans désordre et même sans déchirement. Ainsi, le produit de la sécrétion labyrintique offre le double avantage d'ébranler doucement le nerf auditif, et de le maintenir dans un état de souplesse indispensable au développement normal des fonctions spéciales dont il est chargé. Pinel a démontré, d'après un grand nombre de faits, recueillis chez les vieillards de la salpêtrière, que l'absence de cette lymphe devient une cause assez ordinaire de surdité sénile. Toutefois, le nerf acoustique reçoit ces vibrations, en vertu de la sensibilité spéciale dont il est doué, transmet l'impression qu'il en éprouve au cerveau qui la convertit en perception, par le concours du principe immatériel. Aussitôt le timbre, la force, le ton des ondes sonores, appréciés dans toutes leurs modifications, nous conduisent à des résultats intellectuels d'un ordre particulier.

Les animaux jugent bien la nature des sons. Ainsi, le chien reconnaît la voix de son maître ; incapable d'apprécier le sens des mots, il distingue la louange ou le blâme à l'accent qui les accompagne; il souffre et pousse des cris plaintifs, sous l'influence des vibrations de la flûte ou de l'harmonica. Les oiseaux ne confondent point les chants de leur espèce avec celui des autres, et s'appellent mutuellement dans la saison des amours.

C'est particulièrement dans cette estimation du *timbre*, de la nature même des sons, que les véritables caractères de l'audition se rencontrent de manière à signaler une impression vitale intellectualisée, qu'il est dès-lors impossible de confondre, d'après quelques physiologistes modernes, avec l'action physique ou chimique des trémoussemens particulaires sur la pulpe sensitive.

Le sens de l'ouïe devient, avec celui de la vue, le moyen d'investigation le plus utile à l'homme, dans tous les rapports qu'il doit entretenir avec les êtres environnans. Il tient même le premier rang dant l'état de civilisation, où la faculté de recueillir les pensées des autres, et de leur transmettre les siennes, constitue la base fondamentale de ces relations. De même, en effet, que nous communiquons nos idées, par la parole, avec plus de précision, de promptitude et de facilité que par toute autre voie d'expression, de même aussi, nous recevons, par l'audition, celles des sujets qui nous entourent, avec une clarté, des nuances, une variété, qui toujours échapperaient au reste des sensations. C'est en conséquence de cette liaison naturelle et primordiale que nous voyons, dans tous les organismes, ces deux moyens de communication associés par des rapports fonctionnels tellement nécessaires que la destruction de l'un entraîne bien fréquemment celle de l'autre, et qu'ils forment de concert la base de l'existence morale chez l'homme intelligent et sensible.

Deux facultés compatibles, mais indépendantes, peuvent distinguer l'ouïe dans l'espèce humaine : 1° celle de percevoir les sons les plus légers ; disposition qui constitue *la finesse* de l'oreille ; 2° celle d'apprécier les plus faibles intervalles des tons ; caractère qui produit *la justesse* du même sens. Nous trouvons quelquefois des sujets assez heureusement organisés pour unir ces deux facultés, mais il est plus ordinaire d'en rencontrer qui présentent l'une sans offrir l'autre. Ainsi, tel sauvage, qui n'estimerait pas convenablement l'intervalle d'un demi-ton, recueille les sons les plus fugitifs, à des distances bien souvent très-considérables. Tel compositeur, qui saisit les dissonances les moins prononcées, et comprend l'ensemble d'une partition au milieu d'un grand nombre de voix et d'instrumens divers, n'entendrait pas un bruit assez fort dans un éloignement ordinaire.

Cette justesse de l'oreille détermine bien souvent celle de la voix. Elle constitue la qualité principale du sujet qui se consacre à l'étude, à la culture de l'art musical. De même, comme nous le verrons ailleurs, la fausseté dans les intonations se rattache fréquemment au défaut de précision dans les facultés acoustiques.

L'audition peut encore nous aider à juger un certain nombre de conditions corporelles. 1° *La nature.* — En percutant une pierre, un fragment de bois, un métal etc., on ne les confondra pas entre eux sous ce premier rapport. L'aveugle reconnaît aussitôt, par le timbre vocal, même les individus qu'il ne fréquente pas le plus habituellement. 2° *La direction.* — Un corps vibrant désigne à peu près la place qu'il occupe. Cependant si les sons n'offrent pas une certaine force, l'indication n'est pas ordinairement très-positive. Que l'on cache une montre, par exemple, dans quelque partie d'un salon, celui qui la cherche, en se guidant par le bruit que fait le balancier, pourra s'égarer plus d'une fois avant d'arriver au lieu d'où partent les vibrations. 3° *Le volume.* — On reconnaît encore approximativement les dimensions des corps par les sons qu'ils rendent. C'est ainsi que l'on ne confondra point, sous ce rapport, une cloche avec une sonnette, une basse avec un violon. On peut toutefois modifier ces instrumens, indépendamment de leur ampliation, de manière à signaler des illusions remarquables. 4° *La distance.* — Il est assez facile de juger l'éloignement d'un corps en raison de la force ou de la faiblesse des sons qu'il produit actuellement, si l'on ne cherche pas une estimation rigoureuse. Mais dans l'hypothèse contraire, les résultats deviendraient essentiellement fautifs. Chaque jour nous sommes trompés relativement à cet objet, l'affaiblissement gradué des trémoussemens sonores prenant tous les caractères de l'éloignement progressif, et leur augmentation ceux du rapprochement. L'acteur habile sait très-bien, nous faire oublier l'étroite circonscription du théâtre en modulant diversement sa voix, soit qu'il paraisse arriver d'un endroit écarté, soit qu'il semble s'éloigner dans la campagne. Le ventriloque, bien exercé, nous abuse encore avec un prestige plus étonnant, par des modifications sonores très-curieuses qui seront expliquées à l'article *engastrimisme*. Nous possédons un moyen d'utiliser beaucoup plus avantageusement l'ouïe dans l'évaluation précise des intervalles qui séparent les corps. Il repose tout entier sur l'énorme différence des vitesses comparatives de la lumière et du son. Les applications qu'il peut offrir se présenteront naturellement dans l'examen du premier de ces modificateurs. 5° *Le mouvement.* — Les changemens progressifs dans la direction, la force, la faiblesse des vibrations sonores indiquent le mouvement, les dispositions contraires annoncent le repos, mais avec les chances d'erreur que nous avons signalées pour la distance. 6° *L'harmonie.* — C'est enfin par l'audition exclusivement que nous pouvons goûter les charmes de cet art délicieux qui touche le cœur, élève, transporte l'âme en chantant les succès et la gloire; qui nous communique ses douloureux accens et fait couler nos larmes en retraçant, par les plus sombres couleurs, toutes les angoisses de l'infortune.

§. VI. Influence de l'habitude. — Elle augmente par degrés la justesse et la précision des effets relatifs à l'impression auditive; elle affaiblit avec mesure les sentimens agréables ou pénibles qui résultent naturellement de cette impression. Ainsi le musicien combinant fréquemment les sons, d'après un enchaînement régulier, parvient à saisir les plus petits intervalles, à juger dans leur ensemble tous les rapports harmoniques d'une partition ; mais d'un autre côté, ses modifications acoustiques perdent quelque chose de la vivacité, de la fraîcheur et de la nouveauté qu'elles offraient d'abord ; les sentimens qui s'y rattachent sont moins piquans et moins profonds, le charme en est à peu près détruit par l'analyse qu'il peut actuellement leur faire éprouver. Un bruit insupportable devient moins fatiguant s'il est continu ; souvent même il glisse ultérieurement sans effet sur l'organe de l'ouïe. C'est en indiquant ces résultats progressifs que le voisinage des fleuves impétueux, des rues très-passagères, de certaines manufactures etc., excite péniblement l'oreille et produit même quelquefois l'insomnie chez les sujets inaccoutumés à ces influences, tandis qu'elles ne déterminent aucun de ces effets pour ceux qui s'y trouvent depuis long-tems soumis. Le chant d'un bel instrument, animé par les élans du génie, provoque l'enthousiasme et l'admiration ; faut-il ajouter que ces transports ont leur mesure, et que la prolongation des accords merveilleux qui les ont déterminés, amène insensiblement l'indifférence et l'ennui. La plus belle composition musicale, surtout lorsqu'elle doit plus à l'art qu'à la nature, excite moins vivement les oreilles habituées à l'entendre ; lors au contraire qu'elle appartient plus à la nature qu'à l'art, on voit diminuer ces inconvéniens des répétitions successives. Il existe plusieurs modulations heureuses que les siècles ont respectées, et qui conservent encore aujourd'hui le charme et les attraits de la nouveauté. Dans toutes ces considérations, il faut bien distinguer les beautés essentielles et les beautés de convention ; les jouissances de l'homme bien organisé mais sans culture, et celles du compositeur habile dans son art. Le premier goûte exclusivement les productions simples comme la vérité native ; le second peut en même tems apprécier les complications et les difficultés de la science. En conséquence de ces dispositions, tel chef-d'œuvre musical plaît seulement aux adeptes, et tel autre, moins savant peut-être, émeut profondément l'âme de tous les êtres sensibles. Nous livrons ces réflexions aux grands talens de notre époque ; peut-être leur feront-elles sentir que le plus sûr moyen d'atteindre les résultats qu'ils se proposent, n'est pas toujours de substituer des prodiges artificiels aux véritables inspirations de la nature.

§. VII. SYMPATHIES. — L'audition entretient des relations assez multipliées avec les autres-phénomènes de l'organisme. Nous devons particulièrement indiquer celles qui semblent unir plus spécialement les nerfs acoustiques et dentaires, les facultés d'apprécier et d'articuler les sons.

Le bruit que produisent les frottemens d'une lame de métal sur la pierre, le marbre etc. , occasionne, pour les nerfs des mâchoires, un sentiment pénible, désigné par le terme d'*agacement* ; pouvant déterminer l'anxiété, les convulsions ou la lipothymie.

L'étroite sympathie qui rapproche l'audition et la parole se trouve actuellement démontrée jusqu'à l'évidence. Nous voyons les motifs de ce rapprochement dans la dépendance fonctionnelle de ces deux actes physiologiques. Ainsi l'ouïe fausse amène des intonations discordantes ; la surdité congéniale entraîne le mutisme absolu ; comme si la nature avait trouvé sans utilité d'accorder le pouvoir des sons articulés au sujet qui n'a point d'oreille pour diriger et modifier convenablement

cette articulation. Nous développerons ces considérations importantes en traitant de la voix et de la parole.

§. VIII. Altérations.—Elles nous offrent les quatre
modifications principales dont l'examen fournit des notions utiles, non seulement sous le point de vue médical,
mais encore sous le rapport physiologique. Nous en
suivrons la cause dans les oreilles *externe*, *moyenne*,
interne.

1° *Augmentation.* — On lui donne communément le
nom de *paracousie*. Plusieurs auteurs ont prétendu
qu'elle pouvait dépendre de la tension trop considérable
des membranes du tympan, de la fenêtre ovale, de la
fenêtre ronde ; quelques-uns, de la contraction spasmo-
dique des muscles du marteau, de l'étrier etc. Dans le
plus grand nombre des cas, elle est déterminée par le
développement extra-normal de la sensibilité spéciale du
nerf auditif ou de la partie encéphalique présentant
l'origine de ce dernier. Aussi la paracousie devient-elle
non seulement le symptôme le plus saillant de l'otite
interne , mais encore un signe fréquent des phlegmasies
intra-crâniennes. Les sons les plus légers se trouvent alors
perçus avec une étonnante facilité, mais les vibrations
fortes ne produisent pas une impression normale ; on
les voit déterminer au contraire une véritable douleur
qui ne permet pas d'en soutenir l'influence, et qui nous
indique l'oblitération momentanée du conduit auditif,
l'éloignement du bruit, comme les premiers de tous les
moyens curatifs applicables à ce genre d'altération.

2° *Diminution.* — On la nomme *dysécie*. Elle peut
reconnaître plusieurs lésions diverses des trois appareils.
Oreille externe. — On doit admettre l'absence de la
conque, le rétrécissement du conduit auditif, son occlusion par la présence d'un corps étranger , par
l'accumulation du cérumen. *Oreille moyenne.* — Nous

signalerons plus spécialement le relâchement ou l'induration de la membrane du tympan, de celles des fenêtres ovale et ronde, l'affaiblissement des muscles du marteau, de l'étrier ; la raréfaction aérienne de la caisse etc. *Oreille interne.*— Il faut particulièrement noter l'abaissement de la sensibilité propre du nerf acoustique, la diminution de la lymphe de Cotunni, dispositions assez ordinaires chez les vieillards. Sous l'influence de ces modifications organiques, les sons faibles n'ébranlent plus suffisamment l'appareil auditif et ne fournissent, dès-lors, aucun résultat pour l'intelligence.

3°. *Perversion.*—Elle peut offrir deux variétés importantes à bien distinguer. *Dans l'une*, qui prend le nom de *tintouin*, *tinnitus aurium*, le sujet croit entendre des vibrations qui n'existent pas relativement à son oreille. Ces bruits imaginaires qui viennent le troubler, même dans le silence absolu, peuvent imiter successivement les sons de plusieurs instrumens harmonieux ou cacophoniques ; le mugissement des vagues, le roulement de la foudre, les sifflemens des vents, les détonations d'une arme à feu etc. *Dans l'autre*, que l'on désigne par les termes de *discordance*, d'*oreille fausse*, les tons et leurs intervalles ne sont jamais appréciés à leur juste mesure. Lorsque cette altération est innée, la culture de la musique est absolument sans résultat pour l'améliorer. Celui que la nature a doué d'une aussi défectueuse organisation est pour toujours insensible aux charmes de la cadence et de la mélodie ; les arts délicieux de Calliope et d'Euterpe n'ont pas été faits pour lui. Ces anomalies peuvent bien se rattacher, comme l'ont prétendu quelques auteurs à des affections morbifiques du tympan, du labyrinthe, mais nous pensons que, dans la grande majorité des sujets, elles tiennent plus essentiellement à la perversion de la sensibilité spéciale du nerf auditif altéré dans sa nature sous l'influence d'un vice de conformation ou d'une lésion accidentelle.

4° *Suspension.* — Lorsqu'elle est complète, on la désigne par la dénomination de *surdité.* Toutes les causes de la diminution portées à leur plus grand développement peuvent la déterminer. Au nombre des plus fréquemment signalées par l'observation, nous devons particulièrement indiquer les suivantes. L'oblitération ou l'imperforation native du conduit auditif externe ; son obstruction entière par le cérumen concrété ; la déchirure du tympan, la carie des osselets, la paralysie de leurs muscles moteurs ; l'occlusion de la trompe d'Eustache et consécutivement le vide formé dans la caisse par le défaut du renouvellement de l'air ; l'absence de perspiration labyrinthique ; l'atrophie, le dessèchement, la paralysie du nerf auditif, cause ordinaire de la surdité sénile. Toutes ces altérations sont en général difficiles à détruire en raison de l'impossibilité souvent absolue d'agir assez directement sur les parties affectées. C'est alors qu'après avoir épuisé la série des moyens rationnels, on voit les sujets s'abandonner au plus aveugle empirisme sans autre résultat que les accidens et la douleur inséparables des médications intempestives.

De ces données physiologiques résulte naturellement une considération de la plus grande importance relativement à la pathologie. Traiter en effet, d'après la pratique, d'un grand nombre de médecins, la *paracousie,* la *dysécie,* le *tintouin,* la *surdité* comme des maladies essentielles, c'est évidemment prendre le symptôme pour l'affection principale, combattre l'effet en négligeant la cause. Il faut au contraire attaquer le principe de l'altétion après l'avoir bien précisé dans le nombre toujours considérable des modifications souvent opposées qui peuvent occasionner les mêmes phénomènes anormaux.

CHAPITRE CINQUIÈME.

VISION.

§. I. ÉTYMOLOGIE, DÉFINITION, CARACTÈRES, BUT.—La vision, οραϲιϲ des Grecs, *visio* des Latins, peut être définie *impression de la lumière sur la rétine, transport de cette impression au cerveau par le nerf optique, changement de cette dernière en perception sous l'influence du principe immatériel.* N'offrant que des usages accessoires dans les fonctions nutritives et vitales, ce phénomène sensitif devient essentiel aux actes physiologiques des relations extérieures chez les animaux comme chez l'homme, aussi bien parmi les hordes sauvages qu'au milieu des peuples civilisés. Nous le voyons présenter, avec l'audition, la base fondamentale des rapports que ces différens êtres doivent entretenir avec tous les objets dont ils sont environnés. Moins utile peut-être que ce dernier sens à l'homme social, présentant des communications plus particulièrement établies sur les facultés intellectuelles que sur les impulsions instinctives, il tient le premier rang chez les animaux et chez l'homme de la nature dont les actions ont pour objet principal de satisfaire aux besoins corporels, d'éviter ou de repousser toute agression nuisible. Ainsi, dans la première condition, le sourd nous paraît plus malheureux que l'aveugle, et surtout plus en dehors de la sociabilité ; dans la seconde, au contraire, l'aveugle se trouve beaucoup moins en mesure des exigences de son état, et moins capable d'en surmonter les nombreuses difficultés.

Sans admettre complétement l'opinion de Molineux, de Berckley, de Condillac et de plusieurs autres philosophes qui prétendent que la vue ne donne point les notions de grandeur, de figure, de distance, avant d'avoir corrigé toutes ses illusions par l'éducation du toucher, nous pensons qu'elle ne s'exerce pas aussitôt après la naissance, du moins pour notre espèce, et qu'elle a besoin d'acquérir, par l'expérience, la sûreté d'investigation qui manque toujours à ses premiers essais. L'objet essentiel et final de son institution est de servir de guide aux appareils locomoteurs en faisant connaître un assez grand nombre de propriétés et de rapports matériels par l'intervention de la lumière. Aussi l'appareil visuel manque-t-il absolument dans les organismes destinés seulement à des mouvememens partiels, et le voyons-nous se développer dans les autres en raison des intervalles qu'ils sont obligés de franchir pour l'accomplissement des relations naturelles à leur existence.

§. II. APPAREIL. — Nous y rapportons l'ensemble des organes dont le concours favorise diversement les impressions de la lumière sur le nerf optique. Il se compose de trois divisions principales, que nous désignons par les termes d'appareils : 1° *protecteur*, 2° *de perfectionnement*, 3° *sensitif.*

1° *Appareil protecteur.* — Décrite par Haller, sous le titre expressif de *tutamina oculi*, cette partie comprend les sourcils, les paupières, et les voies lacrymales.

Les sourcils — nous offrent deux arcades pileuses, couronnant la partie supérieure de l'orbite, formées par du tissu cellulaire, un muscle nommé *surcilier*, la peau, des poils obliquement couchés en dehors, présentant une couleur analogue à celle des cheveux. Ils constituent l'un des principaux traits de la physionomie, servent à l'expression de la colère, de la gaîté , de l'ennui, de l'admiration etc. Leur usage plus spécial encore est d'absorber les rayons lumineux surabondans ; fonction qu'ils exercent d'autant plus avantageusement que leur épaisseur est plus considérable, et leur couleur plus noire. Aussi réunissent-ils ordinairement ces deux caractères , chez les peuples méridionnaux , et voyons-nous les sauvages des régions équatoriales en augmenter les effets par les teintes artificielles très-foncées, qu'ils ajoutent communément à ces dispositions natives.

Les paupières — sont deux voiles mobiles, semi-transparens , servant d'opercules au globe oculaire , en le garantissant d'une lumière trop vive, des injures de l'air et des corpuscules en suspension dans ce milieu commun. Leurs mouvemens soumis à l'influence de la volonté, confiés aux muscles *élevateur*, *orbiculaire*, donnent au sujet le pouvoir d'exposer et de soustraire alternativement l'appareil essentiel de la vision aux agressions du modificateur chargé de l'effectuer. Les cruelles angoisses dont s'accompagna le supplice de Régulus font assez connaître la nécessité de cet appareil protecteur. Nous trouvons dans la composition des paupières, de l'extérieur à l'intérieur : la peau mince, d'une tenture lâche et déliée ; du tissu cellulaire filamenteux , extensible ; les muscles *orbiculaire*, *palpébral* et *releveur* de la supérieure ; une membrane muqueuse , nommée *conjonctive* , se réfléchissant vers le globe oculaire , où sa transparence devient parfaite. Ces trois enveloppes sont encore assez diaphanes pour laisser distinguer le jour de l'obscurité , même après le rapprochement complet des bords palpébraux. Quelques physiologistes ont placé , dans la disposition indiquée, l'une des causes du réveil, par le retour de la lumière. Ces bords sont renforcés.

d'un *fibro-cartilage*, nommé *tarse*, leur donnant plus de fixité, prévenant leur froncement transversal. Des follicules cylindriques, improprement nommées *glandes de Meïbomius*, y déposent une humeur visqueuse, appelée *chassie*, servant à lubrifier ces mêmes bords, pour empêcher l'écoulement des larmes sur la joue. Des poils implantés sur ces derniers, avec la dénomination de *cils*, entre le fibro-cartilage et la peau, garantissent l'œil des corpuscules atmosphériques, sans empêcher la transmission lumineuse.

Les voies lacrymales, — que nous avons décrites à l'article des sécrétions, et qui présentent la glande, ses canaux excréteurs, le conduit triangulaire formé par le rapprochement des paupières, la caroncule et son lac, les points et les conduits lacrymaux, le sac du même nom, le canal nasal, fournissent un fluide, nommé *larmes*, qui s'unit aux humeurs folliculaire et perspiratoire de la conjonctive, pour humecter le globe de l'œil, favoriser les mouvemens palpébraux, s'opposer au desséchement, aux irritations par l'air extérieur, formant ainsi le complément indispensable des moyens de protection.

2° *Appareil de perfectionnement.* — On le nomme communément œil, ὀφθαλμὸς, des Grecs, *oculus*, des Latins. Il représente un véritable instrument physique, dans lequel nous trouvons en même tems perfectionnées les dispositions de la chambre obscure, et celles de la lunette achromatique ; où se manifestent les phénomènes les plus admirables de *l'optique*, de *la dioptrique* et de *la catoptrique*. Sa forme est celle d'un sphéroïde, légèrement aplati d'avant en arrière, et dont l'axe, en suivant cette même direction, est obliquement dirigé de dehors en dedans. Il est presqu'entièrement renfermé dans la capacité de l'orbite que l'on pourrait encore placer au nombre des parties constituantes de l'appareil protecteur. Un coussinet graisseux, très-épais, garnit le fond ce cette cavité, permettant aux divers mouvemens oculaires de s'effectuer mollement sur ce dernier.

Le globe de l'œil est constitué par des membranes et par des humeurs dont les usages sont relatifs, soit comme enveloppes générales, surtout à la conservation de l'organe, soit comme absorbans, réfracteurs, aux modifications appropriées de la lumière.

Sous le premier rapport, — nous y trouvons, de l'extérieur à l'intérieur : 1° *La sclérotique*, — membrane fibreuse, dense, résistante, constituant l'enveloppe essentielle de ce globe, dont elle embrasse au moins les quatre cinquièmes postérieurs ; envisagée, par quelques anatomistes, comme un prolongement de la tunique superficielle du névrilème optique ; d'un blanc jaune ou bleuâtre ; interceptant les rayons lumineux ; offrant en arrière une ouverture pour le passage du nerf essentiel de la vision ; en devant, un orifice plus large, garni d'une rainure circulaire. 2° *La cornée*, — membrane lamelleuse, parfaitement diaphane sur le vivant, sémitransparente sur le cadavre, et rappelant assez bien l'aspect de la corne bouillie, occupant le cinquième antérieur de l'œil, et se trouvant enchâssée dans la sclérotique, absolument comme le verre d'une montre dans son opercule, représentant le segment d'une sphère plus petite que celle dont cette membrane fait partie. 3° *La choroïde*, — *l'uvée*, de quelques anatomistes, subjacente à la sclérotique, présente un tissu mince, rougeâtre, analogue par l'aspect à l'épiderme de l'oignon desséché, cellulo-vasculeux, recouvrant les deux tiers postérieurs de l'œil, sécrétant un fluide noir, appelé *pigmentum*, employé pour l'absorption des rayons lumineux incapables de concourir à la vision ; offrant en arrière un orifice traversé par le nerf optique. Plusieurs auteurs ont même pensé qu'elle était formée d'un prolongement de la pie-mère, servant à constituer le névrilème de ce dernier ; présentant à sa terminaison antérieure une ouverture beaucoup plus large. 4° *Le cercle ciliaire,* — anneau grisâtre , nerveux , suivant Béclard ; celluleux , d'après M. de Blainville, bordant cette ouverture , encadrant la circonférence de *l'iris* , donnant origine aux prolongemens frangés et flottans , nommés *procès ciliaires.* Comme troisième couche membraneuse d'enveloppe , nous trouvons , sur la partie postérieure, l'expansion nerveuse , appelée *rétine* , et qui rentre naturellement dans l'appareil sensitif.

Sous le second rapport, — nous rencontrons, d'avant en arrière, après la conjonctive et la cornée : 1° *L'humeur aqueuse,* offrant à peu près la consistance et l'aspect de l'eau distillée ; remplissant les deux chambres de l'œil ; s'élevant à la quantité de cinq à six grains ; offrant une pesanteur spécifique à celle de ce dernier fluide :: 10,003 : 10,000 ; présentant à l'analyse , d'après M. Berzélius, sur 100 : eau , 98 , 10 ; muriates , lactates de soude , 1 , 15 ; soude et matière soluble dans l'eau, 0 , 75 ; albumine, des traces. Elle est sécrétée par une membrane qui lui sert de réceptacle, dont la ténuité paraît même avoir, pendant long-tems, fait rejeter l'existence aujourd'hui bien démontrée surtout par la hernie de cette humeur, consécutivement aux ulcérations de la cornée. 2° *L'iris,* — membrane vasculaire, située perpendiculairement, offrant à son centre un orifice variable , nommé *pupille* , sépare en deux portions d'inégale étendue l'espace compris entre la cornée transparente et le cristallin. C'est précisément à ces deux capacités que l'on donne le nom de *chambres de l'œil* , dont l'une antérieure , plus grande , bornée en devant par la cornée , se trouve en communication , par l'ouverture pupillaire , avec la postérieure plus petite , et que termine *le cristallin*. On a cru pendant long-tems que l'iris était musculeux , que ses contractions s'effectuaient sous l'influence de la volonté, dans certaines espèces animales , chez le perroquet, par exemple. Haller admet cette faculté même pour l'homme, dans quelques circonstances. La direction rayonnée des fibres ne pouvant expliquer les mouvemens de la pupille , on imagina qu'elles devaient être circulaires , dans la nécessité de faire coïncider leur contraction , comme celle de tous les muscles , avec l'excitation qui la produit. MM. Maunoir et Berzélius ont fait revivre cette opinion à peu près généralement abandonnée. Le dernier , surtout, en démontrant , par l'analyse , que la composition de cette membrane est absolument semblable à celle du tissu musculaire , entraîna quelques esprits. Il est cependant bien facile de remonter à la cause de cette erreur. On conçoit en effet que la fibrine du sang, en proportion considérable dans les nombreux capillaires de l'iris , devait fournir , par l'analyse chimique , des élémens analogues à ceux des muscles volontaires , sans aucune raison d'en conclure à l'identité de la membrane avec ces derniers. Il est aujourd'hui presque généralement admis que l'iris offre un tissu de nature érectile , formé par l'entrelacement des vaisseaux et des nerfs ciliaires disposés en arcades ; qu'il se dilate ou se resserre , en admettant une quantité de sang plus ou moins considérable , suivant que l'excitation sympathique , éprouvée sous l'influence de la lumière , est plus ou moins intense ; dilatation ou resserrement qui déterminent la diminution ou l'agrandissement de l'ouverture pupillaire, en mesurant et précisant le nombre des rayons lumineux utiles à l'accomplissement de la vision. Ces phénomènes s'expliquent naturellement, comme nous l'oberverons , d'après la disposition érectile; ils deviennent plus difficiles à saisir, ou même contradictoires, en adoptant l'organisation musculeuse. La membrane que nous étudions est opaque, et réfléchit la lumière, après l'avoir décomposée de manière à fournir diverses couleurs, modification à laquelle se rattache son nom d'*iris*, et qui fixe la teinte particulière que nous désignons, en parlant des yeux *noirs*, *bleus*, *roux*, *gris etc*. 3° *Le cristallin*, — de forme lenticulaire, plus convexe à sa face antérieure qu'à la postérieure, offre la plus dense de toutes les humeurs de l'œil. Son noyau central est compacte, lamelleux ; ses autres parties moins solides présentent l'aspect du verre fondu. Soumis à la combustion, il répand l'odeur de la corne brûlée. Sa pesanteur spécifique est à celle de l'eau :: 10,790 : 10,000. D'après M. Berzélius, il fournit à l'analyse, sur 100 : eau, 58, 0; matière analogue à la partie colorante du sang, 35, 9; muriates, lactates, matière animale, soluble dans l'alcohol, 2, 4; phosphates, matière animale, soluble dans l'eau, 1, 3; débris organiques, insolubles, 2, 4. Il est enveloppé d'une membrane propre, nommée *capsule cristalline*, et de plus, recouvert antérieurement par celle du corps vitré, sur lequel il s'applique, de telle sorte que l'on voit à sa circonférence un petit conduit de forme triangulaire, appelé *canal de Petit*, communiquant, suivant M. Jacobson, par une série de petits trous, avec l'humeur aqueuse. 4° *Le corps vitré*, — remplissant les deux tiers postérieurs de l'œil, présente une humeur, nommée *vitrine oculaire*, pour la distinguer de la lymphe de Cotunni, que l'on a désignée par le terme de *vitrine auditive*, en conséquence de leur analogie ; tenant le milieu, pour la densité, la consistance, entre l'humeur aqueuse et le cristallin. Sa pesanteur spécifique est à celle de l'eau distillée :: 10,009 : 10,000. Elle offre à l'analyse, d'après M. Berzélius, sur 100 : eau, 98, 40 ; albumine, 0, 16 ; muriates et lactates, 1, 42 ; soude et matière animale soluble dans l'eau, 0, 02. Elle est enveloppée d'une membrane, que l'on désigne par le terme d'*hyaloïde*, formant un certain nombre de cellules, qui toutes communiquent les unes avec les autres ; se divisant, comme nous l'avons dit, en-devant, pour embrasser le cristallin.

Ainsi constitué, le globe oculaire est mis en mouvement par six muscles, fixés d'une part à la sclérotique, de l'autre, au fond de l'orbite, et sur ses parois. Ils nous offrent *l'élévateur*, *l'abaisseur*, *l'adducteur*, *l'abducteur* et *les deux rotateurs*. Les quatre premiers sont relatifs aux directions que doit prendre l'œil, pour se mettre en communication avec les rayons lumineux, dans l'action de voir. Les deux autres, qui font tourner cet organe sur son axe, participent davantage à l'expression souvent involontaire des passions ; circonstance qui les fait désigner par le terme de *pathétiques*, également employé pour les nerfs qui s'y distribuent.

3° *Appareil sensitif.* — Il est représenté par *le nerf optique*, et son épanouissement désigné sous le titre de *membrane rétine*.

Le nerf optique, — d'un volume considérable, proportionnellement à celui de l'œil, naît évidemment des tubercules quadrijumeaux, comme il est aisé de s'en convaincre par la plus simple inspection, et comme l'ont démontré Gall et M. Serres, contradictoirement à l'opinion des anciens anatomistes, qui le faisaient émaner des couches cérébrales, dont il emprunte le nom. Dirigé vers la fosse pituitaire, il est mis en contact avec son semblable, avant de pénétrer dans l'orbite ; mais alors quels rapports s'établissent entre eux ? Les opinions des auteurs sont, relativement à cet objet, divisées en quatre variétés principales : 1º *Simple juxta-position.* — Galien et Vésale partagent cet avis. Le premier a vu l'œil et le nerf optique atrophiés, du même côté. Le second a rencontré, chez un sujet, ces deux nerfs séparés dans tout leur trajet. 2º *Identification.* — Quelques physiologistes l'ont admise, plutôt pour expliquer l'unité visuelle, que d'après une dissection minutieuse. Toutefois, la diplopie, remarquée sous l'influence de plusieurs altérations morbifiques, ne permet pas d'admettre une semblable disposition. 3º *Entrecroisement complet.* — Sœmmering, sur sept borgnes, a trouvé le nerf opposé dans un état d'atrophie. M. Duméril a recueilli des faits semblables, dans les chevaux. M. Richerand, pour les apoplexies encéphaliques de l'hémisphère droit, a vu la cécité de l'œil gauche, et *vice versâ*. M. Portal a fait la même observation. M. Magendie trouve cet entrecroisement d'une manière évidente, chez les poissons. En coupant le nerf optique d'un côté, l'atrophie survient dans l'œil opposé. En vidant cet organe à droite, par exemple, le défaut de nutrition se manifeste pour le nerf gauche etc. 4º *Entrecroisement partiel.* — M. Wollaston explique de cette manière l'altération que l'on désigne par le terme d'*hémiopie*, vision de la moitié des objets. M. Pravaz, auquel nous devons un mémoire intéressant, relatif à cette question, Gall, Spurzheim, MM. Cuvier, Serres et la plupart des anatomistes modernes partagent le même avis. Ainsi, d'après cette hypothèse qui répond exactement aux phénomènes de l'état normal, à ceux des modifications pathologiques, les nerfs que nous étudions naissent des *tubercules quadrijumeaux antérieurs,* par des filets d'un premier ordre ; ils sont renforcés par ceux d'un second, au niveau du *corpus geniculatum externum*, et près le *tuber cinereum*, par ceux d'un troisième. Les deux premiers croisent les analogues du côté opposé, le dernier s'identifie avec son semblable, et ne sort point de l'encéphale ; de telle sorte que la décussation s'opère pour les deux tiers externes de chaque nerf, et n'a pas lieu pour le tiers interne par lequel on voit s'établir leur continuité. Quelle que soit, au reste, l'opinion admise, le nerf optique se distingue des autres par sa mollesse, par l'abondance de sa pulpe médullaire, et se termine, après avoir traversé la sclérotique, la choroïde et la rétine, en formant un petit bouton semi-sphérique.

La rétine — est une expansion nerveuse, étendue sous forme de membrane sur les deux tiers postérieurs du corps vitré ; grisâtre, pulpeuse, molle, sans aucune consistance ; elle n'a pas été considérée d'une manière identique par tous les auteurs. Quelques anatomistes, du moyen âge la regardent comme une tunique particulière ; les physiologistes modernes la croient un épanouissement du nerf optique. On y distingue, à deux lignes en dehors de ce dernier, un espace jaune foncé, présentant, au centre, un enfoncement, plusieurs plis à la circonférence, et nommé *tache de Sœmmering*, qui l'envisage comme centre des impressions visuelles. En considérant les dispositions du nerf optique et de son expansion, à peu près insensibles à l'influence des excitans généraux, leur impressionabilité par l'action de la lumière, la délicatesse de leur texture, il est impossible de n'y pas reconnaître l'appareil sensitif des phénomènes que nous étudions, et les rapports les mieux appropriés à la ténuité du modificateur chargé de leur établissement.

L'ensemble des organes, particulièrement affecté à la vision, reçoit ses principales artères de l'ophthalmique. Les nerfs y sont tellement nombreux et variés, que nous devons, à l'exemple de Charles Bell, en débrouiller l'apparente confusion, et préciser les usages relatifs à chacun d'eux. Nous trouvons sept ordres de filets médullaires, distribués dans l'orbite, soit à l'œil, soit à ses parties accessoires. Parmi ces nerfs qui fournissent, les uns quelques branches, les autres toutes leurs divisions à cet appareil, nous voyons : 1° Les rameaux du *ganglion ophthalmique* communiquant à l'organe la vitalité nécessaire à ses fonctions sécrétoire et nutritive. 2° Le nerf *moteur oculaire commun*, troisième paire, (Bichat.) donnant la conctractilité volontaire aux muscles releveur de la paupière supérieure, petit oblique, droits inférieur, interne, supérieur de l'œil ; dirigeant celui-ci vers les objets que nous désirons explorer. 3° *Le pathétique*, nerf de la quatrième paire, exclusivement distribué dans le grand oblique ; associant même, indépendamment de la volonté, les rotations oculaires aux mouvemens surciliers, palpébraux etc., dans les expressions passionnées. 4° *L'ophthalmique*, branche de la cinquième paire, à laquelle vient exclusivement se rattacher la sensibilité percevante générale de l'œil. Des observations et des expériences de MM. Charles Bell, Magendie. etc., prouvent que la compression ou la section de cette branche rend l'organe de la vision absolument insensible aux influences des agens extérieurs ; fait perdre à la cornée toute sa transparence ; elle prend bientôt la teinte et l'opacité de l'albâtre ; se détache quelquefois dès le huitième jour, avec un écoulement consécutif des humeurs aqueuse, cristalline et vitrée dont le trouble est également très-prononcé. 5° *Le nerf moteur oculaire externe*, sixième paire, entièrement distribué au droit externe de l'œil, donne à ce muscle la faculté d'exercer des contractions volontaires. 6° *Le nerf facial*, septième paire, transmet au front, aux paupières des filets qui leur communiquent le pouvoir d'agir indépendamment de la volonté, surtout

APPAREIL VISUEL.
Pl. 5.
B
E
Q
R
S
T
U
U'
D
E'
C
K
P
Lith. de Duperray, del.

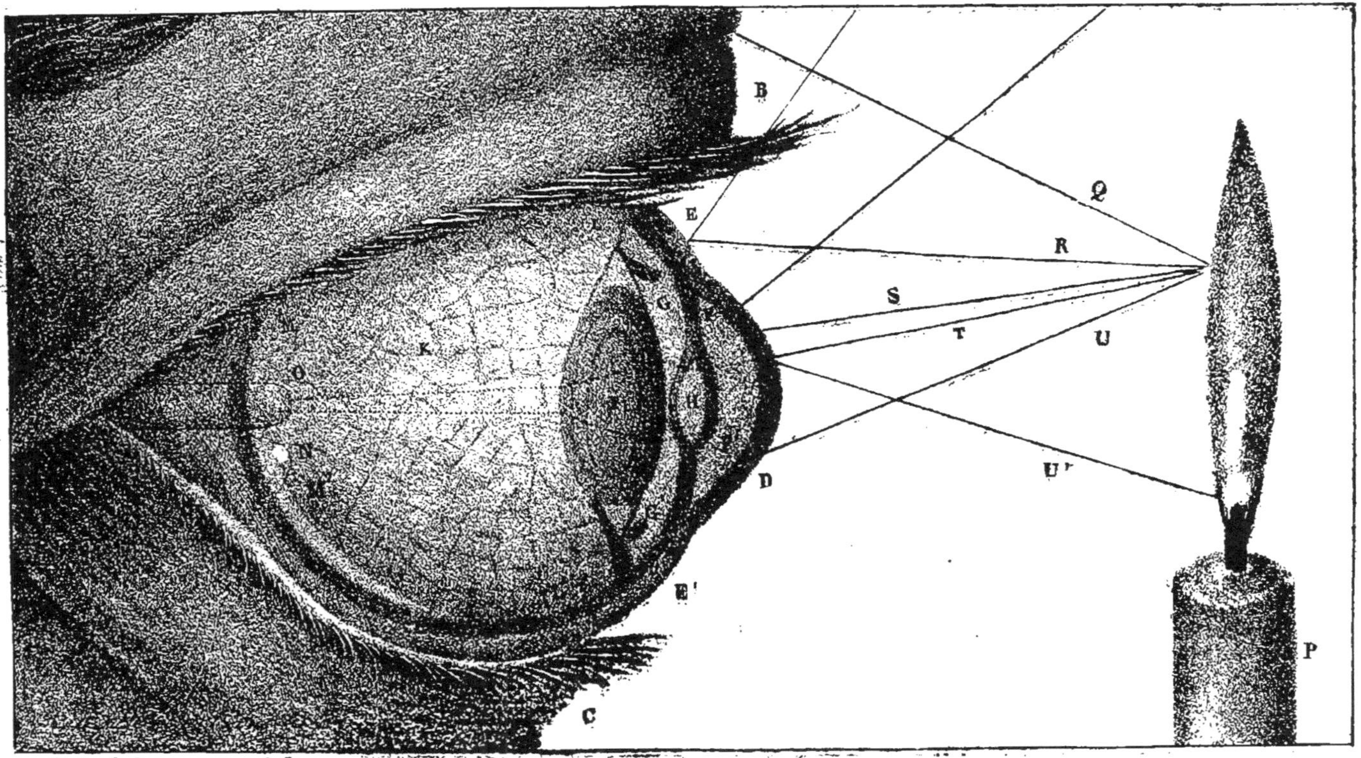

dans les réactions instinctives , et dans la prosopose des passions. 7° *Le nerf optique* , seconde paire , formant la rétine par son expansion , est , comme nous l'avons indiqué, le seul capable de recevoir les impressions de la lumière , et par conséquent la base fondamentale de l'organe sensitif que nous venons d'examiner.

Pour donner une idée plus positive encore de l'appareil visuel , nous en représentons les principales dispositions dans la planche suivante , où les modifications éprouvées par les rayons lumineux aux sourcils , à la sclérotique , à la cornée , à l'iris , dans les humeurs de l'œil sont également exposées avec la plus grande simplicité.

A. Sourcils. Arcade , muscle surciliers.

B. Paupière supérieure et cils.

C. Paupière inférieure et cils.

D. Membrane cornée.

E , E'. Membrane sclérotique.

F, F'. Chambre antérieure de l'œil. Humeur aqueuse.

G, G'. Chambre postérieure. Humeur aqueuse.

H. Membrane iris, pupille. Cercle, procès ciliaires.

I. Cristallin, membrane cristalline. Canal de Petit.

K. Corps vitré. Membrane hyaloïde.

L. L'. Membrane choroïde. Pigmentum.

M, M'. Membrane rétine.

N. Tache jaune de Soemmering.

O. Nerf optique. Bouton terminal.

P. Corps lumineux en ignition.

Q. Rayon lumineux absorbé par le sourcil.

R. Rayon lumineux réfléchi par la sclérotique.

S. Rayon lumineux réfléchi par l'iris.

T. Rayon lumineux absorbé par la choroïde.

U, U'. Rayon lumineux employé à la vision de l'objet.

Chez les animaux, — l'appareil ophthalmique éprouve

des modifications plus particulièrement relatives : à la nature des milieux ordinaires ; aux habitudes normales ; aux besoins de l'exercice, de l'attaque, de la défense pour se procurer des alimens , assurer son existence et propager son espèce etc. Ainsi, pour les animaux qui vivent dans le fond des eaux vaseuses, les yeux sont placés directement sur la tête. Chez ceux qui ne jouissent d'aucune mobilité de cette partie, les mêmes organes se trouvent multipliés et disposés dans toutes les directions. Pour les animaux timides qui sont, en fuyant, dans la nécessité de voir sur les côtés et même derrière eux, les orbites paraissent latéralement situées. Chez les oiseaux qui s'élèvent dans les régions supérieures de l'atmosphère, l'œil obligé d'apprécier les corps aux distances les plus variables, est pourvu d'un cristallin mobile qui se rapproche ou s'éloigne de la rétine pour établir convenablement le point visuel, à peu près comme nous allongeons ou raccourcissons le tube de nos lunettes afin de les disposer convenablement au foyer oculaire de celui qui doit en faire usage. Dans les animaux nocturnes qui présentent nécessairement un appareil sensitif très-impressionnable, ce dernier est protégé par une troisième paupière semi-transparente s'opposant , pendant le jour, aux agressions trop vives de la lumière etc. En parcourant ainsi l'échelle zoologique, nous trouvons les applications admirables des lois que nous venons d'établir.

Le sens de la vue plus universellement répandu que celui de l'audition puisqu'il existe , d'une manière évidente, chez un grand nombre de familles animales pour lesquelles on conteste encore aujourd'hui l'existence de l'appareil acoustique, semble, par cela même, dans les organismes, d'une utilité mieux prouvée relativement aux fonctions nutritives et vitales qui leur sont généralement départies. Suivons les gradations qu'il présente et les perfectionnemens que la nature lui fait éprouver depuis les sujets rudimentaires jusqu'à l'homme. *Chez les animaux rayonnés*, —la vision n'existe pas. Quelques auteurs ont pensé que les polypes s'agitant sous l'influence de la lumière, et se dirigeant vers ce modificateur, éprouvaient l'impression visuelle à son plus faible degré. Des phénomènes analogues s'observent dans plusieurs espèces végétales ; il faudrait donc aussi, par les mêmes raisons, leur accorder la faculté de voir. N'est-il pas au contraire beaucoup plus physiologique et plus conforme à l'expérience, d'attribuer ces résultats à l'impression générale des modifications tactiles, que de les confondre avec les effets particuliers de la vision. *Pour les mollusques*, — nous trouvons des variétés nombreuses. L'appareil semble manquer en totalité chez les bivalves, les acéphales ; les yeux sont très-développés dans les céphalopodes, mais ordinairement sans appareil de protection. L'humeur aqueuse n'existe pas, et la rétine est formée par des stries divergentes. Pour les limaces, l'œil est porté sur l'extrémité libre d'un tube cutané que l'animal peut allonger ou rentrer à volonté par l'action d'un muscle intérieur. *Chez les insectes articulés*,— mince, d'une transparence complète, la peau recouvre le globe oculaire, et forme sur le trajet des rayons lumineux une lentille susceptible de les réfracter convenablement. Dans la plupart de ces animaux, les yeux sont nombreux et disposés par groupes. Chacun d'eux offre sa direction particulière à peu près comme les surfaces plus ou moins répétées du miroir multiplicateur. Des poils s'élèvent dans les intervalles de ces yeux simples concourant à la formation de l'œil composé, et deviennent ainsi le seul moyen de protection contre les agens extérieurs; comme on le voit dans les mouches, les chenilles, les papillons etc. Les vers terreins sont dépourvus d'organes visuels ; ceux qui vivent dans l'air en ont deux ou trois. *Pour les reptiles*, — ces moyens de protection ont été négligés. Chez les ophidiens, l'enveloppe dermoïde passe immédiatement sur le globe oculaire, offrant dans ce point une diaphanéité parfaite. Les ichtyoïde sont une paupière inférieure double, un iris brillant et doré, une pupille rhomboïdale. Pour les amphibiens, qui vivent sous terre ou dans les eaux, l'organe visuel manque le plus ordinairement. *Chez les poissons*, — l'appareil lacrymal n'existe jamais. Une disposition semblable est commune à toutes les familles animales habituellement plongées au milieu des eaux, et pour lesquelles cet appareil eût dès-lors été complétement infructueux. La cornée se trouve aplatie ; l'œil est hémisphérique ; l'humeur aqueuse disparaît entièrement ; les procès ciliaires ne se rencontrent pas ; le cristallin, présentant la forme d'une sphère, s'engage dans la chambre antérieure. L'humeur vitrée se trouve en petite proportion ; l'œil est peu mobile et sans aucun moyen protecteur, excepté dans les raies où nous trouvons un voile membraneux qui peut servir à cet usage. Les axes visuels sont en général très-divergens. Pour les espèces qui restent constamment au fond des eaux dormantes en attendant leur proie, les yeux sont établis sur la tête. *Chez les oiseaux*, — la paupière inférieure est ordinairement plus développée que la supérieure. Presque tous en offrent une troisième semi-transparente, leur donnant la faculté de s'élever même en opposition avec les rayons solaires ; conservant dans la rétine, pour certaines espèces, l'excitabilité nécessaire à la vision nocturne. Le globe de l'œil n'a plus la disposition sphéroïdale. Il est formé de plusieurs pièces imbriquées, susceptibles, en se croisant à différens degrés, de lui faire éprouver des changemens relatifs à sa longueur, à son volume, à sa forme etc. La cornée présente assez de convexité ; le cercle ciliaire, très-développé, semble même quelquefois double ; l'iris est bien constitué, la pupille susceptible des plus nombreuses modifications ; l'humeur aqueuse paraît abondamment sécrétée ; le cristallin, naturellement aplati, devient d'autant plus mince que l'animal peut arriver à des élévations plus considérables dans l'immensité. La rétine offre beaucoup d'épaisseur ; le nerf optique pénètre dans l'œil par une ouverture elliptique du pourtour de laquelle naît une bourse allongée qui, sous le nom vulgaire de *peigne*, traverse le corps vitré, s'attache à la membrane hyaloïde ou même au cristallin, et par la disposition de ses plis imbriqués semble destinée à mouvoir cette lentille pour la rapprocher ou l'éloigner de la rétine afin d'accommoder l'œil, dans le premier cas, à l'éloignement ; dans le second, au rapprochement des objets. *Pour les mammifères,—* l'organe de la vision présente, chez un très-grand nombre des analogies assez positives avec celui de l'homme. Toutefois la direction des axes paraît en général d'autant plus oblique, et les yeux, par conséquent, d'autant plus latétraux que l'on s'éloigne davantage de notre espèce. L'appareil visuel est rudimentaire ou même n'existe pas dans ceux qui fréquentent les lieux souterrains. Pour quelques familles la peau s'étend avec son opacité naturelle au devant d'un œil incomplet ; chez d'autres, elle conserve une semi-transparence qui permet encore d'apprécier les grandes modifications de la lumière, comme on l'observe chez la taupe. Les sourcils appartiennent exclusivement à l'homme. Dans les carnassiers, on trouve déjà quelques vestiges de la troisième paupière et de la glande lacrymale interne, beaucoup plus développée chez les animaux timides. La choroïde présente, chez les quadrupèdes, en dehors du nerf optique, une tache de couleur variable que l'on nomme *tapis*, et que M. Desmoulins envisage comme un miroir de réflexion. Ce tapis est blanc dans les animaux nocturnes ; d'un beau vert doré chez le bœuf, passant au bleu céleste ; pour le cheval, d'un bleu argentin, prenant une teinte violette ; d'un jaune doré pour le lion etc. Le pigmentum disparaît dans les albinos ; la choroïde présente alors exclusivement une teinte occasionnée par sa trame vasculeuse, et l'œil renvoie, par l'ouverture pupillaire, une couleur de sang très-prononcée. La rétine est plus épaisse et plus molle chez les nyctalopes ; le cristallin se trouve d'une forme à peu près sphéroïdale chez les aquatiques ; moins convexe pour les aériens. Dans les animaux amphibies, l'œil obligé de s'accommoder aux densités des milieux les plus opposés sous ce rapport, offre une membrane sclérotique si mince entre les plans musculaires antérieur et postérieur qu'elle se fronce et permet ainsi le racourcissement et l'allongement alternatifs de cet organe. La pupille très-mobile et pouvant se dilater considérablement, surtout chez les animaux nocturnes, présente une fente verticale dans le chat, transversale pour les ruminans, en forme de cœur chez le dauphin etc.

§. III. Modificateur. — On lui donne généralement les noms de *lumière*, de *fluide lumineux* jouissant de la propriété spéciale et même exclusive d'exciter une impression visuelle sur la rétine et le nerf optique.

La lumière, — φώς, des Grecs, *lumen*, des Latins, est encore aujourd'hui, parmi les auteurs, un objet de controverses qui paraissent bien difficiles à terminer. Les opinions des physiciens, relativement à cet objet, peuvent être partagées en trois catégories : 1° *Propriété des corps*. Cette hypothèse, la plus anciennement admise consiste à regarder la lumière comme une simple modification de ceux qui peuvent la fournir, sans rien approfondir sur la nature et les dispositions de cet agent. Incapable de répondre aux faits les plus importans, cette opinion est aujourd'hui complétement abandonnée. 2° *Fluide lumineux.* — Dans cette supposition, la lumière est envisagée comme un élément particulier offrant son existence et ses propriétés spéciales. Mais les auteurs ne s'accordent pas sur la nature et la propagation de ce fluide. *Sous le rapport de la nature*, les uns regardent la lumière comme un corps distinct, les autres comme une modification du calorique, d'autres enfin identifient ces deux substances impondérées. *Sous le rapport de la transmission*, Huyghens, Descartes, et, de nos jours, MM. Young, Fresnel etc. pensent qu'elle remplit exactement l'espace, et qu'elle se trouve mise en mouvement par les astres lumineux et par les substances en ignition. Cette hypothèse, que l'on nomme *système des ondulations*, conduit assez directement à celle que plusieurs physiciens modernes ont admise, en rejetant, comme nous le verrons, l'existence matérielle du fluide lumineux. Tel qu'il est présenté, le système des ondulations est loin d'expliquer avantageusement le plus grand nombre des phénomènes relatifs à cet objet. Newton prétend au contraire que la propagation de la lumière est effectuée directement par le soleil ou les étoiles fixes, par les corps en combustion très-active. D'où résulte *le système de l'émission*. Théorie plus généralement admise, plus naturelle, plus simple dans ses applications, mais fautive dans plusieurs points importans; lorsqu'il s'agit, par exemple, de préciser d'après quelle influence deux rayons colorifiques, l'un rouge et l'autre violet, dirigés vers un même point se détruisent complétement. 3° *Vibrations lumineuses.*--Plusieurs physiciens et physiologistes modernes pensent qu'il n'est pas nécessaire d'admettre l'existence d'un fluide particulier, et que tous les phénomènes de la lumière sont aisément interprétés par des vibrations spéciales de l'air sous l'influence des agens appropriés. M. de Blainville nous semble avoir à peu près exprimé cette idée ; mais il serait difficile d'admettre toutes les conséquences qu'il veut en inférer. « La lumière n'est « point un corps, mais un mouvement. L'éther, ce fluide « extrêmement subtil, répandu dans l'espace, reçoit des « divers objets un mouvement moléculaire ou de vibra- « tion variable selon la nature de ceux-ci. Ce mouve- « ment est transmis à l'œil dont la partie antérieure se « trouve parfaitement disposée pour le recevoir et pour « le transmettre à son tour jusqu'à la pulpe nerveuse à « laquelle se communique alors le choc des molécules « vibrantes. Ces vibrations ayant lieu en ligne droite, « on conçoit que la forme du corps d'où sont parties les « dernières se reproduira dans la première. Cette forme, « ainsi transmise par les molécules de l'éther, sera sen- « tie par la pulpe nerveuse de l'œil, exactement comme « le serait celle d'un fer de forme triangulaire qu'on « appliquerait immédiatement sur la peau. » Il nous paraît absolument impossible de soutenir une explication aussi mécanique de la vision, et d'assimiler, contraire- ment aux résultats de l'expérience, l'impression spéciale des rayons lumineux sur la rétine, à l'action commune des modificateurs généraux sur l'un des agens du tact. En effet, dans cette hypothèse physique, de quelle ma- nière expliquer les hallucinations de certains sujets qui voient, même sans délire notable, des objets imaginaires et variés avec une inconcevable facilité ? La théorie des vibrations présente l'avantage de simplifier l'histoire des influences lumineuses, de la rattacher au centre com- mun des modifications olfactives et sonores , de ne plus obliger à l'admission, comme substance matérielle d'un agent inappréciable par nos moyens pondérateurs; mais il ne faut pas en dénaturer les caractères par des applications abusives. D'un autre côté, ces idées ne sont point assez généralement admises, leur vérité n'a pas encore sufisamment acquis la sanction de l'expérience, pour nous engager à les présenter autrement qu'en perspective, et comme des objets dignes de fixer toute l'attendes physiciens et des physiologistes. En attendant que des travaux ultérieurs aient détruit ou confirmé la réalité de cette même théorie, nous expliquerons les phénomènes visuels dans l'hypothèse d'un fluide lumineux, en adoptant le système de l'émission.

Ainsi considérée, la lumière présente un agent impondéré, transparent, incolore, élastique, invisible, se déplaçant en ligne droite, et sous forme de rayons divergens, venant, d'après Roëmer et Cassini, du soleil, en 8', 13''; offrant par conséquent une vitesse de 70 mille lieues par seconde. Arrivant, de l'étoile fixe la plus voisine, en trois ans. Faits bien capables d'étonner l'imagination, par la mesure approximative de l'immensité. Offrant, d'après Euler, dans sa marche, une rapidité neuf cents mille fois plus considérable que celle du son. Pouvant dès-lors servir à mesurer assez exactement l'éloignement de la foudre, et celui des corps qui détonnent avec explosion lumineuse. En supposant aux molécules de cet agent une existence matérielle, on comprend à peine la ténuité qu'elles doivent offrir, pour ne pas léser incessamment la rétine avec une semblable vitesse de projection. Afin de mieux apprécier les nombreuses modifications dont la lumière est susceptible, nous devons l'envisager relativement 1° au corps qui la produit; 2° au milieu qui la transmet ou l'absorbe; 3° à l'appareil qui reçoit l'impression.

1º *De la lumière étudiée relativement au corps qui la produit.* — Toute portion de matière, susceptible de fournir, par émission, des rayons visuels, reçoit le nom de *corps lumineux*. Parmi ces derniers, les uns, tels que le soleil et les étoiles fixes, présentent naturellement la faculté que nous examinons. Les autres ne la manifestent que d'une manière accidentelle, comme on le voit pour les combustibles en ignition, les composés phosphorescens, et pour un grand nombre de ceux dont la température est élevée au-delà de six cents degrés.

La lumière est tellement subtile, et ses causes de production si nombreuses, qu'il est à peu près impossible d'en priver entièrement l'atmosphère, pour établir cet état désigné par le terme d'*obscurité* parfaite. C'est ainsi que les lieux en apparence les plus sombres en reçoivent toujours une certaine proportion soit directement, soit par des réflexions plus ou moins multipliées. Dans les profondeurs inaccessibles de son cachots souterrain, le captif, d'abord au milieu des plus affreuses ténèbres, parvient à distinguer les objets qui l'environnent, lorsque sa rétine est devenue par l'habitude, et consécutivement aux larges dilatations pupillaires, susceptible d'apprécier les plus légères modifications des rayons lumineux. L'étude raisonnnée de la lumière, envisagée dans son trajet du corps qui la produit à celui qui la reçoit, porte le nom d'*optique*, et doit ici plus spécialement nous occuper.

OPTIQUE.—Cette partie de la physique traite exclusivement de la lumière directe, sans aucune modification étrangère, affectant l'appareil sensitif de manière à produire ultérieurement la manifestation des corps essentiellement lumineux. Quelle que soit la nature de ces corps, l'agent spécial de la vision émane toujours d'une manière invariable, et que nous sommes dans l'obligation de bien apprécier pour éviter les erreurs graves qui se trouvent encore dans plusieurs traités modernes de physiologie.

La lumière part du corps qui la produit en rayons droits et divergens. Sur chacun des points s'élève un certain nombre de ces rayons, constituant, par leur ensemble un *cône lumineux* dont le sommet existe au corps qui produit la lumière et la base à celui qui la reçoit. Ces cônes marchent en convergeant, et forment une *pyramide lumineuse* dont le sommet se trouve au corps qui reçoit la lumière, et la base à celui qui la produit. C'est en négligeant cette même distinction des *pyramide, cône* et *rayon* lumineux que plusieurs auteurs ont rendu, par leurs contradictions, l'histoire de la vision absolument inintelligible, en faisant alternativement diverger ou converger les rayons lumineux suivant qu'ils prenaient le terme dans sa véritable acception, ou qu'ils en faussaient l'usage en l'appliquant aux cônes formés par ces rayons.

On conçoit, d'après la marche naturelle de la lumière, qu'elle diminue de force à mesure que l'on s'éloigne du corps qui la produit ; que ce dernier semble par conséquent d'autant moins éclairé, toutes choses égales d'ailleurs, qu'il se trouve à des intervalles plus considérables. Reposant alors exclusivement sur la divergence des rayons lumineux, cette même diminution se trouve précisément en raison du carré de la distance. Consécutivement à ces dispositions, habitués à juger l'éloignement ou le voisinage des objets par l'intensité proportionnelle de la lumière, nous tombons fréquemment dans une illusion d'optique relativement à ces notions. Ainsi, plusieurs astres égaux en étendue, placés dans les points d'une courbe circulaire dont l'observateur occupe le centre, ne lui paraîtront pas sur le même plan, dès lors qu'ils seront inégalement lumineux ; le plus éclairé semblera s'approcher davantage, et celui qui fournira le moins de lumière, s'abîmer plus profondément dans l'immensité. C'est en disposant avec habileté, d'après ces principes, les clairs, les demi-teintes et les ombres que la peinture sait tromper nos yeux en figurant, sur une toile exactement plane, des saillies et des anfractuosités, en imitant les dispositions d'un corps cylindrique, pyramidal ou même entièrement sphérique.

Les cônes lumineux, dont la direction est convergente, forment, en arrivant à l'œil, un angle nommé *visuel*, et d'autant plus important qu'il mesure les dimensions des objets. Ainsi, à distance égale, plus le corps est volumineux, plus l'angle visuel est ouvert ; plus le premier est petit, plus le second est fermé. Si l'ouverture de cet angle paraît trop considérable, nous sommes incapables d'embrasser l'ensemble du corps ; dans l'hypothèse contraire, lors, par exemple, qu'elle ne présente pas deux minutes, le corps devient absolument invisible pour nous. D'un autre côté, le rapprochement ou l'éloignement du même objet agrandit ou diminue la mesure de son angle visuel dans les proportions rigoureuses de ces déplacemens ; il en résulte dès-lors plusieurs nouvelles illusions d'optique relatives au volume, à la distance que peuvent offrir ces objets. Ainsi, les corps, dans un grand éloignement, s'offrant à la vision sous un angle très-aigu, paraissent assez petits, lors même qu'ils ont un grand développement. Le soleil, d'après ces dispositions, nous semble à peine offrir dix-huit pouces de diamètre, alors qu'il est quatorze cents mille fois plus gros que la terre. C'est en conséquence des mêmes lois qu'une allée droite, présentant une largeur égale dans toute son étendue, simule un rétrécissement gradué vers son extrémité la plus reculée ; disposition également applicable aux bandes latérales terminées par des lignes parallèles ; comme on le voit pour une muraille, un édifice etc. ; qu'un plan horizontal nous paraît monter ; que deux corps, l'un à distance moitié plus considérable que l'autre, parcourant des cercles concentriques dont nous occupons l'intérieur, le premier avec une vitesse double, nous semblent entraînés par un mouvement égal ; qu'un corps très-éloigné mû constamment avec rapidité, nous paraît immobile, comme on le voit pour une comète par exemple. On sait généralement quels avantages le dessin peut emprunter à la plupart de ces notions fondamentales qui doivent servir de base aux règles de la perspective.

L'entre-croisement des cônes lumineux produit un renversement nécessaire de l'image transmise par ces derniers. D'où l'on infère que nous devrions voir les objets dans une situation inverse à leur position naturelle. Il est bien facile, comme nous le prouverons, de lever toutes les difficultés relatives à ce problème dont la solution a provoqué les explications les plus bizarres.

2° *De la lumière envisagée relativement au milieu qui la transmet ou l'absorbe.* — En tombant sur les différens corps étrangers à la faculté d'émission, la lumière peut éprouver quatre modifications principales : 1° Les traverser en changeant le plus ordinairement sa direction primitive, quelquefois en se décomposant ; les milieux sont alors nommés *diaphanes*, et la science qui fait connaître ces particularités, *dioptrique.* 2° Présenter une réflexion entière ; les corps sont alors *opaques* et *blancs* ; l'histoire de leurs phénomènes prend le titre de *catoptrique.* 3° Se trouver complétement absorbée ; les objets sont *opaques* et *noirs.* 4° Éprouver la décomposition en rayons *colorifiques* dont les uns sont combinés, les autres partiellement réfléchis ; ces corps sont appelés *colorés* ; la science qui les étudie, *chromatique.*

Exposons avec précision les règles principales de ces différentes modifications.

Dioptrique. — Son objet est relatif à l'espèce de brisement qu'éprouve le rayon lumineux en traversant les corps diaphanes avec certaines conditions ; ces corps prennent le nom de *milieux réfringens*, et ce brisement celui de *réfraction*. Plusieurs lois fondamentales sont relatives à l'accomplissement des nombreux phénomènes de la dioptrique, nous devons les établir exclusivement sur les faits et l'observation.

Lorsqu'un rayon lumineux parcourt des milieux homogènes, quelle que soit l'obliquité d'incidence, il n'éprouve aucun changement dans sa direction primitive.

Lorsque ce même rayon tombe perpendiculairement au plan de plusieurs milieux succesifs, quelles que soient les autres conditions de ces derniers, il les traverse, et ne présente aucune déviation.

En supposant une série de milieux différens par leur densité, leur nature, sur lesquels on abaisse une ligne nommée *perpendiculaire*, coupant leurs surfaces de manière à former partout des angles droits, le rayon lumineux qui vient toucher obliquement ces corps diaphanes, éprouve constamment, au passage de l'un à l'autre, une réfraction qui modifie son trajet primitif en le rapprochant ou l'éloignant de cette perpendiculaire, suivant les circonstances principales que nous allons indiquer.

De ces faits, il résulte que trois conditions sont indispensables à la réfraction : 1° l'obliquité d'incidence du rayon lumineux ; 2° la transparence du corps qui le reçoit ; 3° la diversité des milieux qu'il doit traverser. L'absence d'une seule de ces conditions suffit pour établir l'impossibilité du résultat que nous étudions.

Trois dispositions fondamentales règlent toutes les

nuances de ces réfractions : 1º *la sphéricité*, 2º *la den-sité*, 3º *la combustibilité* des milieux réfringens. Ainsi, toutes les fois qu'un rayon lumineux traverse des corps de sphéricité, de densité, de combustibilité différentes, il éprouve, à chaque transition, un changement plus ou moins considérable dans sa marche. Des lois physi-ques, également basées sur l'expérience, viennent établir les caractères essentiels de ces modifications.

Lorsqu'un rayon lumineux passe obliquement dans un milieu *plus convexe*, *plus dense*, *plus combustible*, il est réfracté de manière à prendre une direction nou-velle qui le *rapproche* de la perpendiculaire, avec une force relative au développement de ces conditions.

Lorsqu'un rayon lumineux passe obliquement dans un milieu *moins convexe*, *moins dense*, *moins combustible*, il est réfracté de manière à prendre une direction nou-velle qui l'*éloigne* de la perpendiculaire avec une inten-sité proportionnée, dans ses effets, aux caractères des mêmes dispositions.

Ces faits établissent précisément que, dans la réfrac-tion du rayon lumineux, le *rapprochement* de la perpen-diculaire est en raison directe de la *sphéricité*, de la *densité*, de la *combustibilité* du milieu diaphane, et l'*éloignement*, en rapport des *modifications opposées*.

Les physiciens distinguent, pour ces milieux, *le pouvoir réfringent* et *la puissance réfractive*. Le premier est le quotient de la seconde par la densité du corps translucide ; celle-ci nous présente la faculté de réfraction absolument considérée sans estimation de la densité comparative. Ainsi, deux corps qui réfractent la lumière chacun dans une proportion égale à quatre, par exem-ple, jouissent d'une *puissance réfractive* semblable. Mais si l'un d'eux offre une densité moitié plus considérable que celle de l'autre, le *pouvoir réfringent* du premier devient à celui du second :: 2 : 4, de telle sorte que *la puissance réfractive* appartient à l'ensemble des trois conditions indiquées, *sphéricité, densité, combustibilité* ; le *pouvoir réfringent,* au contraire, seulement à la nature particulière des milieux, à la combustibilité plus spécialement encore. C'est d'après cette loi fondamentale que le génie de Newton apprit au monde savant qu'il existait un élément très-combustible dans le diamant et dans l'eau, bien long-tems avant que l'on eût découvert que l'un est du carbone presque pur, et l'autre un composé d'oxygène et d'hydrogène.

Si nous recherchons actuellement les raisons de *la transparence* et de la *réfraction,* nous sommes obligés de recourir à des hypothèses qui touchent, il est vrai, les faits d'assez près pour mériter une certaine confiance, mais qui n'entraînent pas la certitude que nous avons rencontrée dans les considérations précédentes.

Un corps est *transparent* lorsque ses intervalles moléculaires offrent assez d'étendue pour que les particules de ce milieu n'agissent pas sur le rayon lumineux de manière à le *combiner,* à le *réfléchir,* à le *décomposer.* L'homogénéité des corps paraît également exercer une grande influence relativement à la perméabilité lumineuse, les qualités hétérogènes de la matière occasionnant des réfractions si multipliées qu'il en résulte, dans la lumière, un défaut de passage, et, pour le corps, cette modification opposée que l'on désigne par le terme *d'opacité.*

La cause des réfractions diverses paraît exister dans l'attraction exercée par la substance même du milieu sur le rayon lumineux. Ainsi, lorsque ce dernier marche perpendiculairement au plan du premier, la puissance attractive étant égale des deux côtés, la déviation n'a pas lieu. Dans l'hypothèse où l'incidence est oblique, cette puissance agissant avec plus d'empire du côté dont s'incline davantage le rayon de lumière, en détermine la réfraction vers ce même point. *La densité*, la *combustibilité* du corps réfringent deviennent les influences favorables au rapprochement de la perpendiculaire, en constituant cette affinité pour le rayon lumineux ; *sa convexité* rentre dans le même pouvoir en augmentant l'obliquité d'incidence. Les conditions opposées amènent des résultats contraires en diminuant ces dispositions d'incidence et d'attraction.

Ces réfractions diverses produisent plusieurs illusions de dioptrique. Ainsi, le bâton obliquement engagé dans l'eau paraît brisé précisément à la jonction de l'atmosphère et de ce milieu. Le corps placé derrière une lentille concave semble moins volumineux et plus éloigné ; l'angle visuel éprouvant une diminution constante, l'objet dont nous sépare une lentille convexe, est représenté plus près et plus grand, l'ouverture de l'angle visuel se trouvant nécessairement augmentée. C'est d'après ces lois invariables qu'est dirigée la confection des microscopes, des télescopes etc.

Si l'on veut obtenir une convergence très-marquée, cette lentille doit être fortement convexe. Mais alors il survient deux accidens qui rendraient la vision imparfaite, si leur cause n'était suffisamment contrebalancée. Tels sont : 1° *L'aberration de sphéricité*. Elle résulte inévitablement, dans cette circonstance, de la différence trop considérable des réfractions éprouvées par les rayons qui passent au centre et par ceux qui traversent la circonférence de cette même lentille. Il se manifeste alors un allongement, une déformation plus ou moins considérable de l'image perçue. Nous évitons cet inconvénient au moyen d'un diaphragme dont l'ouverture, proportionnée régulièrement aux dispositions du milieu convexe, ne laisse passer que les rayons centraux. L'orifice pupillaire de l'iris accomplit cette fonction, pour le cristallin, d'autant plus avantageusement, qu'il est susceptible de s'accommoder aux différentes conditions visuelles, par ses dilatations et ses rétrécissemens alternatifs. 2° *L'aberration de réfrangibilité.* Cet accident est la conséquence nécessaire de la décomposition du rayon lumineux sous l'influence d'une réfraction très-énergique; phénomène que nous expliquerons en exposant la théorie des couleurs. Également désigné par le terme *d'irisation*, il ne permet pas d'apercevoir l'objet d'une manière distincte. On le prévient par une disposition artificielle nommée *achromatisme*, et qui consiste à corriger l'excès de réfraction par une réfraction opposée. Le véritable moyen d'arriver à cet important résultat se trouve dans la formation d'une lunette renfermant deux verres nommés par les Anglais, l'un, *flint-glass*, sans plomb; l'autre, *crown-glass*, offrant une proportion considérable de ce métal oxydé. Ce que la physique a cherché si long-tems, notre œil le présente avec une admirable perfection dans l'antagonisme naturel de ses milieux réfringens, comme nous le prouverons en faisant l'histoire de la vision.

De ces principes on doit nécessairement inférer que les lentilles offrent un foyer plus ou moins rapproché, suivant leur sphéricité; qu'au-delà de ce point, les rayons lumineux éprouvent une décussation d'où résulte le renversement complet de l'objet représenté; que les verres concaves n'ont jamais un foyer *actuel*, et qu'un foyer *virtuel* peut seulement leur être assigné.

Le rapport constant du sinus d'incidence avec le sinus de brisement des rayons lumineux constitue, pour les corps diaphanes, ce que l'on nomme *indices de réfraction*. Lorsque le sinus d'incidence est très-fort, il s'opère des réflexions multipliées dans ce même corps; la lumière ne le traversant plus, il semble transparent, seulement dans une partie de son épaisseur, comme on le voit pour la nacre et pour un certain nombre de cristaux.

Dans plusieurs contrées où des sables arides échauffent très-fortement les premières couches atmosphériques, il peut survenir une double réfraction qui fait voir les objets répétés en contact par leur base, comme on l'observe constamment pour les arbres qui bordent les rivages d'un lac. On donne à cette illusion de dioptrique le nom de *mirage*.

CATOPTRIQUE. — Nous désignons par ce terme la science qui traite plus spécialement des réflexions qu'éprouvent les rayons lumineux en tombant sur la matière sans diaphanéité.

Nous comprenons sous le titre de *corps opaques* tous ceux qui sont imperméables à la lumière. Ainsi, *transparence*, *opacité* constituent deux modifications essentiellement opposées.

La cause de l'opacité semble se rattacher à des réfractions trop multipliées du rayon lumineux dans ces corps, soit en raison de leur masse, de leur nature, soit en conséquence de l'hétérogénéité des élémens qui servent à les former. En effet, on peut rendre le même corps alternativement opaque ou transparent, en variant l'une ou l'autre des dispositions indiquées. Ainsi, l'or en masse, d'une certaine épaisseur, présentant la première de ces propriétés, devient légèrement translucide, aussitôt qu'il est réduit en feuilles très-minces. L'eau pure, convenablement privée d'air et soumise à la congélation, offre une masse parfaitement diaphane. Au contraire, si cet air libre est incarcéré par les molécules aqueuses dans ce changement d'état, la glace, même sans beaucoup de volume, est entièrement opaque. Un papier sec, dont les interstices particulaires sont remplis d'air, offre à peu près le même caractère ; en le mouillant dans l'huile ou dans l'eau qui se rapprochent davantage de ses conditions réfractives, et prennent la place de ce dernier gaz, il devient semi-transparent etc.

En tombant obliquement sur un corps opaque, le rayon lumineux forme, avec le plan de ce dernier, un angle variable que l'on nomme *d'incidence*. Renvoyé par une véritable impulsion élastique, il produit un second angle que l'on appelle de *réflexion*.

Plusieurs physiciens considérant, d'une part, la subtilité de la lumière ; de l'autre, toutes les anfractuosités relatives présentées par la surface des corps, en apparence les mieux polis, ont pensé qu'il était impossible d'admettre un contact immédiat entre la première et les seconds. D'après cette observation, la plupart ont attribué le phénomène à la couche atmosphérique adhérente aux objets ; quelques-uns, à des forces répulsives agissant à distance.

Les réflexions lumineuses varient suivant la nature et la forme des corps. Elles peuvent être entières ou partielles. Dans le premier cas, le rayon conserve son intégrité, donne la sensation du *blanc* ; dans le second, il est décomposé, produit l'impression d'une *couleur* ; enfin, dans une dernière modification, il est complétement absorbé, d'où résulte le *noir*, ou, plus exactement encore, l'absence de toute excitation visuelle. Étudions, d'après ces dispositions fondamentales, tous les phénomènes de la catoptrique.

1° *Réflexion entière.* — Trois conditions sont indispensables à l'accomplissement normal de ce premier phénomène. Le corps réfléchissant doit être : 1° *opaque*, 2° *blanc*, 3° *poli*. Avec un seul de ces caractères, la réflexion peut encore s'effectuer, mais alors on trouve dans ses imperfections une preuve à l'appui du principe que nous venons d'établir. Ainsi, le plus beau cristal, présentant seulement le *poli*, ne réfléchit les rayons lumineux que sous une incidence très-oblique. La silice non vitrifiée, offrant exclusivement *l'opacité*, renvoie la lumière sans autre effet pour la vision que de manifester la présence de ce corps. Le papier, dont la *blancheur* forme, sous le rapport que nous étudions, un attribut à peu près unique, rend le modificateur dans son intégrité, mais sans reproduire aucun des traits du corps dont il émane. C'est en réunissant dans leur perfectionnement les trois dispositions indiquées, que les miroirs offrent des réflecteurs du premier ordre, et par une conséquence naturelle, ceux qui doivent plus particulièrement nous servir aux applications des lois que nous venons de présenter.

Les rayons lumineux, formant un angle de réflexion égal à l'angle d'incidence, nous rapportent l'image de l'objet qui les fournit, avec des modifications de volume, de distance et de position relatives à la forme des surfaces réfléchissantes; d'où résultent nécessairement plusieurs illusions de catoptrique, particulières aux miroirs : 1° *plans*, 2° *convexes*, 3° *concaves*, dont nous devons examiner les principaux effets.

Un miroir, quelle que soit la forme de sa face polie, transpose nécessairement l'objet vu par son intermédiaire. De telle sorte que, relativement à l'observateur, la gauche de l'objet se trouve à droite, et la droite, à gauche.

Dans les miroirs en verre étamé, d'après l'observation que nous avons faite, on obtient, si l'incidence est très-oblique deux| réflexions différentes; l'une superficielle, par ce verre; l'autre profonde, par la couche métallique appliquée derrière celui-ci ; disposition qui fait naître deux images pour un seul corps. Dans une situation plus favorable, ou si l'on veut, sous une incidence plus rapprochée de l'angle droit, la seconde réflexion se manifeste exclusivement, et l'on obtient la représentation normale de l'objet, sans aucune répétition, seulement beaucoup moins éclairée ; les miroirs les plus parfaits ne rendant pas la moitié de la lumière qu'ils ont reçue. Toutes les autres modifications rentrent dans les spécialités que nous allons actuellement examiner.

Les miroirs plans, — dont tous les points de la surface réfléchissante offrent absolument le même niveau, renvoyant les cônes lumineux dans leur direction primitive, sans en augmenter ou diminuer la convergence, ne changent par conséquent rien à l'ouverture de l'angle visuel, représentent les objets dans leurs véritables proportions, et les font paraître à leur distance positive, c'est-à-dire, aussi profondément derrière le miroir, qu'ils sont éloignés de sa face antérieure. En disposant deux miroirs de cette espèce, de manière à former un angle aigu, des images très-variées naissent de leur concours. L'instrument nommé kaléïdoscope est très-curieux, sous ce dernier rapport, et doit sa fécondité merveilleuse à la simple condition que nous venons de signaler. Placés en regard, et bien parallèlement, deux miroirs plans multiplient les objets d'une manière indéfinie, comme on le voit dans la plupart de nos salons.

Les miroirs convexes, — dont tous les points de la surface polie s'abaissent, d'une manière plus ou moins sensible, du centre à la circonférence, diminuent la convergence des rayons lumineux, l'ouverture de l'angle visuel ; représentent l'objet plus petit et plus loin derrière le miroir qu'il ne l'est antérieurement de ce dernier.

Les miroirs concaves, — dont tous les points de la surface réverbérante s'élèvent progressivement du centre à la périphérie , augmentent la convergence des rayons lumineux , l'ouverture de l'angle visuel ; représentent l'objet plus grand et plus près, derrière le miroir, qu'il ne l'est de sa face antérieure. Ces derniers offrant un foyer placé à la moitié du rayon de la sphère totale , ne présentent la vision régulière que dans certaines limites, au-delà desquelles on observe l'image complétement renversée , les rayons lumineux ayant effectué leur entrecroisement. L'objet paraît alors entre le miroir et l'œil, comme on le voit pour le télescope *catadioptrique.*

Les miroirs concaves produisent des effets analogues sur le calorique ; c'est en concentrant ses rayons qu'ils peuvent occasionner l'ignition des matières combustibles. En variant la disposition des courbes, on obtient des résultats différens. Ainsi , les miroirs *paraboliques* ont l'avantage de porter la lumière dans un point déterminé ; les miroirs *hyberboliques* deviennent essentiellement utiles , alors qu'il faut la répandre uniformément sur un espace indéfini.

Réflexion partielle. — Les rayons lumineux tombant sur un assez grand nombre de corps , se trouvent décomposés en rayons colorifiques, dont les uns sont absorbés, et les autres immédiatement réfléchis , en excitant l'appareil ophthalmique de manière à produire l'impression d'une couleur simple ou composée. Nous devons accorder une attention particulière à cette nouvelle modification.

La couleur, — χρῶμα, des Grecs , *color,* des Latins , est *l'impression visuelle effectuée par le rayon lumineux décomposé.* Dès-lors, tout objet qui ne fait pas naître la sensation du *blanc ,* par la lumière intacte , ou celle du *noir,* par l'absence d'excitation relative au point qu'il occupe , est un objet *coloré* ; toutes les teintes qui n'offrent pas *le noir pur* ou *le blanc sans mélange*, sont des *couleurs*.

Aristote et la plupart des physiciens de l'antiquité considéraient ces dernières comme des propriétés inhérentes à certains corps; Descartes, Newton et le plus grand nombre des modernes les regardent comme un résultat de la décomposition du rayon lumineux. Celui-ci n'est pas simple, comme on l'avait pensé d'abord; il est au contraire possible d'y constater la présence de sept rayons élémentaires.Herschell porte même beaucoup plus loin cette analyse. D'après ce physicien célèbre, chaque rayon de lumière offre trois espèces de rayons *constituans*, qui sont, en procédant des moins aux plus réfrangibles, les rayons : 1° *calorifiques*, dont les manifestations signalent précisément les effets de la chaleur. 2° *Colorifiques*, au nombre de sept, présentant les couleurs fondamentales par autant de rayons particuliers : *Rouge, orangé, jaune, vert, bleu, indigo, violet*. 3° *Chimiques*, jouissant d'une action très-marquée dans les combinaisons de cet ordre.

Si nous cherchons la cause de cette analyse, et la manière dont elle s'effectue, nous trouvons, pour l'une et pour l'autre, des explications satisfaisantes.La lumière peut être décomposée par deux influences diverses : par le prisme, par les corps opaques ou transparens colorés.

Par le prisme. — En tombant sur un fragment de cristal prismatique, le rayon lumineux éprouve une forte réfraction. Or, les sept rayons colorifiques dont il est formé n'ayant pas la même réfrangibilité doivent nécessairement s'abandonner en divergeant. Le faisceau produit par cette modification prend le nom de *spectre solaire*. De tous ces rayons colorifiques, *le rouge*, moins réfrangible, s'écarte peu de sa direction primitive, et

tient la gauche du spectre ; *le violet*, avec une disposition contraire, en occupe la droite. *L'orangé*, *le jaune*,
le vert, *le bleu*, *l'indigo*, sont intermédiaires à ces
deux extrêmes. M. Wollaston, répétant les expériences faites par Herschell, s'est assuré que le thermomètre monte, en le portant, sur le spectre solaire, de
droite à gauche ; tandis que les combinaisons moléculaires sont plus actives dans le premier point que dans
le second ; faits qui semblent confirmer la distinction
des rayons *constituans* de la lumière, en *calorifiques*,
colorifiques et *chimiques*.

Cette analyse constitue ce que l'on nomme *irisation* ;
elle est encore effectuée par les cheveux, les barbes d'une
plume, la rosée, les vapeurs aqueuses, les gouttelettes
d'un nuage épais etc. Lorsque ces dernières, à forme
sphérique, sont traversées par la lumière, sous un angle de 42 degrés 2 minutes, *les rayons incidens* se trouvent décomposés comme par le prisme, et *les rayons
émergens* tous colorifiques, donnent cette image irisée,
parabolique, désignée par le terme d'arc-en-ciel. Si les
gouttelettes sont attaquées supérieurement, la réflexion
est double ; elle devient triple, dès qu'elles sont frappées
inférieurement. Circonstance qui nous explique, sans
difficulté, la situation opposée des couleurs pour deux
arcs-en-ciel concentriques, et leur vivacité moins prononcée dans le plus étendu. L'on peut obtenir plusieurs
couleurs du spectre solaire par le mélange de deux autres ; ainsi, *l'orangé*, avec le rouge et le jaune ; *le vert*,
avec le jaune et le bleu ; *l'indigo*, avec le bleu et le violet ; et celui-ci, avec le rouge et le bleu. Partant de ces
faits, plusieurs physiciens ne trouvant que *le rouge*, *le
jaune* et *le bleu* dont il est impossible d'effectuer la formation, ont exclusivement admis ces trois couleurs primitives. L'expérience de Newton, dans laquelle on fait

passer les rayons du spectre par des ouvertures différentes, et qui donnent les sept couleurs bien isolées
derrière ce diaphragme, ne permet point d'admettre
une théorie plus spécieuse que vraie. Il est évident que
le rouge, *l'orangé*, *le jaune*, *le vert*, *le bleu*, *l'indigo*,
le violet sont les couleurs essentielles et fondamentales;
qu'elles offrent les élémens du rayon lumineux, et qu'on
peut le reconstituer, en les unissant au moyen d'une
réfraction opposée à celle qui les avait dissociées. Il est
important de savoir que la divergence relative des rayons
colorifiques est rigoureusement calculable, puisqu'elle se
trouve dans la proportion de celle qui sépare les nœuds
vibratils d'une corde, fournissant les tons de la gamme
mineure.

Par les corps opaques ou transparens colorés. — Nous
accordons ce titre aux corps de nature particulière, qui,
d'après certaines modifications, décomposent la lumière
en divers rayons colorifiques pour absorber les uns, réfléchir ou laisser passer les autres, qui manifestent la
couleur de ces mêmes corps. On a cherché la cause matérielle de ces résultats. Newton l'attribue spécialement
à la disposition physique des molécules; Bertholet, à la
nature chimique de la substance qui combine tel ou tel
rayon élémentaire. La première opinion se trouve en
harmonie beaucoup plus exacte avec les faits. Ainsi, M.
Thénard a constaté que le phosphore distillé plusieurs
fois, dès-lors très-pur, devient successivement transparent, blanc, jaunâtre, opaque, noir, suivant que l'on
effectue son refroidissement avec lenteur, ou brusquement par l'eau fraîche. Dans cette expérience, la couleur est diversifiée, l'arrangement des molécules est
changé, la nature et la composition du corps ont conservé leur premier état. Il existe par conséquent, d'a-
près la théorie de Newton, le rapport le plus positif

entre telle coloration de la matière et tel ordre actuel de ses particules.

Dans l'hypothèse que nous indiquons, un objet *rouge* présente cette couleur, parce qu'en raison des modifications indiquées, il décompose la lumière, absorbe les rayons *orangé*, *jaune*, *vert*, *bleu*, *indigot*, *violet*, pour lesquels il offre une affinité suffisante à cette combinaison, tandis qu'il réfléchit le rayon rouge, avec lequel cette affinité ne se rencontre pas. La même application peut être faite aux six autres.

Il n'existe que sept rayons colorifiques, et dès-lors sept couleurs primitives ou naturelles. Mais on peut en obtenir un nombre infini par la combinaison de ces dernières deux à deux, trois à trois etc. Ces résultats prennent le titre de couleurs artificielles ou secondaires. Les premières sont toujours plus vives et plus franches ; les secondes, moins nettes et souvent fausses.

La théorie que nous venons de présenter est d'autant plus satisfaisante qu'elle porte sur des principes incontestables, et qu'elle explique aisément tous les faits. Ainsi, le rayon rouge étant le plus fort, le moins réfrangible, nous concevons pourquoi le soleil et les autres corps lumineux, examinés à travers le brouillard du matin et du soir avec une incidence très-oblique, nous semblent de cette couleur, et deviennent presque blancs à mesure qu'ils s'élèvent au-dessus de l'horizon, dans une atmosphère plus diaphane. Ce rayon, par son intensité, fatigue la rétine, et se trouve difficilement supporté pendant quelques instans. C'est peut-être en conséquence d'un effet semblable que l'orgueil en a fait son emblême, et que la pourpre est devenue l'ornement particulier des rois.

Le rayon violet, au contraire, excite faiblement la vision, et se trouve souvent insuffisant à la perception nette et précise des objets ; aussi n'est-il plus un symbole de domination, de puissance, et devient-il plutôt celui de l'abnégation et de l'humilité. Ne serait-ce pas également en conséquence de ces dispositions que le christianisme l'aurait choisi pour ses ministres dont l'empire n'est jamais plus solidement établi que sur la modestie, sur la persuasion de l'exemple.

Le rayon vert, intermédiaire à ces deux extrêmes, éclairant mieux que le second, n'offre pas la dureté du premier. Il doit obtenir la préférence dans la formation des *conserves*. Ses avantages, pour la vision, se trouvent universellement exprimés par l'emploi que la nature fait de cette couleur, particulièrement dans toutes ses productions végétales.

Si nous avions besoin d'une dernière preuve pour démontrer toute la réalité de cette même théorie, nous pourrions la trouver dans une expérience très-simple. En examinant les objets avec deux verres d'une certaine épaisseur, l'un *rouge*, l'autre *violet*, ils nous semblent *rouges* avec le premier qui ne laisse passer que ce rayon, *violets* avec le second qui les absorbe tous, excepté celui-ci. Jusqu'à ce point, on ne trouve qu'une hypothèse ; mais l'expérience va devenir décisive. En effet, si l'on rapproche ces deux verres l'un de l'autre, il est impossible de voir un seul corps par leur intermédiaire. On en conçoit aisément la raison ; en tombant d'abord sur le verre *violet*, toute la lumière est décomposée. Les rayons *rouge, orangé, jaune, vert, bleu, indigo*, sont absorbés ; *le violet* seul traverse, mais rencontrant immédiatement le verre *rouge*, il disparaît à son tour dans ce dernier. Si le rayon lumineux attaque primitivement ce verre *rouge*, après la décomposition, les rayons *orangé, jaune, vert, bleu, indigo, violet* sont combinés ; le *rouge* passe, atteint le verre *violet* qui s'en empare, de manière que, dans les deux cas, il n'arrive aucune portion de lumière à la rétine.

Absorption entière. — Les rayons lumineux mis en contact avec certains corps opaques et dépolis se trouvent complétement absorbés et combinés à la matière ; d'où résulte le *noir* qu'il ne faut pas envisager comme une modification visuelle, puisqu'il est au contraire l'absence du blanc et de toutes les couleurs. Ainsi nous ne voyons pas directement les objets parfaitement noirs ; si leur présence nous est accusée, c'est par le défaut de sensation dans l'espace qu'ils occupent, et dont les corps blancs ou colorés marquent la circonscription. Une expérience très-simple démontre la vérité de ces principes. Sur une muraille blanchie, placez un corps noir mate ; creusez à quelque distance un trou profond, de même forme et de même surface : priez vingt personnes de décider, à trente pas, lequel de ces deux points noirs est le corps ou l'excavation. Les avis seront tellement partagés qu'il restera démontré jusqu'à l'évidence que l'un et l'autre sont manifestés à la vision, d'après une modification identique. Or le trou n'étant qu'une absence de matière, et ne pouvant exciter aucune impression vers la rétine, le corps noir paraît, sous ce dernier rapport, absolument dans les mêmes conditions.

Résumant toutes les considérations que nous avons exposées relativement à la lumière, nous la trouvons 1° *directe*, en venant des corps lumineux par eux-mêmes ; 2° *réfractée*, après avoir obliquement traversé des milieux transparens de sphéricité, de densité, de combustibilité différentes ; 3° *réfléchie*, lorsqu'elle a frappé des corps opaques, de manière à répéter l'image des objets, à produire la sensation du blanc, d'une couleur simple ou composée, suivant que ces corps sont polis, disposés de manière à renvoyer un ou plusieurs des rayons du spectre en combinant les autres. 4° *Absorbée*, lors qu'elle tombe sur un corps opaque rugueux et de nature à la conserver sans aucune réflexion ; d'où résulte le *noir*, ou l'absence de toute sensation visuelle. Lorsqu'ils sont convenablement polis, ces corps peuvent agir à la manière des miroirs blancs en retraçant l'image des objets ; seulement ils occasionnent une déperdition de lumière beaucoup plus considérable.

Opposés à l'influence d'un foyer de lumière, les corps opaques laissent derrière eux un espace entièrement obscur sous le nom d'*ombre*. Si le corps lumineux est un point, l'objet, une sphère d'un diamètre plus considérable, celle-ci ne se trouve éclairée que dans une étendue constamment inférieure à la moitié de sa surface, et l'ombre indéfinie présente un cône tronqué dont le sommet répond à cet objet. Si le corps lumineux est au contraire plus gros que le corps opaque, ce dernier est éclairé dans une étendue supérieure à sa moitié ; l'ombre limitée forme un cône régulier dont la base est appliquée sur ce même corps. Cette obscurité, quelle que soit sa forme et son étendue, se trouve constamment environnée d'un anneau plus faiblement exprimé que l'on désigne par le terme de *pénombre*.

Pour mieux faire sentir encore les principales modifications de la lumière *directe*, *réfractée*, *réfléchie*, nous les représenterons dans leur plus grande simplicité par les planches suivantes :

Fig. I. — A. Corps lumineux, fournisssant une lumière directe.

B, C, D. Points lumineux isolément considérés.

E, F, G. Rayons lumineux divergens.

H, I, K. Cônes lumineux convergens ; base au corps N, N'.

L, M, L'. Pyramide lumineuse ; sommet au corps
N, N'.

Fig. II.—A. Corps lumineux. Lumière directe.

B, C. Cônes lumineux convergens.

D, D'. Perpendiculaire des milieux E, E' ; F, F'.

G, H. Direction primitive des cônes lumineux B, C.

J, K. Seconde direction des cônes lumineux B, C,
réfractés et rapprochés de la perpendiculaire
D, D', par le milieu E, E' dont la sphéricité,
la densité, la combustibilité sont plus considérables que celles de l'air d'abord traversé par
ces cônes.

L. Point où se réuniraient les cônes lumineux d'a-
près leur seconde direction.

M, N. Troisième direction des cônes lumineux B, C,
réfractés, éloignés de la perpendiculaire D, D',
par le milieu F, F' dont la sphéricité, la densité, la combustibilité sont moins considérables
que celles du milieu E, E'.

Fig. III. — A. Corps lumineux, lumière directe.

B. Rayon lumineux dans son intégrité.

C. Prisme décomposant le rayon lumineux B.

D, D'. Perpendiculaire du milieu prismatique.

E. Direction primitive du rayon lumineux B.

F. Rayons *calorifiques*, d'après Herschell.

G, H, I, K, L, M, N. Rayons *colorifiques* rouge,
orangé, jaune, vert, bleu, indigot, violet.
Spectre solaire.

O. Rayons *chimiques*, d'après Herschell.

P, P'. Diaphragme portant sept ouvertures pour le
passage des sept rayons colorifiques.

Q, Q'. Corps opaque, blanc, sur lequel viennent
se peindre isolément les sept couleurs dans les
points R, S, T, U, V, X, Y. Expérience de

Newton, qui démontre évidemment la composition du rayon *lumineux* par les sept rayons *colorifiques*.

Fig. IV. — A, A'. Objet à voir, représentant une flèche.

B, B'. Direction primitive des cônes lumineux.

C, C'. Verre *convexe* réfringent.

D, D'. Seconde direction des cônes lumineux réfractés.

E. Angle visuel *ouvert* par la réfraction.

F, F'. Direction fictive des cônes lumineux B, B'.

G, G'. Objet A, A' vu *plus grand* et *plus près*.

Fig. V. — A, A'. Objet à voir, représentant une flèche.

B, B'. Direction primitive des cônes lumineux.

C, C'. Verre *concave*, réfringent.

D, D'. Seconde direction des cônes lumineux réfractés.

E. Angle visuel *fermé* par la réfraction.

F, F'. Direction fictive des cônes lumineux B, B'.

G, G'. Objet A, A' vu *plus petit* et *plus loin*.

Fig. VI. — A, A'. Objet à voir, représentant une flèche.

B, B'. Direction primitive des cônes lumineux.

C, C'. Miroir *plan* réfléchissant.

D. Point où se réuniraient les cônes B, B', en traversant le miroir.

E. Angle visuel des cônes B, B' réfléchis, *égal* à l'angle D.

F, F'. Direction fictive des cônes lumineux B, B'.

G, G'. Objet A, A' vu *aussi grand*, aussi loin derrière le miroir.

Fig. VII. — A, A'. Objet à voir, représentant une flèche.

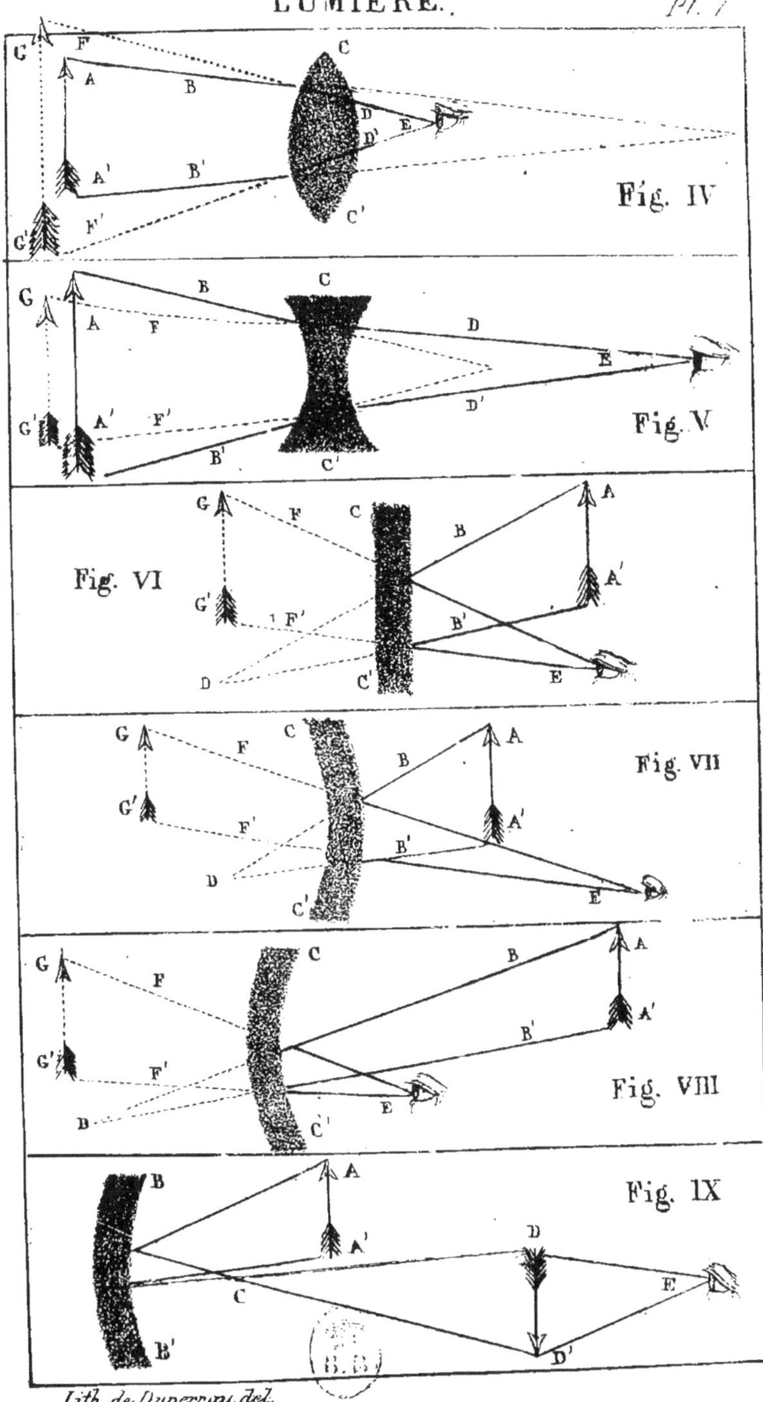
Fig. IV
Fig. V
Fig. VI
Fig. VII
Fig. VIII
Fig. IX
Lith. de Duperray, del.

B, B'. Direction primitive des cônes lumineux.

C, C'. Miroir *convexe* réfléchissant, n'offrant pas de foyer.

D. Point où se réuniraient les cônes B, B' en traversant le miroir.

E. Angle visuel des cônes B, B' réfléchis, *plus petit* que l'angle D.

F, F'. Direction fictive des cônes lumineux B, B'.

G, G'. Objet A, A' vu *plus petit*, plus loin derrière le miroir.

Fig. VIII.—A, A'. Objet à voir représentant une flèche.

B, B'. Direction primitive des cônes lumineux.

C, C'. Miroir *concave* réfléchissant.

D. Point où se réuniraient les cônes B, B' en traversant le miroir.

E. Angle visuel des cônes B, B' réfléchis, *plus grand* que l'angle D.

F, F'. Direction fictive des cônes lumineux B, B'.

G, G'. Objet A, A' vu *plus grand* et plus près, derrière le miroir.

Fig. IX.—A, A'. Objet à voir représentant une flèche.

B, B'. Miroir concave, réfléchissant, offrant un foyer.

C. Foyer placé à la moitié du rayon de la sphère totale.

D, D'. Objet renversé après l'entrecroisement du point C.

E. Vision fictive de l'objet renversé.

§. IV. Appétit.—Indirectement relatif à l'entretien de la vie; l'exercice de la vision n'est pas sollicité par un sentiment impérieux comme celui de la faim et de la soif. On peut même dire que cette impulsion appartient beaucoup plus à l'habitude qu'à l'instinct. En effet, l'aveugle né paraît à peu près étranger à son influence, tandis que l'homme qui pendant long-tems a joui de cette faculté, ressent les inconvéniens de sa privation, et le besoin de l'appliquer à l'investigation des objets extérieurs. Il suffit d'observer les sujets opérés de la cataracte avec succès, après avoir été plongés dans un état de cécité complète, pour juger de la privation qu'ils ont éprouvée, du sentiment impérieux qui les agite, et les porte quelquefois à l'exploration des phénomènes lumineux contre la défense qui leur est faite, souvent même avec une imprudence qui compromet les résultats ultérieurs de l'opération. C'est une curiosité instinctive, habituelle tout à la fois, qui peut dominer la raison et pousser à des actes essentiellement nuisibles. Nous en trouvons encore la preuve souvent manifestée dans le traitement des ophthalmies. La vision étant pour nous le moyen le plus prompt, le plus facile de reconnaître un grand nombre de corps extérieurs, il n'est pas étonnant que l'appétit qui la provoque soit développé, relativement aux fonctions de relation, dans la mesure des avantages de cet important phénomène.

§. V. Étude.—La vision est tellement essentielle aux animaux, à l'homme plus spécialement encore, dans les relations qu'ils doivent entretenir avec tous les objets environnans, que la nature a fait, de l'appareil chargé de son exécution, un de leurs plus beaux attributs, en plaçant les yeux dans les points éminens de l'organisme, comme des sentinelles vigilantes établies aux postes avancés pour assurer la conservation générale. *Oculi tanquàm speculatores altissimum locum obtinent ex quâ omnia conspicientes suo munere fungantur. (Cicero de naturâ Deorum.)*

Afin de préciser davantage les divers points de cette action complexe, nous y distinguerons trois phénomènes principaux. 1° L'érection préparatoire de l'appareil ;

2° les modifications des cônes lumineux dans l'œil ;
3° L'impression visuelle convertie en perception.

    1° *Érection préparatoire de l'appareil.*—Comme toutes les fonctions de relation, la vision, dans l'état normal, est soumise à l'empire de la volonté. Pour s'exercer avec sa perfection et ses développemens, elle exige une influence de l'attention plus spécialement dirigée vers l'organe chargé de l'exécuter, et dont l'activité doit s'élever au degré nécessaire à l'accomplissement régulier de cet acte physiologique.

De l'absence ou de l'établissement de cette première condition visuelle, résultent les deux modifications désignées par les termes *voir* et *regarder*. *Voir* n'est, à proprement parler, que recueillir les impressions de la lumière, sans préparation organique, sans intention du principe immatériel, et dès-lors sans résultat bien fructueux pour l'intelligence. *Regarder*, exprime au contraire la direction de l'appareil ophthalmique vers l'objet lumineux, avec érection volontaire, attention déterminée, consécutivement perception nette et précise des qualités visibles du corps qui devient le but essentiel de cette investigation. Dans le premier cas, la vision est en quelque sorte passive ; elle devient active dans le second. On voit sans regarder par défaut d'attention et d'érection volontaire ; on regarde sans voir par absence du modificateur lumineux, ou par altération organique susceptible d'entraîner la cécité. Pour se former une idée plus positive encore de la distinction que nous venons d'établir, il suffit d'examiner un sujet dont la vision devient instantanément active, de passive qu'elle était d'abord. Tant que ce dernier état persiste, l'œil est immobile, sans expression, ou, se portant vaguement sur les objets circonvoisins, les aperçoit assez pour éviter leur choc et leur opposition, mais ne les distingue pas suffisamment pour obtenir la conscience raisonnée de leur présence et de leurs qualités particulières. Telle est précisément la condition de l'homme distrait ou préoccupé d'une idée dominante. Si vous excitez fortement son attention, si vous rendez sa vision active, son œil paraît s'animer en se portant vers l'objet de cet appel, jusqu'ici ne voyant qu'un autre homme, il vous regarde, apprécie vos traits, vous reconnaît, aussitôt ses yeux et sa physionomie changent complétement d'expression.

La direction intentionnelle, volontaire des appareils ophthalmiques vers les objets leur est imprimée par les contractions régulières des muscles droits. Pour ces deux appareils, les abaisseurs et les élévateurs sont antagonistes ; l'adducteur de l'un et l'abducteur de l'autre sont congénères. Les mouvemens instinctifs développés, soit dans l'intérêt de la conservation organique, soit pour l'expression naturelle des passions, se trouvent confiés aux deux muscles obliques. La précision et l'harmonie de ces actions diverses garantissent les prédispositions normales de la vision. Nous indiquerons ultérieurement les perversions que leurs désordres peuvent entraîner dans l'exercice de cette fonction importante.

2° *Modifications des cônes lumineux dans l'œil.* — Pour bien concevoir l'ensemble de ces phénomènes compliqués, il faut prendre les rayons lumineux à leur départ ; éliminer progressivement tous ceux qui sont absorbés, réfléchis ou décomposés ; suivre dans les milieux transparens du globe oculaire ceux qui les traversent, et parviennent à la rétine de manière à déterminer l'impression visuelle. On saisira facilement ces détails multipliés en se reportant à la planche IV.

Les rayons lumineux partant du corps qui les fournit soit par émission, soit par réflexion, s'avancent en lignes droites et divergentes. Chaque faisceau représente

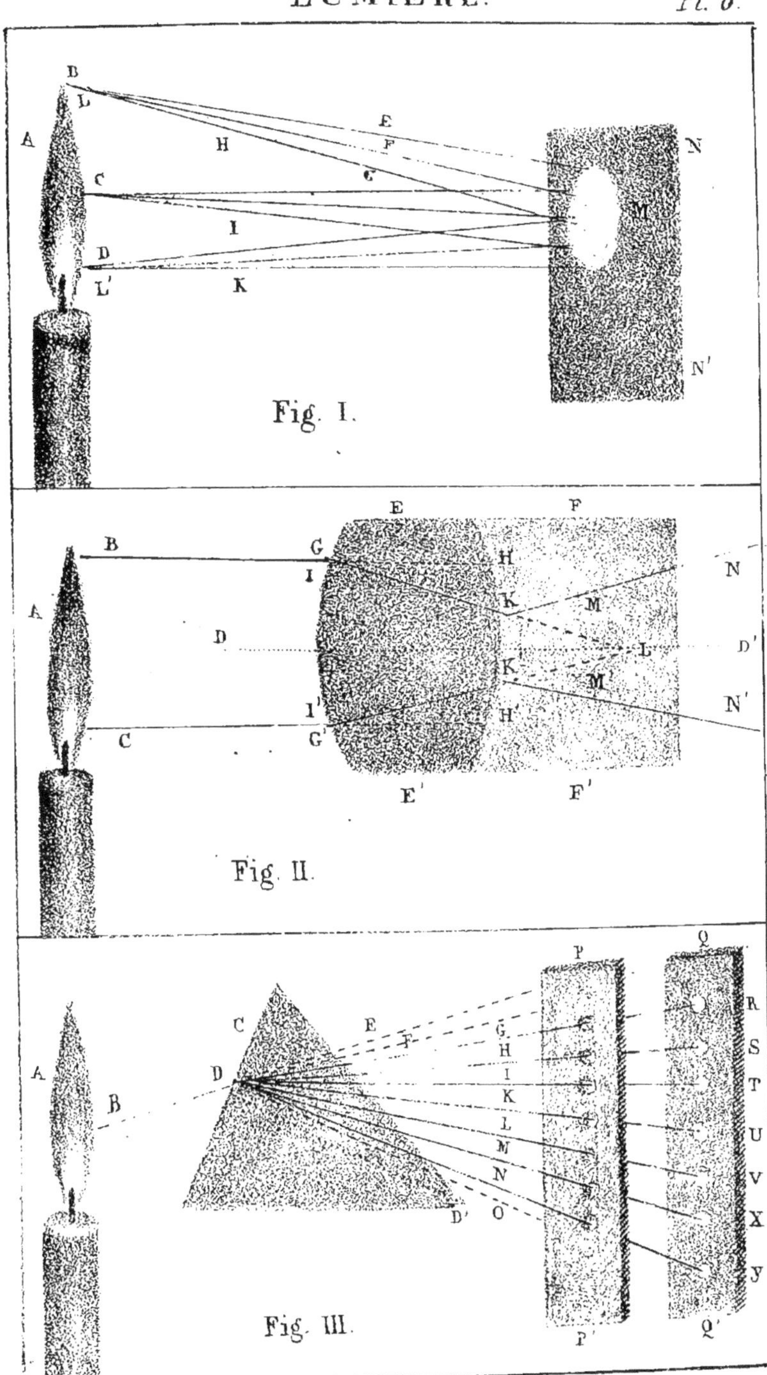
LUMIÈRE.
Pl. 6.
A B L H E F C e N M N'
Fig. I.
E F B G H A I K M N D L D' I' G' H' K' M' N' C E' F'
Fig. II.
P Q C E G R F H S D I T K U L V M X N Y D' O
Fig. III.
P' Q'
Lith. de Duperray del

un cône dont la base est à l'œil. Ces cônes marchent en convergent les uns relativement aux autres ; leur ensemble constitue la pyramide lumineuse dont la base est au corps qui la produit. Les cônes, en se rapprochant, forment *l'angle visuel* qui sert à mesurer le volume et l'éloignement des objets.

Arrivés à l'appareil ophthalmique, les rayons lumineux offrent plusieurs destinations. Les uns frappant les sourcils, les paupières et la sclérotique, sont absorbés ou réfléchis, par conséquent, nuls pour la vision. C'est ainsi que les organes de protection garantissent l'œil contre l'influence nuisible d'une lumière surabondante. Les autres tombent sur la cornée qu'ils traversent en éprouvant une forte réfraction qui les rapproche de la perpendiculaire; cette membrane offrant un milieu dont la sphéricité, la densité, la combustibilité l'emportent sur les mêmes conditions étudiées dans l'air atmosphérique. Plusieurs de ces derniers arrivés à l'iris éprouvent la décomposition en rayons colorifiques dont quelques-uns réfléchis donnent la teinte mélangée de ce diaphragme, en déterminant ainsi la couleur naturelle des yeux. Ces rayons sont encore sans effet relativement à l'impression visuelle. Ceux qui traversent l'ouverture pupillaire, fortement réfractés par la cornée, se rencontreraient avant d'atteindre la rétine, mais parcourant l'humeur aqueuse, milieu moins dense et moins combustible, ils sont éloignés de la perpendiculaire. Alors, trop divergens, ils ne se réuniraient pas convenablement au fond de l'œil. Arrivés au cristallin, milieu dont la sphéricité, la densité, la combustibilité sont beaucoup plus considérables, ils se trouvent énergiquement rapprochés de la perpendiculaire, et bientôt leur intersection deviendrait prématurée ; mais traversant le corps vitré, milieu concave, moins dense, moins combustible, cet excès de réfraction est corrigé de telle sorte qu'ils arrivent sur la rétine précisément dans le point où doit s'effectuer l'impression, et que l'on pourrait nommer *centre visuel.* Tous les rayons trop divergens, et qui viennent toucher les parois intérieures de l'œil sont absorbés par le *pigmentum* de la choroïde, et sans cette précaution remarquable de la nature, pervertiraient sensiblement les résultats de cette fonction.

Toutes les modifications éprouvées dans l'œil par les rayons lumineux employés à la vision, se bornent donc aux réfractions alternatives qui les rapprochent ou les éloignent de la perpendiculaire, pour les réunir, en dernière analyse, précisément au point de la rétine qu'ils doivent exciter. On pourrait croire d'abord que ces réfractions, dont les effets se détruisent mutuellement, deviennent au moins inutiles, et qu'une seule remplirait le même objet avec beaucoup plus de simplicité. Mais si l'on réfléchit à la divergence des cônes lumineux, alors qu'ils touchent l'œil, à la force de la réfraction indispensable pour les rendre assez convergens, on sentira que la décomposition du rayon lumineux en rayons colorifiques est indispensable, qu'il surviendra dès-lors aberration de réfrangibilité, irisation, et qu'il fallait, par conséquent, trouver un moyen de prévenir cet inconvénient majeur. La nature y parvient en établissant des réfractions opposées qui rassemblent incessamment les rayons colorifiques toujours prêts à se dissocier. C'est à ce phénomène essentiel que l'on donne le nom *d'achromatisme.* Les physiciens MM. Wollaston, Brewster et Chaussat, plus particulièrement, ont recherché la cause principale de ces résultats. Sans nous arrêter à toutes les spécialités de forme, de densité, de combustibilité qu'ils ont indiquées, nous rapporterons les conditions fondamentales des milieux réfringens comme suffisantes à la solution du problème. Ces conditions sont exprimées dans les rapports suivans relativement à la réfrangibilité : cornée transparente 1,33g; humeur aqueuse, 1,338; cristallin, valeur moyenne, 1,384; corps vitré, 1,33g. Le cristallin offre également des modifications dans ses trois parties superposées. Ainsi, couche extérieure, 1,338 ; couche moyenne, 1,3g5 ; couche centrale, 1,42o. Ces dispositions comparatives sont destinées, conjointement avec l'iris, à s'opposer aux aberrations de sphéricité. C'est évidemment sur ce modèle admirable que les opticiens ont construit les lunettes au moyen desqelles il est possible de prévenir complétement l'irisation ; instrumens connus sous le titre de *lunettes achromatiques.*

D'après ces importantes considérations, il est démontré que les rayons lumineux qui traversent la pupille, sont les seuls à déterminer l'impression visuelle ; que le nombre de ces rayons, et par conséquent l'intensité de cette impression, se trouvent mesurés par les différens degrés d'ampliation ou de resserrement dont l'ouverture centrale de l'iris peut devenir le siége. Déjà nous avons signalé toutes les divergences d'opinion des physiologistes, relativement à la cause particulière de ces mouvemens. Nous avons prouvé que les idées de Janin, de Monro, de Maunoir etc, qui considèrent l'iris comme un sphincter musculeux, ne sont point admissibles ; que celles du plus grand nombre des modernes qui rapportent les modifications de cette membrane aux dispositions des tissus érectiles, sans toutefois admettre avec trop d'exclusion la dilatabilité active de M. Prus, rentrent dans la théorie la plus satisfaisante pour les explications et surtout la plus exactement en rapport avec les faits.

Consécutivement à l'excitation lumineuse, on voit la pupille se resserrer par un épanouissement de l'iris qui reçoit des proportions de sang plus considérables dans sa texture éminemment vasculaire. Il s'agit seulement ici de rechercher si l'influence de cette excitation est directe ou sympathique.

On peut faire, dans l'état normal, plusieurs expériences qui s'accordent pour démontrer la réalité de la seconde, à l'exclusion de la première ; mais aucune assurément ne présente une solution aussi positive que celle dont nous observons actuellement les effets, en présence de plusieurs médecins, de nos élèves, et que les oculistes auront souvent l'occasion de répéter sur les malades confiés à leurs soins. Lebossé, Marie, âgée de 24 ans, de la commune de Neuville, près le Mans, porte à l'œil gauche, depuis trois années révolues, une cataracte dont l'opacité ne permet pas, de ce côté, même la distinction du jour et des ténèbres. En passant de l'obscurité la plus profonde à la plus vive lumière, l'iris conserve une immobilité parfaite ; cependant les rayons lumineux frappent immédiatement cette membrane ; donc l'impression n'est pas directe : fait déjà constaté par Fontana, Caldani etc. En découvrant l'œil cataracté, en ouvrant et fermant d'une manière alternative l'œil droit resté sain, la pupille se resserre et se dilate successivement dans les deux yeux ; donc l'impression est sympathique de celle que les mêmes rayons déterminent positivement sur la rétine. Il était bien essentiel que les mouvemens iridiens se trouvassent ainsi dans la dépendance absolue des excitations de l'appareil sensitif, puisque les dilatations et les resserremens pupillaires doivent mesurer la proportion du modificateur nécessaire à la vision parfaite, et les rapports de cet agent avec l'irritabilité du même appareil. On sent aisément tous les inconvéniens graves attachés à des dispositions contraires. Les belles expériences de M. Flourens, impriment à la réalité de cette opinion le dernier degré d'évidence , puisqu'elles nous démontrent que la section des nerfs optiques , ou seulement l'ablation des tubercules quadrijumeaux détruisent irrévocablement la mobilité de l'iris par l'influence de la lumière ; la pupille reste alors fortement dilatée. L'origine de cette impression sympathique est donc essentiellement présentée par le nerf optique et la rétine. Il reste maintenant à déterminer par quels conducteurs intermédiaires s'établissent incessamment les rapports de la membrane iridienne avec ces organes sensitifs. En négligeant une distinction aussi naturelle, plusieurs auteurs ont jeté la confusion et l'obscurité dans cet objet. D'après quelques-uns , la section de la cinquième paire entraîne également l'immobilité de l'iris , mais avec ce caractère important à noter, que la pupille est resserrée. Mayo prétend au contraire que cette opération n'influence pas l'iris , mais détruit la sensibilité du globe oculaire. Il ajoute que la division de la troisième paire nerveuse paralyse constamment cette membrane. De ce fait nous devons rapprocher l'assertion de M. Desmoulins, qui s'est assuré que, chez l'aigle, tous les nerfs iridiens sont fournis par ce même nerf. M. Luzardi , dans une brochure intéressante publiée sur le point que nous discutons , regarde les filets émanés du système ganglionaire , comme établissant les rapports indiqués. Il nous paraît démontré que ces filets président à la nutrition ; la troisième paire , à la sensibilité relative ; la rétine et le nerf optique , à la sensibilité spéciale , excitée par les rayons lumineux , et devenant l'influence occasionnelle qui dirige les modifications de la pupille. D'après ces considérations sur la nature et les dispositions de l'iris , il est facile de comprendre et d'expliquer les phénomènes de ce diaphragme oculaire.

Une lumière vive traverse les milieux diaphanes de

l'appareil ophthalmique, excite fortement la rétine ; cette influence directe se trouve aussitôt communiquée sympathiquement à l'iris ; le sang afflue dans son tissu, d'après le principe : *Ubi stimulus, ibi fluxus* ; elle s'érige, acquiert une largeur plus considérable, tandis que l'ouverture pupillaire, diminuant dans la même proportion, n'admet les rayons lumineux qu'en nombre suffisant à l'impression visuelle, tous ceux dont la surabondance offusquerait l'œil se trouvant arrêtés par l'opacité de l'iris. Au contraire, lorsque la lumière très-rare n'excite que faiblement la rétine, le diaphragme oculaire dans un état analogue ne reçoit qu'une petite proportion de sang, et se débarrasse dans le système veineux de celui qu'avait appelé d'abord l'érection ; sa largeur diminue, la pupille s'agrandit, et recueille tous les rayons lumineux qu'elle peut embrasser jusqu'au nombre indispensable à la vision.

Il suffit d'observer sur soi-même la marche et l'enchaînement de ces modifications pour acquérir, dans toute son évidence, la preuve que les mouvemens de l'iris ne s'effectuent qu'en vertu des excitations de la rétine. Cet accès et ce retrait du sang ne pouvant s'opérer instantanément, il faut à la pupille un tems encore assez long pour s'accommoder aux proportions de lumière qu'elle doit admettre. Aussi, lorsque nous passons rapidement d'un lieu très-éclairé dans un lieu très-sombre, ou d'un endroit obscur dans un milieu lumineux, la vision est momentanément suspendue ; pour le premier cas, par défaut de lumière, la pupille ne s'étant point encore dilatée convenablement ; pour le second, par excès du modificateur introduit, l'ouverture pupillaire n'étant pas alors dans un resserrement suffisant à l'élimination de la surabondance des rayons visuels. C'est donc seulement après avoir éprouvé, sur la rétine, les inconvéniens du défaut ou de l'excès du lumière , c'est après un intervalle toujours appréciable que nous sommes établis , par les mouvemens de l'iris , en mesure des conditions actuelles de ce modificateur particulier. Des faits aussi positifs décident complétement la question en litige. Ces modifications de la pupille et celles dont l'appareil sensitif est également susceptible, sous l'influence de l'habitude , peuvent donner à certains sujets la faculté de considérer le soleil à l'œil nu ; à d'autres , celle de voir les objets environnans dans la plus profonde obscurité.

Outre l'avantage essentiel d'offrir un véritable *photomètre* pour l'appareil ophthalmique , l'iris présente encore celui d'établir un diaphragme , dont la circonférence opaque , appliquée sur la périphérie du cristallin , s'oppose , de concert avec les dispositions centrales de cette lentille , aux aberrations de sphéricité qui ne manqueraient pas de se manifester , si les densités étaient semblables pour ses trois couches , et si les rayons lumineux pouvaient la traverser dans tous les points.

Après avoir étudié la marche naturelle et simple de la lumière dans l'appareil de perfectionnement , nous devons rechercher par quel mécanisme ce dernier peut concourir à la vision des objets ou volumineux et rapprochés , ou petits et dans un grand éloignement.

Pour les corps très-gros et placés très-près de nous , les cônes lumineux sont très-convergens , et l'angle visuel très-ouvert ; pour les objets inférieurs en volume et plus éloignés , les cônes lumineux sont moins convergens , et l'angle visuel moins ouvert. Dès-lors , si l'œil était irrévocablement établi , relativement à ses conditions réfringentes , approprié, sous ce rapport , à la première disposition des cônes lumineux , il effectuerait leur entrecroisement , dans la seconde , avant le point occupé par la rétine ; convenablement disposé pour la seconde, il ne les rapprocherait plus assez promptement, dans la première. Pour l'une et l'autre circonstances, la vision deviendrait absolument impossible, aussitôt que les conditions de volume ou d'éloignement s'écarteraient du type fondamental, sur lequel cet appareil ophthalmique invariable aurait été constitué. Dès-lors, il est indispensable que l'œil, pour voir des objets différens, par leur dimension ou leur distance, éprouve des modifications relatives à la convergence des cônes lumineux, à l'ouverture de l'angle visuel.

Chaque sujet offre son point visuel particulier, en donnant à la valeur de cette expression toute la rigueur mathématique. Ainsi, les uns lisent à quatre pouces, les autres à deux pieds, d'autres enfin, dans tous les points intermédiaires. Mais ce foyer visuel n'est jamais, comme celui des lentilles, assez précisément déterminé, pour que la vue se trouble et se détruise même au plus faible écartement du lieu positif de sa détermination. Ainsi, dans l'examen d'un objet peu volumineux, la distance communément choisie par la majorité des individus est celle de huit à dix pouces. Or, chacun de ces sujets, en lui supposant les dispositions ophthalmiques ordinaires, peut encore voir le même objet dans les éloignemens intermédiaires de deux pouces à deux pieds, et pour les corps volumineux, à des intervalles beaucoup plus considérables. C'est la cause essentielle de cette importante faculté qu'il s'agit ici d'établir avec exactitude. Nous obtiendrons ce résultat positif en réduisant la question à sa plus grande simplicité.

L'impression visuelle s'effectue par la réunion des cônes lumineux dans un point déterminé de la rétine. Les objets très-grands ou très-près de nous se manifestent par des cônes très-convergens, sous un angle visuel très-ouvert ; les corps très-petits ou très-éloignés, par des cônes très-peu convergens, et sous un angle très-aigu. L'œil doit par conséquent s'accommoder aux modifications différentes exigées par ces deux conditions de la lumière, afin d'en réunir toujours les cônes plus ou moins convergens dans le siége précis de l'excitation visuelle. Un grand nombre de physiologistes ont admis, pour ces faits, des explications exclusives. Nous croyons pouvoir établir toute la solution du problème sur deux circonstances fondamentales : 1° *Les modifications du globe oculaire*, 2° *celles de la pupille*. Étudions isolément chacune de ces dispositions.

Modifications du globe oculaire. — La plupart des physiologistes physiciens ont exclusivement placé dans les variations des longueurs proportionnelles de l'axe et des diamètres de l'œil toute la cause des phénomènes que nous étudions. Prenant pour type l'instrument de dioptrique nommé *lunette*, ils ont ajouté : « Si l'on veut
» considérer avec cet instrument des objets très-peu
» volumineux ou très-éloignés, on raccourcit d'avantage
» le tube qui porte les lentilles, afin que les cônes
» lumineux, alors peu divergens après leur entrecroise-
» ment, ne se réunissent pas avant d'atteindre le point
» visuel. Au contraire, si l'on examine des corps plus
» gros ou plus rapprochés, on allonge ce même tube,
» afin que les cônes de lumière, alors très-divergens
» après leur décussation, ne touchent pas la rétine avant
» de s'être convenablement rapprochés. C'est encore
» par des modifications semblables que l'on approprie le
» même instrument aux facultés visuelles des différens
» sujets. Or, tout ce qui s'opère ici dans la lunette,
» s'effectue pareillement dans l'œil. On trouve même
» chez les oiseaux, l'action du *peigne* déterminant,
» relativement à la rétine, le rapprochement ou l'éloi-
» gnement du cristallin, en raison des distances plus ou

» moins considérables auxquelles doit s'effectuer la
» vision.

La même disposition n'existant pas chez l'homme, il s'agit d'expliquer par quels moyens la nature obtient, sous ce rapport, des résultats identiques ; d'autant mieux que l'expérience démontre ici la réalité d'une modification physique dans l'organe de réfraction. Ainsi Poterfield, Young, sir Everard Home font observer qu'en regardant par les deux fentes parallèles de l'instrument nommé *optomètre*, une ligne inclinée à l'axe d'une lentille, cet objet paraît double. M. Pravaz obtient le même résultat en voyant une aiguille avec les deux yeux, l'un ou l'autre étant armé d'une loupe de force moyenne.

Les auteurs sont très-divisés dans leurs explications. Plusieurs ont également admis , pour l'homme et la plupart des animaux, les mouvemens partiels du cristallin , toutefois en les attribuant à des causes différentes. Ainsi Kepler assure que les procès ciliaires portent cette lentille en avant ; d'autres, qu'ils en occasionnent la rétraction. Ces derniers paraissent bien plutôt destinés à la maintenir dans la situation verticale, en se prêtant à ses différens mouvemens.

Jacobson prétend que l'humeur aqueuse, en passant par les trous du canal de Petit, éloigne le cristallin du corps vitré ; que le retour de cette humeur dans la chambre postérieure entraîne un mouvement opposé. Hunter, Young pensent qu'il s'effectue des changemens convenables dans la sphéricité du cristallin, sous l'influence d'un mouvement propre à ce corps diaphane. Home , Ramsden, Olbers attribuent les phénomènes que nous étudions à des changemens effectués dans les courbures de la cornée. Young rejette entièrement cette modification. D'autres ont adopté l'allongement et le raccourcissement alternatifs du globe oculaire, en appuyant leurs explications sur des principes opposés. Chéselden attribue cette influence aux muscles obliques ; Boerhaave aux muscles droits qui, d'après ce physiologiste, déterminent l'allongement de l'œil par leur contraction ; Molinetti pense au contraire qu'ils en opèrent le raccourcissement. M. Pravaz admet la réunion de ces trois causes, mais avec plusieurs modifications. 1° Les changemens effectués dans les courbures de la cornée ; 2° l'augmentation et la diminution successives du cristallin par les différens degrés de pression qu'il éprouve ; 3° l'allongement de l'œil par les muscles droits, et son raccourcissement par les muscles obliques. Cette opinion nous paraît la mieux fondée. Ne voyons-nous pas, en effet, les yeux s'enfoncer dans leurs orbites lorsque les mouvemens instinctifs de cet organe l'emportent sur ses mouvemens raisonnés ; dans certaines passions, certaines maladies graves, dans les spasmes du choléra-morbus, par exemple. Quelle que soit au reste l'explication admise, le fait existe. *D'une part*, l'expérience démontre que les dispositions variées du cristallin sont incapables d'effectuer tous les résultats indiqués, mais qu'elles y concourent assez puissamment. En effet, sir Everard Home trouvant sur lui-même le champ de la vision d'un pied à deux pieds et demi, le rencontre en même tems, chez un homme opéré de la cataracte depuis trois ans, seulement de huit à treize pouces. Nous avons plusieurs fois répété des observations analogues. *D'un autre côté*, le sujet presbyte qui regarde avec des verres concaves, le myope, avec des objectifs lenticulaires, celui dont la vision normale s'arrête quelque tems sur des corps très-petits ou très-éloignés, éprouvent bientôt, dans l'appareil moteur oculaire, une fatigue pénible qui démontre positivement l'action soutenue des muscles de cette partie. Si nous ajoutons actuellement que l'on parvient, au moyen de l'habitude volontaire, à créer une *myopie factice*, alors qu'il est impossible d'arriver *artificiellement* à la *presbytie*, l'opinion de Boerhaave et de M. Pravaz, qui rapportent l'allongement de l'œil à la contraction des muscles droits, prendra beaucoup de consistance.

Les modifications que nous venons d'exposer, même en leur accordant toute l'influence dont elles peuvent devenir susceptibles, ne sont pas les seules à consulter dans la solution du problème. Il en est une beaucoup plus importante, et que nous avons signalée dès l'année 1815 dans nos cours publics de physiologie ; nous voulons parler des variations pupillaires dont les conséquences, relatives à cet objet, doivent ici fixer l'attention.

Modifications de la pupille.—Il convenait au système de simplicité, d'harmonie que présente partout la nature, de confier au même organe le soin de mesurer la quantité de la lumière essentielle à la vision, et d'admettre seulement les rayons susceptibles de concourir à l'exercice normal de ce phénomène, consécutivement à des réfractions appropriées. Les variations pupillaires sont d'ailleurs en mesure d'effectuer ces deux résultats, et nous pensons que les dilatations et les resserremens alternatifs de cette ouverture suffiraient à la vision des objets différens par leur éloignement et par leur volume. En conséquence, nous reconnaissons dans l'iris, non seulement un *photomètre*, mais encore le *régulateur principal* des changemens exigés par les mutations infinies du point visuel.

Des expériences positives démontrent la réalité de cette influence iridienne. Ainsi, Williams Wels, ayant versé du suc de belladone entre les paupières des docteurs Cutting et Patrick, s'apperçut que, chez eux, le champ de la vision distincte se trouvait diminué de moitié, la pupille conservant alors un état d'immobilité parfaite. Nous avons plusieurs fois, sur nous-même, avec des effets plus remarquables, constaté la réalité de cette observation. La théorie ne laissant dès-lors aucun doute, il suffira désormais d'en indiquer les principales applications.

Les rayons lumineux qui nous viennent d'un corps très-petit ou très-éloigné, sont peu divergens, surtout en n'embrassant que les plus voisins de l'axe général de la pyramide commune; ces derniers se trouveraient dès-lors trop promptement réunis pour la vision distincte ; c'est alors que la pupille se dilate pour admettre ceux dont la divergence est plus considérable, et qui se rapprochent au point visuel, par la réfraction naturelle des milieux transparents du globe oculaire. Dans cette circonstance, la lumière étant ordinairement assez rare exige, d'après les raisons que nous avons indiquées, une ampliation pupillaire semblable.

Lors au contraire que les rayons émanent d'un objet très-voisin ou très-volumineux, ils sont fortement divergens, surtout en les comprenant à quelque distance de l'axe commun, et ne se trouveraient pas rassemblés sur la rétine. L'iris, dans ce cas, diminue son ouverture centrale, et ne laisse pénétrer que ceux qui peuvent être suffisamment réfractés et réunis au point sensitif. Dans cette occasion la lumière est presque toujours surabondante, et par cette raison la pupille doit encore offrir une diminution relative plus ou moins prononcée. Rencontrant les variations pupillaires en harmonie, d'une part, dans la vision des objets éclairés, volumineux, rapprochés; de l'autre, dans l'examen des corps faiblement lumineux, petits, éloignés, il nous est impossible de ne pas admirer cette fécondité de la nature, qui sait partout réduire le nombre des causes, pour multiplier celui des effets. Nous sommes dès-lors fondés à considérer les mouvemens de l'iris comme l'une des modifications essentielles à la vision, sous le triple rapport de *l'intensité lumineuse*, du *volume* et de *l'éloignement* des objets.

Impression visuelle convertie en perception. — Arrivés à la rétine, les rayons lumineux y déterminent une excitation particulière, et dont l'économie vivante n'offre pas même d'analogue. Cette excitation est *l'impression visuelle.*

Plusieurs conditions sont indispensables à l'accomplissement normal de ce phénomène. Ainsi, relativement : 1° *A l'objet.* — L'image doit être assez étendue, assez nette, assez éclairée. 2° *A l'appareil de perfectionnement.* — Les milieux réfringens, d'une diaphanéité parfaite, doivent agir de manière à déterminer le rapprochement des rayons lumineux, sans irisation, dans le point où s'opère l'action physiologique. M. Magendie, retranchant avec gradation ces différens milieux, a remarqué les anomalies suivantes : Ablation *de la cornée*; image de grandeur naturelle seulement un peu moins éclairée; *de l'humeur aqueuse*, image plus grande; *du cristallin* exclusivement, image quadruple, mal éclairée, mal déterminée; en laissant *la capsule cristalline* et *le corps vitré*, pourtout moyen de réfraction, les rayons lumineux arrivent au fond de l'œil, sans dessiner aucune image. 3° *A l'appareil sensitif.* — La rétine, le nerf optique, les tubercules quadrijumeaux doivent présenter une intégrité parfaite pour assurer l'impression, et les lobes cérébraux offrir leurs dispositions normales pour garantir la sensation visuelle.

Plusieurs physiologistes se servant d'un œil d'Albinos, comme d'une lunette achromatique, et voyant, par derrière, l'objet très-petit et renversé, conclurent de cette expérience à la formation, sur la rétine, d'une image en miniature, dessinée dans cette position illusoire. Il est évident qu'il n'existe ici aucun rapport entre le pricipe et l'induction ; que l'on ne doit pas confondre l'œil voyant un corps, et l'œil servant d'intermédiaire à cette vision effectuée par le concours d'un autre œil. Il ne s'agit point en effet, pour la rétine, d'une figure imprimée sur cette membrane, encore moins de l'intuition de ce petit fantôme ; il existe seulement excitation visuelle déterminée par les rayons lumineux, à l'occasion de l'objet qui les envoie. Cette excitation est transmise à l'encéphale par le nerf optique, appréciée, perçue, jugée par le principe immatériel, sous l'influence du cerveau ; c'est alors seulement qu'elle prend les caractères d'une véritable sensation particulière, et qu'il est permis de la désigner par le titre de *vision*.

Dans l'hypothèse d'une image physiquement esquissée vers le fond du globe oculaire, il est impossible d'expliquer comment nous apercevons des objets qui n'existent pas réellement devant nous ; comment s'éveille une sensation visuelle sous l'influence du galvanisme dirigé sur le nerf optique ; etc. En rattachant au contraire ce phénomène aux impressions physiologiques, dont on n'aurait jamais dû le séparer, la théorie s'accorde avec les faits, et rend un compte positif de tous les résultats de l'expérience.

Pour donner à l'histoire de la vision l'exactitude et l'importance qu'elle exige, trois questions essentielles doivent être résolues, nous les comprendrons sous les titres suivans : 1° *Existence de plusieurs points visuels.* 2° *Apparition des objets dans leur situation réelle.* 3° *Vision simple même avec deux yeux.* Examinons séparément chacun de ces points fondamentaux.

Existence de plusieurs points visuels. — Quelques

physiologistes ont prétendu que la rétine offre *un point visuel*, déterminé, de manière que les rayons lumineux viennent toujours s'y rassembler pour effectuer l'impression objective, qui, d'après ces auteurs, ne s'effectuerait pas dans les autres parties. Soemmering établit ce lieu d'élection dans la tache qu'il a fait remarquer sur la rétine; d'autres, dans l'espèce de tubercule que présente le nerf optique à sa terminaison oculaire; etc. Cette hypothèse nous paraît en contradiction avec tous les faits et tous les raisonnemens. Ainsi la rétine.essentiellement constituée par un épanouissement nerveux, douée d'une sensibilité spéciale, appropriée à l'influence de la lumière, doit être susceptible d'en recevoir l'impression dans.toute son étendue. Circonscrire dès-lors cette faculté dans un siége très-borné, serait aussi peu rationnel que d'admettre, avec la même rigueur mathématique, un point olfactif sur la pituitaire, gustatif sur la muqueuse linguale. On n'objectera pas sans doute que les rayons lumineux, éprouvant des réfractions identiques, sont obligés de se rendre constamment vers un lieu déterminé, puisque nous savons très-positivement que l'œil peut varier à l'infini ses directions, échapper ainsi, dans tous les instans, à cette uniformité pour le moins imaginaire. Sous l'influence du strabisme, par exemple, lors surtout qu'il est invétéré, la vision s'opère des deux côtés; cependant, il est physiquement démontré que la lumière ne vient plus frapper les parties analogues sur chacune des rétines. Dans les mouvemens latéraux et naturels des globes oculaires, où l'abduction de l'un correspond à l'adduction de l'autre, il est certain que les rayons lumineux doivent se réunir sur des points opposés de l'appareil sensitif. Ainsi l'admission d'un centre visuel absolu nous semble en opposition avec les données fournies par l'anatomie, la physique et la physiologie.

Vision des objets dans leur situation naturelle—Avant leur pénétration dans l'œil, réunis pour former l'angle visuel, tous les cônes lumineux éprouvent une décussation, de telle sorte que ceux qui viennent de la partie supérieure de l'objet touchent la rétine vers le point inférieur du foyer sensitif, et ceux qu'envoie la partie inférieure, vers le point supérieur. Dès-lors, si l'image du corps se trouvait dessinée d'après ces dispositions, elle paraîtrait dans un renversement complet. Si l'on pouvait douter encore de la réalité des principes que nous indiquons, il suffirait, pour s'en convaincre, de répéter les expériences propres à ce genre d'investigation. Descartes ayant adapté, au trou d'une porte, un œil de bœuf dont la sclérotique se trouvait enlevée postérieurement, en regardant par ce dernier point, vit tous les objets renversés. M. Magendie faisant usage, dans le même but, des yeux de lapins albinos, obtint des résultats identiques. La question se réduit, par conséquent, à déterminer sous quelle influence nous voyons ces objets droits, bien qu'ils éprouvent une inversion réelle au fond du globe oculaire ?

Les physiologistes et surtout les philosophes ont longuement discuté pour effectuer la solution de ce problème. Des théories imaginaires, sur ce point, comme sur beaucoup d'autres, ont constamment éloigné de la voie naturelle qui seule pouvait conduire à la vérité. Buffon, Lecat prétendent : « que l'œil voit d'abord les » corps entièrement renversés, mais que l'âme avertie » par l'exercice du toucher s'habitue consécutivement à » dissiper cette erreur. » D'après Berkley : « nous jugeons » la position des autres objets relativement à la nôtre. » Dans le principe, nous apercevons notre image à » l'état de renversement. En raisonnant cette illusion, » nous la rectifions pour notre corps, et, par une

» conséquence nécessaire , pour tous ceux qui nous
« environnent. »

Il est plus qu'inutile de s'arrêter sérieusement à la
réfutation de ces hypothèses qu'une simple réflexion
détruit complétement. D'après les opinions qu'elles
cherchent à consacrer, notre jugement ne pourrait jamais nous permettre de voir un homme, par exemple ,
reposant verticalement sur la tête, ou marchant avec
les mains, surtout alors que son image existerait parfaitement droite au fond de l'œil. Cependant, lorsqu'un
bateleur prend ces attitudes pénibles et contraires aux
dispositions communes, ce n'est point sur ses pieds,
mais bien réellement dans cette position renversée que
nous l'apercevons. Les inductions de ce fait positif sont
assez concluantes.

Plusieurs physiologistes modernes ont combattu ces
explications fautives, mais sans y substituer des idées
beaucoup plus satisfaisantes ; nous avons, dans nos cours
publics , depuis assez long-tems, réparé cette omission
grave.

D'abord nous ne pensons pas , comme déjà nous l'avons
dit en motivant notre assertion, que l'image des corps
soit dessinée sur la rétine, et que cette esquisse en
miniature devienne le point objectif dans la vision naturelle ; nous croyons positivement que cette impression
vitale est déterminée sur l'appareil sensitif par les
rayons lumineux, comme celle de l'audition, de l'olfaction, de la gustation, par les sons, sur le nerf acoustique,
par les odeurs, sur la pituitaire , par les saveurs, sur la
muqueuse linguale. Cette vérité bien établie, l'explication du phénomène devient très-facile , et conviendrait
même dans l'hypothèse d'une image physiquement effectuée vers l'expansion nerveuse.

Il existe un principe incontestable et sur lequel repose

entièrement la solution du problème en litige. *Nous voyons toujours les objets dans la direction des rayons lumineux qu'ils nous fournissent, et l'œil suit, dans cette exploration, la marche régulière de ces derniers.* Or, comme chacun de ces rayons nous représente le point de son émanation, en le suivant, l'impression est rapportée vers la partie de l'objet qui l'occasionne. Ainsi le rayon qui part du point supérieur du corps, et qui frappe le point inférieur de la rétine, parcouru de bas en haut par l'œil, manifeste la présence de ce point dans sa véritable situation. Le rayon qui vient de la partie inférieure de l'objet, et qui porte sur la partie supérieure de la rétine, étant suivi de haut en bas, reproduit cette partie dans la position qu'elle occupe réellement. La même explication convient à tous les rayons intermédiaires, et nous semble résoudre complétement la difficulté.

Vision simple même avec les deux yeux — Lorsque nous considérons un objet, dans notre état naturel, nous le voyons simple, et cependant il est certain que les rayons lumineux, émanés de cet objet, déterminent sur chacune des rétines leur impression isolée ; circonstance qui paraît, au premier aspect, signaler une contradiction positive entre la *duplicité* de l'impression, et l'*unité* de la sensation visuelle. Voulant expliquer ces difficultés, les auteurs ont émis des suppositions erronées et le plus souvent contradictoires. Buffon et les métaphysiciens pensèrent que les objets étaient d'abord vus doubles, mais que l'habitude ou le toucher rectifiaient cette illusion. Chéselden fait remarquer contradictoirement que les aveugles de naissance convenablement opérés voient immédiatement les objets simples. D'autres considèrent les nerfs visuels comme deux cordes homotoniques. Gall soutient que, dans la vision active, un seul œil est mis en rapport avec la lumière. Jurine avait déjà fait observer qu'en l'exerçant par les deux organes elle est plus forte seulement d'un treizième. Comment, dans cette hypothèse, en regardant un corps avec deux verres de coloration différente, obtiendrait-on deux nuances diversifiées ? Comment un objet fixé à quelque distance entre les deux axes ophthalmiques, regardé alternativement avec l'œil droit et l'œil gauche, paraîtra-t-il se déplacer à chaque mutation organique, et se porter dans une ligne transversale du côté de celui qui l'examine actuellement ? Ces faits ne prouvent-ils pas au contraire que chacun des yeux voit isolément cet objet ? Quelques anatomistes admettant la confusion des nerfs optiques dans le point de leur entrecroisement, en ont inféré l'identification des impressions visuelles. Nous avons prouvé que cette confusion n'existe pas, du moins pour toute l'épaisseur des cordons médullaires. D'ailleurs, en la supposant même complète, on sortirait, par cette explication, d'une difficulté pour tomber dans une autre. Il deviendrait en effet impossible de concevoir, avec cette hypothèse, par quel moyen nous voyons les objets doubles, comme on l'observe pour l'altération nommée *diplopie*. Haller, Plempius, Kepler et plusieurs physiologistes modernes disent que les impressions reçues par des points analogues dans un même organe, ou dans plusieurs appareils harmoniques, sont absolument semblables, et dès-lors ne doivent occasionner qu'une sensation en raison de leur identité. Cette explication, lors même qu'elle n'offrirait pas la vérité soutenue par toute l'évidence que l'on pourrait désirer, est au moins la plus positive et la plus rationnelle. Certains faits pathologiques viennent encore lui prêter leur appui. Dans les déviations du cristallin, sous l'influence des contusions, la vue devient double. Cette perversion se

manifeste d'abord pendant les premiers tems d'un strabisme accidentel et subitement effectué. Quelquefois on
la voit alors disparaître avec lenteur et gradation.
N'est-il pas naturel de penser que, dans ces deux circonstances, les rayons lumineux, frappant des points
différents sur la rétine, doivent occasionner deux
impressions disparates, incapables de s'identifier dans
une seule et même sensation ; que l'habitude peut amener
progressivement ce résultat en faisant disparaître l'opposition qui l'avait occassionné ?

On conçoit dès-lors qu'une vision parfaite exige des
yeux en harmonie sous le rapport de la direction des
axes, du pouvoir réfringent des humeurs et de la sensibilité des rétines. Aussi toutes les fois que cet équilibre est détruit, il en résulte constamment une perversion
plus ou moins notable dans le phénomène, quelquefois
la *diplopie* ; nouvelle preuve de la réalité des principes
que nous venons d'établir.

Les expériences du chevalier d'Arcy démontrent assez positivement que l'impression visuelle se conserve
seulement pendant huit tierces dans l'organe sensitif,
de telle sorte qu'un corps, fût-il même plus volumineux
que la terre, s'il parcourait son diamètre dans un tems
moins considérable, en passant transversalement devant
les yeux, ne pourrait être vu d'une manière précise.
Nous en trouvons des exemples dans les boulets et les
projectiles analogues lancés avec assez de force pour
acquérir la vitesse indiquée.

En résumant toutes les considérations principales
relatives à la vision, nous trouvons les faits s'enchaînant dans un ordre facile à déterminer. Les rayons
lumineux émanent de l'objet en divergent, forment des
cônes qui convergent, se croisent pour établir l'angle
visuel, et, par leur ensemble, constituent la pyramide lumi-

neuse. Soumis à des réfractions opposées dans les humeurs de l'œil, ces rayons garantis des *aberrations de sphéricité* par l'iris, par les dispositions du cristallin, sont conduits, *sans aberration de réfrangibilité*, sur la rétine, et rassemblés dans un foyer central pour y déterminer l'impression visuelle. Cette impression physiologique dont il ne faut pas confondre les caractères avec ceux d'une esquisse passagèrement tracée dans l'organe sensitif, est transmise aux tubercules quadrijumeaux par les nerfs optiques, élaborée dans le cerveau sous l'influence du principe immatériel, et convertie en perception.

La vision ne s'effectue pas, comme on l'avait pensé d'abord, suivant la direction des nerfs optiques, mais, d'après la démonstration de Mariotte, en parcourant deux axes parallèles. Déterminée par la lumière, soit à l'état d'intégrité, soit après sa décomposition en rayons colorifiques, elle fatigue plus ou moins l'œil dont le repos s'établit sur des modifications opposées. Ainsi, lorsque nous avons considéré des points blancs, par exemple, nous voyons pendant quelque tems, une série de points noirs sous la même figure et les mêmes dispositions.

Par cette fonction, nous acquérons la connaissance des corps sous le rapport de la forme, du volume, de l'intensité lumineuse, de la couleur, de l'éloignement, du repos, du mouvement, de la vitesse, de la direction etc. Mais à combien d'illusions ne peut-elle pas nous exposer ? A certaine distance, une tour carrée présente la forme ronde ; les corps les plus volumineux, séparés de nous par un grand intervalle, se réduisent aux dimensions les moins considérables. Tel objet nous semble plus éclairé qu'un autre, par cela seul qu'il est plus rapproché de nous. La couleur jaune, vue sous l'influence d'une lumière artificielle, nous paraît blanche. Un corps

s'éloigne d'une manière fictive en diminuant son étendue, son intensité d'expression. Un objet se montre
immobile, même pendant le mouvement le plus rapide,
alors qu'il se trouve si reculé dans l'immensité que les
intervalles parcourus deviennent des points. inapprécia-
bles au milieu de l'espace. Un autre se déplace en apparence, bien qu'il soit en repos, comme nous le voyons
pour le soleil relativement à la terre ; pour les arbres
qui bordent le rivage qu'un léger esquif parcourt avec
agilité. Deux coursiers décrivant chacun un cercle dont
nous occupons le centre, de manière à se maintenir
sur le même rayon, nous semblent mus avec une égale
vitesse, et cependant celle du plus éloigné peut être
deux, trois et quatre fois plus considérable que celle
de l'autre. Il est souvent assez difficile d'apprécier exactement les directions réelles ; ainsi le plan parfaitement
horizontal paraît, à son extrémité la plus reculée,
s'élever lorsque notre œil est au-dessus, et s'abaisser
lorsqu'il est au-dessous etc. C'est par le concours des
autres sens, du toucher plus spécialement, c'est avec le
tems et l'habitude que nous parvenons à dissiper le plus
grand nombre de ces illusions. L'aveugle de Chéselden
s'imagina d'abord que tous les corps apparens étaient
appliqués à son œil ; il eut besoin de cette éducation
pour juger les distances.

§. VI. Influence de l'habitude.—Comme toutes les
fonctions du même ordre, la vision se perfectionne avec
le tems et l'exercice. Il ne s'agit point ici des modifications imprimées aux rayons lumineux par les humeurs
de l'appareil ophthalmique ; ces modifications, réglant
positivement les conditions visuelles, ne pouvaient
s'accommoder aux dispositions rudimentaires que nous
indiquons. Aussi trouvons-nous le globe oculaire déjà
développé, chez l'enfant, avec cette régularité qui ga-

rantit les réfractions normales de la lumière. Nous avons dès-lors à considérer, sous ce rapport, d'une manière à peu près exclusive, la perception spéciale et ses résultats intellectuels.

Les illusions les plus variées et les plus nombreuses paraissent alors condamner le jeune sujet à des erreurs multipliées que l'éducation peut seule dissiper ou du moins affaiblir ; car nous en conservons les vestiges et les prédispositions pendant toute la vie. C'est précisément sur la faculté de les reproduire que se trouvent établis quelques-uns de nos arts les plus remarquables ; notamment le dessin et la peinture. Combien ces déceptions visuelles ne sont-elles pas augmentées par nos instrumens d'optique, de dioptrique et de catoptrique destinés à produire tant d'effets merveilleux, à créer, pour ainsi dire, une vision supplémentaire. A quels résultats merveilleux, pour le vulgaire, ne pouvons-nous pas arriver au moyen du télescope, du microscope, du polémoscope, des lunettes marines, achromatiques, des lanternes magiques, des chambres obscures, des phantasmagories etc. Lorsque nous exerçons nos yeux au moyen de ces instrumens, et que les explications de leur mécanisme nous deviennent familières, tout le charme disparaît, et se trouve bientôt remplacé par des notions positives. Ainsi le télescope de Levaillant auquel un Namaquois attribuait la vertu surnaturelle de rapprocher véritablement son kraal, devient, pour l'homme versé dans la dioptrique, un réfracteur capable d'augmenter l'angle visuel, par conséquent la grandeur naturelle de l'objet en diminuant fictivement la distance qui le sépare de l'observateur. Les mêmes considérations sont applicables aux illusions visuelles, alors même que le phénomène s'exerce à l'œil nu.

L'enfant qui vient de naître paraît d'abord insensible

à l'influence de la lumière, du moins comme agent d'une impression particulière ; ce n'est ordinairement que du huitième au dixième jour que la vision commence à s'exercer. Elle semble alors en quelque sorte passive. Ce n'est point l'œil qui va chercher le rayon lumineux , c'est au contraire ce dernier qui vient frapper l'appareil ophthalmique. Celui-ci reste fixe et comme étonné d'une agression insolite. L'habitude et l'éducation appliquent par degrés le phénomène que nous étudions à la connaissance des corps extérieurs. Le désir de les apprécier éveille la curiosité. Cette impulsion instinctive porte l'œil vers les corps environnans ; la vision devient alors active, et se perfectionne avec lenteur, en s'affranchissant, dans la mesure de son développement , des nombreuses déceptions dont elle se trouvait d'abord entourée. Cette éducation oculaire produit alors un résultat commun à celle des autres sens : la vivacité de l'impression s'affaiblit , et les effets intellectuels qu'elle occasionne se rectifient.

§. VII Sympathies. — L'un des plus essentiels aux fonctions de relation, le sens de la vue présente encore, après ceux du goût et de l'odorat, le moyen explorateur le plus directement lié aux fonctions nutritives et vitales ; dispositions qui nous expliquent tous les rapports sympathiques dont il devient habituellement l'objet.

Le premier, le plus remarquable est celui qui se manifeste naturellement entre les deux organes visuels. Il suffit en effet de soumettre l'un des yeux aux alternatives de la lumière et de l'obscurité , pour occasionner, dans l'autre , le rétrécissement ou la dilatation pupillaires. On connaît généralement la synergie que présentent ces appareils dans leurs mouvemens variés, et la facilité des communications inflammatoires , démontrant leurs connexions intimes non seulement dans l'état physiologique, mais encore dans les dispositions anormales.

Quels rapports semblables ne rencontrons-nous pas entre la vision et la locomotion volontaire dont elle guide et modifie presque tous les mouvemens. Il suffit, pour les apprécier dans leurs conséquences variées, d'observer avec quelle promptitude la vue de certains objets glace de terreur les sujets pusillanimes en les frappant d'immobilité. C'est ainsi que la présence du serpent redoutable paralyse toutes les facultés motrices de l'oiseau timide qui devient ainsi la proie d'un ennemi dont il eût aisément évité les atteintes en conservant la supériorité des moyens qu'il présente naturellement pour la fuite.

La circulation, l'innervation, la digestion etc. participent également à ces influences positives. L'aspect d'un corps antipathique suffit bien souvent pour entraîner la syncope, les convulsions, les vomissemens etc. Ainsi nous trouvons partout l'appareil visuel sympathiquement enchaîné dans l'organisme, d'une manière d'autant plus étroite avec les autres, que ses fonctions sont plus essentiellement liées aux phénomènes départis à ces derniers.

§. VIII. ALTÉRATIONS. — La vision s'effectuant au moyen d'un appareil très-compliqué, formé par des organes essentiellement différens, doit offrir des altérations nombreuses, diversifiées. Pour les énumérer avec ordre, nous suivrons la division des trois appareils que nous avons déjà signalés.

Dans l'appareil protecteur, — l'absence des sourcils, des cils plus particulièrement, rend la vision pénible. La perte des paupières en ferait un véritable supplice dont les raffinemens de la cruauté n'ont fourni qu'un seul exemple, celui de l'infortuné Régulus. La paralysie du releveur de ces voiles membraneux apporte un obstacle continuel à l'exercice de cette même fonction. L'oblitération des points lacrymaux, du canal nasal déterminent l'épiphora, la tumeur, la fistule lacrymales avec des altérations visuelles plus ou moins prononcées.

Dans l'appareil de perfectionnement.—Les influences capables de diminuer, de pervertir, de détruire la transparence des milieux oculaires, d'affaiblir ou d'augmenter avec excès leurs facultés réfringentes, produisent des modifications anormales dans ces phénomènes importans. Ainsi, les nuages de la cornée rendent la vision moins nette. Les corpuscules en suspension dans l'humeur aqueuse laissent apercevoir des images variées et représentant des points noirs, des araignées, des mouches, des stries etc., perversion assez commune et que maître Jean désignait par le terme *d'imaginations*, en les attribuant à des illusions sensitives auxquelles on peut en effet les rattacher pour certains sujets. L'opacité des milieux réfringens détermine la cécité plus ou moins complète sous diverses dénominations, suivant le siége particulier de cette opacité : à la cornée, *staphylôme* ; au cristallin, *cataracte* ; au corps vitré, *glaucôme* etc. La persistance de la membrane pupillaire occasionne encore le même résultat. L'aveugle de Chéselden en fournit un exemple.

La sphéricité trop considérable de la cornée, du cristallin, du corps vitré ; la surabondance marquée, la densité portée jusqu'à l'excès dans ces parties diaphanes, déterminent l'altération connue sous le titre de *myopie*. La réfraction des rayons lumineux étant alors exagérée, les sujets, ainsi disposés, ont besoin de recevoir ces rayons très-divergens ; ils ne peuvent dans ce cas bien distinguer que les objets volumineux ou rapprochés, circonstance qui fait encore désigner cette perversion par le terme de *vue courte*. On y remédie facilement en plaçant devant l'œil un verre concave dont l'effet réfractif est d'augmenter la divergence de ces mêmes rayons dans une proportion relative à celle de l'altération indiquée, ce qui constitue les différens degrés de ces lunettes. En général, cette perversion est moins grave que celle de l'état opposé, lors surtout qu'on la voit particulièrement occasionnée par la densité, l'excès des humeurs oculaires. En effet ces milieux perdant, avec les progrès de l'âge, leur surabondance et leur compacité primitives, reviennent aux conditions normales. C'est ainsi que l'on observe des sujets dont la vision est parfaite à soixante ans, après avoir offert, à vingt, les caractères positifs de la myopie. Lorsque cette perversion dépend, d'une manière plus spéciale, de l'extrême convexité de la cornée, les modifications favorables que nous venons d'indiquer ne se manifestent plus. On peut développer la myopie d'une manière artificielle sous l'influence de l'habitude : c'est un des moyens employés pour obtenir l'exemption du service militaire.

La forme aplatie de l'œil, la petite proportion de ses humeurs, leur ténuité, diminuent d'une manière plus ou moins prononcée l'action réfractive de cet organe. Dès-lors tous les cônes lumineux trop divergens ne sont plus réunis au point visuel. Cette altération est désignée sous le titre de *presbytie*. On la nomme encore *vue longue*, d'après l'aptitude que présente le sujet à distinguer les corps séparés de lui par un grand intervalle. Aussi les individus qui se trouvent ainsi constitués, voulant examiner un objet à l'œil nu, prennent-ils constamment la précaution de l'éloigner dans la mesure de cette anomalie physique. Très-commune chez les vieillards, elle y devient la conséquence des changemens ordinairement alors éprouvés dans la combustibilité, la proportion, la densité des milieux oculaires. D'après les observations de M. Pravaz, l'affaiblissement des muscles de cet appareil, dont l'allongement n'est plus suffisamment effectué, la diminution du corps vitré, le rapprochement consécutif du cristallin vers la rétine concourent puissamment au développement de cette perversion visuelle, d'autant plus grave qu'elle affecte des sujets plus jeunes, puisqu'elle doit nécessairement augmenter par les progrès de l'âge. On en détruit les effets en secondant l'œil par une lentille chargée de lui présenter les cônes lumineux moins divergens. Il faut en graduer la sphéricité suivant les caractères de cette altération ; ce qui constitue les différens numéros des lunettes convexes. Après l'opération de la cataracte, le sujet se trouve presbyte artificiellement, et réclame des lentilles souvent très-fortes pour exercer le sens qu'il a recouvré.

L'iris présente aussi des altérations variées. Ainsi les adhérences de cette membrane au cristallin, à la cornée rendent ses mouvemens imparfaits ou même impossibles. Sa trop grande irritabilité produit le resserrement habituel, quelquefois l'occlusion de son ouverture sous les noms de *coarctation*, *de synézizis*, *de phthisis pupillæ*. La diminution de cette faculté, sa destruction entraînent les différens degrés d'ampliation et d'immobilité pupillaires, désignés par le terme de *mydriasis*. Dans toutes ces modifications anormales qui peuvent également se rattacher, comme nous le verrons, à des altérations de la rétine, l'œil devient incapable de s'accommoder avantageusement aux différentes conditions visuelles des objets petits ou volumineux, rapprochés ou très-éloignés ; circonstance qui démontre encore la réalité des principes que nous avons émis relativement à cette partie des fonctions de l'iris. Les muscles chargés d'effectuer les mouvemens du globe oculaire peuvent se trouver affectés de spasmes, de convulsions, de paralysies, d'où résultent plusieurs imperfections particulières à la vision active. La plus fréquente est celle que produit le défaut d'harmonie des muscles congénères, et que l'on nomme *strabisme*. Elle détermine souvent la *diplopie* dans les premiers tems de sa manifestation. Nous en avons récemment observé plusieurs exemples.

Relativement à l'appareil sensitif, — nous trouvons les quatre variétés pathologiques. 1° *Augmentation.*— La sensibilité spéciale de la rétine, du nerf optique ou des tubercules quadrijumeaux peut offrir différens degrés d'exaltation extranormale, dont l'ensemble constitue ce que les auteurs appellent *nyctalopie*, vision nocturne. Pendant le jour, la lumière trop abondante offusque l'œil, et le sujet ne peut distinguer les objets que dans l'obscurité. C'est à ce genre d'altération que plusieurs médecins ont donné le nom d'*ophthalmie sèche*. Haller prétend avoir observé des individus qui, dans cette circonstance, apercevaient les corps au milieu des ténèbres les plus profondes pour ceux qui n'offraient pas une semblable disposition. C'est dans cette maladie, plus fréquente chez les jeunes sujets, qu'il faut employer les verres plans, à teinte verte, qui seuls méritent le nom de conserves improprement accordé, par le vulgaire, aux verres incolores. 2° *Diminution.* — Elle peut consister dans un affaiblissement plus ou moins considérable de la sensibilité visuelle ou dans l'impossibilité d'apercevoir toute l'étendue des objets. Sous le premier rapport, l'altération prend le titre d'*éméralopie*, vision diurne. Elle affecte particulièrement les vieillards, les convalescens des maladies longues. Pendant la nuit, les rayons lumineux se trouvent insuffisans pour exciter la rétine, et le sujet est frappé de cécité dans un milieu qui permet encore à l'œil normal d'apprécier les corps environnans. Sous le second rapport, on la désigne par le terme d'*hémiopie*, vision de la moitié d'un objet. Cette altération est constatée par l'expérience d'un assez grand nombre d'observateurs. M. Wollaston connaissait un sujet qui la présentait pendant quinze ou vingt minutes sous l'influence d'une indigestion gastrique. Richter, Vater citent plusieurs faits analogues. M. Demours nous apprend que la marquise de Pompadour éprouva cette maladie sous l'influence d'un refroidissement. Klauhold dit qu'un ecclésiastique en fut pris pendant qu'il considérait une éclipse de soleil. On en cite encore des exemples fréquens après les contusions ophthalmiques, pendant l'ivresse, le narcotisme, les congestions cérébrales qui précèdent la mort etc. M. Wollaston explique ce phénomène pathologique au moyen de la décussation partielle des nerfs optiques, permettant à la moitié de ces derniers d'éprouver une compression isolée, par conséquent une paralysie durable ou temporaire, seulement pour les dépendances des points comprimés, dans un épanchement encéphalique par exemple. Cette hypothèse exige encore des observations et des expériences pour être définitivement admise.

3° *Perversion.* — Elle consiste dans l'altération de la sensibilité spéciale des parties indiquées ; altération qui porte alors sur la nature même de cette propriété. Dans la circonstance que nous indiquons, on observe un grand nombre d'anomalies visuelles. Tantôt le sujet aperçoit les objets doubles avec un seul œil, d'où résulte la véritable *dyplopie* ; tantôt il voit des corps qui n'existent pas actuellement devant lui, des fantômes prenant les formes les plus bizarres et les plus variées. On donne à cette maladie les noms de *berlue*, *d'imaginations* etc.

4° *Extinction.* — Elle est caractérisée par l'entière

abolition de la sensibilité spéciale de la rétine, du nerf optique ou des tubercules quadrijumeaux, avec impossibilité d'apprécier désormais les qualités de la lumière, d'où résulte un nouveau genre de cécité que l'on désigne par les termes particuliers d'*amaurose*, de *goutte sereine*. Lors qu'il n'existe que suspension de cette même propriété, la vision est révocable ; dans l'extinction, elle est détruite sans retour.

Après avoir fait l'histoire des fonctions sensitives, nous devons examiner une question de la plus haute importance, et qui devient en quelque sorte le complément de leur étude. *Jusqu'à quel point les sensations peuvent-elles se remplacer ?* Dans la solution de ce problème nous consulterons particulièrement les faits et l'observation.

ACTION SUPPLÉMENTAIRE DES APPAREILS SENSITIFS.

Cet objet important nous semble à peine indiqué dans les auteurs, et cependant il se lie naturellement à l'histoire des actions d'impression.

Pour bien comprendre la solidarité respective des appareils sensitifs, il faut avant tout préciser la valeur des termes. Lorsque nous disons qu'un sens en remplace un autre, nous n'entendons pas qu'il devient susceptible de faire apprécier le modificateur spécial du sens éliminé, dans ses conditions essentielles et normales ; nous voulons seulement faire comprendre qu'il se charge, par l'augmentation de son activité propre, de combler en quelque sorte le déficit qui tend alors à se manifester dans l'ensemble des sensations envisagées sous un même aspect.

En effet, lorsque l'œil est détruit ou paralysé, le sujet reste pour toujous étranger aux excitations visuelles des rayons lumineux. La faculté d'apprécier les sons, les odeurs et les saveurs disparaît avec la sensibilité particulière de l'oreille, de la pituitaire, de la muqueuse linguale. Cette faculté des organes de sensation est si rigoureusement limitée dans les appareils dont les dispositions de forme et de structure coïncident avec la spécialité du modificateur chargé d'en développer les effets, que rien ne peut, soit à l'état normal, soit en conséquence des altérations pathologiques, la faire naître dans une partie de l'organisme étrangère à son établissement originel, à ses manifestations primordiales et naturelles. Ainsi, toutes les théories, tous les systèmes relatifs à la substitution des sens avec les caractères essentiels et les conditions distinctives qui les particularisent, deviennent positivement fautives dans leurs principes en portant sur des fondemens imaginaires et ruineux.

Le nombre des appareils sensitifs est invariablement fixé dans notre économie. Chacun d'eux revêt, à sa première formation, des caractères propres que nulle modification ultérieure ne peut faire partager à d'autres organes. Ainsi le toucher, bien qu'il soit intermédiaire aux sensations communes et spéciales, s'exerce par la main avec une perfection et des résultats variés que ne présenteront jamais les autres parties, même sous l'influence d'une habitude prolongée. Si des considérations analogues sont appropriées à l'odorat, au goût, à l'ouïe, à la vue, nous les trouvons beaucoup plus positives encore, et tous les faits qui s'y rattachent s'unissent pour nous démontrer que, relativement à cette première partie du problème à résoudre, on peut en préciser ainsi la solution définitive: *dans aucune cir-*

constance les actions supplémentaires des sens conservés ne peuvent représenter, avec ses caractères particuliers, l'impression spéciale du sens détruit. Il s'agit, par conséquent, d'établir exactement la nature de ces actions supplémentaires dont nous observons chaque jour les effets, soit dans plusieurs vices de conformation, soit consécutivement aux influences des altérations pathologiques.

Dans la série des organismes, depuis le plus obscur jusqu'au plus éminemment doué de la vitalité, nous trouvons, pour chaque sujet, une proportion de sensibilité mesurée d'après les relations qu'il doit entretenir avec les corps environnans. Chez les êtres rudimentaires, dont les rapports sont uniformes et limités, les sensations bornées à l'impression tactile n'offrent, pour ces rapports, qu'un appareil très-simple, un mode communicatif sans complication et sans variété. Chez les animaux supérieurs, chez l'homme plus spécialement encore, dont le commerce habituel avec l'univers présente à son investigation un grand nombre d'objets différens, la faculté de sentir éprouve des modifications importantes, et les organes doués des spécialités qu'elle peut offrir soint en mesure de répondre aux influences des agens excitateurs les plus opposés.

Il résule naturellement de ces dispositions, dans chacun des individus, une masse de perceptions intellectuelles dont les origines se trouvent ainsi réparties aux divers appareils d'impression.

Si nous supposons actuellement qu'un de ces appareils manque dès le principe, ou qu'il soit paralysé, détruit en conséquence d'une altération morbifique, la part de sensibilité qui devait entrer dans ses attributions n'est pas anéantie, mais seulement deversée, dans une proportion variable, sur chacun des organes sensitifs en

activité, de manière à s'identifier à celle de ces organes
dont elle prend les caractères et les dispositions. Ainsi ,
dans ces éliminations graduées , le nombre des spécialités impressionnelles diminue, le développement général
et commun de la faculté de sentir conserve à peu près
sa mesure primitive. Si l'aveugle est incapable d'apprécier désormais les caractères visuels des rayons lumineux,
la finesse du toucher, de l'ouïe, de l'odorat, du goût,
alors notablement augmentée, semble destinée, dans
chacun de ces moyens explorateurs, à combler incessamment le vide qui tend à s'effectuer. L'homme frappé
de surdité devient pour toujours étranger aux modifications auditives des sons ; mais l'accroissement que,
dans cette circonstance, présentent les facultés gustative,
olfactive et visuelle, est ordinairement en mesure de
prévenir une diminution très-appréciable dans la somme
des perceptions. Les mêmes lois sont applicables à la
destruction du goût, de l'odorat et du toucher.

Au milieu de ce consensus, de cette solidarité réciproque des appareils d'impression, nous trouvons des
rapports plus particuliers, et qui placent tel sens dans la
position de suppléer tel autre avec plus d'avantage et
de facilité. Ainsi, chez le sujet privé de la vue, le toucher, la sensibilité tactile de la face, de la langue etc. ,
servent plus spécialement de moyens destinés, sous le
rapport que nous étudions, à remplacer l'œil dans le
but important d'apprécier la forme, le volume des corps ;
d'imprimer une direction convenable, harmonique, aux
différens actes de la locomotion partielle et générale.
Pour le sourd, la vision s'exerce, comme supplémentaire,
à saisir le jeu de la physionomie, les mouvemens des
lèvres , à deviner en quelque sorte les articulations
sonores par les modifications apparentes qu'elles exigent.
L'homme dépourvu du goût le remplace avec assez

d'avantage par l'odorat, dans l'exploration alimentaire, et *vice versâ*.

En conséquence de ces faits, et d'après ceux qu'il serait possible de présenter encore, nous pouvons réduire la seconde partie du problème à ce principe fondamental : *l'action supplémentaire des sens offre le double résultat de maintenir la somme des perceptions dans une mesure à peu près constante, et de faire encore apprécier certaines conditions de la matière, même après la destruction des appareils plus particulièrement chargés de cet emploi.*

Tels sont les phénomènes physiologiques au moyen desquels notre instinct et notre intelligence puisent au dehors les élémens de leurs modifications spéciales. Nous devons actuellement rechercher par quels moyens admirables et dans quel but avantageux le principe immatériel va s'approprier ces élémens, au moyen des organes qui lui servent d'intermédiaires, pour les transformer, par des gradations progressives, en *perceptions*, *idées*, *raisonnemens* et *jugemens* ; actions dont nous désignons l'ensemble par le terme collectif de *fonctions de combinaison intellectuelle.* Étudions avec le soin qu'elle exige cette partie la plus essentiellement philosophique, puisque nous y renfermerons toute l'histoire de l'homme moral.

ORDRE SECOND.

FONCTIONS DE COMBINAISON INTELLECTUELLE.

Nous comprenons sous cette dénomination les actions physiologiques pendant lesquelles *nos impressions,* sans distinction de leur nature, de leur origine, se trouvent élaborées, par le principe immatériel, au moyen de l'encéphale son auxiliaire et son instrument, pour être ensuite converties en *perceptions*, et devenir ainsi les élémens rudimentaires *des idées, des raisonnemens, des jugemens*, et d'un ensemble de modifications morales désigné par le titre d'*intelligence* à laquelle viennent se rattacher *les passions* et *l'instinct*.

Pour marcher avec assurance dans ces routes souvent difficiles, quelquefois même ténébreuses, nous resterons fidèle à notre méthode, nous procéderons de l'organe à la fonction ; nous distinguerons dans les phénomènes de cet ordre ce qui devient relatif à l'*encéphale*, comme instrument anatomique, et ce qui appartient à l'*âme* comme principe immatériel.

§ I. ÉTYMOLOGIE, DÉFINITION, CARACTÈRES, BUT DES FONCTIONS DE COMBINAISON INTELLECTUELLE.

Ces phénomènes, encore désignés par les termes de *fonctiones intelligentiæ*, fonctions intellectuelles, morales, sens interne, de conscience etc., doivent être définies : *actions du principe immatériel par l'intermédiaire du cerveau, sur les impressions, pour les convertir en perceptions, idées, raisonnemens, jugemens qui deviennent le motif des volitions et de leurs effets dans l'état normal.*

Départies exclusivement aux animaux doués d'un centre nerveux commun à tous leurs actes, ces fonctions sont placées entre les phénomènes d'impression qui les devancent, leur fournissent des élémens ; les phénomènes d'expression qui les suivent, dont elles offrent l'origine et l'occasion.

A peu près étrangères, dans leurs effets, aux fonctions vitales et nutritives, elles deviennent la base essentielle des communications raisonnées, et constituent les fondemens nécessaires de l'existence morale.

Rudimentaires, même chez les animaux supérieurs, accordés seulement à ceux dont le centre médullaire offre des lobes cérébraux, limités à la sphère des besoins physiques d'accroissement, d'entretien et de propagation, les phénomènes de combinaison intellectuelle présentent, pour l'homme, toutes les manifestations de leurs plus beaux développemens. En mesure de remplir avec discernement les exigences des nécessités matérielles, on les voit encore, par la création d'un nouvel ordre de pensées et d'affections, concourir au maintien d'une existence morale qui, par sa nature et son élévation, rentre dans le domaine exclusif de notre espèce.

Chez tous les êtres qui présentent ces fonctions, on les voit préposées à la défense de l'organisme. Tel paraît être leur objet commun. Aussi, dans la série des animaux, la nature les a développées sous une proportion inverse à la résistance vitale des sujets.

Pour étudier ces phénomènes avec toute la précision et la vérité qu'ils exigent, nous devons éviter, d'une part, le *matérialisme*, en les envisageant comme les résultats d'un agent spirituel ; de l'autre *l'animisme* trop exclusif, en les rattachant à la coopération physiologique des organes appropriés. Toujours, en effet, ils nous offrent des modifications *physico-morales*, par cela même qu'ils sont constamment produits sous l'influence mutuelle d'un *être immatériel* agissant comme principe, et d'un *organe corporel* développant son activité comme instrument.

§ II. APPAREIL DES FONCTIONS DE COMBINAISON INTELLECTUELLE.

§ II. APPAREIL DES FONCTIONS DE COMBINAISON INTELLECTUELLE.

Il résulte nécessairement de l'union des deux élémens les plus opposés, la *matière* et *l'esprit*. Nous devons les étudier isolément ; indiquer leurs caractères, leurs facultés et leur enchaînement réciproque.

PARTIE MATÉRIELLE.

Elle se compose du centre médullaire que nous avons décrit avec détail au chapitre de l'innervation, dont nous devons seulement ici reproduire les conditions fondamentales et relatives aux phénomènes de combinaison intellectuelle. Des recherches nouvelles sur cet objet important nous donneront l'avantage de fournir tout ce qu'une première description pouvait encore laisser à désirer.

En comprenant l'ensemble du système nerveux sous un même aspect, en distinguant ses parties essentielles d'après les fonctions qui leur sont plus spécialement confiées dans les phénomènes de relation, nous le réduirons à huit divisions principales : 1° *le cerveau*, 2° *le cervelet*, 3° *les tubercules quadrijumeaux*, 4° *la moelle allongée*, 5° *la moelle vertébrale*, 6° *les nerfs encéphalo-rachidiens*, 7° *les ganglions*, 8° *les nerfs ganglionaires*. Établissons d'abord les conditions physiologiques, les usages propres à ces différentes parties, nous examinerons ultérieurement leurs mutuelles connexions.

L'importance des organes encéphaliques , disons même leur nécessité absolue dans l'exercice des phénomènes de relation, deviennent une idée générale qui domine cet admirable ensemble, et constitue sa vérité la plus essentielle.

Quelle valeur accorderons-nous dès-lors à certains faits rapportés par des observateurs anciens? Whyt prétend qu'une cuisse de grenouille, séparée de l'animal, évitait, avec une sorte d'instinct, l'instrument qui la piquait. Un bras amputé récemment aurait effectué des mouvemens analogues. Perrault dit qu'une vipère gagna sa retraite, même après avoir été décapitée. Hérodien nous apprend que l'empereur Commode prenait un grand plaisir à décoller des autruches pendant leur course, et que ces animaux la continuaient encore assez long-tems après cette cruelle opération. Boerhaave parle d'un coq décapité de cette manière et qui parcourut un espace de vingt-trois pieds. Quelques auteurs ont assuré que des têtes humaines séparées de leur tronc par la hache du licteur, avaient, dans la prosopose la plus énergique, témoigné le mépris et l'indignation. Ces faits et tous leurs analogues expliqués naturellement par l'irritation de la moelle, des nerfs mis à découvert, par les impulsions déjà communiquées avant la mutilation qui détruit les conditions normales, indiquent assez des mouvemens sans but, sans motif raisonné. Dès-lors, en les admettant, même comme bien positifs, loin d'affaiblir la réalité du principe fondamental que nous venons d'établir, ils serviraient à la confirmer. Aujourd'hui l'anatomie, la physiologie, les vivisections et la pathologie concourent puissamment à débrouiller ce cahos; les observations et les expériences d'un grand nombre d'investigateurs habiles, notamment de Saucerotte, Lorry, Willis, Bellingeri, Sœmmering, Morgagni, Camper, Vicq-d'Azyr, Haller, Ebell, Daubenton, Buffon, Legallois, Béclard, Gall etc.; de MM. Spurzheim,

Arnold, Tiedemann, Rolando, Ch. Bell, Cuvier, Magendie, Lallemand, Serres, Foville, Pinel-Grand-Champ, Broussais, Desmoulins, Brachet, Flourens, Bouillaud etc., nous ont donné, par leur concours, le fil d'Ariane, au moyen duquel nous pouvons marcher désormais avec assurance dans ce labyrinthe jusqu'alors impénétrable.

Il nous est actuellement facile de préciser les fonctions particulières du centre encéphalo-rachidien et de ses dépendances. Nous admettons la pluralité des organes cérébraux, mais non point avec ces minutieuses divisions, avec cet isolement, avec ces inductions hypothétiques du célèbre Gall dont nous examinerons, au chapitre de la physiognomonie, le système plus spécieux que véritablement solide. Afin de simplifier notre étude poursuivons cet objet d'après les divisions fondamentales que nous avons établies.

1° CERVEAU. — Cette partie la plus considérable de l'encéphale, chez l'homme, diminue, proportionnellement aux autres, dans la série des animaux, en l'examinant, des espèces les plus intelligentes vers les plus stupides ; elle disparaît entièrement dans les organismes bornés aux réactions de l'instinct sans raisonnement. M. Magendie, contrairement à l'opinion de Sœmmering, de Vicq-d'Azyr, Tiedemann, Gall etc., fait observer, d'après un assez grand nombre de preuves offertes par l'anatomie comparée, que le développement et la perfection de l'intelligence ne sont pas toujours en raison du volume des lobes cérébraux. Il considère le nombre des circonvolutions comme beaucoup plus rigoureusement en rapport avec l'étendue des manifestations intellectuelles. Il faut ajouter encore, dans le même but, les avantages d'une bonne organisation et le degré de supériorité du principe immatériel dont cet organe est l'instrument.

Il est aujourd'hui généralement admis que les lobes cérébraux offrent l'organe essentiel, indispensable des facultés de penser, raisonner, juger, vouloir, se souvenir etc. ; que ces organes entrent en action plus ou moins développée dans toutes les manifestations de ces facultés. Au milieu des faits très-nombreux qui prouvent cette importante vérité, le suivant, observé par le docteur Pierquien, nous paraît surtout bien remarquable. Rose *** présente une large carie du frontal, avec perforation osseuse qui laisse voir le cerveau couvert de ses membranes. Lorsqu'elle dort paisiblement cet organe s'affaisse ; lorsqu'elle rêve ou qu'elle parle avec chaleur, on le voit offrir une turgescence et des oscillations prononcées ; lorsqu'on lui fait éprouver une compression, la malade s'arrête au milieu d'une phrase, d'un mot ; lorsqu'on cesse de comprimer, elle reprend la conversation sans aucun souvenir de l'expérience à laquelle on vient de la soumettre.

Quelques auteurs confondant les termes *impression* et *sensation* ont consumé leurs efforts en vaines disputes de mots, en logomachies interminables, voulant établir le siége des unes et des autres tantôt dans les organes sensitifs, tantôt dans le cerveau. Ce n'est qu'en précisant la valeur des expressions, comme déjà nous l'avons fait au chapitre des fonctions impressionnelles, que l'on peut mettre un terme à ces inutiles débats. *Impression* signifie toujours : *modification vitale de l'organe sensible par l'influence d'un corps excitant.* Il est dès-lors facile de comprendre que le cerveau n'est jamais le centre de cette première modification, puisqu'elle existe encore, même après la destruction de ce dernier. Ainsi, dans ses belles expériences, M. Flourens enlevant les lobes cérébraux, respectant les tubercules quadrijumeaux, le nerf optique et la rétine a vu les *impressions lumineu-*

ses témoignées par les mouvemens de l'iris. *Sensation*, en prenant le terme dans son acception réelle, indique *une impression perçue, jugée par le principe immatériel d'après le concours du cerveau.* De toute évidence, le foyer de ce nouveau résultat se rencontre dans l'organe que nous indiquons. En effet, la même expérience de M. Flourens démontre, chez le sujet qui s'y trouve soumis, le défaut complet *de sensation visuelle.*

On avait cru pendant long-tems que l'intégrité des lobes cérébraux, le balancement et l'harmonie de ces derniers étaient indispensables à la régularité des phénomènes intellectuels. Cet habile observateur a prouvé que l'on peut enlever une partie de la voûte cérébrale et même un lobe tout entier sans autre altération qu'un peu d'affaiblissement dans les actions de cet ordre. Si l'on emporte l'autre, aussitôt les sensations particulières, le raisonnement, le jugement, la volonté, la mémoire disparaissent entièrement. L'animal devient stupide, ne sait plus éviter le danger ; on l'irrite, il s'agite mais ne fuit pas. Des oiseaux ainsi mutilés ont encore pu vivre pendant un an, même davantage, comme assoupis, sans intelligence et sans instinct, conservant le tact seulement. M. Flourens pense que toutes les propriétés de l'intelligence, tous les instincts s'identifient dans une seule et même faculté. « Dans l'ablation du cerveau, dès qu'une « sensation est perdue, toutes le sont ; dès qu'une fa- « culté disparaît, toutes disparaissent ; et conséquem- « ment toutes les facultés, tous les instincts ne consti- « tuent qu'une faculté essentiellement une, et résidant « essentiellement dans un seul organe. » Plusieurs physiologistes anciens et modernes ont au contraire soutenu l'indépendance et la pluralité des phénomènes intellectuels

M. le professeur Bouillaud dont les excellentes qualités peuvent seules égaler tout le mérite supérieur, dont les nombreux travaux sur cet objet nous paraissent mériter la plus grande confiance, en raison des expériences multipliées qu'il a faites chez les animaux , surtout au moyen de la cautérisation , démontre, d'après les faits pathologiques recueillis, les uns par lui-même , les autres par MM. Rostan , Lallemand etc. observateurs également judicieux, que les lobes cérébraux antérieurs sont l'organe *législateur* de la parole ; qu'en les détruisant, une maladie rend quelquefois le sujet idiot , le prive de la faculté d'articuler des sons réglés, alors même que la langue jouit encore des mouvemens relatifs à la préhension des alimens , à la mastication , à la déglutition etc. ; que le cerveau commande ceux qui sont propres à l'intelligence , à la volonté ; que la perte de la parole se trouve liée tantôt à celle de la mémoire des choses, quelquefois des mots, chez certains sujets , même exclusivement des noms propres. Ces faits nous prouvent assez que l'unité des facultés intellectuelles , envisagée d'une manière absolue, n'est pas admissible.

D'autres expérimentateurs ont partagé cette opinion sans arriver à des résultats aussi positifs. C'est ainsi que Saucerotte avait prétendu que la destruction des parties supérieures du cerveau déterminait la paralysie des membres thoraciques ; et l'ablation des lobes antérieurs, celle des membres pelviens ; que MM. Serres et Foville attribuent les mouvemens des premiers aux couches optiques, ceux des seconds aux corps striés , ceux de la langue aux cornes d'Ammon etc.

Pour le cerveau , les manifestations d'activité sont croisées ; l'ablation d'un lobe détermine toujours la perte des sens du côté opposé. Dans les sections profondes et transversales on trouve la destruction des facultés irréparable , toute la partie séparée du centre étant frappée des mortifications. Lorsque ces divisions sont longitudinales, on observe quelquefois, par les progrès d'une bonne cicatrisation, le retour complet des phénomène suspendus.

D'après toutes ces considérations, il nous paraît suffisamment démontré que le cerveau préside aux sensations, aux facultés intellectuelles, à la volonté; par ses lobes antérieurs, aux mouvemens réguliers de la parole.

2° CERVELET.—Cette partie, la plus volumineuse après le cerveau, dans les classes remarquables par le développement et l'activité de leurs phénomènes de relation, n'avait point été, jusqu'à ces derniers tems, bien appréciée dans les actions qui lui sont propres. Wälstorff en avait fait l'organe du sommeil ; Willis , celui de la musique ; Malacarne, celui de l'intelligence; Gall , celui de l'instinct propagateur , de l'amour sensuel. Saucerotte prétendit qu'il fournissait les nerfs des muscles dorsaux , oculaires. M. Rolando l'envisage comme un appareil électro-moteur, source du plus grand nombre des mouvemens ; MM. Foville et Pinel Grand-Champ , comme le foyer de la sensibilité. M. Serres en fait un organe complexe ; excitateur, par son lobe médian, des organes génitaux ; par ses hémisphères, des membres, servant aux phénomènes du saut ; par les tubercules quadrijumeaux, associant les mouvemens, et présidant à l'exercice de la vision. Bellingéri coupant les faisceaux antérieurs et postérieurs de la moelle n'observe point, comme l'avaient prétendu quelques viviseçteurs, la paralysie du sentiment ou du mouvement ; seulement il voit, par la division des premiers, la flexion devenir impossible, et l'extension s'anéantir par celle des seconds. Il était réservé plus particulièrement à MM. Magendie, Bouillaud, Flourens de réduire le problème à sa plus simple expression , et de nous dévoiler positivement la fonction particulière du cervelet. Ces habiles expérimentateurs ont reconnu que l'irritation de cet organe entraîne des culbutes et des mouvemens aussi remarquables par leur précipitation que par leur incohérence. Ils ont vu la cautérisation, l'ablation d'un lobe cérébelleux porter l'animal à se rouler sur lui-même dans le sens de cette mutilation ; l'ablation, la cautérisation de l'organe tout entier, occasionner le défaut d'équilibre et l'impossibilité de régulariser aucun mouvement volontaire soit de locomotion générale, soit même d'expression partielle. Au milieu de ces désordres, les sens, les facultés intellectuelles et les mouvemens instinctifs conservent toute leur intégrité. De ces expériences, dont nous avons répété les principales avec des résultats identiques, on peut inférer, comme inductions rigoureuses, que le cervelet présente une action croisée , qu'il devient l'organe essentiel d'équilibration dans les mouvemens réguliers et volontaires, et que son influence est indispensable pour coordonner l'action des muscles dans les phénomènes de la station, de la marche, du saut, de la course, du vol, du nager, de la danse, de l'escrime, et dans tous les exercices gymnastiques partiels ou généraux. Les mouvemens instinctifs ou de conservation tels que le cri, le baillement, l'inspiration, l'expiration etc. , se trouvent, au contraire, comme nous le verrons , sous l'empire de la moelle allongée.

3° TUBERCULES QUADRIJUMEAUX. — Les expériences de M. Flourens nous paraissent avoir suffisamment démontré que cette partie de l'encéphale, d'où naissent, comme on le sait aujourd'hui, les nerfs optiques, est spécialement relative à la sensibilité visuelle de la rétine, et, par une conséquence naturelle, aux mouvemens de l'iris. Ajoutons, d'après la judicieuse observation de cet investigateur habile qu'en enlevant les tubercules quadrijumeaux on détruit le sens de la vision , le siége de l'impression lumineuse ; qu'en excisant les deux lobes cérébraux , on fait disparaître l'organe de perception , le foyer indispensable de la sensation visuelle. Tous les faits se réunissent également pour établir l'action croisée des tubercules quadrijumeaux.

4° MOELLE ALLONGÉE.—Cette quatrième division de l'axe encéphalo-rachidien est comprise entre les tubercules quadrijumeaux et l'origine de la huitième paire. D'après les expériences de MM. Flourens et Rolando , si l'on irrite le centre nerveux du sommet des lobes cérébraux au premier de ces points, ou de la partie inférieure du rachis vers le second , on s'aperçoit bientôt que toutes les parties situées au-dessus de cet intervalle sont relatives au sentiment , et que toutes celles qui se trouvent au-dessous appartiennent au mouvement. La moelle allongée devient ainsi l'intermédiaire que doivent traverser les *impressions* pour arriver au cerveau , se trouver converties en *perceptions* ; les *volitions*, pour atteindre la moelle vertébrale, occasionner les mouvemens locomoteurs. Elle constitue le centre de l'existence active ; la mort frappe inévitablement les annexes médullaires qui s'en trouvent séparées. Elle offre pour les animaux ce que, dans les végétaux, présente le collet de la plante séparant la tige et la racine avec le titre de *nœud vital*. Cette partie de l'encéphale dont les effets sont directs , est évidemment le premier mobile des mouvemens instinctifs de conservation appliqués à certaines attitudes, à la respiration, à ses divers phénomènes, aux excrétions etc.

5° MOELLE VERTÉBRALE.—Ce prolongement terminal du centre encéphalo-rachidien est surtout remarquable par ses rapports avec tous les organes du sentiment général et du mouvement volontaire. Les travaux des anatomistes modernes et notamment de Shaw , Tiédemann, Rolando, Serres, Bellingéri, Magendie, Laurencet, Desmoulins, Ch. Bell plus spécialement encore, ont, dans ces derniers tems, éclairé l'histoire de cette partie jusqu'alors mal appréciée. Tous admettent qu'elle est formée de plusieurs cordons bien isolés, mais ils ne s'accordent pas sur la nature, les dispositions et surtout les usages de ces derniers. Bellingéri signale des faisceaux postérieurs animant les muscles destinés à l'extension ; d'autres antérieurs pour ceux qui concourent à la flexion. M. Laurencet indique l'existence d'un troisième cordon latéral, et regarde l'encéphale comme une expansion membraneuse des faisceaux de la moelle. Ch. Bell reconnaît dans ce prolongement trois colonnes pour chaque moitié ; l'une postérieure, d'où partent les nerfs sensitifs ; l'autre antérieure, qui fournit les nerfs moteurs ; la dernière moyenne, et présentant, sous le titre de *bandelette respiratoire*, l'origine de ceux que l'auteur désigne par la même dénomination. Les colonnes antérieure et postérieure s'étendent jusqu'au cerveau ; la bandelette moyenne se termine dans la moelle allongée. Quelle que soit l'opinion définitivement admise, les expériences, les faits pathologiques s'unissent pour démontrer que la moelle rachidienne est l'organe excitateur des mouvemens volontaires dont elle reçoit l'impulsion du cerveau ; le siége où se réunissent les impressions générales qu'elle transmet à cet organe ; que ses effets sont toujours directs.

6° NERFS ENCÉPHALO-RACHIDIENS.—Il paraît aujourd'hui bien prouvé que le cerveau, le cervelet n'en fournissent directement aucun. Les tubercules quadrijumeaux, la moelle allongée, la moelle rachidienne offrent exclusivement toutes ces origines. Ch. Bell nomme *tractus*, les stries blanches qui semblent marquer ces dernières dans la pulpe de l'encéphale ; *colonnes*, les saillies cylindriques ultérieures ; *cordons*, les divisions de ceux-ci ; *faisceaux*, la combinaison de ces cordons entre-eux. D'après cet auteur, les nerfs sont ou *simples*, ou *composés*. Les *premiers* naissent par une seule racine, tantôt de la colonne postérieure ; ils sont alors sensitifs et porteurs d'un ganglion d'origine ; tantôt de la colonne antérieure, avec le caractère de nerfs moteurs. Les *seconds* offrent deux racines, l'une à la colonne antérieure, l'autre à la colonne postérieure, toujours dans ce dernier point, avec le renflement ganglionaire ; ces nerfs composés présentent le double caractère de *sensitifs* et de *moteurs*. On leur donne encore les noms de *primitifs*, de *symétriques* ou *réguliers*. Ordinairement au nombre de trente pour chaque moitié latérale, dans notre espèce, ils sont communs à tous les animaux. Les nerfs simples, encore appelés *irréguliers*, se trouvent surajoutés dans les organismes, d'après l'observation de M. Lamarck, en raison de la perfection des animaux, et surtout des complications de leurs rapports avec les objets extérieurs. Ch. Bell fait ensuite une classe à part des nerfs qui, d'après lui, naissent de la bandelette ou colonne moyenne, sous le titre de *nerfs respiratoires*, en leur assignant, pour usage commun, de concourir plus ou moins directement à l'exercice de cette importante fonction. Ils sont au nombre de cinq ; 1° le *pathétique*, quatrième paire (Bichat), respiratoire de l'œil (Ch. Bell). 2° Le *facial*, septième paire, respiratoire de la face. 3° Le *glosso-pharyngien*, neuvième paire, respiratoire du col. 4° Le *pneumo-gastrique*, dixième paire, gran respiratoire. 5° Le *spinal*, treizième paire, respiratoire supérieur du tronc. Ces nerfs dont l'origine s'effectue par une seule espèce de racines, offrent un caractère commun : exclusivement destinés aux phénomènes de contraction, ils agissent indépendamment de la volonté , provoquent des mouvemens relatifs aux fonctions vitales, à l'expression naturelle et spontanée des passions. Dès-lors, il nous semblerait beaucoup plus physiologique de les désigner par le terme de *nerfs moteurs instinctifs*. Celui de *nerfs respiratoires*, consacré par M. Ch. Bell, n'exprimant qu'une partie de ces usages , et d'ailleurs formant un contraste bizarre , nonobstant les raisons données par cet anatomiste célèbre , lorsqu'il s'agit de l'appliquer à la face et particulièrement à l'œil. Cet auteur, dans son système, rattache encore au nombre des cordons respiratoires plusieurs nerfs de l'épine : ainsi, le *diaphragmatique* ou phrénique, respiratoire interne. Le *thoracique externe*, surtout destiné au grand dentelé, respiratoire externe inférieur. Il fait judicieusement observer que le nerf *trifacial*, cinquième paire, naît par deux racines, l'une postérieure avec renflement ganglionaire , l'autre antérieure , sans renflement ; qu'il appartient dès-lors aux nerfs réguliers à titre d'organe sensitif commun et moteur volontaire; devient en conséquence, pour la tête, ce que les nerfs rachidiens sont pour le tronc; il faut en excepter seulement la branche linguale qui préside à la sensation spéciale du goût.

Après avoir ainsi débrouillé ce cahos névrologique, nous partagerons les nerfs en cinq catégories , d'après leurs fonctions : 1° *Nerfs sensitifs spéciaux*, l'olfactif, l'optique, le lingual, branche du trijumeau, l'auditif. 2° *Sensitifs généraux*; le trijumeau , les nerfs de la moelle vertébrale , par leur racine postérieure. 3° *Moteurs volontaires*; les mêmes nerfs par leur racine antérieure, le moteur oculaire commun, le moteur oculaire externe, l'hypoglosse. 4° *Moteurs instinctifs*, involontaires, nerfs respiratoires de Ch. Bell ; le pathétique, le facial, le glosso-pharyngien, le pneumo-gastrique , le spinal. La distinction de ces nerfs, les particularités de leur influence jetteront le plus grand jour sur l'histoire des actions d'expression en général, et sur celle de la prosopose en particulier. 5° *Nerfs d'association vitale et de nutrition* ; les filets et les plexus ganglionaires que nous allons actuellement examiner.

Quelle que soit la classe dont il fait partie, chaque nerf conserve ses propriétés particulières, de son origine à sa terminaison. Il transmet le sentiment, du second point vers le premier, et le mouvement, du premier vers le second. Ainsi, lorsqu'une ligature est jetée sur un nerf régulier, en l'irritant au-dessous on obtient une contraction musculaire, indépendamment de toute perception sensitive ; en l'excitant au-dessus, on voit se manifester une sensation qu'aucun mouvement n'accompagne.

7° Ganglions. — Centres multiples d'un système nerveux secondaire, ces petits corps, dont nous avons suffisamment exposé la description, ne présentent pas ordinairement la faculté de transmettre au sujet les impressions directes. Le ganglion semi-lunaire paraît faire exception à cette règle générale. D'après les expériences de M. Flourens, il a presque toujours donné des signes d'une assez vive sensibilité ; de telle sorte qu'on pourrait le considérer comme l'intermédiaire qui sert à lier les viscères à l'encéphale. Tous les autres n'ont présenté que des réactions sensitives obscures et très-peu constantes.

8° Nerfs ganglionaires.—Unis aux renflemens que nous venons de signaler, ils constituent, par leur ensemble, un système distinct, sous tous les rapports, du système nerveux encéphalique. Il n'offre pas, comme ce dernier, un centre unique, et se trouve constamment placé, chez les animaux supérieurs, dans sa dépendance plus ou moins absolue, de manière à constituer l'une de ses annexes modifiée d'après certaines indications. On conçoit aisément qu'une disposition contraire, en plaçant deux principes et deux centres d'action dans une même économie, deux pouvoirs suprêmes dans un même gouvernement, en eût rendu l'administration essentiellement anarchique , pour ne pas dire absolument impossible.

Le défaut d'unité dans le système nerveux ganglionaire présente un grand avantage, celui de rattacher, et de soumettre ses opérations à l'influence du centre nerveux encéphalique ; d'en constituer une source d'impressions et d'idées qui diffèrent de celles dont les sens externes deviennent le siége et les conducteurs occasionnels, en ce qu'elles naissent involontairement, et peuvent, dans leurs anomalies et dans leurs aberrations, forcer le jugement, et maîtriser la raison.

C'est en effet dans le système nerveux ganglionaire et dans les organes auxquels il distribue ses nombreuses divisions que se développent essentiellement les impressions particulières à l'existence individuelle, au maintien de l'harmonie des fonctions nutritives et vitales ; de même que l'ensemble des sensations extérieures nous a présenté les élémens principaux de l'intelligence, de même les excitations intérieures nous offrent naturellement ceux des phénomènes instinctifs.

Le nerf pneumo-gastrique, sorti de la moelle allongée, terminé vers le ganglion principal, dans le vaste plexus nommé solaire, d'où naissent, comme d'un foyer commun, tous les entrelacemens du second ordre, forme ainsi l'intermédiaire normal de ces deux centres d'innervation. Eveillées dans la région épigastrique, les passions s'élèvent rapidement vers l'encéphale pour maîtriser la raison, ou pour donner aux actions intellectuelles plus de chaleur et d'élévation dans leurs effets.

En résumant toutes les considérations que nous avons présentées sur l'appareil des fonctions de combinaison encéphalique, nous pouvons indiquer les assertions suivantes au nombre des principes convenablement démontrés : 1° *les nerfs sensitifs* reçoivent les impressions ; 2° *le cerveau* les perçoit, raisonne, juge, veut ; 3° *la moelle rachidienne* et *les nerfs moteurs* qu'elle fournit transmettent le principe des mouvemens volontaires de locomotion ; 4° *le cervelet* en coordonne l'ensemble, en maintient l'harmonie ; 5° les *tubercules quadrijumeaux* assurent la sensibilité de la rétine, les mouvemens de l'iris ; 6° *la moelle allongée*, par sa colonne moyenne, excite les mouvemens involontaires, instinctifs ; 7° *les ganglions et leurs nerfs* sont chargés d'entretenir les phénomènes d'association, de réparation et d'accroissement. *Effets croisés*, le cerveau, le cervelet, les tubercules quadrijumeaux. *Effets directs*, la moelle allongée, la moelle vertébrale.

Si l'on veut réduire à sa plus grande simplicité l'appareil des phénomènes que nous étudions, on peut ajouter qu'il offre deux modifications fondamentales : 1° l'appareil encéphalique, 2° l'appareil ganglionaire : que le premier est le domaine physique de l'intelligence et de la raison, le second celui de l'instinct et des passions. Nous verrons bientôt ces deux modifications organiques s'influencer mutuellement, avec des résultats variables, et dans l'état normal, pour notre espèce, le cerveau manifester l'unité, la prééminence de son action sur tous les appareils de l'économie vivante.

Si l'on avait besoin de prouver le concours de ce viscère, dans les phénomènes de la pensée, du raisonnement et du jugement, il suffirait de faire observer

que les conditions matérielles de structure et de perfectionnement organiques présentent l'influence la plus
marquée sur la nature et le développement de ces produits
intellectuels. Ainsi, chez l'enfant et même chez la femme,
le cerveau n'offrant qu'une texture molle et délicate,
les impressions sont plus vives, les intellectualisations
moins profondes et moins durables. Dans l'âge viril,
chez l'homme, cet organe jouissant d'une structure plus
ferme et plus parfaite, il existe moins de mobilité, de
variété dans les sensations, les fonctions de combinaison
encéphalique sont remarquables par leur énergie, leur
supériorité. Enfin, chez le vieillard, le cerveau s'atro-
phiant, reprenant les dispositions de mollesse originelle,
toutes les facultés de l'intelligence reviennent à la faiblesse, à l'imperfection du premier âge.

L'histoire du centre nerveux encéphalique a fait,
depuis quelques années, des progrès si positifs, qu'il est
actuellement possible de préciser l'influence particulière
de plusieurs médicamens sur chacune de ses principales
divisions : d'expliquer ainsi les effets de ces agens, et
d'éclairer encore, par ce nouveau moyen d'expérimentation, la théorie des phénomènes sensitifs, intellectuels
et moteurs. C'est encore à M. Flourens que nous devons
les importans résultats de l'administration des modificateurs suivans employés à dose convenable, mais non
point assez forte pour généraliser leurs effets.

Opium. — Action isolée sur le cerveau ; taches d'un
rouge vineux, pénétrant la substance même de ce viscère. Lésion des facultés intellectuelles : perversion,
diminution, suspension.

Alcohol. — Action isolée sur le cervelet ; injection de
ses capillaires. Lésion des phénomènes d'équilibration,
avec tous les degrés intermédiaires à la difficulté, à
l'impossibilité absolue de la station bipède.

Belladone—Action isolée sur les tubercules quadrijumeaux ; injection vasculaire dans leur texture. Lésion sensitive de la rétine, affaiblissement ou paralysie des mouvemens de l'iris.

Noix vomique. — Action isolée sur la moelle rachidienne, surtout dans sa portion basilaire ; injection de cette partie. Mouvemens spasmodiques ou convulsions.

Il est aisé de comprendre les applications fécondes et multipliées que l'on peut faire de ces notions fondamentales à la physiologie, à la pathologie de l'appareil encéphalo-rachidien.

Jusqu'ici nous avons étudié seulement des organes, en d'autres termes, des instrumens formés par la matière et dès-lors bornés à des phénomènes corporels. Or les idées, les raisonnemens, les jugemens étant, comme nous le verrons, des productions qu'il est absolument impossible de rattacher à cet ordre, l'appareil des fonctions de combinaison intellectuelle serait incomplet sans le principe essentiel que nous allons actuellement examiner.

PARTIE IMMATÉRIELLE.

Si nous envisageons avec un peu d'attention, dans ce vaste univers, l'enchaînement des êtres, la succession et l'harmonie des phénomènes qui leur sont confiés, il sera difficile de ne pas reconnaître dans toutes les économies vivantes autre chose que la matière ; impossible de ne pas admettre, dans les animaux supérieurs et particulièrement dans l'homme, un *élément spirituel* qui commande et règle toutes les manifestations de leur commerce raisonné, volontaire, avec les objets extérieurs. Nous pensons dès-lors qu'il faut envisager ce moteur puissant et général avec l'importance et l'élévation qui le caractérisent.

PRINCIPE IMMATÉRIEL.

Insaisissable par sa nature, évident par ses résultats, ce principe nous paraît exister dans tous les êtres vivans, mais avec des modifications essentielles, et que nous réduirons à quatre principales. 1° *Principe vital* des végétaux et des animaux rudimentaires ; mobile des actions conservatrices des individus et des espèces, n'offrant jamais aucune manifestation intellectuelle. 2° *Instinct* des animaux supérieurs s'unissant au principe vital dans ses effets ; déterminant des fonctions intellectuelles seulement dans l'ordre des besoins physiques. 3° *Ame* de l'homme se trouvant associée au principe vital, à l'instinct ; exerçant les phénomènes intellectuels dans toute leur extension ; donnant la connaissance du *moi*, l'idée d'un créateur suprême, du vice, de la vertu etc. 4° *Essence divine* avec toutes ses perfections morales.

Quelle que soit la dénomination employée pour le désigner, ce principe existe. Par cela même que nous pouvons former une idée, par cela même nous sentons l'impossibilité d'envisager notre appareil d'intellectualisation comme exclusivement constitué par la matière.

Si l'on étudie les auteurs anciens, on trouve partout dans leurs écrits cette idée fondamentale de la nécessité d'un principe immatériel. Chacun d'eux a cherché l'expression de sa pensée dans les termes qui pouvaient élever cet être au-dessus de la matière commune, alors même qu'ils n'en comprenaient pas la véritable essence. Parmi ces dénominations plus ou moins vicieuses, nous devons particulièrement citer *le feu intelligent* d'Hippocrate, de Diogène, de Lucrèce; *les harmonies* d'Aristoxène, de Lactance; *les esprits animaux* de Willis, de Vieussens; *l'âme mortelle* de Pythagore; *irraisonnable* de Platon; *sensitive* d'Aristote; *la force sensoriale* de Darwin; *l'archée* de Van Helmont; etc. Au milieu des aberrations les plus extraordinaires, nous retrouvons chez tous les peuples cette pensée profonde, et qui semble s'attacher impérieusement à l'intelligence de leurs plus grandes capacités. Les Grecs admettaient trois âmes : ψυχή, *âme sensitive*; πνευμα, *âme vitale*; νους, *âme intelligente*. Ils plaçaient la première dans la poitrine; la seconde, dans toute l'économie; la troisième, dans la tête. Ils employèrent encore à ces désignations les termes σκιὰ, δαιμων, dont on a fait *démon*, âme des revenans.

Sans nous condamner à suivre, sur la nature et le siége de l'âme, toutes les savantes et longues divagations des auteurs, nous réduirons ces deux questions à leur plus grande simplicité; la solution qu'elles exigent pouvant être facilement effectuée.

Relativement à la nature. — Il suffit d'examiner un instant les caractères et les produits des combinaisons intellectuelles, pour acquérir, par le sens intime et par les faits les mieux établis, une conviction entière de l'immatérialité du principe que nous étudions. Une impression corporelle arrive à l'encéphale; jusqu'ici nous pouvons envisager ce résultat comme une simple disposition de la matière vivante. Mais dès l'instant où le cerveau, par une élaboration qui lui devient propre, modifie cette impression, en fait surgir *une idée*, ce nouveau produit n'ayant plus aucun des caractères physiques, revêt tous ceux d'une représentation morale. Cette vérité ne souffrant aucune objection positive, n'est il pas dès-lors évident, en conséquence des rapports qui doivent nécessairement exister entre la cause et l'effet, que la matière, est par elle-même, incapable d'effectuer *une pensée*, que, dans cette opération, le cerveau ne présente qu'un instrument dirigé par l'âme, dont la nature, en raison de son influence, doit être dès-lors essentiellement immatérielle.

Deux idées sont comparées entre elles, nous apprécions leur convenance ou leur opposition, nous formons un jugement affirmatif ou négatif ; il a fallu, pour obtenir ce résultat, embrasser les deux idées à comparer, au moyen d'un agent indivisible, capable d'observer simultanément leurs qualités absolues et relatives. Or, la la divisibilité présente l'une des conditions indispensables de la matière, d'où résulte la nécessité des caractères immatériels dans cette partie de l'appareil pensant et jugeant. Que l'on s'élève actuellement de ces actions simples aux phénomènes les plus compliqués de l'intelligence, et l'on trouvera partout les preuves les plus irréfragables de la spiritualité du principe que nous étudions.

Relativement au siége. — Les anciens et même quelques philosophes du moyen âge, par une grave inconséquence, ont eu la prétention d'assigner à l'âme des limites rigoureusement déterminées dans un point de l'organisme. C'est ainsi que Descartes la renferme dans la glande pinéale, Willis dans le corps cannelé, Lapeyronie dans le corps calleux, d'autres dans l'estomac, la rate, le cœur etc. N'est-il pas évident que c'est vouloir ici borner ce qui n'est pas coërcible, donner des caractères matériels à l'esprit. Il nous semble beaucoup plus rationnel de voir exclusivement dans ces rapports de l'âme et du corps une alliance temporaire inconnue dans son mode, entretenue par l'exercice et les manifestations de la puissance vitale.

Quelles que soient au reste les idées plus particulièrement admises relativement à cet objet, l'âme est évidemment, chez l'homme, cette force active, ce ressórt invisible et merveilleux des facultés morales, ce premier mobile de toutes les actions raisonnées ; le reste n'offre que des instrumens qui deviennent les intermédiaires exigés entre le principe *immatériel* et les objets *corporels* de nos rapports. Dans les conditions de notre existence particulière, cette alliance des deux êtres les plus opposés devient absolument indispensable. Sans le cerveau, l'âme ne pourrait pas recevoir les impressions des corps extérieurs ; sans l'âme, le cerveau serait incapable d'apprécier ces impressions, d'en former des représentations mentales, des idées. C'est en conséquence de cette admirable combinaison entre l'esprit et la matière que l'homme participe en même tems des caractères opposés de la brute et de la divinité.

Ces considérations applicables à notre espèce le deviennent encore aux animaux supérieurs, seulement avec des modifications qu'il est essentiel de bien établir. Loin de considérer ces derniers comme des machines purement physiques et comme des automates sans facultés morales, nous leur accordons au contraire un principe immatériel incontestable, puisque sa réalité se trouve établie sur le plus grand nombre des preuves démonstratives de ce même principe chez l'homme. Qu'on lui donne, si l'on veut, le nom d'instinct, son existence n'en est pas moins positive, et ses caractères, perfectionnés dans la série, peuvent se rattacher à quatre degrés principaux. 1º Faculté de fuir le danger sans en conserver le souvenir : *mollusques* etc. 2º Mêmes facultés, mémoire sans jugement : *poissons* etc. 3º Mêmes facultés, jugement, passions : *reptiles* etc. 4º Mêmes facultés, voix, éducabilité : *mammifères*.

En conférant ce principe aux animaux, par cela même qu'ils pensent, raisonnent et jugent, nous ne le croyons pas identique à celui de l'homme. Puisque l'on rencontre des différences fondamentales, des oppositions directes entre les corps, entre les propriétés des uns et celles des autres, pourquoi n'en existerait-il pas également entre les êtres immatériels, entre les facultés de leurs diverses catégories? On signale toutes les dissemblances du marbre et de l'acier ; de la fibre musculaire et du tissu muqueux, et l'on voudrait identifier les principes immatériels de Dieu, de l'homme et de l'animal? N'est-il pas au contraire évident qu'ils n'ont de commun que la spiritualité, qu'ils offrent des qualités et des conditions particulières ?

Chez les animaux les plus parfaits, les plus élevés dans la série zoologique , observons-nous jamais ce pouvoir merveilleux de s'étudier soi-même, ces idées purement intellectuelles et relatives aux sciences, aux arts etc. ; cette faculté de régler toutes les impulsions instinctives par la raison ; cette conscience du moi qui fait prévoir et craindre la mort ; ces notions d'injustice et d'équité, de vice, de vertu, d'un créateur suprême, d'une existence à venir? Toutes ces modifications appartiennent à l'homme ; pour l'animal, nous trouvons toujours le principe immatériel étroitement renfermé dans la sphère des besoins relatifs à la conservation des individus et des espèces.

Lorsque nous voyons ces deux êtres servis à peu près par les mêmes organes , dans les animaux et dans l'homme, offrir des manifestations si différentes et des résultats si contraires, pourrions-nous encore admettre l'identité de leur nature? Disons plutôt, d'après les faits et le raisonnement, qu'ils sont des modifications fondamentales d'un élément analogue, et que notre âme devient en quelque sorte la transition ménagée entre l'instinct des animaux et l'essence de la divinité.

Quant à la destination ultérieure des âmes, si nous pouvions abandonner momentanément le domaine de la physiologie pour celui de la métaphysique, il nous serait facile de prouver que l'homme seul agissant avec conscience, pouvant distinguer le mal du bien, réprimer ses passions par la raison, possédant l'idée d'un être suprême, d'une vie future doit seul trouver dans la justice divine le châtiment de ses forfaits ou la récompense de ses vertus; alors que les animaux entièrement privés de cet avantage ne peuvent encourir les mêmes peines, ou revendiquer la même rénumération. Chez le premier comme chez les seconds, l'être immatériel nous semble impérissable par sa nature. Dans l'un, offrant la raison en partage, il devra compte un jour de son emploi; dans les autres, dépourvu de ce guide responsable, échappant à cette conséquence nécessaire, il pourra subir des modifications qu'il nous serait actuellement difficile de préciser.

Ainsi l'admission incontestable de cet être immatériel chez les animaux, loin d'attaquer le dogme de l'immortalité de l'âme, et d'embarrasser la raison dans l'intelligence des principes fondamentaux qui servent à l'appuyer, devient une source de raisonnemens que l'on peut opposer de la manière la plus victorieuse à toutes les absurdités du matérialisme.

Après avoir établi positivement la nature, les caractères de l'âme, ses rapports avec la matière, nous devons en étudier les facultés essentielles que nous divisons en trois ordres sous le rapport de leurs manifestations : facultés : 1° qui préparent aux actions de combinaison : *volonté*, *attention* ; 2° qui effectuent ces actions : facultés de *percevoir*, de *raisonner*, de *juger*, de *coordonner*;

3° qui perfectionnent, agrandissent, élèvent ces mêmes actions : faculté de *réfléchir*, *mémoire*, *imagination*, *génie*, *prévoyance*, *discrétion*, *prudence*, *conscience*, *raison*. L'ensemble de toutes ces propriétés constitue l'*intelligence*.

VOLONTÉ. — Cette faculté que présente le principe immatériel de prendre une détermination , d'exercer les sens , l'intelligence et les organes locomoteurs sans l'influence d'aucune impulsion étrangère, est le *libre arbitre* des philosophes, la puissance individuelle qui rend en quelque sorte l'homme, dans ses actions, indépendant même du créateur ; qui le soustrait à l'aveugle fatalité , lui donne la liberté , le pouvoir de suivre à son gré la carrière du bien et du mal. Nous y trouvons le grand ressort de l'économie morale ; cette force qui lutte incessamment contre l'apathie naturelle, et se trouve opposée, dans ses manifestations d'activité passagère, à la résistance invariable de l'inertie constitutionnelle.

La volonté se rencontre également chez les animaux supérieurs ; elle préside à leurs déterminations, mais sans ordre et sans précision ; entièrement dominée par l'instinct, renfermée dans le cercle étroit des besoins physiques, elle ne sert point à leur avancement intellectuel , à leur amélioration mentale. Ses impulsions meurent avec les individus, et ne sont jamais transmises par la voie des séries génératrices. Incapable d'imprimer aucune modification au caractère qui reste doux ou féroce par nature , elle n'établit pas suffisamment cette indépendance d'action, qui seule peut entraîner la responsabilité.

Chez l'homme, au contraire, la volonté commande en maître , toutes les fois que l'habitude et l'éducation ont affermi son empire. C'est elle aussi que l'on punit dans les forfaits, que l'on récompense dans les actions nobles et généreuses. Transmises d'âge en âge, les déterminations utiles, raisonnées et vraies de la génération qui finit, sont religieusement observées par la génération qui commence. Elles deviennent l'héritage précieux, le testament solennel qui constituent les premières garanties des progrès de l'esprit humain, les seules bases réelles de la véritable sociabilité.

Cette faculté peut être maîtrisée par la raison ou par l'instinct. Dans le premier cas, elle nous offre l'homme agissant avec la plénitude et la liberté de son intelligence ; dans le second, s'abandonnant à l'impulsion brutale de ses passions. Par une conséquence nécessaire, le développement de cette même faculté présente ou des avantages, ou des inconvéniens, suivant qu'elle se trouve établie sous l'une ou l'autre de ces influences. Une volonté ferme, guidée par la raison, constitue le plus précieux mobile ; subjuguée par l'instinct, elle devient une puissance ordinairement funeste dans ses applications. Toute bonne éducation morale doit dès-lors se proposer, comme objet essentiel, de soustraire la faculté que nous étudions à la tyrannie du second modificateur, pour l'établir convenablement dans l'empire du premier. Ce perfectionnement est difficile, bien souvent il exige des efforts, des sacrifices multipliés ; mais que l'homme apprenne un secret bien capable d'exciter son émulation, de le soutenir dans les plus longues épreuves, *il devient tout puissant, lorsque sa volonté ne reconnaît d'autres guides que la raison et la vérité !*

L'une des plus belles prérogatives de notre espèce, très-flexible, souvent indéterminée chez l'enfant, cette même faculté prend, dans l'âge viril, toute l'énergie dont elle est capable, et, souvent en rapport avec la puissance morale, tombe de nouveau, chez le vieillard, dans la faiblesse et l'irrésolution.

ATTENTION. — *Attentio , audientia ad rem.* Nous désignons par ce terme la faculté que présente l'âme de s'appliquer aux impressions qu'elle doit intellectualiser par l'intermédiaire du cerveau, qui se trouve, pour ce travail , dans un état d'érection vitale plus ou moins énergique. Cette faculté devient indispensable aux fonctions de combinaison , puisque sans elle nous manquons d'élémens appropriés à cette élaboration mentale, et que dans la nécessité de penser , de raisonner et de juger , d'après les impressions les plus vagues et les moins circonstanciées , notre esprit se livre aux conjectures, sans pouvoir former une seule idée précise, capable de se graver dans le souvenir , et d'agrandir son domaine.

Si l'on voit un objet sans attention , et qu'il disparaisse immédiatement, on a la conscience de son passage, mais sans pouvoir se retracer exactement aucune de ses qualités; il ne reste dans la mémoire que vague , incertitude et confusion; l'on a vu, mais on n'a pas regardé; l'on a reçu l'impression lumineuse , mais l'attention n'a pas fixé les agens qui devaient la combiner, elle est perdue pour l'intelligence. Cette faculté nous paraît nécessaire lors qu'il faut acquérir des connaissances nouvelles, surtout dans l'obligation de les approfondir, d'en saisir, d'en coordonner l'ensemble. Quelques philosophes la comparent à la trompe de l'éléphant, embrassant également l'atôme et le corps le plus volumineux.

Lorsque nous voyons un grand nombre de jeunes sujets ne pas réussir dans leurs études, et consécutivement dans les professions qu'ils choisissent , nous ne craignons pas d'avancer qu'il faut en attribuer la cause bien plus souvent au défaut d'attention , qu'à l'incapacité morale ; vérité qui se trouve si bien rendue par cette expression heureuse du poète latin : « *Labor improbus omnia vincit.*

Celui qui saura faire une juste application de ces principes, en dirigeant toujours ses facultés intellectuelles par une attention soutenue, deviendra supérieur à soi-même; il se distinguera dans les arts et dans les sciences par des progrès dont ses moyens ne lui paraissaient pas d'abord susceptibles. Le secret des grands hommes, dont nous admirons la science et les productions, s'est trouvé bien souvent renfermé dans cet art d'appliquer convenablement la faculté précieuse que nous étudions.

Très-mobile, chez l'enfant, qui ne connaît point encore assez les avantages de son emploi, l'attention est difficile à captiver. Les impressions alors si vives, si diversifiées entraînant au changement des objets, produisent incessamment des aberrations inévitables. Offrant toute sa maturité, toute sa force, dans l'âge viril, se trouvant excitée par le besoin, par l'obligation d'apprendre, elle rend l'homme capable des progrès les plus merveilleux, surtout dans les travaux qui nécessitent particulièrement de l'observation et de la profondeur. Elle perd insensiblement son aptitude chez le vieillard, n'étant plus soutenue par un intérêt suffisant.

L'absence de cette faculté constitue ce que l'on nomme vulgairement *distraction*. Elle est quelquefois si prononcée qu'elle neutralise momentanément la perception des objets. Vous parlez à l'homme distrait, les sons frappent son oreille, il n'entend pas; vos gestes parviennent à sa rétine, mais il ne voit pas; s'il conserve quelque chose de vos mouvemens, de vos discours, tout se borne, pour son intelligence, à des idées vagues et sans liaison.

L'on ne doit pas confondre la *distraction* et *l'abstraction*. L'une est caractérisée par la mobilité de l'attention qui se porte irrégulièrement vers tous les objets, sans jamais s'arrêter positivement sur aucun; signalant une application vicieuse de cette faculté. L'autre nous présente au contraire l'attention concentrée dans un même point, devenant étrangère à toute impression qui ne s'y rapporte pas. Telles sont les dispositions de l'homme profondément occupé d'une question difficile, au milieu du tumulte et du bruit, alors incapable de l'impressionner. Telle était la situation morale d'Archimède, absorbé dans la solution d'un problème important, pendant le siége de Syracuse, alors qu'il reçoit la mort, sans entendre les pas du soldat qui vient le frapper. L'abstraction portée jusqu'à l'excès, avec suspension des sens, prend le nom *d'extase.*

Préparée convenablement, par ces deux facultés, aux actions qui lui sont propres, l'âme trouvera les moyens d'en effectuer l'accomplissement dans celles que nous allons actuellement étudier.

FACULTÉ DE PERCEVOIR. — Elle consiste dans cette propriété qu'offre l'âme, de saisir les impressions sensitives, par l'intermédiaire du cerveau, pour les intellectualiser et les convertir en idées. C'est elle qui forme les premiers élémens des actions de combinaison.

Comme toutes les facultés morales, elle est susceptible de se manifester avec plus ou moins de perfection ou d'irrégularité ; tantôt remarquable par sa vivacité, sa force, elle représente les objets au moyen des sensations qu'ils déterminent, avec autant de rapidité que de précision. Être excité, produire une idée, sont deux résultats qui s'opèrent ici dans un tems indivisible. C'est alors qu'elle constitue *la pénétration, l'activité de l'esprit.* Tantôt s'exerçant avec lenteur, embarras, sans manquer d'une certaine justesse, elle caractérise *l'esprit lourd et paresseux.* Chez quelques sujets, sans énergie, sans développement, souvent même dans un état de nullité complète, elle mesure les différens degrés de *l'ineptie*, de *l'incapacité*. Dans certaines aliénations mentales, on la voit manquer de rectitude, et même se fausser entièrement.

Cette faculté paraît la première chez l'enfant, en exercice, d'après l'ordre naturel, avant toutes les autres, par cela même qu'elle devait leur fournir des élémens indispensables aux manifestations de leur activité. Dans l'âge viril, sa rectitude et sa profondeur se trouvent substituées à la rapidité qu'elle offrait d'abord. Chez le vieillard, tous ces caractères s'anéantissent par degrés.

FACULTÉS DE RAISONNER ET DE JUGER. — Nous les étudions sous un même titre, parcequ'elles nous semblent tout au plus deux modifications d'une même faculté, dont l'union est tellement nécessaire, qu'il nous paraîtrait même assez convenable de les identifier, sans l'inconvénient de s'éloigner un peu trop des idées reçues.

C'est par elles que l'âme peut comparer plusieurs idées, établir exactement leur convenance ou leur opposition. Subordonnées à la faculté de percevoir, elles deviennent à leur tour la base indispensable des opérations intellectuelles qui suivent leurs manifestations régulières ; comme toutes les autres propriétés mentales, elles peuvent offrir différens degrés de vivacité, de rectitude et de perfection. Promptes et justes, elles conservent toujours à l'homme une supériorité que ne donnent jamais des facultés plus brillantes, plus séduisantes, au premier aspect. Susceptible de considérer les objets dans leur véritable point de vue, d'apprécier à leur valeur positive les choses, les actions et les hommes, celui dont le moral se trouve ainsi constitué peut tout embrasser, tout saisir, s'appliquer à tout avec des avantages incontestables ; il marche invariablement, au milieu des circonstances les plus difficiles, dans la ligne des convenances , de la raison et de la vérité. Toutes ses actions physiques et morales sont judicieusement combinées. Il devient bientôt le modèle et l'arbitre de tous ceux qui savent l'apprécier. Ces facultés sont donc les plus essentiellement liées aux avantages individuels et sociaux. Le sujet, même d'un esprit ordinaire, se trouvera , par la solidité de son raisonnement et de son jugement , toujours supérieur à celui qu'une imagination brillante élève un instant , pour l'abandonner ensuite à sa futilité. Le premier est établi sur une base éprouvée , le second , sur un échafaudage ruineux.

L'homme dont ces facultés sont fausses par leur nature ou par une fâcheuse précipitation dans leur exercice devient léger, bizarre, incapable d'entretenir aucune relation mesurée. Toujours en dehors du cercle de la raison et de la vérité, ses actions offrent un enchaînement d'inepties ou d'inconvenances voisines de l'aliénation mentale , qui le rendent souvent insupportable , quelquefois dangereux.

Avec un jugement faux, les principes qui servent de base à toutes les opérations intellectuelles n'ont aucune réalité. Par une conséquence nécessaire, les résultats de ces combinaisons doivent offrir , comme leur cause, tous les caractères de l'erreur. Au milieu de ces dispositions, le développement des autres facultés présente un véritable inconvénient. En effet, plus l'esprit et l'imagination offrent alors d'activité, plus le sujet se trouve entraîné vers des relations étendues et multipliées avec les objets de ses rapports, plus son raisonnement et son jugement fautifs trouvent d'occasions pour signaler et leur imperfection , et leur insuffisance. Plus cet homme, dépourvu des qualités que nous étudions , est spirituel, plus sont évidentes, communes et diversifiées les fautes, les inconvenances de sa conduite privée, de son existence publique ; tandis que celui qui se renferme dans une sphère très-bornée de rapports et de conceptions, parvient du moins quelquefois à sauver les apparences.

De même que toutes les autres, ces facultés ne s'acquièrent pas, seulement elles se perfectionnent. Le sujet qui ne les a pas reçues de la nature ne peut rien faire de mieux que d'éloigner les occasions de l'erreur en se renfermant dans une sage et prudente obscurité. Malheureusement cette aberration mentale ne permet pas à celui qui l'éprouve de s'apprécier soi-même, de s'arrêter dans cette fâcheuse disposition que les hommes d'un esprit médiocre et d'un jugement faux offrent constamment pour se mettre en évidence, et provoquer ainsi la véritable qualification qui les attend au grand jour.

Quel fléau pour la société que ces parleurs éternels, sans cesse en mouvement, en agitation, s'imaginant racheter leur médiocrité par un verbiage suffisant et ridicule ; fatigant l'oreille par la continuité de leur bruit ; l'esprit, par le vide, l'obscurité de leurs pensées et de leurs jugemens !

La nullité des facultés de raisonner et de juger constitue *l'idiotisme* ; leur développement porté jusqu'à l'excès devient un *méthodisme* trop rigoureux ; la disposition la plus heureuse qu'elles puissent offrir se trouve entre ces deux extrêmes.

A peine caractérisées dans l'enfance, elles se manifestent d'un manière lente et graduée dans les âges suivans ; offrent toute leur perfection à la virilité, s'affaiblissent dans la vieillesse, quelquefois même exposent à des inductions erronnées, surtout lorsqu'il faut établir des comparaisons entre le présent et le passé.

Telles sont les facultés rigoureusement nécessaires

pour exercer les fonctions de combinaison intellectuelle: examinons actuellement celles qui viennent en développer l'extension, en perfectionner les résultats.

FACULTÉ DE RÉFLÉCHIR. — Nous désignons sous ce titre la propriété qu'offre l'âme de revenir sur ses propres opérations, de les analyser, d'en apprécier la valeur et l'ensemble. C'est par elle seule que nous pouvons en quelque sorte retourner diversement nos idées, nos raisonnemens, nos jugemens, nos actions morales, pour les considérer sous toutes leurs faces, les envisager sous tous leurs aspects, de manière à bien préciser leurs qualités. Au moyen de cette faculté, l'homme de génie mûrit ses conceptions avant de les exprimer. Toujours il se fait remarquer par l'exactitude et la profondeur de ses connaissances, par la mesure et la régularité de ses actions. Chez le sujet même dont l'intelligence ne présente rien de brillant, elle donne aux opérations de l'esprit quelque chose de solide ; lorsque ses productions ne sont pas séduisantes par l'éclat et la variété, du moins elles se font apprécier par la justesse et la précision qui les caractérise ; il n'embrasse qu'un petit nombre d'objets en même tems, mais c'est à nu , c'est dans leur parfaite réalité qu'il les voit et les considère.

L'homme sans faculté de réfléchir est dans la position d'un observateur au milieu des plus épaisses ténèbres , ne recevant l'impression des objets dont il est environné qu'au moyen de la clarté rapide et passagère des éclairs. Il aperçoit ces objets, mais seulement en masse, d'une manière instantanée, sans pouvoir les analyser dans leurs diverses parties, sans en conserver aucune idée positive. On peut encore le rapprocher de l'individu qui voyant passer devant ses yeux, avec rapidité, des corps diversifiés et nombreux, serait incapable d'en fixer aucun et de conserver d'autre souvenir que celui de leur apparition, sans la moindre connaissance de leurs caractères et de leurs propriétés. Le sujet irréfléchi devient par cette raison toujours superficiel. Son répertoire moral est constamment formé d'élémens indigestes, sans liaison et sans maturité. C'est avec assez de justesse que l'on a comparé l'intelligence de certains hommes d'un esprit vif, d'une ardeur infatigable pour apprendre, mais dépourvus de méthode et de réflexion, à ces vastes bibliothèques où se trouvent entassées, avec aussi peu d'ordre que de choix, toutes les productions de l'esprit humain.

Rudimentaire chez l'enfant, cette faculté n'est point encore applicable ; son imperfection devient alors un obstacle invincible aux progrès solides et fructueux ; elle force le jeune sujet à graver sur le sable. Dans l'adolescence, on la voit se manifester par intervalles, mais encore avec assez de faiblesse pour laisser aux productions de cet âge un défaut de profondeur qui contraste avec le brillant et la facilité de l'invention ; à la virilité, sa perfection et sa force paraissent dans tout leur développement ; elle donne aux fonctions de l'intelligence une valeur, une précision qu'elles n'avaient point encore offertes jusqu'à cette époque. Chez le vieillard, elle devient incomplète, les organes se trouvant d'ailleurs peu susceptibles de supporter la contention qu'elle exige pour ses manifestations.

Mémoire. — Nous désignons par ce terme la faculté que présente l'âme de reproduire, après un tems plus ou moins long, sans aucune influence actuelle des modificateurs étrangers, un nombre variable de sensations, de pensées, de raisonnemens, de jugemens avec leurs circonstances, leurs caractères et souvent toute l'énergie de leur première formation. Il est dès-lors facile de voir que l'opinion des anciens qui la regardaient comme un réceptacle offrant des compartimens innombrables dans lesquels toutes les idées venaient se coordonner pour servir ultérieurement aux besoins de l'intelligence, exprime plutôt une allégorie complétement imaginaire, qu'elle ne retrace une image figurative de cette propriété.

La mémoire peut représenter à l'esprit non seulement les idées, mais leur expression ; les événemens avec leurs circonstances, mais les objets corporels et toutes leurs qualités ; les opérations intellectuelles, mais la cause, l'activité des passions ; les impressions spiritualisées, mais les irritations physiques, chimiques, vitales, absolument comme si leur occasion matérielle agissait encore sur les organes du sentiment. C'est ainsi que le sujet pour lequel on a pratiqué l'amputation d'un membre, ressent encore, même après plusieurs années, les douleurs qu'il éprouvait avant cette opération, et les rapporte naturellement à la partie qui n'existe plus. Helvétius avançait dès-lors une erreur grave lorsqu'il disait : « La mémoire est une sensation continue, mais affaiblie. »

Quelques auteurs, séduits par la diversité des applications dont cette faculté se montre susceptible, ont prétendu qu'il était indispensable de la diviser en plusieurs propriétés secondaires sous le titre de mémoires : *des choses*, *des mots*, *des faits* ; certains sujets pouvant offrir l'une sans présenter les autres. Il nous est impossible d'admettre une pareille distinction ; nous ne voyons en effet ici que la même faculté produisant des résultats différens, suivant le mode et la nature de ses applications. Un exemple rendra cette vérité palpable.

Exercez la mémoire sans l'aider convenablement par l'attention, le raisonnement et la réflexion, vous tracerez des caractères sur le sable, un léger souffle pourra les faire disparaître. Vous retiendrez seulement des idées, des noms, des mots sans enchaînement et sans liaison ;

c'est la mémoire des oiseaux parleurs, c'est également celle des hommes irréfléchis. Plus vous exercerez cette faculté d'après un mode aussi défectueux, plus vous affaiblirez toutes les autres ; bientôt l'intelligence n'offrant plus aucune valeur propre, essentielle, réduite au clinquant des illusions, ne brillera désormais que d'un éclat emprunté. Lorsque nous voyons, dans l'enseignement public, des prix décernés au développement de ce funeste abus, nous sentons combien l'éducation est encore éloignée de son véritable objet. Ce genre d'instruction peut convenir aux perroquets, mais ce n'est pas ainsi que l'on forme des hommes.

Cultivez au contraire cette faculté précieuse en lui donnant pour base l'attention, le raisonnement, le jugement et la réflexion, vous obtiendrez la mémoire des faits, vous graverez sur le bronze en caractères désormais indélébiles.

Formé par la première méthode, le jeune élève, à quinze ans, offre le simulacre d'une érudition distinguée, lorsqu'il ne sera bien souvent qu'un idiot à trente. D'après la seconde, à vingt ans, il est encore dans le vestibule de la science, mais à quarante il en aura sondé fructueusement les profondeurs ; il en dominera tout l'ensemble. On n'a pas oublié, sans doute, l'histoire du rhéteur Hermogène qui, dès sa dix-huitième année, vint étonner le monde savant par la prodigieuse variété de ses connaissances, et qui, depuis l'âge de vingt-cinq ans, déraisonna complétement jusqu'à la fin de sa longue et triste carrière.

Pendant la réminiscence des idées et des sentimens, l'âme et son intermédiaire encéphalique se trouvent momentanément placés dans les dispositions et les circonstances qu'ils présentaient à la première intellectualisation. C'est ainsi que le souvenir d'une injure passée réveille le désir de la vengeance ; que celui d'un bienfait inspire des sentimens affectueux pour l'homme qui nous en rendit l'objet ; que la mémoire importune de quelque passion concentrée, d'un grand désastre, de l'infamie, détruit progressivement les facultés organiques, en portant une atteinte sympathique ou directe aux principaux appareils de l'économie vivante ; combien de maladies graves, incurables, mortelles, ne reconnaissent pas d'autre origine ?

La mémoire bien dirigée devient indispensable à l'exercice régulier de l'intelligence, mais son développement abusif entrave constamment celui du génie. En possession des idées étrangères, par une mnémonique facile et trop cultivée, l'homme s'accoutume à les reproduire, négligeant, en conséquence de l'apathie commune, le soin plus pénible d'en créer qui lui soient propres. Il vit alors de réminiscences, et devient une sorte d'écho retentissant, un être parasite qui sentant et pensant avec l'esprit des autres, peut séduire au premier instant par la richesse de son élocution, par le clinquant de cet appareil emprunté, mais bientôt n'excite plus que le dégoût et l'ennui par la pédanterie, l'extravagance des ses manières, la fréquence et la monotonie de ses inépuisables citations. Au contraire, l'homme riche de son propre fond, toujours original et varié dans l'expression de ses idées, commande l'attention, attache l'esprit de ses auditeurs, par le charme puissant des créations les plus profondes et les plus diversifiées.

Chez l'enfant, la mémoire est de bonne heure très-active. Mais dépourvue de ses véritables appuis, elle s'exerce plus sur les mots que sur les choses. Il faut dès-lors, dans sa culture, chercher beaucoup moins à la développer qu'à perfectionner ses applications. Dans l'âge viril, ses qualités brillantes sont remplacées par les manifestations d'une solidité bien préférable. Chez le vieillard, elle s'affaiblit, disparaît même quelquefois entièrement. On a vu des sujets, sous l'influence de la dégradation sénile, oublier jusqu'à leur nom, leur demeure etc. Zacchias connaissait un horloger centenaire, qui, sorti de sa maison, ne pouvait plus en retrouver le chemin ; il errait alors dans la ville jusqu'à l'instant où quelque passant officieux le ramenait chez lui. Nous voyons des sujets conserver cette faculté dans un âge très-avancé, mais c'est alors seulement pour les impressions intellectualisées pendant toute la vigueur des fonctions de combinaison. Preuve nouvelle de l'influence qu'exercent la force et la profondeur de ces impressions sur la durée des souvenirs.

Imagination. — *Imaginatio*, des Latins, φαντασία, des Grecs, d'où l'on a dérivé les mots fantaisie, caprice. Nous désignons par ce terme une faculté de l'âme susceptible de former des images qui n'ont point existé, qui, peut-être, ne se manifesteront jamais, en réunissant des objets plus ou moins compatibles, et dont les impressions avaient été perçues d'une manière isolée. Toujours elle présente pour accessoire, dans ses opérations, la mémoire, qui fait reparaître les idées, l'attention qui les fixe, le raisonnement qui préside à leurs nouvelles combinaisons. Au moyen de ces élémens primitifs, l'imagination sait créer des tableaux, les uns conformes à ceux de la nature, mais avec un prestige et des illusions qui rendent leurs effets plus merveilleux ; les autres plus ou moins bizarres s'éloignant de toutes le conditions ordinaires. De là, nécessairement deux espèces de produits essentiellement opposés. Les uns propres au vrai talent nous offrent des compositions dans lesquelles nous voyons l'art marchant à l'instar de la nature, maîtrisant l'admiration par le charme qui les environne, et par les véritables ornemens que la fiction vient prêter à la réalité, caractère indestructible de nos immortels chefs-d'œuvre en peinture, en musique, en poésie etc. Les autres, gigantesques, extravagans, signalent toutes les aberrations de l'esprit, occasionnent d'abord l'étonnement, bientôt ensuite le dégoût, et deviennent, chez les peuples qui les enfantent, mais surtout qui les applaudissent, le symptôme le plus certain de la décadence des lettres et des arts.

L'imagination est donc véritablement cette faculté mentale de créer des tableaux et des situations plus ou moins éloignés de la réalité, par l'emploi qu'elle sait faire des matériaux que lui confie la mémoire. Dès-lors, sans réminiscences, l'homme se trouverait dans l'impossibilité d'imaginer ; sans raisonnement, il exercerait ce pouvoir avec délire, ses productions offriraient tous les caractères de l'extravagance et de la frénésie.

La mémoire ne fait que rappeler des sensations déjà combinées par l'intelligence, l'imagination peut en enfanter qui n'existeraient jamais sans elle. Ainsi, dans l'obscurité la plus profonde, au milieu du silence absolu des organes d'impression, je puis figurer à mon esprit un paysage délicieux que viendront embellir des bois peuplés d'animaux divers, des bosquets enrichis d'oiseaux de toutes les formes, de toutes les couleurs, des prairies émaillées de fleurs odoriférantes, sillonnées par des ruisseaux qui s'échappent en ondulations argentines, sous le reflet d'un soleil bienfaisant et pur. Changeant à mon gré cette première scène, je puis me représenter un sol aride et sauvage, traversé par des torrens impétueux qui roulent avec fracas tous les obstacles opposés à leurs efforts ; bordé par des monts inaccessibles, dont les sommets audacieux vont s'abîmer dans les sinistres profondeurs d'un ciel sans clarté ; compléter cet affreux tableau par les éclats du tonnerre et les mugissemens de la tempête. L'obscurité disparaît, mes yeux s'ouvrent à la lumière, à la réalité, j'ai fait un rêve, ce rêve est celui de l'imagination !

Cette faculté, dans ses illusions ne reconnaît d'autres bornes que celles du possible, mais sans espoir de les dépasser. Elle ne formera jamais un effet, une ligne droite sans deux extrémités, un carré sans quatre angles égaux, un cercle sans périphérie etc.

Développée dans une juste mesure, elle donne aux productions intellectuelles plus d'agrément et de vivacité ; au-dessus du moyen terme, elle égare l'esprit dans les aberrations intermédiaires à l'inconséquence, à la folie ; au-dessous, elle abandonne toutes les autres facultés à cette froideur, à cette régularité mathématique, avec lesquelles disparaissent entièrement le charme et la diversité des relations.

L'homme, sous l'empire exclusif de l'imagination, est un jeune et bouillant coursier, livré, sans guide et sans frein, à toute la violence de ses impulsions instinctives ; l'homme complétement privé de ce modificateur puissant, représente un vieux palfroi, sans chaleur et sans action. C'est à le maintenir entre ces deux extrêmes également fâcheux que doit tendre tout bon système d'éducation morale.

Les dispositions mentales et physiques, les principaux états de la santé, de la maladie peuvent imprimer à l'imagination des caractères essentiellement différens. Ainsi, les irritations chroniques des systèmes digestif, nerveux ganglionaire etc., en font en quelque sorte un prisme lugubre, à travers lequel nous voyons tous les objets. Alors s'évanouissent les illusions de l'espérance, le charme de la véritable félicité ; les craintes sont exagérées, et l'infortune idéale prend tous les caractères de la réalité !

Dans les conditions normales, dans cette liberté de conscience, qui seule peut écarter les ennuis, l'imagination ne s'arrête plus aux tristes pressentimens, elle glisse même fréquemment sur les peines actuelles, toutes ses impulsions se trouvent dirigées vers les prestiges de la satisfaction intérieure.

Nous devons dès-lors envisager cette faculté comme l'instrument essentiel du bonheur ou de l'infortune, puisque la situation morale, qui constitue l'un ou l'autre, dépend spécialement des idées qu'elle suggère, puisque l'homme peut être heureux ou malheureux dans toutes les conditions extérieures de la vie.

L'imagination atteint son entier développement dans l'époque voisine de l'âge viril ; plus tard elle est moins brillante, alors entravée par la marche plus sévère du raisonnement et du jugement. Chez l'enfant, elle offre peu d'extension, ne rencontrant pas encore des matériaux suffisans pour s'exercer. Chez le vieillard, elle s'éteint, soit par la prédominence des facultés de raisonner et de juger, soit par l'affaiblissement gradué de l'intelligence.

Les animaux paraisssent entièrement étrangers à cette propriété mentale. On ne doit pas en effet regarder comme telle cette industrie de quelques espèces, dans la manière de se former une retraite, de se procurer des alimens etc. ; tous ces actes sont évidemment liés à des impulsions instinctives renfermées dans l'ordre des besoins physiques, et n'ont aucun rapport avec l'imagination proprement dite.

Génie. — C'est ainsi que nous désignons cette faculté supérieure de l'âme qui, non seulement lui fait embrasser l'univers entier dans son atmosphère sans limites, mais encore l'entraîne au-delà des choses créées, lui donne le pouvoir de compléter ce qui manque à la nature ; c'est elle plus particulièrement qui rapproche l'homme de la divinité, qui le rend, à son domaine, ce que le créateur est à l'ensemble de tous les mondes.

Rapproché, sous quelques points, de l'imagination, le génie s'en distingue essentiellement par sa nature et ses résultats. La première, employant des idées acquises, forme des images plus ou moins éloignées de la réalité ; le second, donnant l'existence aux élémens de ses inventions, peut aussi créer, approfondir, mais dans l'ordre de la vérité, de la nature. L'une se rencontre quelquefois chez des hommes ordinaires, l'autre devient le partage exclusif d'un petit nombre d'intelligences fortement trempées.

Cette faculté ne s'acquiert point, seulement elle se perfectionne par les circonstances favorables et par l'éducation. Ses impulsions sont tellement naturelles et puissantes que l'on chercherait envain à la renfermer dans la circonscription bornée de l'étroite médiocrité. Semblable au gaz impétueux comprimé dans un réceptacle fragile, toujours elle brise avec effort les obstacles insuffisans qui s'opposaient à son expansion. Voyez cet homme, qui jusqu'alors avait semblé profondément engourdi par l'ignorance et l'obscurité ; l'occasion paraît, il s'éveille, il s'élance dans la carrière ; il a déjà produit un ébranlement général, et captivé l'admiration de l'univers !

Le génie devient évidemment, à la force intellectuelle, ce que la puissance de contraction est à la force musculaire. Celle-ci constitue les hercules physiques, l'autre produit les hercules moraux. Combien les seconds l'emportent sur les premiers ! les hercules physiques n'ont d'action que dans la sphère de leur force individuelle ; au contraire, les hercules moraux soulèvent par un signal, et font mouvoir des masses énormes dont aucune résistance n'est susceptible de contrebalancer les efforts. Nous avons vu des hommes ainsi constitués, et desquels on aurait pu dire ce que le poète latin attribuait au maître des dieux : « *Annuit, et totum nutu tremefe= cit . . . .* » *orbem.*

Pour offrir de grands et d'utiles résultats, le génie doit être environné par des inspirations nobles, des passions généreuses qui donnent de l'importance à son objet, de l'enthousiasme à ses opérations ; par une volonté ferme qui fasse plier les obstacles, et qui présente assez d'énergie pour briser tous ceux qui ne sont pas de nature à céder ; par une raison éclairée qui communique à sa marche la rectitude et l'invariabilité qu'elle doit offrir.

Comme toutes les puissances d'un ordre supérieur, le génie peut effectuer les plus belles améliorations ou déterminer les plus grands désastres, suivant la route qu'il s'est tracée dans ses impulsions ordinaires. Tel conquérant fameux qui, s'abandonnant sans aucun frein à ses projets d'ambition insatiable, devint le fléau de son pays en y faisant porter le carnage et la dévastation, eût présenté l'image d'une divinité protectrice en appliquant ses moyens surnaturels à la défense légitime, plutôt qu'à l'agression injuste, aux enrichissemens de la propriété, plutôt qu'aux rêves dangereux d'une extension territoriale.

Si le véritable génie peut se livrer à tous les genres d'application, il est rare cependant qu'il ne se trouve pas naturellement porté vers un mode plus ou moins spécial. L'homme naît poète, médecin, philosophe, peintre, musicien, chimiste ou mathématicien etc. C'est à celui qui veut exercer l'une de ces professions avec succès de se bien étudier d'abord, de consulter, d'apprécier les inspirations du génie, l'avertissement secret que l'on nomme *vocation*. En suivant alors cette pente naturelle, il ne faudra désormais que du travail, de la persévérance, de la mesure dans l'exercice des facultés intellectuelles pour obtenir une véritable célébrité. Combien de sujets, avec un mérite supérieur, ont manqué leur but en se détournant de la direction qu'il fallait suivre pour l'atteindre?

Complétement étranger aux animaux, le génie présente un grand nombre de modifications chez l'homme, non seulement en raison de sa nature, mais encore d'après l'époque de son développement. Rudimentaire chez l'enfant, il se manifeste rarement avant la puberté; cette révolution commune à tout l'organisme en devient presque toujours le signal; on observe quelquefois des résultats beaucoup plus tardifs. Ainsi J. J. Rousseau fut un homme très-ordinaire jusqu'à vingt-cinq ans; Virgile fut enveloppé des apparences de l'idiotisme jusqu'à la fin de son adolescence. Dans l'âge viril, cette faculté présente la plus grande élévation de sa force et de sa maturité. Chez le vieillard, elle décline avec toutes les. autres.

PRÉVOYANCE. — Nous accordons ce titre à la faculté de l'âme qui nous fait envisager dans l'avenir les accidens immineus, ou les avantages susceptibles de contribuer à notre bonheur. Lorsqu'elle s'exerce instinctivement et sans notions raisonnées, on la nomme *pressentiment*. Cette modification de la prévoyance, rattachée, dans les craintes ou les espérances qu'elle fait naître, plutôt à la disposition actuelle du physique et du moral qu'aux circonstances extérieures qui peuvent solliciter son exercice, n'offre qu'une valeur illusoire, et n'est admise, comme devant régler nos déterminations, que par les âmes faibles, timides et superstitieuses. Au contraire, la prévoyance basée sur le jugement, sur la probabilité des événemens considérés d'une manière soit absolue, soit relative, devient un régulateur précieux qui nous fait traverser avec sécurité les circonstances difficiles de la vie. C'est la boussole qui sert à diriger le nautonnier vigilant au milieu des écueils d'une mer féconde en naufrages.

L'homme imprévoyant, dont l'intelligence ne s'élève point au-dessus des événemens actuels, toujours surpris par les accidens les plus faciles à conjurer, n'est jamais en mesure de les éviter ou de les supporter avec avantage. C'est un pilote sans gouvernail, luttant contre les flots de l'Océan soulevé par la tempête.

Presque nulle chez l'enfant, cette faculté se développe dans l'âge viril, et se perfectionne dans la vieillesse.

Manquant pour la plupart des animaux, elle est rudimentaire chez quelques-uns et toujours étroitement renfermée dans le cercle des nécessités matérielles.

DISCRÉTION. — On nomme ainsi la faculté de l'âme qui donne le pouvoir de conserver, sans manifestation extérieure, les confidences reçues, les idées, les raisonnemens, les jugemens formés dans l'intelligence etc. Elle instruit l'homme à s'isoler de tous les objets qui l'environnent ; à n'avoir d'autre confident que soi-même; à renfermer dans le silence de sa conscience des faits dont la révélation pourrait entraîner les plus grands malheurs.

Il ne faut pas confondre la discrétion avec la dissimulation ; la première est une qualité précieuse ; là seconde, un vice méprisable. L'homme dissimulé souvent dit ce qu'il ne pense pas ; l'homme discret ne dit pas ordinairement tout ce qu'il pense. Le premier est indigne de posséder un véritable ami, tandis que le second nous offre un dépositaire incorruptible, dans l'âme duquel peuvent s'effectuer avec confiance les plus secrets épanchemens du cœur. Combien de calamités publiques et particulières la discrétion n'a-t-elle pas su prévenir ? Combien d'événemens sinistres, de chagrins et de larmes n'ont eu d'autre source qu'une indiscrétion !

L'homme discret écoute et parle peu. Moins brillant que solide, il est mesuré dans ses actions et dans ses discours. Il ne met jamais d'empressement à gagner la confiance, et la considère toujours comme un dépôt sacré que l'honneur lui défend d'aliéner.

L'indiscret écoute beaucoup et parle encore davantage. Empressé de recueillir tous les événemens, de scruter même jusque dans le sein des familles les faits les plus importans, il éprouve constamment un besoin impérieux de publier non seulement ce qu'il vient d'apprendre, mais encore le résultat de ses présomptions. C'est un écho retentissant qui renvoie tous les sons, incapable d'en conserver aucun. Ses amis, ses proches deviennent souvent les premières victimes de sa loquacité. Le sujet de ce caractère est plus dangereux qu'un méchant, parce qu'il inspire une défiance moins générale. On devrait le bannir à jamais du commerce des autres hommes.

La discrétion n'ayant aucun rapport avec les besoins physiques, est dès-lors complétement étrangère aux animaux ; peu développée chez l'enfant, elle ne se perfectionne que dans l'âge viril ; devient surtout l'apanage du vieillard, et ne s'altère qu'en raison de l'affaiblissement et de la perversion qu'amènent la décrépitude.

Prudence. — On appelle ainsi la faculté de l'âme, qui sait embrasser l'ensemble des événemens présens, les analyser dans toutes leurs parties, les apprécier dans leurs avantages et leurs inconvéniens ; suspendre en quelque sorte les déterminations de la volonté jusqu'à l'entier accomplissement de cet examen rigoureux. C'est en conséquence de ces caractères essentiels qu'on la désigne encore sous le titre de *circonspection*.

En quelque sorte intermédiaire aux passions, à l'intelligence, elle est inspirée par l'instinct, réglée par le jugement, perfectionnnée par la raison.Ses caractères justifient l'expression d'un ancien philosophe qui la nommait *le gouvernail de l'âme.*

L'homme prudent ne se livre qu'avec la plus grande réserve aux communications sociales, aux actions, aux entreprises chanceuses par leur nature; constamment à la hauteur des circonstances qui l'environnent, sa marche offre toute l'assurance et la perfection dont la sagesse humaine est susceptible.

L'homme imprudent se précipite, au contraire, sans discrétion, au milieu des écueils les plus dangereux; compromettant ses intérêts les plus chers, souvent même le soin de sa propre conservation.

Le premier calcule ordinairement ses forces d'après les résistances qu'il doit vaincre, et n'agit qu'avec la probabilité du succès. Le second entreprend d'abord, sauf à réfléchir ensuite; il succombe le plus souvent par le défaut des moyens d'exécution.

La plupart des animaux n'offrent point cette faculté; quelques-uns en paraissent doués d'une manière admirable, mais toujours dans la sphère de leurs besoins physiques.

Complétement étrangère à l'enfance, parce qu'elle exige l'application du raisonnement et du jugement, elle offre sa perfection dans l'âge viril; et, dans la vieillesse, dégénère souvent en pusillanimité.

Conscience. — Nous étudions sous ce titre une faculté de l'intelligence plus étonnante que toutes les autres, puisqu'elle communique à notre âme le pouvoir de se connaître soi-même, de s'apprécier à sa juste va-

leur , de juger le mérite et la régularité de ses propres
opérations. C'est elle qui nous fait acquérir les notions
du moi, de l'existence individuelle , c'est elle qui constitue la base fondamentale de l'homme moral.

Tous les sujets de cette catégorie jouissent des bienfaits de la conscience , mais tous n'en écoutent pas également les inspirations. Cependant ils semblent en avoir
été doués , pour les récompenser ou les punir immédiatement de leurs actions. C'est elle en effet qui nous
pénétre de la satisfaction intérieure qu'aucun autre
sentiment ne peut remplacer , et que nous éprouvons
en accordant une consolation à la vertu courbée sous le
poids de l'infortune. Sa voix intérieure poursuit le mal-
faiteur et lui crie, lorsqu'elle n'est pas encore étouffée :
arrête malheureux ! arrête !.... l'abîme est ouvert sous
tes pas ! Elle devient le premier juge du criminel; souvent même son persécuteur le plus terrible, celui que
rien ne peut fléchir. « Dieu, les hommes pardonnent,
la conscience ne pardonne jamais ! » Toute mauvaise
action est une tache indélébile que le tems même ne
saurait en effacer. L'homme coupable dont l'extérieur
annonce le calme, l'absence du remords, est bien
souvent un malheureux que déchirent incessamment
les cruelles angoisses du plus redoutable supplice.

La conscience est donc le premier régulateur des
tourmens ou de la félicité. Le sujet incapable de pénétrer sans regret et sans effroi dans cet antre silencieux,
sanctuaire imposant de la justice naturelle, peut-il
goûter un instant de bonheur ? Craignant l'isolement, il se fait horreur à lui-même , il s'évite et se
fuit; il cherche les distractions dans le tourbillon du
monde, il espère s'étourdir par le bruit, le mouvement
et leurs illusions; mais bientôt il se retrouve au milieu
des terreurs de son effrayante solitude; une existence

malheureuse, toujours inquiète, agitée par les pressentimens les plus sinistres, toujours empoisonnée dans
sa véritable source, telles sont les dispositions intérieures que la conscience réserve au méchant. Honneurs, fortune, considérations mondaines, rien n'est
susceptible de l'arracher à ses tortures. Ces avantages
étrangers, loin de le satisfaire, ne font qu'augmenter ses
ennuis par la comparaison qu'il établit nécessairement
entre leur magnificence et sa propre indignité.

L'homme vertueux qui possède une conscience irré-
prochable, qui peut y lire sans remords et même avec
satisfaction le résumé de sa conduite entière, nous
paraît le seul véritablement heureux. Son bonheur est
en lui-même, indépendamment des circonstances qui
l'environnent. Tous les élémens extérieurs de la félicité
ne lui paraissent que des accessoires dont il supporte-
rait volontiers la privation. Dans le silence et le
recueillement, il envisage sa destinée future sans crainte
et sans effroi ; n'ayant fait que le bien, il se repose avec
sécurité sur le passé, le présent et l'avenir !

Si la réalité de ces principes était généralement appréciée, le vice n'aurait plus de réfuge ; l'ordre social,
dans sa régénération, serait établi d'une manière invariable sur l'équité ; la conscience présenterait seule, avec
avantage, le code, les lois et le tribunal des nations !

Les développemens de cette faculté sont ordinairement précoces dans l'enfance ; toutes ses impulsions,
fortes chez l'adulte, souvent contrebalancées par les
passions dans l'âge viril, reprennent de l'ascendant chez
le vieillard qui renonce aux projets d'ambition et
d'agrandissement pour goûter les charmes plus certains
de la vie paisible. La conscience ne se manifeste jamais
chez les animaux.

RAISON. — Nous désignons par ce terme la belle

qualité de l'âme qui sert de régulateur à toutes les facultés intellectuelles pendant leurs applications, en les renfermant toujours dans le cercle des objets convenables, utiles et vrais. C'est elle qui devient en même tems le frein que nous devons opposer aux impulsions instinctives, à la violence des passions désordonnées. La volonté commune à ces deux moteurs obéit à celui qui la commande avec plus d'empire. Nous verrons les grandes conséquences qui découlent de ce principe relativement à l'éducation.

Complétement étrangère à tous les animaux, la raison distingue l'homme de ces derniers par un intervalle immense, et dans lequel se rompt évidemment la chaîne des rapports moraux qui semblaient, au premier aspect, ménager une transition insensible.

Cette faculté précieuse établit son empire dans notre économie morale toutes les fois que des impulsions étrangères et subversives des lois naturelles et de l'ordre primitif ne viennent pas y jeter le trouble et la confusion. De même qu'un grand nombre de causes peuvent altérer le physique, de même aussi le moral est susceptible de perversion sous l'influence des modificateurs les plus variés ; le premier de ces états est relatif aux maladies du corps, le second à celles de l'âme. Ainsi, pendant tout le cours de la vie, les déterminations se trouvent disputées par la raison et par l'instinct. Si la raison l'emporte, l'homme supérieur aux passions conserve la dignité de sa nature, s'élève dans la série des êtres en se rapprochant de la divinité. Si l'instinct arrive au pouvoir despotique, l'homme s'avilit, se dégrade à ses propres yeux, et s'abaisse fréquemment au-dessous du plus abject des animaux.

La raison dans toute sa force, dans toute la liberté de son action est donc le plus grand bienfait du créateur, puisque l'homme, sans cette noble prérogative, devient incessamment le triste jouet des caprices les plus bizarres, des passions les plus effrénées. C'est par une éducation mâle, établie sur des principes invariables et naturels, c'est en travaillant sérieusement ses propres dispositions morales que l'on parvient à développer, à consolider cette heureuse qualité, base essentielle de l'élévation qui caractérise les âmes nobles et les intelligences bien constituées; qui donne à l'homme supérieur le pouvoir de surmonter les obstacles, et d'accomplir son devoir au milieu des circonstances les plus difficiles.

A peine indiquée chez l'enfant, cette faculté, dans l'âge adulte, commence à modifier les impulsions instinctives ; elle sait les maîtriser dans l'âge viril ; perd son influence par les progrès de la caducité, ramenant ainsi le moral de l'homme aux conditions de la première enfance après l'avoir fait passer dans tous les points intermédiaires d'un cercle complet.

D'après toutes les considérations que nous venons d'exposer, il est évident que l'appareil des fonctions de combinaison intellectuelle se compose des deux parties indiquées, l'une appartenant à la *matière*, l'autre à *l'esprit*. A la partie matérielle, qui n'effectue ses actions qu'à titre d'instrument, on peut rattacher les organes des sens internes, externes, qui deviennent autant de voies ouvertes pour les impressions. Essentiellement constituée par le centre encéphalique, cette partie nous offre le cerveau comme agent spécial des sensations et des phénomènes de l'intelligence. A l'esprit, auquel nous avons conservé le titre d'âme, viennent se rapporter plusieurs facultés étrangères aux corps ; c'est par leur concours, c'est par son association admirable et mystérieuse avec la matière, que ce principe, agent fondamental des intellectualisations, va désormais en effectuer les merveilleux résultats.

§ III. Modicateur des fonctions de combinaison intellectuelle.

Sous ce titre, viennent se ranger toutes les impressions arrivant au cerveau soit directement par les nerfs encéphaliques, soit indirectement par ceux des ganglions. Les premières appartiennent aux *sens externes*, les secondes sont relatives au *sens interne*. L'ensemble des unes rentre dans le domaine à peu près exclusif des fonctions de l'intelligence ; la réunion des secondes appartient plus particulièrement à l'instinct.

Quelle que soit l'origine de ces impressions, elles deviennent les élémens essentiels et primitifs des actions de combinaison ; les matériaux sur lesquels s'exerce l'âme, par l'intermédiaire du cerveau, pour en constituer des idées, des raisonnemens et des jugemens.

En embrassant par la pensée toutes les influences capables de solliciter l'action des facultés intellectuelles, on revient toujours, en dernière analyse, à l'impression physiologique susceptible d'offrir trois modifications principales. 1° Excitation directement effectuée sur le système nerveux encéphalique ; 2° stimulation d'abord exercée sur les nerfs des ganglions ; 3° enfin, souvenir d'une sensation déjà perçue. Nous verrons en effet bientôt qu'aucune intellectualisation ne peut avoir lieu sans l'une ou l'autre de ces impressions.

§ IV. APPÉTIT DES FONCTIONS DE COMBINAISON INTELLECTUELLE.

Le sentiment instinctif qui nous porte naturellement à l'exercice des actions de combinaison reçoit le nom de *curiosité*. Cette impulsion ordinaire du principe immatériel pour s'appliquer à l'objet de ses rapports, en général assez développée, devient quelquefois très-impérieuse. Elle est aux phénomènes intellectuels ce que la faim, l'appétit vénérien sont aux fonctions digestive et reproductrice ; offrant la première condition pour développer les facultés de l'esprit, pour acquérir des connaissances positives et variées. En effet, la modification opposée que l'on désigne par le terme d'*indifférence*, présente un obstacle aussi fâcheux relativement aux progrès des études que l'*anorexie* pour l'accomplissement des bonnes digestions.

C'est à la curiosité bien dirigée, bien secondée par les facultés de l'intelligence, qu'il faut attribuer le mérite et les succès de nos savans les plus illustres. Détruire un mobile aussi fécond dans ses résultats, serait briser le principal ressort des puissances morales, déterminer une apathie funeste qui deviendrait à l'âme ce qu'est la paralysie pour le corps.

Comme tous les autres, cet appétit peut s'exalter ou se pervertir. Dans le premier cas, augmenté par l'habitude, fortifié par le succès, il paraît supérieur aux autres sentimens instinctifs, fait oublier jusqu'aux soins de la conservation individuelle. Ainsi, tel sujet énervé par des travaux opiniâtres sent en vain la mort s'approcher ; lancé dans la carrière des sciences et des arts, il est sourd à la voix de l'instinct, et sacrifie son existence aux brillantes illusions de la célébrité. Dans

le second cas , embrassant un trop grand nombre d'objets, ou se livrant à des applications futiles, il énerve les
dispositions morales, et conduit directement à la médiocrité dans tous les genres , par cela même qu'il est alors
impossible d'en approfondir aucun. Vicieusement dirigée
la curiosité devient un défaut. C'est ainsi qu'elle est
ordinairement appréciée par le vulgaire ; le physiologiste
doit au contraire l'envisager comme un sentiment an-
nexé , par la nature , aux fonctions de combinaison
intellectuelle ; comme le stimulus normal qui sollicite
incessamment leur action.

Borné, chez les animaux, aux phénomènes de conservation individuelle, cet appétit, déjà très-vif dans
l'enfance de l'homme, en raison de la nouveauté des
impressions, est mieux dirigé dans l'adolescence et plus
particulièrement dans l'âge viril. Chez le vieillard, il
s'affaiblit avec l'excitabilité des organes sensitifs et
l'énergie de l'intelligence.

§ V. ÉTUDE DES FONCTIONS DE COMBINAISON INTELLECTUELLE.

Déjà nous connaissons les élémens de la pensée , les
instrumens qui la forment , le sentiment instinctif qui
préside à l'exercice de cette importante fonction. Nous
allons actuellement examiner les intellectualisations dans
tous leurs développemens ; elles nous révéleront la supériorité de l'homme moral, traçant définitivement entre
les animaux et lui cette ligne de démarcation qui ne
permettra jamais de les confondre.

Pourrions-nous désormais, dans la nécessité de qua-
lifier notre espèce, admettre ces définitions dégradantes
qui nous ont été laissées par le matérialisme? Dire avec

quelques-uns : « *L'homme est le premier des animaux* ; « avec Saint-Lambert : « *L'homme est une masse organi-* » *sée et sensible qui reçoit l'esprit de tout ce qui* » *l'environne et de ses besoins.* » Ne serait-ce pas lui ravir son plus beau titre, l'isoler complétement de son origine céleste, le plonger à jamais dans le dernier degré d'abjection ? Envisageons au contraire le principe immatériel qui régit toutes ses facultés , comme la partie essentielle et fondamentale de son être, et ne voyons dans les organes de notre économie que des instrumens employés par ce régulateur dans ses applications aux objets de nos rapports.

C'est d'après cette idée plus noble et surtout plus conforme à notre élévation , que les véritables philosophes ont cherché, dans leurs inspirations sublimes, des termes plus dignes de notre nature. Ainsi, d'après St-Augustin : « *l'homme est une âme raisonnable qui* » *exerce ses facultés par des organes terrestres et mor-* » *tels.* » Suivant M. de Bonald : « *l'homme est une* » *intelligence servie par des organes.* » C'est à cette dernière définition que nous devons nous arrêter ; elle est simple , puisée dans la nature, basée sur la vérité , à la hauteur de son objet par la pensée comme par l'expression.

Considéré sous ce dernier point de vue, le seul qui convienne à son caractère, l'homme va nous présenter des fonctions intellectuelles dans un ordre complétement étranger aux besoins physiques. L'éducation agrandira sans doute le développement de ces fonctions, mais elles n'en resteront pas moins essentiellement originelles. En effet, même à l'état sauvage , il conserve des traits natifs qui le distinguent des animaux. Seul , dans toutes les parties du globe, il possède l'idée d'un être suprême, il éprouve le besoin d'un culte, il est religieux par sentiment avant de le devenir par conviction. L'habitant des déserts, sans les bienfaits de la civilisation, vivra dans l'ignorance, jamais il ne professera l'athéisme. Les peuplades, même les plus incultes, croient aux esprits ; plusieurs admettent l'existence de deux génies : celui du bien, *orimase* ; celui du mal, *ahrimane*. Ils enterrent leurs morts avec des armes et des instrumens appropriés aux besoins d'une autre vie. Trouvons-nous jamais rien de semblable chez les animaux les plus élevés dans la série zoologique ?

C'est dans l'action combinée du principe immatériel et des instrumens organiques soumis à son influence que nous allons étudier les phénomènes intellectuels. Deux appareils nerveux se rencontrent dans cette économie : l'un *encéphalique*, naturellement guidé par la *raison* dans les manifestations normales de son activité ; l'autre *ganglionaire*, dirigé par les impulsions irréfléchies de l'*instinct*. Nous avons dès-lors à considérer ces phénomènes dans les deux modifications indiquées. Nous caractériserons la première par le terme d'*intellectualisations*, et la seconde par celui de *passions*.

SECTION PREMIÈRE.

INTELLECTUALISATIONS.

Nous désignons sous ce terme les combinaisons qu'effectue l'âme secondée par le cerveau. Ces combinaisons, au nombre de quatre : 1° *idée*, 2° *raisonnement*, 3° *jugement*, 4° *coordination*, ont pour objet commun la connaissance des choses, l'investigation de la vérité.

« *Connaître, aimer, voilà tout l'homme,* » ont dit MM. de Bonald et de Lamennais. Cette expression est grande, mais incomplète.

Charles Bonnet reconnaît en nous trois facultés : 1° *aimer,* 2° *apprendre,* 3° *agir.* Cette idée nous paraîtrait mieux rendue par les termes : 1° *sentir,* 2° *connaître,* 3° *exprimer.* Tel est en effet l'enchaînement des phénomènes intellectuels dans les fonctions qui servent à l'établissement de nos rapports avec tous les objets extérieurs.

Déjà nous avons examiné tout ce qui rentre dans la *capacité de sentir,* nous devons actuellement préciser les actions relatives à la *capacité de connaître.*

C'est en procédant méthodiquement du simple au composé, du connu à l'inconnu, dans cette investigation difficile, que nous pourrons arriver à des notions positives. Nous étudierons dès-lors successivement 1° *les idées,* 2° *les raisonnemens,* 3° *les jugemens* 4° *la coordination.*

1° IDÉES.

L'idée, ἰδέα, des Grecs, *idea, perceptio,* des Latins, peut être définie : *représentation mentale d'un objet.*

Cette première opération de l'intelligence en est aussi la plus simple. Elle s'exécute par l'exercice de la faculté de percevoir sur l'impression transmise au cerveau. L'idée que l'on peut encore nommer : *impression convertie en perception,* est donc la représentation mentale de l'objet qui la produit ; ou, si l'on veut encore, l'expression morale de l'impression effectuée. Sans excitations point d'idées. En multipliant les unes on augmente le nombre des autres ; de telle sorte que l'homme qui sent d'une manière plus vive et plus diversifiée, devient, toutes choses égales d'ailleurs, celui qui pense davantage.

Le sujet que l'on renfermerait dans une seule manière de sentir n'aurait qu'un seul ordre d'idées. C'est ainsi qu'en réduisant le nombre des sens on rétrécit constamment la sphère de l'intelligence, on diminue surtout la variété de ses opérations. L'aveugle d'origine est incapable d'intellectualiser les impressions de la lumière ; le sourd, de percevoir celles des sons etc. Cependant il serait erroné de penser, comme l'a fait Condillac, dans un système beaucoup plus spécieux que solide, qu'en donnant successivement à la statue qu'il imagine les sens de la vue, de l'ouïe, du goût, de l'odorat et du toucher, on obtiendrait tous les élémens intellectuels que nous possédons ; et qu'en la privant, par degrés, de ces mêmes sens on neutraliserait complétement ses facultés de combinaison par défaut d'élémens pour les exercer. Il existe en effet une autre source d'impressions à percevoir. Cet axiome célèbre d'Aristote, répété par Condillac : « *nihil est in intellectu quod non priùs fuerit in sensu* », offrirait l'expression de la réalité, si le *sensus* de ces philosophes ne comprenait pas exclusivement les sens externes, et ne laissait pas en dehors de la question le sens interne, le système nerveux ganglionaire dont ils ignoraient complétement la nature et même l'existence.

Faut-il s'étonner en voyant ce point essentiel de doctrine encore indécis parmi les philosophes étrangers à la physiologie ? Pourraient-ils en effet s'entendre alors qu'ils ne tiennent pas le premier chaînon de la vérité ?

Les dogmatiques ont longuement disputé sur la question de savoir s'il existe des *idées innées*. Pour terminer ces discussions fastidieuses qui même encore aujourd'hui partagent les écoles, il faut d'abord s'entendre sur la valeur des termes.

Si l'on nomme *idées innées* celles qui se développent sans l'occasion d'aucune impression extérieure, sans le concours des sensations tactile, visuelle, auditive, olfactive, gustative, alors *ces idées existent positivement,* déterminées par des excitations que l'instinct éveille dans les profondeurs de l'organisme. A cette catégorie nous devons rattacher celles qui, sans aucune éducation, sans aucun raisonnement antérieur portent le jeune enfant à saisir la mamelle pour en extraire du lait par succion; l'animal qui vient de naître, à choisir la plante ou la graine particulièrement destinée à son espèce etc. Toutes ces idées et les actions qui les suivent sont évidemment la conséquence des impressions que la nature conservatrice fait naître dans les viscères intérieurs à l'occasion des besoins qu'ils éprouvent d'exécuter certaines fonctions. Sollicitées dans les divisions de l'appareil nerveux ganglionaire, ces impressions arrivent à l'encéphale et deviennent ainsi l'origine des actes que nous pouvons, en raison de leurs caractères, placer au niveau de la première inspiration, de l'évacuation du méconium, de l'urine etc.

Si l'on envisage au contraire *les idées innées* comme se développant sans aucune impression *soit externe, soit interne;* comme des modifications morales inhérentes à notre première animation, alors *elles n'existent pas.*

Les idées d'un être suprême, du juste, de l'injuste etc. semblent d'abord innées parce qu'il n'est pas nécessaire de nous les enseigner. Mais avec un peu de réflexion, on s'aperçoit bientôt qu'elles sont une conséquence des premières notions que nous pouvons acquérir nous-mêmes sur la grandeur, la beauté de l'univers, l'horreur du vice, l'amour de la vertu. Ces idées, germant dans l'âme, produisant leurs effets dès qu'elle possède la conscience de son être, et qu'elle fait les premiers pas dans la carrière des relations que nous devons bientôt entretenir avec toute la nature, prennent ainsi l'apparence illusoire d'une origine essentiellement liée à celle de notre organisation. Tel est évidemment le fond de cette question si diversement et quelquefois si vaguement discutée.

Ainsi deux sources principales de sensations et d'idées se rencontrent nécessairement dans l'économie de l'homme; toutes les sensations qu'il peut éprouver, toutes les idées qu'il est susceptible de former émanent primitivement, dans leurs conditions élémentaires, de l'une ou l'autre de ces deux sources.

La plus importante à l'homme intellectuel est représentée par le système nerveux encéphalique dont le centre principal se trouve dans le cerveau. Les impressions qui naissent de cette première source, plus spécialement relatives aux phénomènes du commerce extérieur, offrent les matériaux des idées qui rentrent dans le domaine de l'intelligence gouvernée par la raison.

La plus nécessaire à l'homme physique est offerte par le système nerveux ganglionaire, dont le foyer central moins rigoureusement circonscrit, doit être placé dans le ganglion semi-lunaire et dans le vaste plexus qu'il concourt à former. Les impressions qui s'élèvent de cette autre source ont une liaison plus spéciale avec les besoins particuliers de l'organisme vivant, deviennent d'autant plus impérieuses dans leur influence que les fonctions dont elles sollicitent l'accomplissement sont plus indispensables à la conservation des individus, à la propagation des espèces. Elles fournissent les élémens des idées instinctives, confondues par quelques philosophes avec les modifications mentales qu'ils ont voulu caractériser sous le titre *d'idées innées*. Tels sont l'appétit vénérien, la faim, la soif, les sentimens que fait naître le besoin de la respiration, de la circulation, du mouvement etc. Toutes ces impulsions organiques, soulevées dans les diverses régions du système nerveux ganglionaire, vont exciter l'encéphale et quelquefois maîtriser ses déterminations.

Cette source des impressions intérieures, beaucoup trop ignorée par les philosophes, produit, chez l'homme et chez les animaux supérieurs, des influences bien remarquables sur l'enchaînement des phénomènes intellectuels, sur la direction des actes soumis à l'empire de la volonté. C'est là que se forme, que grossit l'orage des passions violentes qui, sévissant à la manière des tempêtes, jettent le désordre et la confusion dans les opérations mentales et dans les actions chargées d'en exprimer les résultats. C'est dans le même foyer que naissent, comme des impulsions vivifiantes, ces inspirations nobles et généreuses qui semblent agrandir notre âme en l'élevant au niveau de son origine céleste !

Nous croyons avoir précisé convenablement les deux systèmes des sensations, les deux sources principales de nos perceptions et de nos idées, les élémens fonctionnels de l'homme moral. Il est aisé de pressentir la nécessité des uns et des autres dans notre économie.

Sans l'influence du système ganglionaire sur le système encéphalique, en d'autres termes, sans l'action de *l'instinct* sur la *raison*, les productions intellectuelles restent froides, méthodiques incolores ; avec cette influence magique, elles peuvent arriver au plus haut degré du merveilleux. Dans le premier cas elles sont l'œuvre de l'esprit ; dans le second , elles deviennent les sublimes inspirations du génie !

Sans l'action du système encéphalique sur le système ganglionaire, ou mieux encore, sans l'empire de la *raison* sur *l'instinct*, les opérations mentales portent le cachet de l'irréflexion et de la démence; avec cet empire, nous les voyons rentrer dans les dispositions normales.

Pour toutes les circonstances de ces actions diversifiées, la perfection de leur accomplissement se trouve dans un juste équilibre entre l'instinct qui doit imprimer l'impulsion et la raison qui se trouve chargée d'en régler , d'en mesurer les manifestations. C'est encore à l'établissement, au maintien de cette harmonie que doit s'appliquer tout système d'éducation bien dirigée.

Il est actuellement facile d'apprécier à leur juste valeur et l'opinion de Platon, de Descartes, de Bossuet etc., qui reconnaissent des idées innées , et celle de Bacon, de Locke, de Condillac etc., représentant l'âme comme une table de marbre poli sur laquelle ne se trouve encore, à la naissance, aucun des nombreux caractères qui désormais viendront s'y graver. L'une et l'autre de ces théories sont également fautives ; la première en supposant des idées sans impressions antérieures ; la seconde en méconnaissant l'origine d'une partie des élémens de la pensée.

L'idée , intellectualisation la plus simple que l'on puisse imaginer , est toujours la conséquence d'une impression soit actuelle, soit réfléchie ; soit instinctive , affectant le sens interne, soit intellectuelle portant sur les sens extérieurs. Dans tous ces cas le principe immatériel entre en action par l'intermédiaire du cerveau dont la turgescence vitale démontre assez la part qu'il prend à cette combinaison. De ce concours merveilleux, dont notre faible raison est à jamais incapable d'apprécier le mystère, nous voyons surgir une pensée, une représentation mentale de cette impression, sans aucun des caractères généraux et particuliers de la matière, entrant dès-lors complétement dans le domaine de l'esprit, faisant naître pour l'âme un des états que nous caractérisons par les termes de *peine*, *d'indifférence* ou de *plaisir*.

Les auteurs ont voulu reconnaître des idées simples, composées, complexes, abstraites, concrètes, claires, obscures, distinctes, confuses etc. Sans nous égarer au milieu de ces modifications pour le moins subtiles, nous dirons seulement que, dans l'hypothèse où l'image intellectuelle de l'objet se trouve en harmonie parfaite avec les caractères de ce dernier, l'idée mérite le nom de *vraie*, tandis qu'elle est *fausse* dans la supposition contraire, ou pour mieux dire, elle n'existe plus comme représentation de ce même objet. Ainsi, lors que je vois une surface arrondie, terminée par une ligne dont tous les points sont également éloignés du centre commun, j'ai l'idée vraie d'un cercle parfait. Au contraire, si cette ligne paraît mesurée, dans les éloignemens de ses points, par des rayons inégaux, je puis alors voir un ovale en percevant une idée fausse, puisqu'il existe réellement un cercle. Le plus grand nombre des illusions analogues peuvent être le résultat d'une perversion cérébrale, sensitive ou mentale.

Cette première action de combinaison est si simple, si naturelle que nous la rencontrons dès l'enfance, quelquefois même avec une assez grande perfection ; chez les sujets d'une intelligence très-bornée, chez les idiots etc. Les animaux doués d'un cerveau perçoivent également des idées, comme il est aisé de s'en convaincre en les suivant avec attention dans leurs manifestations d'activité ; ces idées sont constamment renfermées dans la sphère des nécessités organiques.

En possession de ce premier élément intellectuel des combinaisons les plus compliquées, nous devons actuellement examiner les modifications progressives que l'âme va lui faire éprouver dans la série des phénomènes qui lui sont particuliers.

2° RAISONNEMENT.

Le raisonnement, λογισμός, des Grecs, *argumentatio*, des Latins, est une opération plus ou moins compliquée faite par le principe immatériel pour trouver et surtout pour démontrer la vérité.

Cette *vérité*, constituée par l'essence même des choses, possède un empire universel. Notre esprit la cherche avec ardeur, se complaît dans son intuition. Si l'âme pouvait être complétement affranchie des *sophismes*, des *préjugés* et des *passions*, sources les plus communes de *l'erreur*, cette même vérité règnerait sans partage.

Suivant les degrés de son apparition à l'esprit, on la nomme *possibilité*, *doute*, *probabilité*, *évidence* ; on lui donne les titres de *certitude*, de *conviction* lorsqu'elle est démontrée par des preuves irréfragables.

Quelle que soit la forme adoptée par les logiciens sous les noms de *syllogisme*, *prosyllogisme*, *enthymème*, *epichérème*, *dilemme*, *gradation*, *induction* etc., le raisonnement se réduit toujours à la comparaison des idées pour juger ensuite leur convenance ou leur opposition.

Si nous prenons pour exemple, dans cette application, le syllogisme que l'on peut envisager comme le prototype des autres modes, nous y trouvons deux idées comparées à une troisième, qui devient leur moyen terme, pour en déduire les rapports véritables qui doivent exister entre elles.

Ces trois idées forment la base de trois propositions dont la première est appelée *majeure* ; la seconde, *mineure* ; la troisième, *conclusion*.

Les logiciens réduisent la légitimité de tout raisonnement à trois conditions principales. 1° *Universalité* de la majeure ; 2° *affirmation* de la mineure ; 3° dans la conclusion, *qualité* de la majeure, *quantité* de la mineure.

D'après ces principes, lorsque nous disons : *Pierre est vertueux et par conséquent respectable* ; cette phrase renferme un raisonnement qui naît de la comparaison des idées *Pierre*, *vertueux*, *respectable*, entre lesquelles nous trouvons une convenance parfaite.

En donnant à ce raisonnement la forme du syllogisme nous l'établirons ainsi. 1° *Majeure.*—Ce qui est vertueux est respectable ; 2° *mineure.*—Or Pierre est vertueux ; 3° *conclusion.*—Donc Pierre est respectable.

Le raisonnement peut être affirmatif ou négatif, vrai ou faux. L'erreur de celui-ci peut exister : 1° dans ses élémens, 2° dans sa disposition, 3° dans ses résultats.

Sous le premier rapport, l'une ou l'autre des idées fondamentales n'offrant pas la rectitude convenable, il en résultera nécessairement une combinaison dont l'ensemble doit manquer de justesse, lors même que cette opération présenterait les autres conditions.

Sous le second rapport, le raisonnement, en opposition avec les règles établies, défectueux dans l'enchaînement de ses termes, conduit également à l'erreur. On le nomme alors *sophisme*, lorsque cette erreur est appréciée par celui qui l'emploie ; *paralogisme*, dans l'hypothèse contraire ; *l'équivoque*, *l'abus de principe*, l'*induction vicieuse* en deviennent les causes les plus ordinaires.

Sous le troisième rapport, les idées peuvent être justes, les principes vrais, le raisonnement bien conduit, mais la conséquence est fautive, et l'opération intellectuelle devient dès-lors illusoire.

3o JUGEMENT.

Le jugement, χρισίς, des Grecs, *judicium*, des Latins, est en quelque sorte le phénomène complémentaire du raisonnement. C'est par lui que le principe immatériel associe les idées après en avoir effectué la comparaison. Elles resteraient sans liaison et sans utilité dans l'intelligence qui présenterait les conditions de l'idiotisme, si l'exercice de cette fonction ne les combinait pas de manière à les approprier à toutes les applications dont elles sont alors susceptibles. J. J. Rousseau l'a dit avec assez de justesse : « apercevoir les objets, c'est sentir ; « apercevoir les rapports, c'est juger. »

Ce résultat intellectuel exprimant la convenance ou l'opposition des idées, est dès-lors nécessairement affirmatif ou négatif. Ainsi, comparant, d'un côté les termes *vertu*, *honorable* ; de l'autre, les expressions *vice*, *respecté*, trouvant entre les deux premiers un rapprochement, je les associe ; entre les deux seconds, une répugnance, je les sépare. En disant, *la vertu est honorable*, *le vice n'est pas respecté*, je forme deux jugemens, l'un emportant l'*affirmation*, l'autre la *négation*.

Le jugement peut être vrai ou faux. Dans le premier cas, le rapport qu'il exprime existe réellement ; comme pour ces propositions : *le fer est dur* ; *l'argent n'est pas noir* etc. Dans le second, ce rapport n'est qu'imaginaire ;

ainsi, pour ces assertions : *tous les animaux sont raison-nables* ; *l'or n'est pas ductile* etc.

Les erreurs du jugement prennent le plus ordinairement leur source dans *l'orgueil*, *la précipitation*, *l'ignorance*, *les passions*, *l'incapacité*, *la prévention* etc. Elles sont d'autant plus fâcheuses qu'elles entraînent la perversion des phénomènes consécutifs soit dans les autres combinaisons intellectuelles, soit dans les fonctions d'expression.

Il est aisé maintenant de comprendre la réalité du principe que nous avons émis en considérant la faculté de juger comme élément essentiel de l'intelligence, alors qu'il s'agit d'obtenir des résultats positifs et vrais. Si les jugemens sont exacts, l'édifice intellectuel s'élèvera sur des fondemens solides ; si les jugemens sont faux, cet édifice, érigé sur un vain échafaudage, croulera par le moindre effort.

4ᵉ COORDINATION.

La coordination, διάθεσις, des Grecs, *dispositio*, des Latins, est cette fonction compliquée de l'intelligence par laquelle notre principe immatériel arrange, dispose toutes ses notions, les enchaîne dans l'ordre le plus naturel, en forme un ensemble, un corps harmonique dont les différentes parties se trouvent placées dans le jour qui leur convient.

Cette action de combinaison exige des moyens supérieurs. Celui qui l'exerce doit s'élever dans une sphère ignorée des esprits vulgaires ; planer, dans son vol audacieux, au-dessus des connaissances humaines ; les embrasser avec ce coup-d'œil de l'aigle qui peut en découvrir les sommités, en sonder les profondeurs ; saisir d'une main hardie tous les faits épars et sans liaison pour les rattacher à leur centre commun , à la vérité.

Dans cette investigation difficile et sujette à l'erreur, notre esprit peut suivre deux voies opposées : 1° *l'analyse*, 2° *la synthèse*.

Par la première, il examine isolément les diverses parties d'un même tout afin d'arriver progressivement aux considérations de leur ensemble. Cette méthode, en rapport avec la faiblesse de l'intelligence humaine, convient à la majorité des sujets, aux sciences qui renferment des élémens nombreux et diversifiés.

Par la seconde , au contraire, il saisit l'ensemble des rapports, il comprend les principes généraux, et voit les masses communes avant d'arriver aux détails particuliers. Cette marche , supérieure à la capacité de la plupart des hommes, n'est praticable que pour un petit nombre de conceptions fortes et d'esprits pénétrans ; elle est surtout avantageuse aux progrès des connaissances basées sur des fondemens simples et naturels.

Penser, raisonner, juger, coordonner, tels sont donc les quatres fonctions principales de l'intelligence, par la combinaison desquelles s'opèrent nos immortels chef-d'œuvres dans les sciences et dans les arts. C'est par leur exercice que l'esprit développe ses facultés natives, et qu'il enrichit son domaine en y classant, avec méthode et discernement, des notions utiles et marquées du sceau de la vérité.

Plus l'homme est instruit, plus il sent le besoin d'apprendre et d'augmenter des connaissances toujours faibles et bornées ; par une conséquence naturelle, plus il est savant, plus il devient indulgent et modeste.

Nous comparons le sujet qui se livre à l'étude, au pâtre gravissant le sommet d'une montagne vers le premier signal de l'aurore. D'abord très-limité, l'horison qu'il aperçoit ne présente qu'un petit nombre d'objets dont son esprit saisit facilement l'ensemble. Fier de cette illusoire supériorité de perception, il éprouve un moment d'orgueil. Mais bientôt l'astre du jour agrandissant la sphère de ses rapports, les multiplie, les diversifie de manière qu'il est désormais incapable d'en voir toutes les modifications et d'en embrasser toute l'immensité. Son âme s'élève, mais en même tems il connaît sa faiblesse et comprend son insuffisance.

Après avoir considéré les intellectualisations à leur état de simplicité, s'exerçant dans le domaine exclusif de la raison, nous devons étudier les influences qu'elles reçoivent des impulsions instinctives.

SECTION DEUXIÉME.

PASSIONS.

Passion, πάθος, des Grecs, *passio*, des Latins. Nous désignons par ce terme : *des impulsions instinctives, émanées du système nerveux ganglionaire, étrangères à la raison, à la volonté qu'elles peuvent subjuguer, modifiant diversement les phénomènes intellectuels.*

De même que les impressions encéphaliques, elles peuvent être directes ou réfléchies. Les premières se développent sous l'influence d'une cause actuellement en activité ; c'est ainsi qu'un outrage présent excite l'indignation de l'homme d'honneur. Les secondes se manifestent par la réminiscence d'une action dont l'existence est déjà loin dans le passé ; ne voyons-nous pas le souvenir d'une injure éveiller le même ressentiment qu'elle avait occasionné d'abord. La mémoire appartient donc au domaine des passions comme à celui de la raison. Celle-ci peut être envisagée comme la réminiscence de l'esprit ; la première, d'après l'expression heureuse de Massieu, comme la *mémoire du cœur*.

Plusieurs questions importantes viennent actuellement se présenter sous le point de vue du siége, des prédispositions, du caractère particulier des passions ; nous les examinerons successivement.

Relativement au siége. — Les physiologistes et les philosophes ont longuement discuté sur l'établissement de ce foyer principal, sans arriver à des résultats positifs. Le *cerveau*, le *centre épigastrique*, les *différens viscères*, ont été successivement désignés.

Ces divergences d'opinion portant spécialement sur l'équivoque des termes ; nous devons avant tout bien préciser le sens de ces derniers.

Si l'on considère les passions relativement à l'origine de l'impulsion instinctive qui les fait naître, il est évident que leur siége essentiel se trouve dans le centre nerveux ganglionaire, et plus particulièrement dans tel ou tel organe de son domaine, si l'impression est spéciale et constitutive de l'appétit qui sollicite naturellement l'activité de ces mêmes organes. Ainsi les passions liées au besoin des alimens ont leur source dans l'estomac ; celles de l'amour physique, dans l'appareil générateur etc; les emportemens de la colère, les pénibles concentrations du désespoir, les sombres agitations de l'envie etc. , manifestent leurs premiers et leurs plus violens effets dans le *plexus solaire*, foyer principal du système des ganglions.

Si l'impression est purement instinctive, elle affecte immédiatement ce foyer sans traverser le centre nerveux encéphalique ; au contraire, lorsqu'elle est occasionnée par une excitation des sens externes, elle arrive d'abord au cerveau, part de cet organe et se rend définitivement soit au plexus ganglionaire , soit aux viscères intérieurs dans lesquels se distribuent ses rameaux. Pour l'une et l'autre modification, c'est toujours à cet appareil nerveux que se rapporte l'origine essentielle de la passion. Aussi, chez le même sujet, les mêmes excitations extérieures ne développent-elles pas constamment des résultats identiques, et voyons-nous au contraire l'état actuel des viscères pectoraux, abdominaux, celui des ganglions modifier profondément les passions non-seulement sous le rapport de leur violence, mais encore sous celui de leur nature. Pendant la plénitude ou la vacuité de l'estomac, dans l'érétisme ou l'atrophie des organes génitaux etc., la vue d'un mets délicat, d'un objet érotique ne produit pas des effets semblables pour ces dispositions contraires ; dans l'état d'intégrité des intestins, de l'estomac, du centre épigastrique, une injustice peut être méprisée par la raison, passer en quelque sorte inaperçue ; mais s'il existe entérite, gastrite, névrose ganglionaire etc., cette injustice produit l'indignation , la colère et toutes leurs funestes conséquences.

D'après ces faits positifs, d'après ceux du même ordre que nous pourrions invoquer encore, il est évidemment démontré que les impressions occasionnelles des passions offrent deux voies principales ; d'une part, le sens interne ; de l'autre, les sens extérieurs ; que l'appareil des ganglions et ses annexes présentent l'origine et le foyer primitif de ces impulsions instinctives ; réagissent à leur tour sur l'encéphale pour en modifier, quelquefois même en pervertir complétement les fonctions. Il suffit d'observer la marche de ces perturbations variées, pour en bien saisir l'enchaînement et l'ensemble. Ainsi, dans le plus grand nombre des passions, nous voyons les premiers désordres se manifester au milieu

des phénomènes régis par le système nerveux ganglionaire, comme le prouvent l'augmentation, l'irrégularité,
la diminution, quelquefois même la suspension des
mouvemens du cœur ; le trouble des secrétions ; la
perversion des émissions urinaires, des évacuations
alvines ; la suppression des menstrues ; les anomalies de
la respiration, etc. ; si les actions de combinaison intellectuelle, d'expression volontaire participent au
désordre général, c'est toujours secondairement ; l'orage
a déjà grondé vers l'épigastre avant d'éclater au cerveau ;
pour les âmes fortement trempées, chez les sujets d'une
raison supérieure, d'une volonté ferme, souvent il
exerce des ravages profonds dans les viscères intérieurs
sans altérer notablement les fonctions encéphaliques.
C'est une vérité bien importante relativement à la morale, et sur l'examen de laquelle nous reviendrons.

Si l'on envisage au contraire les passions sous le
rapport des déterminations qu'elles provoquent, des
réactions qu'elles entraînent, leur siége doit être placé
dans le cerveau, puisqu'il ne peut exister aucune idée,
aucun raisonnement, aucun jugement, aucun mouvement volontaire sans l'action spéciale de cet organe.

C'est en négligeant une distinction aussi nécessaire
que les auteurs, dans l'impossibilité de s'entendre, ont
soutenu des théories quelquefois brillantes, mais toujours
plus ou moins erronées. Il ne faut adopter ici, comme
partout ailleurs, d'autre système que celui de la nature
qui nous montre, en dernier résultat, le siége essentiel
et primitif des passions dans le système nerveux ganglionaire, et, dans le cerveau, celui des déterminations
qu'elles peuvent occasionner.

Relativement aux prédispositions. — Assez récemment, un névrologiste célèbre voulut effectuer, pour les
passions, mais avec moins de vraisemblance encore, ce

qu'il avait entrepris pour les facultés intellectuelles , en imaginant, dans l'encéphale , un organe spécial pour chaque affection particulière de l'âme. Nous démontrerons bientôt, sous le premier rapport, l'erreur de cette hypothèse beaucoup trop fameuse ; il n'est pas nécessaire d'en discuter la seconde application , puisque les faits s'unissent pour établir que les passions n'ont pas leur siége essentiel dans le cerveau.

Sans doute, nous naissons tous avec des prédispositions, mais non point avec des organes dévolus à telle ou telle affection mentale ; et lors même que l'on voudrait admettre ces organes , ce n'est pas dans l'encéphale qu'il faudrait les placer. Ainsi , l'homme dont l'appareil biliaire présente un développement très-marqué paraît enclin aux passions fortes et violentes, notamment à la colère , à la haine, à l'ambition etc. ; celui dont les organes digestifs sont actuellement le siége d'une irritation chronique, devient ordinairement triste, mélancolique , envieux, jaloux etc. Lors que ces états de l'économie sont remplacés par des modifications contraires, les dispositions morales prennent des caractères opposés , en donnant une preuve incontestable de la réalité des principes que nous avons émis sur la nature et le siége des passions. Nous verrons en effet bientôt que, par une volonté ferme et raisonnée, par les secours du régime , de l'éducation et du genre de vie, le cœur de l'homme peut éprouver des améliorations trop négligées dans le système actuel à peu près exclusivement occupé des perfectionnemens de l'esprit.

Relativement au caractère particulier. — Au milieu de ces dispositions générales qui les rapprochent, les passions offrent des traits individuels qui les distinguent. Les unes semblent exister pour nous rattacher à tout ce qui nous environne ; pour nourrir dans notre âme cette noble philanthropie qui toujours agrandit la sphère du bonheur propre en l'identifiant à celle de la félicité commune. Les autres paraissent faites pour enlever à l'homme ce repos de la conscience qui seule peut assurer la véritable sécurité ; pour le tourmenter sur le présent, l'inquiéter sur l'avenir, le rendre insupportable aux autres, à soi-même en lui faisant quelquefois éprouver une dégradation morale dont les plus vils animaux ne sont jamais susceptibles ; comme si les perfections de son espèce avaient besoin d'une opposition pour humilier son orgueil, et l'avertir de la nécessité de veiller incessamment aux continuelles aberrations de sa faible nature.

Ainsi, chez cet être extraordinaire, dans ce merveilleux composé d'élévation et d'abaissement, non seulement les passions contrebalancent la raison, mais encore ces impulsions instinctives s'équilibrent mutuellement, de telle sorte qu'il n'existe pas une affection mentale qui ne puisse rencontrer dans l'âme une affection opposée.

Pour bien comprendre les caractères particuliers et l'ensemble d'un aussi grand nombre de sentimens divers, nous les rangerons en trois catégories, d'après l'influence qu'ils exercent dans nos relations naturelles. *Passions* : 1° *qui provoquent les rapports nobles et bienveillans* : amour, amitié, bienveillance, estime, admiration, respect, pitié, philanthropie, bienfaisance, reconnaissance, émulation, activité, constance, espérance, courage, patience, gaieté, indulgence, modestie. 2° *Qui repoussent violemment ces rapports.* — Haine, mépris, envie, jalousie, colère, cruauté. 3° *Qui les pervertissent.* — Ambition, orgueil, égoïsme, prodigalité, avarice, ingratitude, versatilité, indifférence, paresse, ennui, tristesse, sévérité, crainte, lâcheté.

Ces nombreux sentimens offrant la base des constitutions morales, nous devons les étudier au moins dans leurs caractères fondamentaux.

ı° PASSIONS QUI PROVOQUENT LES RAPPORTS NOBLES ET BIENVEILLANS.

Cette première classe renferme tout ce que l'homme peut offrir d'inspirations nobles et généreuses. Les élans du cœur y sont grands, quelquefois sublimes. C'est le plus beau côté de notre espèce, le seul qui nous rapproche véritablement de la divinité.

Nous y rencontrons avons nous dit : *amour*, *amitié*, *bienveillance*, *estime*, *admiration*, *respect*, *pitié*, *philanthropie*, *bienfaisance*, *reconnaissance*, *émulation*, *activité*, *constance*, *espérance*, *courage*, *patience*, *gaieté*, *indulgence*, *modestie*. Chacune de ces passions doit isolément nous occuper.

AMOUR. — ἔρως, des Grecs, *amor*, des Latins, en prenant le terme dans son acception essentielle et primitive, indique le *sentiment qui rapproche les deux sexes l'un vers l'autre, d'une manière souvent irrésistible*. Sous ce rapport, il rentre plus ou moins directement dans la propagation des espèces. Nous en trouvons la preuve assez positive en le voyant étranger à l'enfance, développé seulement à la puberté, s'affaiblir vers la fin de l'âge viril, et disparaître dans la vieillesse. Il est, à ce dernier terme de la vie, si contraire aux lois naturelles, qu'on le trouve alors dépravé, ridicule d'après l'expression heureuse du poète latin : *turpe, senex miles ; turpe, senilis amor.*

Cette passion peut alors naître dans l'âme sous deux

influences bien différentes. L'une est relative au sentiment instinctif qui préside à l'exercice de la génération ; l'autre à cet attrait indicible qui éveille, entre les deux sexes, des sympathies d'un ordre beaucoup plus élevé, reposant sur la convenance des goûts, des mœurs, des habitudes ; sur des perfections réelles, et même quelquefois imaginaires. Dans le premier cas, elle prend le nom *d'amour physique*, dont les excès ont été désignés par les termes de *luxure*, *d'érotisme*, *de satyriasis*, *de nymphomanie etc.* ; c'est la seule modification que l'on rencontre positivement chez les animaux. Dans le second, on l'appelle *amour moral*, *platonique*, appartenant exclusivement à notre espèce. L'un peut être excité par la coquetterie d'une courtisane, l'autre par les jeunes attraits de la vertu naïve.

On a voulu donner plus d'extension à ce mouvement instinctif en l'appliquant aux principaux objets de nos rapports. Il deviendrait ainsi le premier mobile des relations que nous entretenons avec tout ce qui nous environne, la base fondamentale de la véritable sociabilité. C'est ainsi que l'on a reconnu l'amour *filial*, *maternel*, *fraternel*, *divin* etc. C'est évidemment détourner cette expression de son véritable sens. Dès-lors, nous renfermerons d'abord la passion qui nous occupe dans ses caractères essentiels, et nous examinerons ensuite les principales modifications qu'elle peut offrir.

L'amour fascine les yeux du sujet qui l'éprouve, aussi l'antiquité fabuleuse couvrit-elle d'un bandeau ceux du jeune dieu de Gnide et de Paphos. Il égare la raison, fausse le jugement en exagérant les qualités de l'objet aimé, en masquant ses imperfections et même ses défauts.

Toutefois, cette passion est susceptible d'inspirer les plus fortes résolutions ; et si, d'un côté, le fer, le poison deviennent quelquefois ses affreux auxiliaires, de l'autre, des actions d'éclat, d'héroïsme, de vertu forment plus souvent encore son immortel et brillant cortége.

Cette passion est celle de l'adolescence. Dans cet âge heureux, l'âme alors neuve se remplit aisément des illusions les plus séduisantes ; le cœur n'ayant point encore fait la triste expérience des hommes , s'ouvre sans réserve aux sentimens affectueux qui semblent alors constituer son principal domaine.

Lorsqu'un désenchantement complet suit les prestiges de l'amour, lorsque la réalité vient remplacer l'espérance, l'homme ne trouve bientôt plus que regret et dégoût dans l'objet même qui lui promettait la perfection du bonheur. Ce tems des déceptions est beaucoup plus long chez les sujets du sexe féminin , sans doute en raison de la constitution plus délicate et plus nerveuse qui donne l'empire au sentiment de manière à vérifier la réalité de cette observation : « L'amour ne forme qu'une » épisode pour la carrière de l'homme, tandis qu'il constitue l'histoire de toute la vie chez la femme. »

Dans ses acceptions indirectes, l'amour exprime encore des passions remarquables. Ainsi, *l'amour maternel* est susceptible d'inspirer les plus grandes actions ; il n'est pas de sacrifice qu'il n'entraîne ; il s'exerce indépendamment de tous les obstacles. Une mère aime encore son fils lors même qu'il a cessé de mériter son affection; cette passion établie par la nature est à jamais indestructible. *L'amour filial* est moins impérieux ; il augmente en raison des soins, des bienfaits ; plutôt basé sur la reconnaissance que sur les dispositions natives ; étranger à la conservation des espèces , on le voit s'éteindre par l'abandon où les mauvais traitemens. *L'amour fraternel*, moral dans son but de mutuelle protection, est plus instinctif et moins influencé par les considérations extérieures. *L'amour divin*, commun à tous les hommes dont le cœur n'a pas éprouvé les funestes conséquences de la dépravation, inspiré par un mélange de respect, d'admiration, de reconnaissance à la vue de ce bel univers, est toujours sublime dans ses inspirations comme dans son objet, et quelquefois assez impérieux pour dégénérer en monomanie.

AMITIÉ. — φιλία, des Grecs, *amicitia*, des Latins, nous indique *cette passion plus stable et moins violente qui rapproche les sujets sans distinction de l'âge et du sexe par les liens de la plus douce affection.* Établie sur la convenance des sentimens, et plus spécialement sur les qualités du cœur, dans une indépendance absolue des charmes capricieux et passagers de la beauté, de la grâce, l'amitié loin de s'affaiblir augmente et se fortifie par le tems. C'est peut-être la seule passion sur laquelle ce puissant modificateur n'exerce pas une influence destructive; capable des plus grands sacrifices, du plus noble dévouement, elle identifie les deux êtres qui l'éprouvent l'un pour l'autre, et met souvent en commun leur fortune, leurs plaisirs et leurs chagrins. Le cœur d'un véritable ami devient le sanctuaire impénétrable aux indiscrets, où nous pouvons déposer nos plus secrètes pensées, nos jouissances, nos douleurs, en doublant les unes, en allégeant les autres. L'amitié constitue le fondement essentiel du bonheur, la première garantie contre l'infortune. Le souvenir d'une amante infortunée peut s'effacer; on n'oublie jamais un ami !

Cette passion n'est pas étrangère aux animaux. Combien d'exemples n'en pourrions-nous pas citer qui deviendraient des modèles même pour l'homme.

BIENVEILLANCE. — εύνοια, des Grecs, *benevolentia*, des Latins, désigne *un sentiment affectueux beaucoup moins puissant et moins durable par cela même qu'il est basé sur les avantages de l'esprit comme sur les qualités.*

du cœur, par cela même qu'il diminue dans la proportion de leur affaiblissement et s'exerce presque toujours entre des hommes inégaux en pouvoir, en dignités, en fortune. Établissant un premier degré de protection, jamais il ne comporte le charme et les avantages de la réciprocité. Il est entretenu par la reconnaissance et par le soin que l'on met à s'en rendre digne ; l'ingratitude, les déréglemens de la conduite l'affaiblissent par degrés et le détruisent complétement. Il fait éprouver plutôt le désir d'obliger, de faire des heureux, qu'une affection réelle pour les sujets auxquels on le voit s'appliquer. Il est plus voisin de l'amitié que de l'amour ; il diffère essentiellement de l'une et de l'autre.

ESTIME. — τιμὴ, des Grecs, *existimatio*, des Latins, exprime un *sentiment basé d'une manière exclusive sur les vertus, le mérite et les qualités de l'esprit.* Elle peut exister entre tous les sexes, tous les âges et toutes les conditions. Elle est aux hommes ce que le prix est aux choses. C'est en effet la valeur soit absolue, soit relative d'un objet qui peut en établir le *prix* ; c'est également la valeur essentielle ou comparative d'un homme qui mesure le degré d'*estime* qu'on lui doit accorder.

Elle peut se manifester indépendamment des autres sentimens. Ainsi, tel homme qui déplaît par ses manières, excite la jalousie, l'envie par des avantages et des succès incontestables, commande l'estime réelle, même de ses ennemis, par ses qualités personnelles et son mérite supérieur ; tandis que tel autre, sans obtenir un témoignage aussi flatteur, inspire quelquefois un premier degré d'affection.

ADMIRATION. — θαὺμα, des Grecs, *admiratio*, des Latins. C'est ainsi que nous qualifions *cette passion entraînante qui nous exalte à la vue d'une belle action et de tous les genres de mérite, en nous les faisant apprécier avec séduction, et préconiser avec excès.* Elle devient ordinairement le partage des âmes ardentes et des esprits capables d'estimer plutôt que de produire. Lorsqu'elle tombe dans une exagération délirante, on lui donne le nom d'*enthousiasme.*

Cette passion généreuse qui sait rendre justice au mérite, encourager les talens, a besoin d'être convenablement dirigée. Semblable, dans ses effets, à tous les sentimens qui peuvent ébranler fortement l'organisme, elle est susceptible de fausser le jugement et d'égarer la raison.

On l'observe particulièrement dans la jeunesse où toutes les impressions étonnent par cela même qu'elles sont insolites. Elle se perfectionne dans l'âge viril ; s'affaiblit dans la vieillesse, les organes étant moins impressionnables, et toutes les sensations ayant été reproduites un grand nombre de fois.

Elle paraît s'annoncer chez les animaux par quelques traits rudimentaires dans le cercle de leur intelligence et de leurs besoins.

Respect.—αἰδῶς, des Grecs, *reverentia*, des Latins, indique *le sentiment calme et religieux qui fait non seulement estimer les qualités d'une personne ou d'une chose, mais qui porte encore à les honorer d'un culte intérieur en les environnant de ce charme sacré, de ce prestige indicible et puissant qui repoussent également l'attaque et surtout l'injure.*

Il est inhérent aux vertus philanthropiques, à la vieillesse honorable ; règne indépendamment des sentimens affectueux. Tel sujet commande et possède notre vénération, qui n'obtiendra jamais notre amitié.

L'enfant l'éprouve de bonne heure pour ses parens. Pourquoi faut-il qu'on le trouve alors souvent mêlé de crainte ? Dans l'âge viril, son indépendance est plus marquée ; son exercice, plus naturel et plus sincère. Chez le vieillard il naît souvent du désir de la réciprocité.

S'attachant exclusivement aux qualités morales, cette passion n'existe pas chez les animaux. Pour ces derniers, toute soumission est entretenue par la crainte.

Pitié. — ελεος, des Grecs, *compassio*, des Latins, désigne le *sentiment de bienveillance qui porte l'homme à s'attendrir sur des infortunes étrangères, à partager des chagrins et des larmes, à sacrifier son repos et ses plaisirs pour alléger le pénible fardeau du malheur.*

On la rencontre surtout dans les âmes tendres, affectueuses, livrant un accès facile aux sentimens d'obligeance et de compassion, toujours disposées à soutenir la faiblesse par un appui généreux et salutaire. Dans une harmonie plus parfaite avec la sensibilité naturelle du beau sexe, la pitié se rencontre plus ordinairement chez la femme que chez l'homme. Cependant elle n'est pas incompatible avec la fermeté, le courage et toutes les passions qui caractérisent une âme fortement trempée. Dès-lors on ne doit point l'envisager comme une faiblesse ; elle présente au contraire une vertu digne des plus grands noms. Alexandre, vainqueur, ne rougissait pas de son attendrissement en voyant pleurer les filles du malheureux Darius !

Toutefois, il ne faut pas confondre cette pitié naturelle avec la *sensiblerie* de convention dont nous rencontrons chaque jour un si grand nombre d'exemples. Une femme vaporeuse inondera ses mains d'un torrent de larmes en entendant, sur la scène, le récit des malheurs d'Andromaque ou d'Hyppolite, alors qu'elle rencontrera sans émotion, sur son passage, la mère infortunée qui réclame un faible secours pour des enfans abandonnés aux cruels tourmens de la faim ! Au lieu de la passion généreuse qui nous occupe, nous ne voyons ici qu'une dépravation du cœur, une perversion de tous les sentimens d'humanité.

La pitié rentre naturellement dans le domaine de l'enfance ; malheur à celui qui n'en éprouve pas les tendres inspirations dès l'aurore de son existence morale ! Dans l'âge viril, souvent elle paraît contrebalancée par les soins, les difficultés et les ennuis qui viennent embarrasser la vie. Dans la vieillesse, elle reprend un peu d'empire.

Nous en trouvons des exemples assez remarquables chez les animaux, et sans recourir à la fable de Rémus et Romulus, nous pourrions, entre mille faits authentiques, rappeler celui du lion de Florence où la gratitude et la pitié se disputèrent les avantages d'une aussi touchante action.

PHILANTHROPIE.—φίλ ἀνθρωπία, des Grecs, *humanitas*, des Latins. Cette expression indique *la passion sublime qui rapproche l'homme de la divinité, produisant au dehors de lui-même tous les sentimens d'affection, toutes les intentions bienveillantes pour les appliquer sans distinction, sans intérêt particulier, sans espoir de récompense, mais par le seul désir du bonheur commun.*

Le philanthrope voit dans tous les hommes des amis et des frères. Incessamment occupé, dans ses vastes projets, des améliorations physiques et morales de toute une contrée, de tout un pays, soins, fatigues, privations, sacrifices de santé, de repos, de fortune etc., rien n'est capable de l'arrêter. S'il n'atteint pas son but avec des moyens aussi puissans, il faut l'attribuer aux obstacles qu'il rencontre dans les préjugés et l'obstination de ceux même auxquels il consacre ses veilles et ses travaux.

Animé par cette grande passion, l'homme devient supérieur à sa propre nature, s'expose à la souffrance, aux privations, à la mort, lorsqu'il faut conjurer un fléau, détruire une épidémie meurtrière. La reconnaissance de ceux qu'il a soulagés peut seule offrir le digne prix d'un aussi généreux dévouement.

La philanthropie doit surtout guider le médecin ; il peut en faire une utile et continuelle application. Celui qui ne sent pas au fond de son âme le feu brûlant qu'elle perpétue, doit renoncer pour jamais au culte sacré du Dieu d'Épidaure.

Cette passion, qui s'annonce dès les premières années, préparant la plus noble existence de l'homme, en fait une divinité tutélaire à laquelle doivent s'adresser la reconnaissance des générations et la couronne de l'immortalité.

Complétement étrangère aux besoins physiques, cette même passion ne se rencontre point chez les animaux.

BIENFAISANCE. — ἐνεργεσια, des Grecs, *beneficentia*, des Latins, indique *un sentiment louable qui se rapproche de la philanthropie sans en présenter le mérite et l'élévation*. En effet elle n'offre pas cette irrésistible tendance à se produire extérieurement, à s'appliquer à tous les êtres sensibles indépendamment de leur situation relative au sujet qui la met en pratique. Réservée dans ses épanchemens, elle naît à l'occasion du bonheur personnel que l'homme éprouve, et qu'il ne peut bien goûter qu'en le répandant sur les êtres malheureux dont il est environné. L'éloignement ou l'affection modifient presque toujours les impulsions bienfaisantes ; le cœur qui les éprouve n'est pas fermé sans doute au cri de l'infortune ; mais s'il vole avec zèle au secours des sujets qui méritent son estime , et qui savent reconnaître ses libéralités , il ne se prodigue plus avec le même empressement pour l'ingratitude et la dépravation. Relativement à la philanthropie, toute la force d'impulsion est dans l'amour de l'humanité, dans le désir d'être utile sans aucune acception des personnes ; pour la bienfaisance, on la trouve au contraire dans le plaisir de rendre heureux celui qui n'a pas mérité son infortune, et qui saurait dans l'occasion compatir au malheur des autres. La première est la passion des grandes âmes, rêvant incessamment une chimère de félicité générale, tandis que la seconde est le sentiment d'un cœur affectueux, naturellement conduit à soulager la faiblesse ou la vertu souffrantes.

Paraissant dès l'aurore de la vie, la bienfaisance augmentant dans l'âge viril fait encore l'ornement de la vieillesse. Nous en trouvons quelques rudimens chez les animaux qui se rapprochent de l'homme par leurs dispositions à la sociabilité

RECONNAISSANCE. — χαρις, des Grecs, *gratitudo*, des Latins, désigne *cette passion noble et généreuse qui grave profondément dans notre âme le souvenir des bienfaits dont nous avons été l'objet, et qui nous inspire le désir d'y répondre par tous les moyens en notre pouvoir.* Massieu l'a définie : *la mémoire du cœur.* Cette heureuse expression signifie bien notre pensée.

Un aussi beau sentiment, partage des moralités supérieures, éloigne toute considération étrangère pour satisfaire au besoin pressant de rendre dévouement pour dévouement, bienfait pour bienfait. L'homme reconnaissant ne supporte point, comme un fardeau, le souvenir de ses obligations ; il éprouve au contraire une sorte de jouissance à le nourrir dans son cœur ; s'il est empressé d'en manifester les effets, c'est moins pour payer une dette qu'il veut oublier, que pour épancher les tendres sentimens d'une âme remplie des plus affectueuses réminiscences.

Déjà remarquable chez l'enfant, cette passion n'est

pas toujours aussi pure, aussi franche dans l'âge viril. Nous la voyons se ranimer chez le vieillard; l'homme sentant le prix d'un bienfait d'autant plus vivement que sa faiblesse est moins capable de l'affranchir des secours étrangers.

On la rencontre chez les animaux quelquefois avec toute sa perfection. Les plus sauvages nous en fournissent la preuve dans l'attachement qu'ils témoignent aux hommes chargés de les nourrir et de les apprivoiser. On connaît généralement la touchante histoire de l'esclave Androclès et du lion terrible qui devait exécuter son supplice !

ÉMULATION. — ζῆλος, des grecs, *æmulatio*, des latins. On nomme ainsi *la passion noble qui s'éveille dans l'âme à la vue d'une grande action, d'un brillant succès, avec le désir impérieux de les égaler, de les surpasser même s'il est possible.* Toutefois elle ne porte jamais atteinte aux avantages étrangers, elle n'altère ni l'amitié, ni la bienveillance réciproques entre les rivaux qui marchent au même but. C'est un ressort puissant constamment en action pour nous entraîner à la gloire, à la célébrité, sans aucune intention coupable d'ériger la réputation des uns sur les débris de celle des autres. Sympathisant avec la philanthropie, l'émulation consent à partager le triomphe, et lorsque le Corrège s'écriait, en admirant un tableau de Raphaël : « *Anch' io son pittore !* » *et moi aussi je suis peintre !* Il brûlait du besoin de s'élever au niveau de son modèle sans chercher à l'abaisser pour le dépasser ensuite.

Cette passion est le partage des grandes âmes; étrangère à l'intrigue, aux petits moyens de la jalouse médiocrité, sans altérer la justice que l'on doit à ses compétiteurs, elle n'a d'autre auxiliaire que le travail et la persévérance. Avec quel soin ne doit-on pas l'exciter dans l'âme de la jeunesse, puisqu'elle devient le seul garant des succès et de la véritable célébrité. De là cette nécessité des grands exemples et de l'éducation publique alors qu'il s'agit de former des hommes.

Le sujet privé d'émulation est une machine sans ressort qui tend à l'inertie par sa propre nature ; le sujet soumis à cette impulsion représente un combustible dévoré par la flamme ardente, et qui cesse de fournir la plus vive lumière seulement alors qu'il est entièrement consumé.

Naissante chez l'enfant, elle commence à manifester ses effets dans l'adolescence, atteint sa perfection dans l'âge viril pour s'affaiblir insensiblement dans la vieillesse.

Les animaux éprouvent cette passion. Nous voyons chaque jour les oiseaux pour le chant, les coursiers pour la vitesse, rivaliser avec une admirable ardeur ; comme si la nature avait placé dans ce beau sentiment le grand mobile de tous les êtres sensibles.

Activité. — ἐνέργεία, des grecs, *activitas*, des latins. Nous accordons ce titre *à la passion qui développe un mouvement continuel dans notre économie intellectuelle en rompant l'inertie commune à tous les êtres.* Elle devient ainsi le grand ressort de notre existence morale en provoquant l'application de toutes ses facultés essentielles, de manière à suppléer quelquefois la capacité de ses actes par leur continuité. Le sujet actif, avec des moyens ordinaires, est à l'individu capable, mais sans énergie, ce que le nain mobile est au géant paresseux ; les pas du premier sont petits, mais répétés, ceux du second sont grands, mais rares ; de telle sorte que l'intervalle parcouru se trouve presque toujours plus considérable pour celui que la nature semblait au premier aspect avoir si défectueusement partagé ; la disposition morale de l'un a' surpassé les avantages physiques de l'autre.

Cette passion est celle de l'enfance, mais elle n'est point assez réglée pour effectuer des résultats satisfaisans ; elle se perfectionne chez l'adulte, son extinction est lente et graduée chez le vieillard.

On la rencontre naturellement d'une manière très-remarquable dans certaines classes d'animaux, dont elle constitue l'un des principaux caractères. Pour l'espèce humaine, comme pour ces derniers, elle s'attache particulièrement aux sujets les moins volumineux. Il semble que la nature ait voulu, par une juste compensation, leur faire gagner sur le tems ce qu'ils perdent relativement à l'espace.

CONSTANCE. — εμμένεια, des grecs, *constantia*, des latins. On nomme ainsi *la disposition de l'âme qui lui fait conserver une aptitude persévérante à recevoir avec plaisir les mêmes impressions, à jouir d'un bonheur inaltérable dans les mêmes circonstances, au milieu des mêmes objets.* C'est la vertu du sage, l'antidote puissant des dégoûts et des ennuis ; c'est le fondement essentiel de la véritable félicité.

Plus ordinaire au sujet modéré dans ses impressions, elle est moins souvent présentée par celui dont l'irritabilité manifeste un grand développement. Chez le premier, les sensations développées sans effort, dans l'ordre naturel, sont incapables d'entraîner la satiété par la durée de leurs manifestations. Chez le second, les excitations ordinairement exagérées, factices, ne pouvant être soutenues qu'un instant, exigent le repos ou la variété. Lors que Bichat établit en principe : que la constance est une rêverie des poètes ; il faut renfermer cette assertion dans la sphère d'un amour violent, et dès-lors passager; appliquée à des sentimens plus calmes, elle deviendrait un paradoxe.

Cette passion, en garantissant la solidité des affections réciproques et des relations diverses, présente l'une des bases fondamentales de la sociabilité; l'un des moyens de succès les plus assurés dans les entreprises longues et difficiles, dans l'étude approfondie des sciences et des arts, dans l'exercice des professions qui nécessitent l'application et le travail les plus soutenus.

Étrangère à l'enfant dont la mobilité forme le principal caractère, elle se développe et s'affermit dans l'âge viril, pour devenir en quelque sorte nécessaire chez le vieillard peu susceptible de changer ses habitudes et ses relations amicales.

On l'observe chez certains animaux avec une perfection qui pourrait servir de modèle.

Espérance. — ελπίς, des Grecs, *spes*, des Latins, indique *cette passion heureuse qui supplée fréquemment à la réalité par le charme des illusions*. Don précieux de la nature, elle fait supporter la monotonie de l'existence et même les rigueurs de l'infortune en laissant entrevoir un plus heureux avenir. Si nous pouvions la personnifier un instant pour mieux exprimer notre pensée, nous l'offririons sous les traits d'un ange consolateur qui veille près de l'homme souffrant, couvre son pénible avenir d'un voile tissu par la confiance et les prestiges d'une guérison prochaine; soutient le courage défaillant d'un être sensible, frappé mortellement dans ses plus chères affections; et n'a d'autre soin, d'autre bonheur que de sécher des larmes, et d'alléger des ennuis.

Cette passion sublime rend l'homme supérieur à sa propre nature, aux calamités, à la persécution, en lui montrant la récompense des vertus. Supposons pour un instant que l'espérance abandonne la terre ; la douleur devient un supplice désormais sans consolation ; l'infortune présente un abîme sans fond, sans issues ; l'humanité succombe aux horreurs du découragement et du désespoir !

Nous devons à ce merveilleux sentiment nos jouissances les plus vives et les plus pures. Que chacun de nous interroge ses souvenirs, il comprendra bientôt que le plaisir de la possession n'égale presque jamais celui de l'espérance ; que dès-lors se nourrir d'illusions, éviter souvent la réalité, c'est ménager le charme des impressions, éloigner les inconvéniens du dégoût, c'est avoir trouvé le secret du véritable bonheur.

En activité chez l'enfant, moins séduisante pour l'âge viril, cette passion reprend tous ses droits chez le vieillard. Entièrement relative à l'existence morale, elle ne se manifeste pas chez les animaux avec ses caractères essentiels.

Courage. — θυμος, des Grecs, *fortitudo*, des Latins, exprime *cette passion noble qui développe chez l'homme toute l'énergie de ses moyens pour l'attaque et pour la défense, dans la nécessité de surmonter un obstacle et de vaincre les résistances qui lui sont opposées.* La force physique peut affermir le courage, mais elle n'en présente pas la base naturelle ; c'est dans la force morale qu'il faut la chercher. Nous voyons en effet très-souvent des sujets robustes et lâches ; des hommes d'une frêle organisation et dont le courage va jusqu'à l'héroïsme !

Plus puissante que l'énergie physique, cette passion rend supérieur à tous les événemens, à toutes les conditions de la vie ; c'est elle qui fait les grands cœurs, et mérite surtout le nom de vertu !

Il ne faut pas la confondre avec l'audace et la témérité qui vont affronter sans prudence et sans besoin des dangers souvent inévitables. Ces deux perversions d'un grand sentiment naissent ordinairement de l'inexpérience ; aussi les observons-nous à peu près exclusivement chez les jeunes sujets.

Le courage est quelquefois ébranlé par certaines maladies, et notamment par celles qui siégent plus spécialement dans le système nerveux ganglionaire ou dans les organes qui reçoivent ses divisions, comme on l'observe chez les sujets mélancoliques, hypocondriaques etc. D'un autre côté, nous voyons des individus périr dans l'épuisement général, sous l'influence d'une maladie longue et douloureuse, conservant jusqu'au dernier soupir la force d'âme qui les avait toujours fait distinguer.

Annoncée, dès l'enfance, d'une manière assez positive, cette passion offre son entier développement dans l'âge viril, et diminue progressivement dans la vieillesse.

On la rencontre d'une manière très-prononcée chez certaines espèces animales, surtout pour celles qui, vivant de déprédation et de carnage, ont besoin de livrer des combats sanglans pour se procurer des alimens appropriés à leurs besoins. Tels sont la panthère, le tigre, le lion etc. En général, chez ces animaux l'organe central de la circulation offre beaucoup de volume et d'énergie, circonstance qui les maintient dans un état d'excitation proportionnée. C'est probablement en conséquence de cette application, relativement à notre espèce, que l'on dit *un homme de cœur*, pour indiquer un sujet courageux.

P ATIENCE. — καρτερία, des Grecs, *patientia*, des Latins, désigne *la passion qui nous fait supporter avec calme les contrariétés inséparables du commerce des hommes, et les altérations qui viennent incessamment assiéger notre frêle économie.* C'est une vertu paisible qui nous aide à soutenir le poids de l'infortune et celui de la douleur sans irritation et sans plainte, comme l'a si bien exprimé le poète latin : « *Leviùs fit patientiâ quidquid corrigere est nefas.* » Il ne faut pas confondre la patience qui donne assez de force pour supporter la douleur sans murmure, avec l'indifférence, l'apathie morale et physique dont l'effet ordinaire est de rendre insensible à la peine comme au plaisir. La première est une modification heureuse, la seconde une perversion de l'organisme.

L'homme patient offre en général des relations agréables et constantes. Ne s'emportant jamais sans nécessité, conservant toujours au contraire cette mesure que donnent la sagesse et la raison, il possède un grand avantage sur celui qui s'abandonne aux impulsions de la colère. Toujours circonspect dans ses réactions lorsqu'elles deviennent indispensables, il sait faire tourner les discussions à son avantage, en même tems qu'il garantit ses organes des inconvéniens graves de leurs violentes perturbations.

A peine indiquée chez l'enfant, encore peu développée chez l'adulte, la patience ne se manifeste positivement que dans l'âge viril, quelquefois même seulement dans la vieillesse.

On l'observe chez les animaux, et particulièrement dans les espèces dociles. Elle n'est pas toujours en raison de l'insensibilité, mais bien plutôt en conséquence des qualités sociales, comme il est aisé de s'en convaincre en comparant, sous ce rapport et parmi ces animaux, ceux qui vivent au milieu de nous à l'état domestique.

Gaieté. — ἱλαρότης, des Grecs, *hilaritas*, des Latins. Nous désignons sous ce titre *une passion douce qui semble jeter un charme particulier sur tous les objets de nos rapports.* Elle rompt l'équilibre entre le plaisir et la peine, en faisant pencher la balance vers le premier. Lorsqu'il est impossible de changer la disposition des objets extérieurs, elle modifie notre manière de sentir en éludant ainsi les désagrémens qui s'opposent au bonheur parfait; réduisant à leur plus simple expression les soucis, les tourmens de la vie, cette passion nous les fait supporter sans atteinte profonde, et constitue l'un des élémens indispensables de la félicité.

C'est plus spécialement encore en étudiant ses précieux effets chez l'homme souffrant que l'on peut en apprécier tous les avantages. Cette heureuse disposition est celle de l'enfance, moins commune dans l'âge mûr, elle est encore plus rare dans la vieillesse. Sensiblement altérée par les affections morbifiques des organes digestifs et du système nerveux ganglionaire, on la voit assez directement en rapport avec les phénomènes de conservation individuelle, et dès-lors on comprend la cause de ses manifestations chez les animaux.

Lorsqu'elle se développe avec plus de violence, elle prend le nom de *joie*, produisant alors des effets particuliers qui nous obligent à les considérer isolément.

La joie. — χαρα, des Grecs, *lœtitia*, des Latins, *est une passion exaltée, un véritable délire qui porte la jouissance dans tout l'organisme, de manière à combler momentanément la capacité de l'âme pour le plaisir.* Elle naît à l'occasion d'un grand succès, d'une heureuse nouvelle ou de quelque circonstance analogue.

Les passions tristes, qui dépriment l'organisme de la circonférence au centre, peuvent occasionner des maladies chroniques; la joie, qui sollicite une forte réaction du centre à la circonférence, amène au contraire des altérations aigües et même quelquefois immédiatement funestes. Sous ce rapport, les premières sont beaucoup moins dangereuses que la seconde. Diagoras, Sophocle, Léon X moururent dans les transports de cette passion. Le peintre Zeuxis et le philosophe Crisippe succombèrent pendant un accès de rire. Nous pourrions trouver dans nos tems modernes beaucoup de faits analogues ; le suivant nous paraît surtout bien remarquable. M. Lavau , négociant à Bordeaux, probe, actif, d'un caractère noble , éprouve des malheurs de commerce , et se trouve obligé de déclarer une faillite. Il survit à ce coup affreux. Dix-huit ans de travaux , de veilles et de privations lui donnent enfin la possibilité de satisfaire tous ses engagemens ; sa réhabilitation est prononcée en 1825 dans un jugement solennel ; mais l'impression est si forte que cet homme estimable succombe immédiatement sous l'influence d'une congestion encéphalique. Il avait supporté dix-huit années de chagrins profonds , il ne put soutenir un instant de joie très-vivement sentie.

INDULGENCE. — συγγνωμοσὺνη, des Grecs, *indulgentia*, des Latins , indique *un sentiment paisible qui nous fait atténuer ou même excuser des fautes commises par les autres*. Elle n'est que justice lorsqu'on la voit naître du besoin que l'on éprouve soi-même de la rencontrer dans ceux auxquels on l'accorde ; elle devient une vertu chez celui qui se montre en même tems sévère pour ses propres imperfections.

Constituant l'une des bases principales de la sociabilité, l'indulgence rend le commerce des hommes plus agréable et plus facile. Éloignant toutes les passions haineuses, diminuant l'impression des offenses reçues , les soumettant au tribunal de la raison avant d'en provoquer le châtiment, elle jette un véritable charme sur cet échange réciproque de ménagemens et d'égards qui touchent la bienveillance.

Cette modération, cette réserve à juger les erreurs des autres, préside également à l'estimation de leurs travaux. Elle rend supportable pour le maître les productions de son élève, inspire des encouragemens et des éloges.

L'enfant présente en général peu d'indulgence, ne sentant pas encore celle dont il a besoin, et ne soupçonnant pas toutes les difficultés du travail. Dans l'âge viril, cette passion devient le résultat de l'expérience ajoutée aux dispositions natives. Chez le vieillard, dont la mémoire affaiblie ne laisse qu'un souvenir confus du passé, nous la voyons souvent remplacée par une injuste sévérité. Les animaux n'en fournissent pas d'exemple notable ; chez ces derniers, on en retrouve quelquefois plusieurs traits dans la patience.

Modestie. — σωφροσύνη, des Grecs, *modestia*, des Latins, désigne *cette passion douce et paisible qui nous fait éviter l'appareil et la démonstration extérieure de nos avantages personnels ou de ceux qui nous entourent.* Ne laissant rien à désirer au-delà du témoignage de la conscience et du sentiment intime d'une valeur incontestable, elle fait naître le besoin d'une indépendance qui sait rendre l'homme supérieur aux exagérations de la louange ou du blâme.

Cette passion est l'apanage ordinaire d'une célébrité justement acquise. Le vrai mérite est toujours modeste, par cela même qu'il connaît sa force et sa puissance, il n'éprouve jamais le besoin d'en faire une brillante et vaine démonstration. Certain de l'estime des appréciateurs justes et capables, il ne fait aucune avance pour capter l'admiration de la multitude ; ces moyens ne sont pas les siens ; ces suffrages ne sont pas ceux qu'il ambitionne.

Le sentiment que nous étudions prend le titre *d'hu-*

milité lorsqu'il porte à négliger entièrement ses avantages par la considération du néant des choses humaines. Il devient alors une vertu.

Distinguons bien de la modestie réelle, cette modestie fausse et calculée, partage de l'inquiète médiocrité, qui laisse apparaître ; sous ce voile transparent, les traits mal déguisés du plus ridicule orgueil. On la reconnaît aisément à cette affectation pour exagérer son incapacité, son insuffisance dans le but essentiel de provoquer une sorte de réparation et des éloges qu'elle reçoit avec une fatuité susceptible de former le contraste le plus curieux.

Au contraire, la modestie véritable, toujours identique, toujours naturelle, incapable de chercher, de provoquer les éloges, reçoit ceux qu'elle mérite sans confusion et sans vanité. Environnant le mérite positif d'un prestige qui semble en augmenter le prix, elle produit l'effet de ces gazes légères dont se parent les attraits de la beauté, s'environnant ainsi du mystère de la pudeur qui décide le culte respectueux auquel seulement alors elle a droit de prétendre.

Cette passion ne pouvant établir son existence que sur un moral développé, sur une valeur acquise, apparaît dans l'âge adulte, et se manifeste complétement dans l'âge viril. Entièrement relative aux dispositions de la moralité, de l'intuition mentale, cette même passion est étrangère aux animaux.

2° PASSIONS QUI REPOUSSENT VIOLEMMENT LES RAPPORTS NOBLES ET BIENVEILLANS.

Dans cette deuxième classe, nous rencontrons les obstacles principaux de la sociabilité. Plusieurs des passions qu'elle renferme vont nous offrir les vices, les dégradations morales susceptibles de conduire aux plus grands crimes. Antipathiques de celles que nous venons d'étudier, elles tendent souvent à les contrebalancer, quelquefois avec un empire suffisant pour aliéner la dignité de l'homme, soit en l'abaissant au-dessous de la brute, soit en lui faisant dépasser l'impitoyable cruauté des animaux les plus farouches.

Au nombre de ces impulsions instinctives, nous devons particulièrement noter les suivantes : *haine*, *mépris*, *envie*, *jalousie*, *colère*, *cruauté*. Chacune d'elles va nous occuper isolément.

HAINE, — μῖσος, des Grecs, *odium*, des Latins, signifie *cette passion implacable déterminant la répugnance, l'éloignement, l'aversion pour celui qui la fait naître*. Lorsqu'elle est produite par le souvenir d'une injure passée, on lui donne le nom de *ressentiment*. L'homme haineux perd souvent la mémoire d'un bienfait ; jamais il n'oublie les atteintes portées à son amour-propre, à ses intérêts ; constamment aigri par le désir de la vengeance, il saisit toutes les occasions de l'exercer.

Ce malheureux sentiment, subversif de l'ordre social, rend injuste en exagérant les défauts pour diminuer ou même détruire le véritable mérite. Si l'on a représenté l'amour sous la forme d'un jeune enfant les yeux couverts d'un bandeau, la haine serait encore plus justement personnifiée par l'image d'une vieille furie complétement aveugle, exhalant de sa bouche empestée la calomnie, la médisance ; agitant dans ses mains livides la torche incendiaire et le fer meurtrier ! S'attachant à tous les sexes, à tous les âges, à tous les rangs, elle n'a d'autre idée que le crime, d'autre objet que la destruction.

L'homme qui s'abandonne à cette passion funeste est perdu pour les relations amicales, pour le bonheur, pour lui-même ; il a déjà commencé le premier pas dans la carrière des forfaits !

Très-rare pendant l'enfance, elle s'accroît vers la puberté, se fortifie dans l'âge viril, et ne s'éteint pas même chez le vieillard.

On l'observe souvent chez les animaux, surtout entre certaines espèces que la nature semble avoir éloignées par la plus invincible antipathie.

Mépris. — καταφρόνησισ, des Grecs, *despectus*, des Latins, indique *le sentiment qui nous fait placer dans une situation plus ou moins abjecte les personnes ou les choses pour lesquelles nous l'éprouvons.* Il est en général excité par les vices, le déshonneur, le défaut de probité, de caractère, de régularité dans la conduite publique ou privée. Son existence n'est pas nécessairement liée à celle de l'aversion ; il est en effet des personnes que nous méprisons sans leur faire l'honneur de les haïr.

Le mépris peut être légitime ; il s'éveille alors dans une âme noble, et porte sur des vices réels. Il peut être injuste, et presque toujours, dans cette hypothèse, enfanté par l'orgueil, il s'adresse moins à la dégradation des individus qu'à l'obscurité de leur naissance ; présentant bien souvent le despect de l'homme dont l'opulence et les dignités ne couvrent point assez l'ignorance et la turpitude, pour celui qu'une extraction moins privilégiée ne saurait arrêter dans son élévation établie sur le mérite et la vertu. C'est alors un vice de cœur, un travers d'esprit qui germe seulement dans les âmes communes et dans les intelligences bornées.

Rudimentaire chez l'enfant, le mépris se développe dans l'âge viril, et semble quelquefois s'accroître encore chez le vieillard.

Poursuivant les vices moraux, cette passion ne se

rencontre jamais dans les espèces animales. Si nous voyons les plus fortes souvent dédaigner les agressions des plus faibles, c'est plutôt alors par un sentiment de pitié que par un véritabe mépris.

ENVIE. — φθòνοσ, des Grecs, *invidia*, des Latins, désigne *cette passion méprisable et malheureuse qui fait désirer la fortune, les succès et la célébrité des autres, sans donner les moyens et le courage de les mériter par soi-même.* C'est un insecte vénéneux qui se glisse dans l'ombre et n'attaque jamais au grand jour celui dont il voudrait s'approprier les dépouilles.

Partage des âmes basses, l'envie n'est point susceptible d'élever l'homme qui l'éprouve ; elle ne peut au contraire que l'avilir et le dégrader en étouffant dans son cœur les derniers sentimens de justice, de dignité, d'estime, d'amitié, de reconnaissance ! Ravir aux autres les richesses, les honneurs, la considération dont ils sont environnés, tel est son objet exclusif ; en effet, son insatiable convoitise n'ambitionnera point leur bonheur ; il n'est pas fait pour elle !

Dans sa funeste monomanie, constamment tendue sur le même désir, elle voit le but avec ce front livide, ce regard sombre, inquiet, précurseur du crime ; tous les moyens lui conviennent pour l'atteindre. Le plus secret, le moins dangereux, le plus certain est toujours celui qu'elle choisit. La calomnie, le fer, le poison, voilà ses auxiliaires ! Le désespoir, le mépris et l'infamie, voilà son affreux cortége !

L'homme envieux semblable à ces reptiles malfaisans qui redoutent la lumière, évite les regards, accomplit dans l'isolement et l'obscurité les sinistres projets qu'il a médités dans le silence et le recueillement. Après le désir de nuire, son premier soin est de cacher à tous les yeux la honte qu'il ne peut se dissimuler à soi-même, et qui lui fait éprouver les terribles châtimens du remords au milieu de ses joies farouches.

A peine connue de l'enfance et de l'adolescent, l'envie qui s'attache à tous les genres de succès ne se développe manifestement que dans l'âge viril, et vient quelquefois encore déshonorer la vieillesse.

Les animaux n'en sont point affranchis, mais elle paraît s'identifier plus spécialement à ceux qui nous inspirent naturellement de l'aversion et de l'horreur; comme pour marquer plus positivement encore le caractère des sujets les mieux disposés à constituer son domaine.

JALOUSIE. — ξηλοτυπία, des Grecs, *zelotypia*, des Latins, exprime *cette passion dégradante que l'on a considérée comme une fille de l'envie, qui rend insupportables les succès et le bonheur des autres.* Elle s'attache aux grands noms, aux grandes réputations pour en ternir l'éclat et la splendeur, comme la rouille à l'acier dont elle détruit le brillant et le poli.

Le jaloux, toujours incapable de s'élever au niveau des hommes supérieurs, cherche constamment à les abaisser jusqu'au sien. Étranger à toutes les idées de justice, à tout sentiment honorable, il n'épargne ni soins, ni démarches, ni coupables intrigues pour troubler un bonheur, entraver des succès auxquels il n'a pas droit de prétendre; pour détériorer une fortune qu'il ne saurait obtenir; pour compromettre une vertu qui devient la critique amère de son indignité.

C'est également un reptile dont l'obscurité fait toute la force, qui pénètre dans les fissures que peut offrir la réputation d'autrui pour les agrandir, pour y déposer avec sécurité son mortel venin. Effrayé par le seul aspect d'un homme, il attaque et frappe dans l'ombre. La trahison, la perfidie, la médisance, la calomnie, l'injustice, la cruauté forment les principaux moyens que cette funeste passion emploie ; le dégoût, la réprobation et le mépris deviennent son partage !

Il existe un autre sentiment que l'on désigne sous le même titre, et qui nous paraît offrir des caractères bien différens. Tel est cette jalousie qui se rattache à l'amour, ne souffrant aucun partage des affections de l'objet préféré. Plus malheureuse que véritablement condamnable, cette modification instinctive peut se rencontrer dans une âme élevée, noble, généreuse pour tous les autres points de ses relations ; c'est une espèce de monomanie, de perversion mentale. Quelques philosophes ont pensé qu'il faut l'envisager comme l'excès, l'aberration de l'amour. Cette idée nous semble beaucoup plus spécieuse que vraie. En effet, si l'on observe des jalousies d'amour, on en voit aussi d'amour-propre, d'égoïsme, d'autres enfin dont il serait assez difficile d'expliquer le véritable motif. Cette passion éveillée d'une manière à peu près exclusive entre les sexes différens, peut offrir les plus violens résultats alors qu'elle est fondée sur l'amour trahi, sur l'honneur compromis. Le fer, le poison, les forfaits les plus inouis présentent souvent, dans ces graves circonstances, les ministres des plus affreuses déterminations ; le sang d'une première victime ne suffit pas toujours pour l'éteindre, elle plonge quelquefois son terrible poignard dans le sein qui naguère avait reçu les plus tendres sermens.

La jalousie paraît en quelque sorte un vice inhérent à la nature humaine ; l'élévation d'esprit, la grandeur d'âme peuvent seules en affranchir. On l'observe déjà pour le premier âge, et des parens inconsidérés la fomentent quelquefois dans le cœur de leurs enfans par des préférences bien souvent injustes et constamment funestes. Elle semble diminuer dans l'âge viril, surtout chez les hommes supérieurs, qui sentant une valeur propre se font pardonner leurs succès en applaudissant à ceux des autres. Dans la vieillesse on observe ses pénibles retours par des motifs contraires.

Cette passion existe aussi chez les animaux dans le cercle de leurs besoins et de leurs affections. Elle nous offre même les deux modifications que nous venons de signaler pour notre espèce. La première se rencontre surtout dans les classes naturellement tourmentées par l'envie ; la seconde appartient plus spécialement à celles que leurs inclinations rapprochent du commerce des hommes.

Colère. — οργὴ , des Grecs, *ira*, des Latins , marque *cette passion violente, cette espèce de phrénésie qui jette le désordre et la confusion dans tout l'organisme, en sollicitant des réactions arrachées à la volonté, réprouvées par la raison , et toujours plus ou moins disproportionnées à la cause qui les a fait naître.* L'homme en colère est un forcené dangereux pour les autres, pour lui-même, et qu'il faudrait enchaîner pendant la manifestation de ses accès. Rompant toute mesure dans ses relations avec les circonstances, les choses , les personnes , il n'écoute plus aucune voix , il ne connaît plus aucun frein ; entraîné par son aveuglement, il se précipite sans discrétion dans l'abîme des crimes et desremords !

Irréfléchie , destructive des sentimens affectueux et bienveillans., la colère devient l'étincelle funeste qui détermine l'embrasement des impulsions haineuses en les poussant au dernier degré d'exaltation , en rendant leurs effets d'autant plus terribles qu'elle porte le dernier coup à la raison, achevant l'aliénation de la volonté déjà si fortement ébranlée par ces impulsions.

Le fer, le feu, tous les moyens de violente agression

offrent les instrumens naturels de cette impitoyable furie ; l'épouvante, le meurtre et le carnage deviennent presque toujours ses affreux résultats.

Quelquefois déjà très-caractérisée chez l'enfant, elle se prononce d'avantage dans l'adolescence, est plus réprimée dans l'âge viril et s'affaiblit notablement chez le vieillard.

Fréquemment développée chez les animaux, elle présente en quelque sorte l'état habituel des espèces les plus féroces.

La colère expose l'organisme aux plus violentes perturbations. Annoncée par un frémissement général et convulsif, la pâleur de la face, le tremblement des lèvres, une forte constriction vers l'épigastre, l'aspect étincelant des yeux etc., elle fait irruption avec la rapidité de la foudre, menace et frappe en même tems. Le cœur, le cerveau, les poumons, l'estomac, dans un état d'orgasme plus ou moins dangereux, peuvent alors éprouver des accidens graves dont nous examinerons les principales manifestations en étudiant l'influence de ces impulsions instinctives sur tout l'organisme.

CRUAUTÉ—ὠμότης, des Grecs, *crudelitas*, des Latins, indique *cette passion barbare qui semble fermer l'âme à toutes les impressions affectueuses pour donner accès aux jouissances farouches que procure la vue du sang, du meurtre et des supplices.* Nous y trouvons en quelque sorte le sentiment naturel de la tyrannie, de l'usurpation. La première le fait naître par caractère, la seconde par nécessité. N'ayant d'autre but que l'établissement d'un pouvoir despotique, l'une et l'autre ferment les yeux sur les crimes à consommer pour y parvenir. Les pages de l'histoire frémiront toujours d'horreur en retraçant les règnes sanglans des Néron, des Cromwel et des Caligula.

L'homme cruel ne doit pas être confondu avec l'homme violent. Celui-ci, maîtrisé dans sa raison, agit à peine avec conscience et liberté ; l'autre conserve au contraire, dans ses actes de barbarie, le calme le plus sinistre, le sang-froid le plus révoltant. L'aspect de sa victime expirante au milieu des tortures inouïes, des tourmens soutenus et les plus raffinés, devient un spectacle qu'il contemple avec le sourire insultant de la joie la plus atroce, et qui fournit à son âme endurcie dans le crime des impressions avidement recherchées. Amis, parens, épouse, enfans, il n'est aucun lien sacré pour ce cœur impitoyable, aucun sentiment qu'il ne puisse immoler à sa terrible passion. Ce n'est pas toujours par nécessité qu'il s'abandonne au meurtre, c'est quelquefois par un insatiable besoin. Souvent même ce dernier prend les déplorables caractères de la monomanie homicide, comme le démontrent plusieurs attentats qui sont venus souiller notre époque, et dont les noms trop célèbres de Chouëller, Cormier, Papavoine, Léger etc., nous rappelleront long-tems encore l'affreux souvenir !

La cruauté s'annonce quelquefois dès l'enfance chez ceux dont elle doit empoisonner toute la vie. Le jeune sujet aussi malheureusement disposé prélude aux actes les plus barbares envers son espèce, par les tourmens qu'il fait éprouver, avec une jouissance coupable, aux animaux soumis à ses caprices. Dans l'âge viril, des victimes obscures ne suffisent plus à ses infâmes désirs ; il a besoin d'un sang plus noble, il réclame des victimes humaines. La vieillesse n'apporte aucune diminution à ce délire farouche, elle ne fait qu'en diminuer la puissance.

Les animaux les plus sauvages, tels que le tigre, l'ours, la panthère, l'hiène, le chacal etc., nous offrent particulièrement cette modification instinctive, et des modèles plus ou moins parfaits de l'homme cruel.

3º PASSIONS QUI PERVERTISSENT LES RAPPORTS NOBLES ET BIENVEILLANS.

A cette dernière classe nous rapportons un assez grand nombre d'impulsions instinctives modifiant d'une manière plus ou moins fâcheuse nos rapports avec les objets extérieurs, soit en faussant leurs produits, soit en les rendant plus ou moins incomplets. Dans le premier cas, l'homme est incommode, fâcheux, désagréable pour les autres ; dans le second, il devient fatiguant, insupportable pour soi-même. Ses liaisons ne sont pas entièrement détruites, mais compromises dans leurs qualités fondamentales, elles n'offrent jamais l'agrément, la considération, la réciprocité qu'il en pourrait attendre avec d'autres conditions affectives. Intermédiaires aux passions qui provoquent un commerce bienveillant, à celles qui le repoussent, les dispositions morales que nous allons étudier apportent nécessairement dans ce dernier le dégoût, ou pour le moins l'éloignement et l'indifférence.

Nous rangerons particulièrement dans cette catégorie les modifications suivantes : *ambition*, *orgueil*, *égoïsme*, *prodigalité*, *avarice*, *ingratitude*, *versatilité*, *indifférence*, *paresse*, *ennui*, *tristesse*, *sévérité*, *crainte*, *lâcheté*. Nous allons successivement les examiner dans leurs caractères essentiels.

AMBITION.—φιλοτιμία, des Grecs ; *ambitio*, des Latins, que l'on a mal nommée *l'envie des grandes âmes*, exprime *le désir insatiable des succès dans tous les genres, et la prétention de surpasser tous ses rivaux pour s'élever aux postes les plus éminens.* L'homme ambitieux ne convoite pas directement les honneurs, la fortune, la célébrité des autres, mais il ne goûtera plus un instant de repos qu'il ne les ait entièrement surpassés dans tous ces avantages ; cette passion ressemble donc beaucoup moins à l'envie qu'à l'émulation excessive et dégénérée.

Étrangère aux âmes faibles et communes, elle attaque franchement les obstacles qui lui sont opposés, s'irrite et s'accroît par la résistance. Violemment entraîné par cette impulsion, souvent au-delà des bornes qu'il s'était proposées, l'homme qui suit un guide aussi despotique sort fréquemment de son caractère naturel. Si quelquefois il est forcé de sacrifier les intérêts de ses concurrens, de renoncer momentanément aux sentimens de bienveillance et d'humanité qu'il avait manifestés jusqu'alors, c'est presque toujours par la fatale obligation qui le presse ou d'étouffer les sentimens de son cœur, ou d'immoler son orgueil en avouant sa défaite.

Ouvrons l'histoire et nous y verrons bien souvent les pages qui retracent la vie des plus grands conquérans souillées par des empreintes sanglantes alors même que la cruauté ne formait pas la base de leur caractère, et lorsqu'après avoir long-tems vaincu les événemens, ils avaient enfin été maîtrisés par eux.

Loin de notre esprit la pensée de faire une odieuse apologie de ces actes condamnables ; mais nous ne devons pas confondre l'homme devenu cruel par la déplorable nécessité qu'a fait naître son ambition, et celui qui nourrit sans besoin cette passion affreuse au fond de son cœur. Le premier est un lion furieux qui porte le carnage et la dévastation où ses attaques sont provoquées ; le second, un tigre farouche qui déchire sa victime pour le seul plaisir de voir couler du sang et tressaillir des chairs palpitantes.

L'ambition indique presque toujours une grande élévation de caractère, une âme supérieure ; elle peut même s'associer aux plus brillantes qualités du cœur, tant qu'elle ne vient pas les étouffer par ses funestes excès. Mobile des actions les plus nobles, occasion des plus grands talens, elle offre une source continuelle d'inquiétude et d'agitation ; on peut la regarder comme le principal obstacle du bonheur. Des triomphes de vingt années sont anéantis par un instant de revers. Avec ses désirs immodérés, jamais satisfaits par les honneurs, les dignités, la fortune, l'ambition s'accroît en proportion de ses envahissemens. L'amour de l'argent augmente avec la richesse : « *Crescit amor nummi quò plus pecunia crescit*»; par les agrandissemens du territoire s'éveille le désir des nouvelles possessions ; c'est ainsi que l'auteur latin nous peint avec tant de vérité cet Alexandre que le monde ne pouvait plus contenir : « *œstuat infelix an-* » *gusto in limine mundi.* » C'est donc avec bien de la raison que d'Alembert nous dit : « Pour être heureux » sagesse vaut mieux que génie, et les plaisirs du senti- ment, que ceux de la renommée. »

Étrangère à l'enfant, encore peu sensible dans l'adolescence, l'ambition ne se développe avec force que dans l'âge viril. Elle s'entretient chez le vieillard, et devient alors une véritable monomanie pour un âge qui, sous tant de rapports, aurait besoin de goûter les douceurs du repos.

Cette passion est inconnue des animaux ; ce n'est pas le seul avantage qu'ils offrent sur l'homme dans les conditions relatives au bonheur.

ORGUEIL. — ὑπερηφανία, des Grecs, *superbia*, des Latins, indique *cette passion aveugle qui naît de l'estime exagérée de soi-même, et qui, grossissant à nos yeux les avantages que nous pouvons justifier, nous fait ridiculement prétendre au premier rang dans tous les genres.* Cette passion peut offrir des nuances bien différentes, représenter soit une vertu de l'âme, soit une faiblesse de l'esprit.

Lorsqu'elle prend naissance dans un moral fortement constitué, lorsqu'elle dirige une vaste intelligence et qu'elle s'applique à des objets d'un ordre supérieur, on la distingue par les termes de *noble orgueil*, de *fierté sublime*, *d'amour-propre bien entendu etc.* C'est alors qu'elle est honorable et devient un puissant moyen de succès et d'élévation. Avec ces caractères, elle est digne des grands hommes dont elle fait presque toujours le partage, et dont elle offre le guide assuré dans la carrière de l'honneur. Plus désireux encore de leur propre estime que de celle des autres, ces derniers ont un motif constant pour ne jamais s'en écarter, pour s'élever et s'ennoblir toujours au contraire à leurs propres yeux.

Associée à la faiblesse du caractère, à la nullité des moyens, elle devient alors un ridicule insupportable que l'on désigne, en conséquence des modifications qu'il peut offrir, par les expressions de *vanité*, de *suffisance*, de *fatuité*.

L'homme *vain* présente en quelque sorte un orgueil factice ; il sent et reconnaît intérieurement sa nullité, son insuffisance, mais voudrait les dissimuler aux autres sous les apparences de la grandeur d'âme, et par un certain vernis d'élévation. Il prend tous les moyens de suppléer au défaut de valeur propre par une valeur empruntée ; il cherche à fasciner les yeux par l'étalage de sa naissance, de ses titres, de son nom, de sa fortune, par la somptuosité de sa table, de son habitation, le luxe de ses habits, de ses équipages etc. ; méprisant, dédaigneux avec ceux qu'il regarde comme ses inférieurs ; bas et rampant auprès du pouvoir dont il espère quelque reflet; esclave, jouet de ceux qu'avec ostentation il appelle ses amis ; s'exposant volontiers à toutes les humiliations secrètes pour obtenir un simulacre d'élévation publique. Cette variété de l'orgueil n'appartient qu'aux âmes dégradées, aux esprits médiocres, aux sujets qui depuis long-tems ont fait le sacrifice de leur propre estime.

L'homme *fat, suffisant*, quelquefois moins digne de mépris, est toujours aussi ridicule. Ignorant seul toute la faiblesse, toute la vacuité de son esprit, ne voyant dans cet univers que son intéressante personne, il s'inquiète fort peu du suffrage des autres, toujours assuré d'obtenir le sien. Original, affecté dans son maintien, dans sa mise, dans son langage, dans ses actions, rempli des prétentions les plus vaines, constamment en extase devant soi-même, certain de plaire et d'entraîner il n'imagine pas que l'on puisse éprouver à son aspect d'autre sentiment que celui de l'admiration ; ne s'aperçoit jamais des railleries et des mystifications dont il est souvent l'objet. Libre, familier, même avec les personnes étrangères, fatiguant toutes les conversations de ses propos dépourvus de sens et de raison, parlant ordinairement par exclamation, avec pédantisme, il exprime les idées les plus communes et les plus triviales en termes prétentieux et démesurés.

Commençant à poindre dès l'enfance, l'orgueil prend les caractères de la *fatuité* chez l'adolescent et ceux de la *vanité* dans l'âge viril ; on en trouve encore des exemples nombreux, même dans la vieillesse la plus avancée. Plusieurs classes d'animaux en offrent les traits extérieurs.

Égoïsme. — φιλαυτία, des Grecs, *sui amor*, des Latins, signifie *cette malheureuse passion qui, desséchant le cœur de l'homme, sépare ses intérêts de ceux des autres, l'isole de tous les êtres environnans, le fait exister en soi-même, et vivre pour lui seul.* Semblable à ces plantes parasites puisant leur nourriture dans la propre substance de l'arbre qui les porte sans lui rien céder en échange, l'égoïste puise incessamment dans le corps social en s'affranchissant de toute réciprocité ; ne voyant rien hors du *moi* rigoureux, il rapporte tout à ses avantages personnels. Si quelquefois il paraît s'occuper des autres et vouloir concourir au bien-être général, c'est une illusion dont il sait encore s'environner, c'est un raffinement de la passion qui le domine, un moyen d'obtenir avec usure le remboursement des avances toujours mesquines et calculées qu'il aura faites. En simulant un désir de coopération pour le bien commun jamais il n'a cessé de travailler exclusivement à son intérêt particulier.

L'égoïste renferme, dans l'étroite circonscription de l'individualité, les élémens de son bonheur, si toutefois l'on peut accorder ce titre à la déplorable situation de jouir seul et sans partage, et si la véritable félicité ne consiste pas à faire des heureux ; mais, d'un autre côté, pourra-t-il au besoin trouver une âme sensible qui partage, adoucisse les chagrins auxquels sa funeste passion ne saura jamais le soustraire ? La philanthropie constitue l'âme de la sociabilité, l'égoïsme en détruit tous les liens. Ce méprisable sentiment peut faire des dupes, jamais des amis sincères. Vous trouverez le sujet qu'il domine dans les lieux où règnent l'abondance, la joie, les plaisirs ; ne le cherchez point dans la cabane du pauvre, dans l'asile de la douleur, au chevet du mourant ! Ces tableaux affligeans sont, nous dit-il, beaucoup trop pénibles pour son cœur ; son âme est incapable d'en soutenir l'aspect ! Vaine hypocrisie ! Qu'il soit banni du commerce des hommes ; celui qui ne sait pas compatir à leurs souffrances devient indigne de partager leurs plaisirs !

L'égoïsme est heureusement très-rare dans l'enfance ; encore peu sensible chez l'adolescent, il se développe seulement dans l'âge viril. Nous devons ajouter, pour l'honneur de notre espèce, qu'il est beaucoup moins souvent une conséquence des dispositions primordiales, que l'effet d'une éducation vicieuse ou des maladies capables de fatiguer les résultats de l'âme et de l'esprit ; telles que la monomanie, l'hypocondrie, la mélancolie etc. Chez le vieillard il est ordinairement produit par l'affaiblissement de tout l'organisme.

Contraire à toutes les relations des êtres sensibles, cette passion ne se rencontre, pour les animaux, que dans les espèces les plus sauvages et les moins disposées à la sociabilité.

PRODIGALITÉ.—άφειδια, des Grecs, *prodigentia*, des Latins, désigne *cette passion qui, nous empéchant d'apprécier la valeur des choses, nous les fait envisager comme des objets auxquels il ne faut accorder aucun prix.* Ainsi l'homme prodigue par caractère, dépense, avec la même irréflexion et la même insouciance, le tems, la santé, les richesses. Moins occupé d'en faire un bon usage que d'en aliéner la possession, il semble éprouver le besoin de s'en débarasser comme d'un fardeau qui l'opprime.

La prodigalité ne se rencontre pas seulement chez les hommes qui possèdent beaucoup, on l'observe encore dans un état voisin de l'indigence. Ainsi le vieillard abuse de ses derniers instans ; le valétudinaire, d'une convalescence imparfaite ; le pauvre, de quelques deniers péniblement obtenus à la sueur de son front ; absorbés dans le présent, aucun d'eux ne pense au moment qui va suivre.

Assez naturelle chez l'enfant qui ne connaît point encore l'importance des objets, et qui ne prévoit jamais les besoins de l'avenir, cette passion s'affaiblit dans l'âge viril, se détruit souvent dans la vieillesse, faisant place au sentiment opposé.

Les animaux en présentent fréquemment la manifestation ; l'ordre, l'économie que l'on accorde à certains d'entre eux nous paraissent mieux placés dans la fable que dans la réalité.

AVARICE. — φιλαργυρία, des Grecs, *avaritia*, des Latins, indique *la passion dégradante qui fait exagérer le prix des richesses, la nécessité de thésauriser pour l'avenir, oublier les besoins les plus indispensables du présent.* Elle peut offrir une origine estimable en elle-même, *l'économie*, qui consiste à régler convenablement ses dépenses dans tous les genres. Alors cette qualité dégénère insensiblement en *parcimonie* pour arriver ultérieurement à *l'avarice.*

Le désir naturel et sage de ménager des ressources pour un avenir plus ou moins éloigné rend *économe* ; la crainte abusive de la nécessité, *parcimonieux* ; l'amour de l'argent, *avare.*

L'homme dominé par ce fâcheux sentiment n'a désormais qu'un seul désir, celui de cumuler ; une seule crainte, celle de perdre ; un seul embarras, celui de cacher son trésor. Consumé par cette funeste passion, il se dessèche et s'endurcit aux privations les plus pénibles. Son cœur se ferme à la bienfaisance ; le cri de l'infortune et de la douleur n'arrive plus jusqu'à lui ; sourd à la voix de ses propres besoins, il périt de faim et de misère à côté de ses immenses richesses.

L'enfance qui ne voit point dans l'avenir est étrangère à l'avarice. L'âge viril en éprouve déjà les atteintes, elle prend tous les caractères d'une passion dans la vieillesse.

Quelques animaux semblent amasser pendant la belle saison pour les tems rigoureux ; mais aucun ne périt au milieu de ses réserves par la crainte exagérée de les épuiser : une pareille faiblesse n'appartient qu'à l'homme.

INGRATIUDTE, ἀχαριϛια, des Grecs, *ingratitudo*, des Latins. Nous décrivons sous ce titre *la passion monstrueuse qui ferme l'âme au souvenir d'un bienfait, et qui laisse non seulement à l'indifférence mais encore aux sentimens haïneux le soin d'en effectuer la rémunération.* L'homme ingrat offre l'image du tigre déchirant la main dont il reçoit sa nourriture ; il fait tourner les avantages obtenus contre celui qui les a prodigués ; le plus souvent son bienfaiteur devient sa première victime.

Partage des âmes dégradées, cette passion emporte avec elle une sorte d'infamie. Révoltant les cœurs généreux par son aspect, elle paralyserait toutes les impulsions de la bienveillance et de la philanthropie, si l'homme, guidé par ces nobles sentimens, sachant d'avance qu'en faisant des heureux on élève presque toujours des ingrats, ne trouvait, dans le témoignage de sa conscience et dans le bonheur d'être utile, des encouragemens plus vrais, un plus digne prix à ses belles actions.

Cette passion, assez rare dans l'enfance et chez le vieillard, offre des exemples beaucoup trop nombreux dans l'âge viril.

Chez les animaux on la rencontre seulement dans les espèces remarquables par leur insociabilité; comme si la nature voulait indiquer à l'homme, qu'un aussi déplorable sentiment ne doit se rencontrer que chez les êtres les plus sauvages.

VERSATILITÉ, — ἄϛατον, des Grecs, *mobilitas*, des Latins, signifie *cette impatience de l'âme qui la rend incapable de s'arrêter long-tems sur le même objet, et lui fait incessamment éprouver le besoin du changement.* L'homme versatile, inconstant, devient par cela même absolument impropre aux études sérieuses ; à tous les travaux qui supposent de l'application et de la profondeur. Aussi peu capable de conserver le sentiment de l'amitié que d'en apprécier les douceurs, il n'offre aucune sûreté, aucune garantie dans ses relations. Toujours il possède un grand nombre de connaissances, jamais un véritable ami. Enthousiaste pour les personnes et les choses nouvelles, ses affections sont passagères et superficielles ; ses intellectualisations sans mérite et sans résultat. Son existence est employée beaucoup moins à jouir du présent, qu'à poursuivre les chimères de l'avenir. Tant que la vivacité de son imagination, les dispositions de son organisme peuvent suffire aux frais de cette continuelle instabilité, la vie n'excite pas encore trop d'ennuis ; mais lorsqu'il arrive à cet âge où les appareils sont affaiblis, où les illusions s'évanouissent comme des songes trompeurs, sans amis, sans ressources morales, il ne trouve aucun contrepoids aux nombreux dégoûts qui viennent l'assiéger.

Funeste partage des esprits médiocres, des constitutions éminemment nerveuses, la versalitité se rencontre surtout chez les femmes et chez les enfans. Elle diminue dans l'âge viril, et ne s'observe, pour la vieillesse, que chez certains sujets, dans un état moral voisin de la folie.

Elle établit le caractère particulier de plusieurs espèces animales, chez lesquelles on voit une grande mobilité nerveuse coïncider avec le défaut de raisonnement.

Indifférence, — ἀδιαφορία, des Grecs, *indifferentia*, des Latins, exprime *cette apathie, cette langueur de l'âme qui la rend étrangère à la peine comme au plaisir.*

Elle est au moral ce que la paralysie est au physique ; c'est l'extinction de la sensibilité, *la nécrose mentale.*

L'homme indifférent, sans amour pour la gloire, sans crainte pour l'infamie, trouvera-t-il désormais un moteur qui l'excite aux grandes actions, un frein capable de l'arrêter au milieu de ses inclinations désordonnées. Ses qualités, lorsqu'il en présente, ne sont que des vertus passives, ou, si l'on veut, l'absence des mouvemens vicieux. Il ne fera ni le mal, ni le bien, aucune impulsion ne rompant sa force d'inertie. Constamment inutile aux autres, à charge à soi même, un tel sujet présentera, dans l'ordre social, toute la nullité d'un membre paralysé; dans l'économie vivante, ennuyé de cette existence passive, souvent il sera conduit, par une pente naturelle, au dégoût de la vie, à toutes les funestes conséquences de cette affreuse modification.

L'indifférence n'est pas une disposition ordinaire chez l'enfant. On n'observe heureusement cette insensibilité native que dans un petit nombre de sujets ; elle devient alors un obstacle souvent insurmontable aux progrès de l'éducation et de la sociabilité. Dans l'âge viril, son développement se rattache presque toujours à l'une de ces trois causes : 1° l'abus des jouissances ; 2° l'excès des infortunes ; 3° les différentes altérations chroniques du système nerveux ganglionaire et des viscère abdominaux. Pour le vieillard elle est une conséquence naturelle de l'imperfection, de l'usure et de l'épuisement des organes.

On en trouve des exemples chez les animaux abrutis par leur nature ou par l'excès de la misère et du travail.

PARESSE, — ῥᾳθυμία, des Grecs, *inertia,* des Latins, désigne *cette passion narcotique et dépressive, engourdissant toutes les facultés, s'opposant à leurs manifestations.* L'homme paresseux, lors même qu'il est doué des plus grands moyens, n'arrive jamais au but qu'il devait atteindre.

Cette passion malheureuse est le plus grand obstacle que puisse rencontrer l'accomplissement des devoirs. C'est le fardeau qu'il faut d'abord soulever, la force d'inertie qu'il est indispensable de vaincre, avant d'exercer aucune autre action. Elle est aux êtres sensibles, ce que devient l'immobilité parfaite aux corps inanimés. De même que ces derniers tendent naturellement au repos lorsqu'aucun agent d'impulsion n'exerce leur mobilité, de même les premiers sont retenus par l'attrait de ce *dulce otium* qui nous paraît offrir tant de charmes, toutes les fois qu'un modificateur impérieux ne vient pas les forcer à l'exercice. L'inaction permettant de vivre en soi-même, d'apprécier le bonheur de ce calme de l'âme que rien ne peut avantageusement remplacer, est presque toujours en raison inverse de la civilisation. Ainsi, dans les villes très-populeuses, l'homme sans cesse entraîné par le tourbillon des affaires et des plaisirs, trouve à peine quelques instans pour descendre dans sa conscience, et jouir paisiblement des consolations qu'elle peut offrir.

Lorsque ce repos est un effet de l'oisiveté, lorsqu'il n'est pas acquis par des travaux antérieurs, lorsque l'homme engourdi par la mollesse, dès les premières années de sa vie, s'est affranchi des obligations d'activité qu'il devait payer à l'ordre naturel des choses, loin de goûter les avantages d'un pareil état, il n'y trouve que l'ennui, le regret et la source de tous les vices.

La paresse, notablement développée sous l'influence de l'habitude, par une alimentation surabondante, se rencontre chez l'enfant dont l'activité n'est point encore sollicitée par des motifs assez puissans ; chez le vieillard par l'affaiblissement de l'organisme. Des dispositions contraires la maîtrisent plus ou moins énergiquement dans l'âge viril.

Assez naturelle aux animaux, elle sert à caractériser plusieurs espèces de la manière la plus remarquable.

Ennui, — ἀνδία, des Grecs, *tædium* des Latins, indique *ce malaise de l'âme qui devient, pour le moral, ce qu'est l'anxiété relativement à l'organisme*. Cette passion dépressive qui s'accompagne d'une sorte d'engourdissement et de langueur, trouve sa cause ordinaire dans le défaut ou l'uniformité des impressions. C'est pour en éloigner les pénibles atteintes que nous avons inventé des jeux, des bals, des spectacles, des plaisirs de tous les genres, dont l'objet essentiel est de prévenir l'ennui par la diversité des sensations qu'ils font naître.

L'usage continuel du même aliment produit la satiété, l'anorexie; l'influence habituelle des excitations identiques entraîne la disposition mentale que nous étudions : *L'ennui naquit un jour de l'uniformité*, dit un poète célèbre. Le besoin de changer d'impression devient tellement impérieux, que l'homme se dégoûterait d'un printems perpétuel, d'un bonheur exclusivement établi sur les mêmes avantages; on le voit même quelquefois, au défaut d'excitations agréables, rechercher des sensations pénibles.

Si nous rencontrons chaque jour des sujets d'un caractère doux, aimable, dont le commerce nous devient insipide, ennuyeux, faut-il en chercher la raison ailleurs que dans la monotonie de leurs habitudes et de leurs conversations ? Dans les personnes et dans les choses, au moral comme au physique, nous éprouvons incessamment le désir et le besoin de la diversité. Le véritable secret du bonheur est par conséquent renfermé dans ces principes : Varier les jouissances ; en ménager pour l'avenir, éviter les sensations uniformes, trop vives ou trop long-tems prolongées.

Les enfans, au milieu d'objets nouveaux et d'impressions insolites, éprouvent rarement les peines de l'ennui. L'âge viril, absorbé par des occupations sérieuses, des intérêts majeurs, en offre également peu d'exemples. La vieillesse, dont les organes sont dans un état d'usure, dont les sensations ne présentent plus le charme de la nouveauté, s'y trouve au contraire plus fréquemment soumise.

Cette passion devient d'autant plus insupportable chez l'homme, qu'il peut en apprécier les causes, la nature, les effets par sa propre conscience. Les animaux, dépourvus de cette faculté, sont par cela même affranchis des anxiétés morales de l'ennui, qui se réduit chez eux à l'impatience du repos. Aussi, le premier, vaincu dans ses résistances conservatrices par cette funeste passion, se trouve-t-il quelquefois entraîné vers le dernier acte du plus affreux désespoir, tandis que le suicide est encore inouï chez les espèces animales.

Tristesse, —λυπη, des Grecs ; *mœror*, des Latins. Nous qualifions de ce titre *une pénible disposition de l'âme qui lui fait accueillir toutes les occasions de peine, et rejeter les causes de plaisir.* Cette langueur morale ne se borne pas aux motifs réels dans son investigation, elle s'empare des circonstances imaginaires ; les malheurs du présent ne lui suffisent point, elle porte ses fâcheux pressentimens jusqu'à l'avenir. Dans les positions douteuses constamment elle choisit le côté le plus défavorable, et ne trouve dès-lors aucune véritable compensation entre le calme et la souffrance.

L'homme triste, lors surtout que cette pénible disposition est effectuée par une cause morale indestructible, languit, s'altère profondément au physique, au moral ; traîne sa douloureuse existence comme un pesant fardeau ; arrive à la mélancolie, à l'hypocondrie, souvent

même aux funestes résultats de la plus sombre monomanie.

Très-rare chez l'enfant, cette passion est plus commune dans l'âge viril; on l'observe souvent dans la viéil-
lesse. Les animaux en fournissent un assez grand nombre
d'exemples, mais elle est presque toujours produite chez
eux par les maladies des organes et notamment des viscères abdominaux; altérations qui peuvent également l'occasionner chez l'homme, seulement d'une manière beaucoup moins exclusive.

A cette passion nous devons rattacher la modification
mentale, connue sous le nom de *chagrin*, et qui présente plusieurs dispositions particulières essentielles à
noter.

Le chagrin—est *cette passion qui nous affecte péniblement à l'occasion d'un malheur, de la perte d'une
personne chérie.* Elle devient pour l'âme ce qu'est la douleur physique pour le corps ; ou plus exactement elles
diffèrent l'une de l'autre par la cause qui les produit.
Ainsi la première est l'effet immédiat d'une sensation intérieure, morale, sans lésion matérielle des organes ; la
seconde offre le résultat d'une altération plus ou moins
grave dans les propriétés substantielles et vitales des
appareils. Signalé par l'altération des traits, l'abattement,
la stupeur, la concentration épigastrique etc., il s'exprime
par des cris, des sanglots, des gémissemens, des larmes
abondantes ; et lorsqu'il est plus violent et plus profond,
par la sécheresse de l'œil, par la fixité, l'aspect sinistre
du regard, une indifférence illusoire, une véritable aliénation mentale dont il faut redouter les impulsions désordonnées.

Cette passion affecte souvent l'enfance mais toujours
superficiellement, en raison de la futilité de son objet et
de la mobilité naturelle du système nerveux. Aussi voyons-

nous le jeune sujet passer, dans le même instant des larmes du désespoir aux éclats bruyans de la gaieté. Par les mêmes raisons, le chagrin est plus vif, moins profond, moins durable chez la femme que chez l'homme ; toutefois en exceptant celui que produisent les blessures de l'amour maternel ; peut-être n'en existe-t-il pas de plus cruel et de plus incurable. Dans l'âge viril ce pénible sentiment altère plus ou moins gravement la santé ; dans la vieillesse il détruit ordinairement l'existence.

Les animaux en paraissent également susceptibles, mais dans le cercle assez étroit des besoins physiques et des impulsions instinctives. La perte de leurs petits, des êtres qu'ils aiment, d'un aliment dont on les prive etc. constituent les motifs principaux de leurs chagrins. Cependant ces derniers sont quelquefois assez puissans pour altérer et même compromettre la vie. Le chien fidèle succombe à la douleur que vient lui causer la mort de son maître. La jeune colombe survit assez rarement à la perte de sa compagne ; n'avons nous pas vu, dans l'histoire des sympathies, un superbe lion de la ménagerie devenir triste, refuser toute nourriture, après avoir vu périr le jeune compagnon de sa captivité. Combien de faits analogues ne pourrions nous pas citer, et dans lesquels notre espèce trouverait des modèles de tendresse et d'affection.

SÉVÉRITÉ, — αὐστηρότης, des Grecs, *severitas*, des Latins, exprime *le sentiment d'exigence qui commande l'accomplissement rigoureux des devoirs, sans permettre la plus légère infraction aux obligations contractées.* Le sujet dominé par cette influence n'accorde rien à la faiblesse, à l'imperfection humaines ; intolérant par caractère, il s'établit son propre censeur ; mécontent des autres, ne pouvant s'habituer à les voir tels qu'ils sont, il les cherche toujours tels qu'ils devraient être.

Sous l'empire de cette passion, l'homme devient exigeant,

Alors peu satisfait des attentions, des égards dont il est environné, s'occupant exclusivement de ceux qu'on ne lui prodigue pas, il s'épuise en plaintes, en reproches continuels pour les obtenir. Dégagé de toute gêne, de toute contrainte, il condamne les autres sur les actions qu'il se permet, et les tient dans un état habituel de servitude et de privation.

A peine indiqué dans les premières années, excepté chez *les enfans gâtés*, le sentiment que nous décrivons s'affaiblit dans l'âge viril, et prend un nouveau développement chez le vieillard. Les animaux n'en présentent pas d'exemples bien positifs.

CRAINTE, — δέος, des Grecs, *timor* des Latins, désigne *cette pénible disposition de l'âme dont les mensongères illusions font naître des obstacles à toutes les entreprises, des pressentimens fâcheux pour tous les événemens, et mettent bien souvent le bonheur actuel en question.*

Avec l'espérance, nous jouissons d'un objet avenir par la seule idée qu'il nous appartiendra peut-être ; avec la crainte, nous devenons incapables de goûter les avantages d'un objet présent, d'après la seule pensée qu'on peut nous en ravir la propriété.

Cette passion, qui jette incessamment le trouble et l'agitation dans l'âme, s'oppose à tous les genres de succès. L'espérance fait bien souvent réussir les entreprises difficiles ; appréhender l'infortune et les revers, est presque toujours le plus sûr moyen de ne jamais les éviter.

L'homme craintif s'exagère tous les obstacles ; lorsqu'il n'en trouve pas de réels, il en cherche d'imaginaires. Dans ses projets, il grossit les chances défavorables, diminue celles qui pourraient soutenir son émulation ; par des hésitations continuelles, par la défiance de ses propres moyens, il se place constamment au-dessous de toutes les choses qu'il veut entreprendre. Incapable de rien commencer, de rien finir, il devient le triste jouet des réminiscences du passé, des inspirations du présent, et des prévisions de l'avenir !

Plusieurs sentimens vont se rattacher à la crainte. Ainsi : *la surprise*, naissant à l'occasion d'une apparition instantanée, dont l'effet moral n'est point en rapport avec la série des idées actuelles. Une éclipse de soleil, par exemple, ne produit aucun étonnement chez celui qui l'avait calculée ; tandis qu'elle surprend tous ceux dont l'intelligence ne la prévoyait pas.

La pudeur — est ce touchant embarras qu'éprouvent la beauté, la modestie par la rencontre d'un écueil ou par la confusion des éloges accordés sans ménagement. Partage ordinaire de l'innocence et de la candeur, elle s'exprime par des caractères que la coquetterie s'efforcerait en vain d'imiter.

La timidité — présente un sentiment difficile à combattre, et qui paralyse tous les moyens de celui qui l'éprouve. Excitée par l'obligation de s'exposer à l'attention publique, elle affaiblit toutes les réactions intellectuelles, fausse les gestes, les intonations vocales et les autres moyens d'expression. Compatible avec les plus brillantes facultés, elle en neutralise toujours le développement.

La crainte, remarquable chez l'enfant, diminue dans l'âge viril, pour se manifester de nouveau dans la vieillesse. Chez les animaux on la voit s'appliquer exclusivement à l'idée des châtimens et des douleurs physiques.

LACHETÉ, — ἀνανδρία, des Grecs, *ignavia*, des Latins, indique *cette passion qui brise tous les ressorts de l'âme par l'aspect d'un danger.* Apanage de la faiblesse, elle rend celui dont elle maîtrise le cœur toujours incapable des grandes entreprises, des actions périlleuses. On nomme *peur*, l'une de ses manifestations les plus ordinaires.

L'homme ainsi constitué s'exagère tous les accidens, se renferme en soi-même, et rétrécit encore la sphère déjà si bornée de ses rapports habituels. Trouve-t-il un appareil étranger de force et de protection à l'abri duquel il puisse entièrement se placer, on le voit alors affecter le courage et la résolution avec la plus ridicule forfanterie. Au contraire, est-il abandonné seul dans l'obscurité, réduit à ses propres moyens, tourmenté par des visions fantastiques, il se croit environné de revenans et de farfadets. C'est particulièrement sur l'esprit borné de ces hommes faibles et crédules, que les magiciens, les charlatans et les sorciers peuvent exercer tout leur empire.

Dans une occasion dangereuse, la peur est susceptible de produire deux effets bien différens. Tantôt elle précipite la fuite, et soustrait celui qu'elle domine aux chances d'une rencontre dont il n'a pas le courage d'affronter l'agression ; tantôt le glaçant d'épouvante, elle paralyse tous ses mouvemens, et l'abandonne sans résistance à la merci de l'ennemi qui vient l'attaquer.

Naturelle aux sujets faibles, cette passion affecte particulièrement les enfans, les femmes et les vieillards ; alors excusable elle devient chez l'homme, dans l'âge viril, un sentiment digne de mépris.

Les animaux en offrent des exemples nombreux ; elle sert à caractériser des familles entières, sous le nom *d'espèces timides*, et produit, surtout chez ces dernières, les effets que nous venons de signaler ; comme on le voit pour la perdrix, sous l'influence du vautour ; pour la fauvette, à l'aspect du serpent etc.

Tel est l'ensemble des impulsions instinctives et des modifications mentales auxquelles nous avons accordé le nom de *passions*. Après avoir étudié leurs caractères essentiels et particuliers, nous devons en apprécier les actions communes, les opposer à celles de la raison. Nous réduirons ces importantes considérations aux deux propositions suivantes : 1° *Effets des passions sur l'état physiologique ;* 2° *influences réciproques de la raison et de l'instinct.* Chacune de ces propositions va nous occuper isolément.

1° EFFETS DES PASSIONS SUR L'ÉTAT PHYSIOLOGIQUE.

Si nous recherchons actuellement quels sont les résultats des passions sur l'organisme, nous les voyons, au milieu de leurs nombreuses modifications, se rattacher à trois effets principaux d'après les caractères imprimés aux mouvemens de la vitalité. 1° *Manifestation centrifuge ; activité.* 2° *Concentration violente ; stupeur.* 3° *Affaiblissement gradué ; langueur générale.*

A chacune de ces modifications fondamentales se rapporte un groupe de passions dans lequel nous allons trouver les précédentes en les étudiant sous ce nouveau point de vue.

1° *Passions qui déterminent la manifestation centrifuge du mouvement vital, et consécutivement l'activité de l'organisme.*—Dans cette première catégorie viennent se ranger les dispositions suivantes : colère, ambition, amour, émulation, courage, espérance, activité, philanthropie, gaieté, bienfaisance, admiration, reconnaissance, amitié, bienveillance, estime, orgueil, pitié, constance, respect, versatilité, patience, prodigalité, indulgence, modestie.

Sans doute nous ne voulons pas identifier toutes les influences de ces impulsions instinctives et de ces modifications mentales ; souvent très-différentes par leurs caractères propres, ces passions ne doivent jamais être confondues. Mais un effet commun, *l'expansion de la vitalité dans l'organisme*, se trouve produit par chacune d'elles, et c'est exclusivement, sous ce rapport, autour de ce point central que nous avons l'intention de les grouper. Les unes provoquent cette expansion d'une manière directe ; les autres, par des réactions plus ou moins fortes ; les unes, avec violence et précipitation ; les autres, avec modération et lenteur ; toutes, avec établissement plus ou moins prononcé des mouvemens vitaux du centre à la circonférence.

Pour mieux apprécier les effets de cette action générale, on doit la considérer plus spécialement dans les passions qui la déterminent avec beaucoup d'intensité. Voici la marche des symptômes pendant un accès développé dans toute son extension : quelquefois, comme dans l'impatience, l'indignation, la colère, premiers phénomènes de concentration momentanée ; pâleur de la face ; tremblement des lèvres ; sentiment de constriction épigastrique ; anomalies dans les mouvemens du cœur, du thorax, des muscles volontaires ; absence d'intellectualisations étrangères à l'objet exclusif de la passion ; désordres notables de la prosopose, de la voix, de la parole etc. ; immédiatement après, phénomènes réactionnels ; chaleur précordiale s'irradiant dans toute la périphérie de l'organisme ; augmentation dans la force et la vitesse des battemens du cœur, dans l'énergie musculaire ; exaltation de toutes les facultés ; rougeur de la face ; violente excitation cérébrale ; expression très-animée de la physionomie, des gestes ; état voisin de l'aliénation mentale ; imminence de congestion sanguine dans les principaux viscères. On a vu la mort survenir dans ces différentes exaltations par apoplexies cardiaque, pulmonaire, encéphalique etc. ; même sous l'influence d'une affection agréable. Ainsi périrent

Chilon, Sophocle, Denis, Léon X, Fouquet, d'Aubenton etc.

Lorque les passions de cette première classe, bornées dans leur développement, se manifestent sans excès, on les voit déterminer, pour toute l'économie vivante, cette liberté, cette expansion vitales, nécessaires au bonheur, indispensables à la santé.

2° *Passions qui produisent une violente concentration du mouvement vital, et consécutivement la stupeur de l'organisme.* — Nous plaçons dans cet ordre les modifications exprimées par ces termes : haine, envie, sévérité, jalousie, ingratitude, cruauté, mépris, crainte, égoïsme, avarice, lâcheté.

Ces différentes passions, offrant des caractères particuliers qui les distinguent, se réunissent en même tems vers un point central qui les rassemble, savoir : la *concentration de la vitalité* sur les organes principaux, et notamment sur le système nerveux ganglionaire, sur le cerveau, l'estomac, le cœur et les poumons. Nous en exprimerons ainsi les phénomènes essentiels : sentiment de pesanteur, d'oppression, quelquefois même de spasme, de déchirement à l'épigastre ; stupeur générale ; anxiété, gêne dans l'action des viscères les plus importans ; suspension des sens, des facultés intellectuelles pour tout ce qui ne rentre pas directement dans le cercle de l'affection dominante ; immobilité, concentration des traits vers la ligne médiane ; taciturnité ; regard sombre ; aspect sinistre ; front livide ; respiration entrecoupée ; voix creuse, altérée, tremblante etc. ; l'engorgement des organes parenchymateux, l'immobilité de ceux qui sont contractiles, et consécutivement des désordres fonctionnels plus ou moins graves, la mélancolie, la monomanie, l'hypocondrie etc. deviennent les fâcheux résultats de ces impulsions instinctives également susceptibles d'occasionner la mort avec plus ou moins de rapidité.

Isocrate, Horace, Philippe V, Fernel, Racine etc. ont succombé victimes de ces funestes concentrations vitales.

Incompatibles avec la santé parfaite, les passions de cette catégorie, toujours accompagnées d'un état d'angoisse, d'anxiété morales, deviennent en même tems les obstacles qui s'opposent le plus directement au bonheur.

3° *Passions qui provoquent l'affaiblissement gradué du mouvement vital, et consécutivement la langueur de tout l'organisme.*—Cette classe renferme les conditions morales suivantes : indifférence, paresse, chagrin, tristesse, ennui.

Ces modifications affectives, déjà peu diversifiées dans leurs caractères propres, s'identifient par un effet commun : *l'épuisement progressif de la vitalité* dans les organes essentiels, et consécutivement pour toutes les parties de l'économie physiologique. Nous observons cet enchaînement dans leurs manifestations : sentiment de vacuité, d'inanition, de malaise vers l'épigastre ; indolence, inertie générales ; apathie morale et physique ; langueur de toutes les fonctions ; hébétitude mentale, intellectuelle ; dépression des traits ; œil éteint ; regard indifférent, sans intention ; voix sans timbre ; langage insignifiant, lourd, narcotique ; mouvement sans activité, sans précision, sans adresse ; l'altération des phénomènes digestifs, le squirre du pilore, l'anévrisme, l'hydropisie, les maladies chroniques du cerveau, la monomanie, l'hypocondrie, l'angoisse morale, bien plus pénible que la douleur organique, l'ennui, le découragement, le dégoût de l'existence, quelquefois même le suicide offrent les dernières conséquences de ces perversions toujours essentiellement funestes. En effet, insupportable pour les autres, fatiguant pour soi-même, en le supposant affranchi de ces principes qui seuls donnent assez de courage pour supporter les plus fâcheuses conditions, l'homme pourra-t-il vivre alors qu'il n'est plus capable de sentir !

Ici les altérations sont lentes, progressives, et le sujet arrive à la mort après avoir parcouru toutes les phases de la dégradation physique et mentale.

2° INFLUENCES RÉCIPROQUES DE LA RAISON ET DE L'INSTINCT

La réunion des nombreuses conditions morales que nous venons d'étudier forme le domaine des *passions*; toutes les facultés et les actions mentales dont nous avons antérieurement fait l'histoire, constituent celui de *l'intelligence*. Dans la nécessité d'opposer l'un à l'autre, nous désignerons, pour simplifier davantage, l'ensemble des impulsions organiques plus spécialement effectuées par le système nerveux ganglionaire sous le nom d'*instinct* ; et, par celui de *raison*, l'ensemble des réactions cérébrales confiées à ce guide précieux. En rapprochant ces deux moteurs antagonistes, nous pourrons facilement apprécier toutes les conséquences de leur équilibre ou de leurs prédominances relatives.

Cette idée fondamentale d'un double mobile chez l'homme, perce de toutes parts dans les ouvrages philosophiques, mais elle nous semble encore mal comprise et mal exprimée. « *Caro enim concupiscit adversus spi-* « *ritum; spiritus autem adversus carnem; hæc enim* « *sibi invicem adversantur.* » (St Aug.) Les deux *génies* des anciens n'étaient pas autre chose que l'instinct et la raison ; le mauvais génie répondait au premier, le bon génie à la seconde. Les expressions *d'âmes raisonnable*, *irraisonnable* ne sont pas plus heureuses. Il

ne s'agit point en effet, dans les influences de la *raison*
et de *l'instinct*, de deux principes simples, indépen-
dans, se disputant l'empire du domaine moral dans notre économie vivante, mais seulement de deux sources
d'impressions et d'idées agissant d'une manière différente
sur l'âme, principe immatériel unique, par l'intermédiaire du cerveau, son instrument naturel. *L'homo du-
plex* de certains philosophes ne présente également
qu'une indication vague et fautive de ce partage du domaine physiologique en deux empires, celui de l'intelligence et celui des passions, dont nous devons assigner
positivement la circonscription et les limites.

La volonté, voilà cette puissance qui sollicite les
mouvemens partiels et généraux de notre machine physique et morale, en conséquence des déterminations
raisonnées; cette faculté reçoit elle-même ses impulsions
ordinaires des passions et de l'intelligence. *L'instinct, la
raison* tels sont les deux moteurs de la volonté qui se
trouve naturellement, chez l'homme, dirigée par le second, quelquefois maîtrisée par le premier; constamment sous l'empire exclusif de celui-ci chez les animaux.

La raison, — faculté complémentaire, véritable perfectionnement de l'intelligence, agit toujours dans le
sens des convenances, de l'ordre et de la vérité. Suffisamment éclairée par les sens externes, par les idées
qu'ils suggèrent, par les raisonnemens et les jugemens
consécutifs à ces premières opérations, elle engage la
volonté d'agir avec sagesse, calme et lenteur. Sous l'influence absolue de cette faculté, les actions humaines seraient froides, méthodiques et calculées; mais elles offriraient en même tems cette rectitude, cette maturité qui
constitue leur véritable prix.

L'instinct, — impulsion intérieure qui nous entraîne
vers des résultats variables suivant les dispositions or-

ganiques, s'exerce fréquemment dans l'ordre de la nature et de la conservation individuelle, quelquefois aussi d'une manière subversive des lois primordiales et de l'intégrité du sujet. Il commmande, il entraîne la volonté sans réflexion, sans mesure, sans légitimer la nécessité de ses manifestations. L'homme exclusivement gouverné par ce mobile, désormais sans liaison dans ses idées et dans ses projets, sans règle dans leur exécution, agirait par boutades capricieuses, avec tous les caractères de l'originalité; ses productions, s'éloignant de la route commune, offriraient des éclairs de génie, des traits d'élévation au milieu des conceptions et des puérilités les plus ridicules.

C'est dans les rapports de ces deux agens qu'il faut étudier l'homme moral; c'est de leur équilibre, de la prédominance de l'un ou l'autre que naît *le caractère*.

Si la *raison* l'emporte sur *l'instinct*, l'homme, supérieur à ses besoins organiques, maîtrise toutes ses inclinations désordonnées, tous ses appétits illicites, conserve dans les actions les plus graves cette indépendance mentale qui lui permet d'agir avec liberté; de calculer, de mesurer d'avance toute l'étendue, toute l'importance de ses déterminations ; toujours digne d'estime, il goûte cette pureté de conscience bien préférable aux applaudissemens extérieurs. Vainqueur de ses passions, il sait détruire les unes, modifier les autres, et les dominer toutes avec empire. Son intelligence reçoit de l'extension, de la vivacité, de la noblesse par le concours des impulsions instinctives, sans en éprouver jamais aucune perturbation. C'est un flambeau qui la fait briller de sa lumière vive et pure, loin de présenter une torche funeste qui viendrait y porter le désordre et l'incendie. Au milieu de ces dispositions l'homme de génie paraîtra nécessairement le maître des autres hommes par sa force morale; s'établira leur guide et leur exemple par la solidité, l'éclat de son esprit et de ses vertus. Celui qui dans toutes les circonstances peut se commander à soi-même, a déjà la plus essentielle des qualités pour commander aux autres. C'est à cette force dont rien ne peut remplacer avantageusement l'influence générale, c'est à la raison que notre espèce doit sa souveraineté parmi les animaux, et que chacun de nous peut attribuer sa véritable élévation au milieu de ses semblables.

Si l'*instinct* maîtrise la *raison*, l'homme désormais soumis à toutes ses impulsions organiques, s'abandonne sans gouvernail au torrent de ses passions les plus effrénées. Oubliant son origine céleste, il perd incessamment dans l'estime des autres, dans la sienne; plus il se dégrade, moins il conserve de moyens pour s'arrêter dans la carrière des vices; trop heureux encore lorsqu'il ne fait pas les plus funestes excursions dans celle du crime! s'il est maintenu, par cet instinct, dans le cercle des passions louables, il peut offrir quelquefois une conduite régulière et même digne d'éloges. Toutefois en admettant une semblable exception à la règle générale, ces vertus exclusivement établies sur le tempérament n'offrent pas un grand mérite et surtout des garanties bien solides. Il ne faut souvent à celui qui les possède qu'une occasion dangereuse pour l'entraîner dans le sentier de la dépravation et des forfaits! les sujets ainsi constitués ne deviennent jamais des arbitres pour leurs semblables; si quelquefois on les voit usurper le commandement c'est toujours dans les tourmentes révolutionnaires, pour conduire des factieux au carnage, à la dévastation.

Lorsque *la raison* et *l'instinct* s'influencent réciproquement, comme on l'observe chez la majorité des individus, les actions offrent alors un mélange de grandeur et d'abaissement, de sagesse et de folie, de vertus et de vices, en raison de la prédominance actuelle de l'un ou l'autre de ces deux modificateurs. Ne cherchons point une autre cause à cette versatilité dans la conduite habituelle chez les hommes différens, et, chez le même sujet, aux principales époques de sa vie.

Ainsi, relativement aux influences réciproques de la raison et de l'instinct, nous partageons les hommes en trois grandes catégories : *dans la première, la raison dirige toutes les actions.*—Là viennent se ranger le petit nombre de ces êtres éminens par leur sagesse et leurs vertus, qui semblent envoyés sur la terre pour faire mieux sentir, au moyen des contrastes, l'horreur du vice et de la dégradation morale ; pour offrir des exemples et des modèles à notre émulation. *Dans la seconde, la raison et l'instinct se contrebalancent mutuellement.*—Nous y trouvons le plus grand nombre des hommes, alternativement dignes d'éloges par leurs belles actions, et condamnables par leurs faiblesses. *Dans la troisième, la raison est constamment sous le joug de l'instinct.*—On y rencontre les sujets qu'il faut rougir d'appeler des hommes. Entrainés sans guide et sans frein dans le tourbillon des passions, ils s'abaissent fréquemment au-dessous des plus vils animaux, n'offrant comme eux d'autres mobiles que ces aveugles impulsions.

Pendant toute la durée de son existence, l'homme est donc incessamment dirigé par la raison ou l'instinct se disputant l'avantage de gouverner les déterminations de sa volonté. *Chez l'enfant*, l'instinct agit en maître ; *dans l'âge adulte*, il est avantageusement contrebalancé par la raison. *Chez le vieillard*, tous les phénomènes de relation se trouvent à peu près exclusivement régis par ce dernier modificateur.

Tels sont, en dernière analyse, les deux principes

de toutes nos actions ; les sources de nos vertus et de nos vices ; les élémens de notre bonheur et de notre infortune.

Avec quelle attention ne devons-nous pas, dans nos institutions philanthropiques, éloigner du berceau de l'enfance toutes ces passions haineuses, toutes ces impulsions violentes et désordonnées, pour développer dans son cœur le germe des sentimens nobles et bienveillans. Réprimer les insurrections instinctives dans les bornes de leur action normale ; fortifier l'empire de la raison ; lui soumettre constamment les déterminations volontaires, sont les bases principales sur lesquelles on devrait établir un système d'éducation dont l'ensemble a pour objet de former des hommes.

Les impressions portées, soit sur les organes intérieurs, soit sur les sens externes ; les idées, les raisonnemens et les jugemens que produisent les élaborations mentales de ces impressions, offrent pour effet *le plaisir ou la douleur* ; pour conséquence, *la volonté* de s'appliquer aux objets des rapports ou d'en éviter l'agression. Mais combien ces résultats ne sont-ils pas modifiés par les dispositions actuelles des individus ? Nous sommes dès-lors naturellement conduits à l'étude fondamentale de ces états, sous le titre de *constitutions physique et morale*, dans lesquelles nous trouverons, pour la première, *les tempéramens*, et, pour la seconde, *les caractères.*

CONSTITUTIONS PHYSIQUE ET MORALE DE L'HOMME.

Nous accordons ce titre *aux dispositions organique et mentale des êtres intelligens et sensibles.* L'ensemble des conditions anatomiques forme la première, la réunion des facultés intellectuelles détermine la seconde.

Établies sur des élémens nombreux, ces constitutions peuvent offrir des modifications relatives à la prédominance de tel ou tel principe fondamental ; d'où résultent *les tempéramens* pour la constitution physique, et *les caractères* pour la constitution morale.

Nous étudierons d'abord isolément ces deux conditions essentielles et chacune de leurs spécialités ; nous les rapprocherons ensuite, afin d'arriver à des notions positives sur les influences réciproques du moral et du physique.

ARTICLE PREMIER.

CONSTITUTION PHYSIQUE.

Cette expression indique *l'état général de l'organisme relativement à la structure, au développement, aux propriétés spéciales, à l'harmonie, à l'ensemble des tissus et des appareils de l'économie vivante.*

On ne doit pas confondre, sous le même titre, comme l'ont fait un grand nombre d'écrivains, les termes *organisation, idiosyncrasie, complexion, tempérament* etc. ; chacun d'eux offre une acception particulière. *Organisation* signifie : structure intime des tissus, arrangement des appareils ; elle est bonne ou mauvaise. *Idiosyncrasie* marque la disposition actuelle de l'économie vivante à répondre d'une manière spéciale aux agens extérieurs d'excitation, à contracter certaines affections pathologiques ; elle est saine ou morbide. *Complexion*, exprime le résultat général de l'économie sans distinction des organes, des appareils ; elle est robuste ou faible. *Tempérament*, indique la prédominance d'un système d'organe, d'un ou plusieurs appareils ; il est sanguin, lymphatique, nerveux etc. Ces modifications diverses peuvent se rencontrer isolément et simultanément, offrir un grand nombre de combinaisons différentes, et qui doivent toujours être positivement déterminées dans les qualifications générales d'un sujet.

La constitution physique, embrassant les modifications que nous venons d'énumérer, peut être bonne ou mauvaise, forte ou faible, régulière ou difforme. Elle est avantageuse lorsque les élémens de l'économie se trouvent bien organisés, lorsque les appareils sont dans une harmonie parfaite. C'est ainsi que l'on voit des sujets d'une stature bornée, frêles en apparence, et chez lesquels cet équilibre devient l'âme d'une vitalité, garantissant la conservation individuelle, au milieu des circonstances qui la compromettraient pour des complexions plus robustes, mais d'un ensemble moins parfait. Lorsque toutes les parties de l'organisme sont bien établies, richement développées, dans une correspondance naturelle et physiologique, la constitution est en même tems belle, robuste et saine ; dans l'hypothèse contraire, elle devient anormale, débile et vicieuse. Ainsi, lors même que la majorité des appareils offrirait de grandes proportions, une texture favorable, si la discordance existait entre eux, cette constitution n'en serait pas moins défectueuse. On voit en effet souvent des sujets d'un aspect robuste qui sont incapables de soutenir, sans dérangement dans leur santé, des influences morbifiques impunément éprouvées par des individus grêles et d'un extérieur valétudinaire.

Quelles que soient les dispositions saines ou morbides, la force ou la faiblesse de la constitution, elle présente chez le plus grand nombre des sujets, sous la dénomination de *tempérament*, des prédominances organiques dont nous devons étudier les caractères essentiels.

TEMPÉRAMENS.

Le tempérament, ἕξις des Grecs, *habitus* des Latins, peut être défini : *disposition physiologique particulière effectuée, dans l'économie vivante, par la prédominance d'un ou plusieurs appareils.*

L'histoire de ces modifications de l'organisme est devenue l'objet des plus nombreux écrits. Les uns , d'une impénétrable obscurité, sont incapables de servir à l'étude positive de l'homme. Parmi les autres , plusieurs se trouvent empreints des idées systématiques de l'humorisme pur ou du solidisme exclusif.

Le terme φύσις admis par Hippocrate, signifiant seulement force, puissance, ne donne aucune idée précise. Le mot κρᾶσις adopté par Galien, indiquant une composition, un mélange, n'est pas beaucoup plus significatif. Enfin l'expression *tempérament*, dirivée de *temperare*, tempérer, adoucir, est également peu susceptible de caractériser une disposition spéciale de l'organisme. Nous la conserverons cependant, en raison de l'usge et de sa généralisation dans les théories physiologiques.

La doctrine des tempéramens nous offre, chez les anciens, un caractère d'humorisme qui domine dans toutes les productions médicales de ces tems reculés. Admettant dans l'économie de l'homme, quatre humeurs principales : *sang, lymphe, bile, atrabile,* ils attribuèrent les particularités de la constitution physique à la prédominance de l'une ou l'autre de ces humeurs, et signalèrent quatre tempéramens fondamentaux : *sanguin, lymphatique, bilieux, atrabilaire ou mélancolique.*

Galien en comptait neuf. Quatre primitifs : *sanguin, bilieux, pituiteux, mélancolique ;* quatre secondaires :

résultant du mélange des premiers ; un neuvième produit par la combinaison de toutes les humeurs dans une harmonie parfaite, *temperamentum temperatum*.

On fit même alors des rapprochemens, plus ingénieux que fondés, entre les tempéramens, les âges, les passions, les saisons et les climats. Ainsi, tempéramens : *sanguin.* — Adolescence, amour, été, climat chaud - humide. *Lymphatique.*—Enfance, crainte, printems, climat tempéré. *Bilieux.*—Virilité, colère, automne, climat brûlant - sec. *Mélancolique.* — Vieillesse, tristesse, hiver, climat froid.

A l'époque voisine de la nôtre, Haller chercha la cause de ces états dans la proportion relative des élémens du sang. Ainsi, prédominance : 1° *Des globules rouges,* tempérament athlétique ; 2° *des principes qui tendent à prendre la nature urineuse,* tempérament bilieux ; 3° *des parties aqueuses,* tempérament lymphatique ; 4° *des matières glaireuses,* tempérament mélancolique.

Nous pourrions énumérer ainsi toutes les hypothèses de l'humorisme, relativement au sujet qui nous occupe, sans avoir fait un seul pas dans le sentier qui conduit à des notions positives. En effet, si les fluides organiques offrent, comme nous le verrons, des caractères propres à chaque tempérament, ces caractères doivent être envisagés comme les résultats, et non comme les causes de ces particularités physiologiques. En effet, les humeurs de notre économie se trouvant élaborées par les solides vivans, soit dans la nutrition, soit dans les sécrétions, sous l'influence des propriétés spéciales dont ils sont doués, les modifications des premières se rattachent nécessairement aux dispositions actuelles des seconds ; de telle sorte que si l'on ne doit pas attribuer avec trop d'exclusion la nature des tempéramens à la constitution des organes, au moins les derniers doivent-ils en former la base fondamentale.

C'est uniquement pour marquer les progrès de la physiologie, que nous rapportons des opinions dont le tems a fait justice ; une plus ample réfutation de l'humorisme exclusif, importé dans la doctrine des tempéramens, deviendrait pour le moins inutile d'après l'état actuel de la science.

Hippocrate avait entrevu cette grande vérité sans pouvoir la présenter dans tout son jour. Entraîné par les erreurs de son époque, il voulut comparer la prédominance des quatre humeurs principales à celle des quatre saisons de l'année, sans légitimer d'ailleurs les motifs de ce rapprochement. « *In anno autem modò hyems* « *maximè viget, modò ver, nunc etiam æstas, nunc* « *autumnus, sic quoque in homine modò quidem pituita* « *invalescit, modò sanguis, interdum etiam bilis, pri-* « *mùm quidem flava, mox quoque atra apellata.* » (*Hipp. de nat. hom.*)

Stahl, qui distingue le moral et le physique dans les tempéramens, considère la texture particulière des solides organiques, la capacité des vaisseaux, la quantité proportionnelle des fluides circulatoires comme base du second état ; la liberté variable de la circulation, la régularité modifiée des actes vitaux comme principe du premier. Ainsi, d'après cet illustre médecin, tempérament : 1° *Sanguin*, partie physique ; organes spongieux traversés par un sang riche et délié ; partie morale ; fonctions régulières, facilité de la circulation qui laissant l'âme sans inquiétude, lui permet de s'abandonner aux mouvemens de la gaieté. 2° *Lymphatique*, solides plus lâches, pénétrés d'un sang aqueux et froid ; difficulté, lenteur des fonctions, de la circulation, entretenant dans l'âme un sentiment d'insuffisance, de nullité, produisant l'apathie, l'indifférence. 3° *Mélancolique*, appareils délicats, irritables ; humeurs offrant de l'épaisseur, de l'acrimonie ; circulation laborieuse, fonctions anomales imprimant dans l'âme une sorte d'inquiétude vague, de défiance et de timidité. 4° *Bilieux*, tissus compactes, serrés, doués d'une grande énergie, d'une promptitude remarquable dans l'accomplissement des fonctions confiées aux divers organes qu'ils servent à former ; essort du génie, développement des passions fortes.

Ces rapprochemens ne sont pas sans intérêt, mais ils manquent de justesse dans leur application. Sans doute il existe, comme nous le verrons, des influences réciproques, des rapports constans entre le physique et le moral, entre le tempérament et le caractère, mais ce n'est pas sur des principes aussi défectueux qu'il faut en motiver la cause, en établir les traits essentiels.

Haller, sans être complétement affranchi des erreurs de l'humorisme, avait senti qu'il était indispensable de placer dans les solides organiques la base fondamentale des tempéramens, et que les fluides n'offraient, sous ce rapport, qu'une importance absolument secondaire.«*Par-* « *tes firmœ temperamenta faciunt, à robore partium* « *solidarum à quo ingenito irritabili majori utroque aut* « *diminuto causas temperamentorum ferè pendere cen-* « *seo.* » (Hall. Elem. Phy. T. 2.) De même que Stahl, ce grand physiologiste, confond, avec la prédominance de tel ou tel système, le développement ou l'atrophie des organismes, qui cependant ne peuvent déterminer que la force ou la faiblesse des constitutions sans jamais établir un seul tempérament.

Quelques écrivains ont fait consister ce dernier dans la proportion relative des solides et des humeurs, distinguant ainsi trois modes principaux : 1° *Sec.* — Prédominance des solides sur les fluides; caractère sévère, inflexible; maladies opiniâtres. 2° *Mou.*—Prédominance des fluides sur les solides ; caractère souple, facile. 3° *Mixte.*—Équilibre entre les solides et les humeurs ; caractère animé, gai, maladies plus ou moins diversifiées.

Séduits par cette apparente simplicité, plusieurs physiologistes ont adopté la théorie que nous venons d'exposer, et dont le principe est si faux, les applications tellement vagues et contraires à l'observation, qu'il serait oiseux de la réfuter sérieusement. Abandonnons les théories imaginaires pour établir sur des faits positifs la base organique et les causes principales des modifications constitutionnelles que nous étudions.

Base organique des tempéramens. — Les faits, l'expérience et le raisonnement se réunissent pour démontrer que l'occasion matérielle et fondamentale des tempéramens existe surtout dans les solides organiques. Une humeur quelconque, le sang, l'urine, la bile etc. ne se rencontrent point dans l'économie sans le foie, le rein, les organes d'hématose etc. ; ne présentent point une augmentation, une diminution, une perversion notables, sans que des altérations analogues aient primitivement affecté les viscères dans leur développement substantiel ou dans leurs propriétés vitales. Dès-lors, puisque la prédominance de l'organe marche toujours avant la surabondance de l'humeur qu'il doit élaborer, c'est donc évidemment sur les dispositions actuelles des appareils de l'économie qu'il faut baser les conditions relatives aux tempéramens. D'ailleurs, nous pourrions demander aux humoristes exclusifs quelle serait, dans leur système, la raison physiologique des tempéramens *athlétique, nerveux* etc. dont la réalité se trouve aussi bien démontrée que celle des *sanguin, bilieux, lymphatique* etc.

Le tempérament, quelle que soit sa nature, dépend toujours d'un défaut d'équilibre parfait entre les principaux appareils anatomiques, et consécutivement entre les fonctions essentielles de l'économie vivante. La supposition de cet équilibre dans un organisme exclut entièrement pour celui-ci l'existence d'un tempérament. En effet nous ne devons pas accorder une semblable qualification au *temperamentum temperatum* des anciens, signalant une harmonie physiologique à peu près imaginaire ou du moins jusqu'alors sans exemple. Cette constitution idéale offrirait sans doute beaucoup d'avantage sur toutes les autres en assurant une longévité garantie par la régularité, la perfection des actes vitaux ; mais, lors même qu'elle s'établirait dans le moment présent, elle n'existerait déjà plus dans l'instant qui va suivre, tant cet équilibre fugitif est difficile à maintenir. Dans le premier état, l'économie prenant un caractère d'uniformité constitutionnelle, n'offrirait plus aucune couleur locale, aucun de ces traits saillans qui vont précisément nous servir de base pour l'établissement des spécialités que nous devons actuellement examiner dans leur véritable nature.

Les organes de l'économie vivante représentent comme autant de membres de la même famille. Doués d'une faculté d'agir spéciale, indépendante, soustraits à des principes d'uniformité qui les feraient exister dans une éternelle monotonie, ces organes acquièrent ou dissipent, s'élèvent ou s'abaissent, de telle sorte qu'en supposant, dans ces derniers, les forces identiques ; entre les sujets d'une famille, les fortunes égales, il suffira d'un seul jour pour détruire entièrement cette équilibration au milieu des vicissitudes nombreuses dont les uns et les autres sont environnés. D'où l'on peut inférer avec assurance que *l'harmonie positive, absolue*, dans l'ordre physiologique, est une chimère aussi difficile à réaliser que *l'égalité générale* dans l'ordre politique des institutions humaines.

Il arrive donc nécessairement, soit d'après les dispositions natives, soit par l'action ultérieure des nombreux modificateurs, qu'un ou plusieurs systèmes organiques acquièrent, sur tous les autres, cette prédominance plus ou moins développée qui donne à la constitution physique l'une des formes principales que nous allons indiquer. Ainsi la détermination d'un tempérament présente en quelque sorte le premier pas vers tel ou tel ordre de maladies, et nous verrons chacune de ces variétés constitutionnelles offrir des altérations morbides qui lui sont propres.

Sous le rapport que nous examinons, cinq appareils fondamentaux constituent, pour notre espèce, le domaine de l'économie vivante : 1° *Nerveux* ; 2° *circulatoire lymphatique* ; 3° *circulatoire sanguin* ; 4° *musculaire* ; 5° *digestif*. C'est dans la prédominance relative de l'un ou l'autre de ces apparereils, que nous plaçons la base essentielle des tempéramens simples. Ainsi, développement extra-normal, sur-activité des systèmes : 1° sensitif ; tempérament *nerveux*, dans lequel nous distinguerons deux variétés, *l'encéphalique, le ganglionaire* ; 2° circulatoire blanc ; tempérament *lymphatique* ; 3° circulatoire rouge ; tempérament *sanguin* ; 4° musculaire ; tempérament *athlétique* ; 5° digestif ; tempérament *bilieux*. Lorsqu'il survient, chez les individus ainsi disposés, une irritation chronique dans les viscères abdominaux, dans le système nerveux ganglionaire, on donne à cette modification, en quelque sorte morbide, le nom de tempérament *mélancolique*.

Telles sont les véritables bases des cinq tempéramens fondamentaux et de leurs variétés. En diminuant ce nombre, on confondrait des états essentiellement différens ; en l'augmentant, on isolerait des modifications identiques.

Causes principales des tempéramens. — D'après les considérations que nous venons d'exposer, il est évident que les causes occasionnelles des tempéramens sont précisément les actions capables d'effectuer, dans l'organisme, la prédominance de l'un ou l'autre des appareils indiqués. Deux circonstances principales amènent ce résultat : 1° La disposition native ; 2° l'influence des agens extérieurs.

Sous le premier rapport, nous apportons en naissant une constitution propre, des dispositions organiques particulières, ordinairement analogues aux dispositions organiques, à la constitution de nos parens, dont les avantages et les inconvéniens physiologiques nous sont alors transmis par voie de génération. Sous le second, les influences qui nous environnent de toutes parts ont le pouvoir de modifier ou même de changer entièrement ces dispositions originelles, en nous donnant un tempérament contraire à celui qu'elles semblaient d'abord indiquer.

Ces deux résultats différens, *conditions : originelle, acquise,* toujours sont diversifiées en raison des circonstances dont le sujet est plus particulièrement entouré dès les premiers instans de sa vie. Lorsque les agens extérieurs sont impuissans et peu nombreux, les dispositions natives l'emportent, se conservent à peu près dans toute leur intégrité ; le tempérament est, dans cette hypothèse, bien plutôt relatif aux influences génératrices qu'à l'éducation artificielle ; on le voit se propager dans les familles sans recevoir des empreintes aussi marquées du climat et du genre de culture. Cette vérité paraîtra dans tout son jour si, de l'homme, dont les modifications ultérieures sont les plus profondes et les plus nombreuses, nous descendons aux animaux rudimentaires, aux végétaux, chez lesquels ces changemens sont plus rares, plus superficiels, souvent même à peine sensibles.

L'homme, dans l'état de civilisation, nous offre souvent, pour la même famille, des tempéramens opposés. Chez les peuples sauvages, les deux sexes vivant au milieu des mêmes habitudes sont, par cela même, beaucoup moins distincts sous le rapport que nous étudions. Hippocrate, auquel cette observation importante n'avait pas échappé, nous assure que les pasteurs de l'Asie présentent beaucoup plus d'uniformité que les européens relativement au tempérament.

Les animaux rapprochés de nous par leur constitution et par leurs habitudes, sont les plus sujets aux modifications artificielles. Ceux qui vivent dans l'état de nature soumis aux mêmes besoins, aux mêmes influences hygiéniques pour les mêmes espèces, offrent, dans chaque famille, une telle ressemblance de tempérament et de caractère, que les naturalistes ont pu la généraliser comme l'une des bases fondamentales de ces différentes séries zoologiques. Chez les végétaux, ces dispositions sont encore moins variables. Ici les conditions originelles sont a peu près tout, et les modifications acquises, presque rien.

Si nous parcourons actuellement la chaîne des êtres vivans, depuis le végétal obscur jusqu'à l'homme, nous trouvons des rapports absolument inverses. Les agens extérieurs devenant de plus en plus nombreux et variés produisent des effets proportionnés à ces modifications. Diversifiés à l'infini chez le même peuple, dans la même famille, les tempéramens n'ont jamais servi pour notre espèce à former des bases de coordination. Ne seraient-elles pas, en effet, une chimère pour cet être cosmopolite, n'ayant jamais, comme les animaux, une région particulière assignée sur le globe ; s'appropriant au contraire les latitudes, les climats, les alimens, les passions, les exercices les plus opposés ; se trouvant dès-lors soumis à des changemens d'autant plus multipliés qu'il se rapproche d'avantage des excès de la civilisation ; acquérant, pour dernier résultat, une constitution physique et morale dont les caractères sont individuels et ne permettent que des principes hypothétiques, approximatifs sur les mœurs, les habitudes et le tempérament des nations ? Ici les modifications acquises présentent l'objet important, et les conditions natives, le point accessoire.

Si l'on voulait une preuve nouvelle de la prédominance des agens extérieurs sur les dispositions originelles dans la détermination du tempérament chez l'homme, il suffirait d'observer les divers enfans d'une même famille, d'abord, dans leurs premières années ; alors soumis à des influences à peu près identiques, ils offriraient des constitutions au moins analogues ; ensuite, à l'âge viril, après avoir supporté des climats, des habitudes et des événemens différens, ils présenteraient à peine quelques traits communs sous le rapport du tempérament et même du caractère. Si nous en cherchons la raison, nous voyons que, dans la première circonstance, les modificateurs étrangers n'ont point encore profondément influencé les conditions primitives, alors que dans la seconde ces résultats sont complétement effectués.

C'est en vain que nous demandons les traits distinctifs du tempérament à la première enfance ; vagues, indéterminés, fugitifs, communs, ils semblent échapper à notre investigation, ou se confondre dans une sorte d'uniformité par la surabondance des tissus nerveux et lymphatiques.

Ainsi, même en admettant chez l'homme à sa naissance une prédisposition particulière à tel ou tel genre de constitution, ou, si l'on veut, même un tempérament en miniature, nous pensons que ce premier état n'offre pas un obstacle bien puissant à l'influence des modificateurs qui tendent constamment à le changer ; que, sous ce dernier rapport, l'habitude maîtrise ordinairement la nature.

Le jeune enfant représente une cire molle que l'on peut façonner à son gré, lui faisant prendre des formes variées et relatives aux dispositions des agens extérieurs dont elle reçoit les impressions plus ou moins profondes. Il suffit en effet d'exposer le sujet naissant à des influences déterminées pour obtenir des modifications physiologiques prévues et calculées d'avance. Ouvrons l'histoire, observons autour de nous, et la réalité de cette assertion paraîtra dans tout son jour.

J. J. Rousseau, d'un tempérament sanguin et lymphatique jusqu'à l'âge de vingt-cinq ans, d'une gaieté puérile, souvent aimable, toujours sincère, confiant, heureux, devait ces conditions physiques et morales à son éducation, à son genre de vie libre et dégagé de toute contrainte. Alors obligé de soutenir une lutte ouverte avec plusieurs sociétés savantes, abandonnant le calme et l'insouciance de ses premières années, pour l'agitation et les contrariétés habituelles, en butte aux atteintes réitérées d'ennemis, les uns positifs, les autres imaginaires, il devient progressivement bilieux, nerveux, mélancolique, inquiet, soupçonneux, misanthrope et le plus malheureux des hommes.

Nous voyons chaque jour des individus changer de constitution en recevant les influences d'un autre climat, d'un nouveau genre de vie. Combien n'avons-nous pas observé de jeunes gens élevés dans la mollesse, au milieu des précautions abusives, offrant les signes d'une complexion efféminée, d'un tempérament lymphatique ou nerveux, obligés par des circonstances impérieuses d'échanger ce sybarisme doux et paresseux pour la vie pénible et laborieuse des camps, rentrer dans leurs foyers avec tous les caractères de la force, du tempérament sanguin et même athlétique, après avoir supporté les fatigues de la guerre et traversé d'immenses latitudes.

Lorsque nous réfléchissons à cette grande vérité : *que par l'éducation on peut en quelque sorte régler volontairement les constitutions humaines et le choix d'un tempérament*, nous avons peine à concevoir l'indifférence que l'on apporte, même encore aujourd'hui chez les nations les plus civilisées, dans la manière de développer ou de modifier avantageusement les dispositions du premier âge. On s'exerce depuis long-tems à trouver les meilleurs procédés pour la culture des plantes ; on distribue des encouragemens, des prix pour l'amélioration des races animales, et l'on ne fait absolument rien pour l'homme !

Combien nous sommes loin de ces beaux jours de Sparte et d'Athènes où l'on comptait pour quelque chose les perfectionnemens de notre espèce ; où des lois en vigueur s'occupaient d'assurer l'intégrité physiologique des familles et l'éducation de citoyens capables de veiller au soutien de la patrie ! On reprochait à ces peuples belliqueux de sacrifier l'agrandissement du moral au développement du physique ; on pourrait, avec beaucoup plus de raison, nous blâmer aujourd'hui de tomber dans un excès contraire.

Tout bon système d'éducation doit tendre vers un moyen terme, en plaçant l'enfant au milieu des circonstances les plus capables d'établir, entre son physique et son moral, cette harmonie favorable à l'extension, à l'exercice des moyens naturels ; ce tempérament susceptible de garantir les élémens du vrai bonheur. En indiquant sommairement l'action des principaux modificateurs de l'économie vivante pour déterminer ces résultats, nous tracerons la voie qu'il faut suivre, et nous préciserons les moyens les plus avantageux pour arriver à la solution d'un problème essentiellement inhérent aux premiers intérêts de l'humanité !

Jusqu'alors soustrait, dans le sein maternel, au plus grand nombre des influences extérieures, l'homme naissant commence une existence nouvelle. Jeté subitement au milieu des agens les plus nombreux, les plus insolites et les plus variés, comment n'éprouverait-il pas leurs effets d'une manière directe et profonde ? Nous l'avons déjà dit, l'enfant se rapproche particulièrement alors du tempérament *lymphatique et nerveux* ; d'où l'on peut inférer que cette modification physiologique est la plus naturelle à notre espèce, et peut être celle qui se conserverait sans beaucoup de mélange, si les influences capables d'effectuer ultérieurement la prédominance des autres appareils se trouvaient complétement éloignées. Il est impossible de supposer des conditions semblables pour tous les hommes; nous allons voir au contraire ces agens extérieurs constituer des tempéramens variés suivant leur nature et les circonstances de leurs manifestations.

1° Établissez l'enfant dans une atmosphère chaude et sèche ; proscrivez de son régime le lait, les farineux, tous les alimens succulens ; remplacez les uns et les autres par des substances de fantaisie, peu nutritives ; par les sucreries, les liqueurs, le thé, le café, etc. ; réveillez de bonne heure son imagination par la musique, la fréquentation des sociétés brillantes où les veilles sont prolongées dans la nuit, où règnent le luxe, la sensualité; par la lecture des romans, par les bals, les specta-

cles, etc. ; cultivez le moral sous tous les rapports ; né-
gligez en même tems le développement du physique ,
les ganglions, l'encéphale, plus spécialement, prendront
bientôt une fâcheuse prépondérance ; vous aurez déterminé le *tempérament nerveux*.

2º Suivez une marche opposée, placez le même sujet
dans un climat tempéré, sous l'influence habituelle de
l'air atmosphérique ; garantissez-le des agressions nuisibles qui l'entourent, sans l'accabler sous le poids des
précautions ; exercez-le continuellement au physique ,
rarement au moral, jamais d'une manière pénible ; éloi-
gnez de lui tous les travaux sérieux, toutes les passions
tristes ; occupez son esprit par la culture des arts agréables ; ne laissez pénétrer dans son âme que des affections
réglées par la gaieté ; nourrissez-le d'alimens réparateurs
également animaux et végétaux, vous observerez bientôt l'épanouissement des tissus ; le système circulatoire
à sang rouge prendra sur tous les autres une prédominance marquée, vous obtiendrez *le tempérament sanguin*.

3º L'homme étant parvenu à cet âge où l'appareil
musculaire peut être exercé d'une manière soutenue ,
livrez-le par degrés à tous les développemens de la
gymnastique sans l'énerver par aucun abus, s'il existe
une prédominance native des organes moteurs, vous
la verrez s'accroître dans les proportions qui constituent *le tempérament athlétique*.

4º Élevez le jeune individu sous un ciel brûlant ;
nourrissez-le d'alimens âcres , irritans , exclusivement
empruntés au règne animal , de salaisons , d'épices, de
viandes fumées, noires, faisandées etc. ; agitez son âme
par l'injustice, la haine, la jalousie, la colère etc. ;
dirigez son esprit vers les études sérieuses ; enflammez
son imagination par des lectures passionnées, toutes ces

agressions directes ou sympathiques de l'appareil digestif y provoqueront une concentration habituelle de la sensibilité ; feront acquérir ulérieurement à la rate , au pancréas, au foie, plus spécialement encore à l'estomac, aux intestins un accroissement vital et substantiel dont la supériorité formera le *tempérament bilieux.* Si les modificateurs que nous venons d'énumérer se trouvent supérieurs à la résistance physiologique des organes excités, on voit survenir un premier degré d'irritation morbide, avec sentiment plus ou moins pénible dans les viscères abdominaux , et le sujet prend insensiblement tous les caractères du *tempérament mélancolique.*

5° Soumettez l'homme naissant aux influences d'une atmosphère humide, ordinairement privée des rayons bienfaisans du soleil ; prolongez l'allaitement au-delà des bornes ordinaires ; composez le régime plus spécialement de farineux , de légumes féculens, de fruits sucrés ; évitez les excitations morales ; favorisez chez lui cette langueur , cette inaction , cette paresse naturelle au premier âge ; abandonnez sa constitution aux douceurs du sommeil ; maintenez son âme et son esprit dans l'indifférence et la paix, en éloignant les passions fortes et les travaux intellectuels assidus, vous verrez bientôt ces modificateurs développer les prédispositions originelles et favoriser la manifestation du *tempérament lymphatique.* En supposant qu'ils rencontrent des caractères natifs plus défectueux, agissant avec perversion et profondeur , ils amèneront une altération nutritive générale, et bientôt les symptômes positifs de la constitution scrophuleuse ; devenant, sous plusieurs rapports, au tempérament lymphatique ce que le mélancolique est au bilieux.

C'est ainsi que l'on peut à son gré vaincre la nature par l'habitude et l'éducation ; imprimer à notre espèce des changemens profonds en raison des influences dont elle est environnée. D'après les rapports qui s'établissent nécessairement entre les agens extérieurs et les disposi- tions organiques des êtres vivans en général, de l'homme en particulier, nous voyons un tempérament attaché plus spécialement à telle région, à tel gouvernement, à tel peuple, à telle famille, à telle époque de l'his- toire etc. ; agissant en même tems sur une masse plus ou moins considérable d'individus, ces causes produi- sent des résultats communs et généraux en nous donnant la raison positive des tempéramens : *bilieux*, chez l'Espagnol ; *athlétique*, chez le Russe ; *nerveux*, chez l'Italien ; *sanguin*, chez les Français etc. N'est-ce pas encore d'après ces lois invariables que les tourmentes révolutionnaires changent quelquefois momentanément la constitution primitive des peuples qui les éprouvent, et reprennent ensuite leur tempérament national sous l'influence d'un état plus calme et plus heureux. La preuve de cette grande vérité se trouve au milieu de nous. Depuis les violentes commotions de 1789, le peuple français nous offre un grand nombre d'exemples des tempéramens bilieux et nerveux pour la génération qui s'achève, et pour celle qui se trouve actuellement au milieu de sa carrière. Espérons que les générations qui vont suivre, moins tourmentées par l'ambition et par cette fougue turbulente qui maîtrise les esprits, repren- dront, sous l'empire des lois, au milieu de leurs habitudes calmes, paisibles, et sous l'influence du sol de notre belle patrie, le tempérament sanguin naturel à ses habitans !

Les agens extérieurs peuvent donc modifier des peuples entiers ; leurs effets sur une famille, sur un individu, revêtant des caractères plus particuliers, n'en sont pas moins positifs et diversifiés dans la production des tempéramens que nous réduisons, en dernière analyse, à la prédominance de l'un des appareils fondamentaux.

Toutefois, il ne faut pas adopter ici des principes trop exclusifs ; il existe en effet, dans l'organisme, des systèmes secondaires tels que les tissus : cutané, muqueux, synovial, séreux, cellulaire, osseux, fibreux etc. dont le grand développement relatif, sans constituer un tempérament essentiel, doit établir des nuances variables pour chacun de ceux que nous avons indiqués.

D'un autre côté, bien que les humeurs n'offrent point la base des spécialités constitutionnelles, empruntant les caractères des parties solides, on les voit cependant concourir à ces modifications. En physiologie comme en pathologie, si nous repoussons l'humorisme pur, nous n'admettons pas davantage le solidisme exclusif.

Les tempéramens *naturels* ou *primitifs* ne se trouvent jamais à l'état de simplicité parfaite ; on les observe toujours, au contraire, avec des complications remarquables. Dans les circonstances ordinaires, le rapprochement s'effectue particulièrement entre les conditions analogues pour constituer les tempéramens *secondaires ou mixtes*. Ainsi nous voyons s'unir le lymphatique au sanguin ; celui-ci à l'athlétique ; cet autre au bilieux ; ce dernier au nerveux. Cependant nous observons quelquefois l'assemblage des plus opposés, ainsi : du lymphatique et du nerveux, du bilieux et du sanguin etc.

Des altérations morbifiques particulières viennent en quelque sorte s'identifier à chacun des tempéramens : les spasmes, les convulsions, le tétanos etc., au *nerveux* ; les phlegmasies gastro-intestinales, hépatiques etc. , au *bilieux* ; le rhumatisme, l'apoplexie etc, à l'*athlétique* ; les inflammations aiguës, l'hypertrophie du cœur etc. , au *sanguin* ; les engorgemens, les hydropisies, les scrophules etc. au *lymphatique*.

On sent toute l'importance de ces notions fondamentales relativement à la pathologie. Lorsque le tempérament est simple, toutes les indications deviennent claires et précises ; lors au contraire qu'il est composé, des contre-indications nombreuses viennent souvent embarrasser la marche du traitement. C'est au milieu de ces difficultés que le physiologiste profond reste seul capable de bien démêler, dans ce véritable cahos, la cause, des effets ; les symptômes essentiels, des phénomènes accessoires ; la maladie primitive, des altérations secondaires.

Après avoir exposé les principes généraux indispensables à l'intelligence des spécialités de la constitution physique, nous devons étudier isolément ces dernières en considérant dans leur histoire : 1° *la base organique;* 2° *les causes déterminantes ;* 3° *les traits physiques ;* 4° *les traits moraux ;* 5° *les altérations particulières.*

Nous reconnaissons, avons-nous dit, cinq tempéramens fondamentaux ou primitifs : 1° *nerveux*, 2° *lymphatique*, 3° *sanguin*, 4° *athlétique*, 5° *bilieux*, et comme dégénération de ce dernier, *le mélancolique.* Chacun d'eux offrant des considérations importantes, nous les étudierons séparément dans l'ordre indiqué.

1° TEMPÉRAMENT NERVEUX.

1° *Base organique.*—Ce tempérament est fondé sur la prédominance marquée du système nerveux dont le développement, soit originaire, soit acquis, sous le rapport du volume proportionnel et de la vitalité, se trouve bien supérieur à celui des autres appareils.

2° *Causes déterminantes.*—Elles peuvent être natives ou rentrer dans les habitudes ultérieures du sujet.

Au nombre des premières, nous devons particulièrement noter : la transmission héréditaire des conditions physiologiques par voie génératrice ; les influences qui s'exercent alors de la mère à l'enfant, pendant la gestation ; c'est ainsi qu'agissent ordinairement, sur le fœtus, les maladies rebelles, douloureuses, les inquiétudes, les anxiétés, les chagrins profonds, éprouvés par la femme enceinte. Nous trouvons dans ces dispositions la raison principale du tempérament nerveux chez les peuples civilisés, après les bouleversemens révolutionnaires.

Parmi les secondes il faut spécialement indiquer : une éducation efféminée ; le développement prématuré du moral, celui du physique étant à peu près entièrement négligé ; des alimens factices variés suivant les goûts et non d'après les besoins ; l'air chaud, souvent parfumé des salons ; une existence inoccupée ; les précautions abusives, minutieuses d'une affection mal entendue ; la fréquentation habituelle des bals, des spectacles, du grand monde etc. Sous l'influence de ces nombreux modificateurs, l'augmentation progressive et la variété des impressions déterminent, dans l'appareil sensitif, un accroissement de vitalité qui fait naître à son tour le besoin pressant des excitations les plus vives et les plus diversifiées. Le sujet, dès-lors placé dans un cercle vicieux où les causes, les effets s'enchaînent mutuellement, arrive au tempérament nerveux avec tous ses inconvéniens et ses avantages.

3° *Traits physiques.*—On observe toujours un grand développement relatif des centres nerveux et de leurs prolongemens. La tête présente, surtout par sa portion crânienne, un volume extra-normal comparativement aux autres parties du sujet. La stature est moyenne ou même petite ; les formes grêles ou seulement efféminées ; la fibre dense, quelquefois susceptible d'une première contraction brusque, énergique, mais peu soutenue; le teint décoloré; l'œil vif; la physionomie expressive, mobile; le pouls petit, fréquent, souvent irrégulier; les fonctions digestives laborieuses, plus ou moins imparfaites; les excrétions rares; la constipation habituelle.

4° *Traits moraux.*—L'intelligence est ordinairement remarquable par la vivacité de la perception, la finesse de l'esprit, en même tems par une inconstance, une versatilité qui toujours s'opposent aux véritables succès. Les idées étant plutôt des éclairs d'imagination que des conceptions réfléchies, n'offrent pas aux facultés de raisonner et de juger, d'ailleurs peu développées, des élémens susceptibles de se graver profondément dans le souvenir. On trouve en général chez les sujets ainsi constitués, beaucoup plus d'esprit que de génie.

Les passions sont également remarquables par leur mobilité; le système nerveux dans un état continuel de vibration, est ébranlé par la cause la plus légère. Les impressions plutôt vives que profondes, occasionneraient bientôt l'épuisement des propriétés vitales, mais elle ne font heureusement qu'effleurer la surface des organes. Aussi les individus nerveux, sous l'influence d'un chagrin violent, éprouvent momentanément des spasmes et des convulsions; ces effets sont bientôt remplacés par ceux d'une condition opposée; le sujet passe immédiatement des larmes les plus abondantes, aux manifestations de la gaieté, retraçant, dans cette nouvelle situation, le tableau de la première enfance.

Le changement devient un besoin pour ce tempérament. Incapable de supporter, sans peine et sans effort, la continuité des mêmes impressions, le sujet nerveux éprouve la nécessité de se reposer d'une idée par une autre. Ce besoin d'émotions nouvelles, devient quelquefois tellement impérieux, que l'on voit ce même sujet rechercher des sensations pénibles, au défaut de sensations agréables, en nous donnant la preuve d'une existence dont le maintien porte en entier sur un enchaînement de commotions morales. Impatient dans les contradictions, s'irritant avec violence contre les obstacles insurmontables, cet individu, ne pouvant soutenir un pareil état, éprouvé bientôt les effets du collapsus ; oublie ses inutiles efforts et la circonstance qui les a sollicités, pour embrasser des objets d'un autre ordre. C'est ainsi qu'il forme incessamment des projets sans en effectuer aucun, et que son existence entière se consume dans la recherche d'un avenir dont il poursuit la réalité comme un vain fantôme. C'est en conséquence de ces dispositions que nous voyons les hommes fermes dans leurs volontés, et même ceux dont la nullité, l'apathie ne présente qu'une résistance inerte, l'emporter constamment, dans les affaires, dans les négociations exigeant de la patience et du travail, sur les individus nerveux auxquels on est toujours certain de résister avantageusement, en leur opposant le tems et l'immobilité.

Le courage le plus élevé peut s'allier à ce tempérament. Il faut alors des raisons majeures pour en développer la manifestation. Ainsi tel sujet qui, dans le commerce habituel de la vie, paraît doux, craintif, pusillanime, s'élève jusqu'à l'intrépidité de l'héroïsme lors qu'il faut défendre ses amis, ses proches, soutenir de grands intérêts. Ouvrons l'histoire, nous y verrons, dans les bouleversemens des républiques et des empires, ces femmes délicates, nerveuses, que l'approche d'un insecte fait pâlir d'effroi, donner l'exemple de la magnanimité, braver les périls et la mort avec une force mentale dont pourraient s'honorer les plus grands caractères. Particulier au sexe féminin, le tempérament nerveux se rencontre surtout chez les enfans, dans les régions tempérées, au milieu de la civilisation, et plus communément encore dans les grandes cités, où viennent se réunir toutes les causes de son développement. Au nombre des peuples modernes, les Italiens et les Français nous en fournissent beaucoup d'exemples.

5° *Altérations particulières.* —— Elles portent plus spécialement sur le système nerveux ; tels sont les spasmes, les convulsions, les névralgies, le tétanos, les phlegmasies encéphaliques, rachidiennes etc. Ces altérations plus ou moins régulièrement périodiques marchent par crises, bien rarement avec le danger que semblerait indiquer la violence des accès.

L'hygiène de ce tempérament peut se trouver ainsi déterminée : Bains tièdes, fréquens, régime doux, assez nutritif, habitation de la campagne, exercices musculaires journaliers sans fatigue, calme des sens, éloignement des travaux intellectuels assidus et des passions exaltées.

Les moyens thérapeutiques doivent être simples et puisés, le plus souvent, dans les calmans et les narcotiques. Il faut surtout éviter l'abus des évacuations sanguines.

Après avoir établi ces considérations générales sur le tempérament nerveux, il nous reste à l'étudier dans les modifications fondamentales qu'il doit présenter. C'est en négligeant une distinction aussi positive que les physiologistes ont laissé l'histoire de ce dernier incomplète, et rejeté, comme étrangers à ses dispositions, des sujets qui rentrent naturellement dans son domaine.

En traitant des actions d'impression, nous avons fait observer que l'économie vivante, chez l'homme, offre deux systèmes nerveux, l'un *encéphalique*, l'autre *ganglionaire*; cette vérité nous conduit nécessairement à reconnaître deux variétés du tempérament constitué par la prédominance de ces deux appareils sentitifs. Des faits nombreux, incontestables s'unissent pour appuyer la réalité d'une distinction aussi physiologique. Ces deux variétés sont d'ailleurs si différentes entre elles que les sujets qui présentent l'une dans tout son développement, offrent à peine quelques-uns des caractères de l'autre, *et vice versâ*. Nous les décrirons sous le nom des appareils dont ils indiquent la supériorité relative. Ainsi, tempérament nerveux : *encéphalique*, *ganglionaire*, chacun d'eux va nous occuper isolément.

TEMPÉRAMENT NERVEUX ENCÉPHALIQUE.

1° *Base organique.* — Cette première modification se rattache particulièrement à la prédominance de l'encéphale et de ses prolongemens immédiats, tant sous le rapport de la masse que sous celui de la vitalité. Ici l'hypertrophie, l'excitabilité portent plus spécialement sur l'encéphale proprement dit et sur les nerfs sensitifs ; la moëlle rachidienne et les nerfs moteurs n'y participent jamais dans la même proportion.

2° *Causes déterminantes.* — Dans cette catégorie viennent se placer toutes les circonstances qui tendent surtout à développer l'intelligence. Ainsi la culture des arts, qui parlent à l'imagination ; des sciences, qui font agir le raisonnement ; les études opiniâtres ; la lecture des romans, des descriptions où brille toute la fougue de l'esprit etc. sont autant d'influences qui joignent leurs effets à ceux des modificateurs indiqués dans les généralités pour déterminer le tempérament nerveux encéphalique.

3° *Traits physiques.* — Aux dispositions communes, il faut ajouter : le volume ordinairement prononcé de la tête et des nerfs sensitifs, la gracilité des formes, la maigreur habituelle, une peau sèche et brune, un système pileux souvent noir, un œil pénétrant et spirituel, une physionomie vive et mobile, des mouvemens brusques, rapides, convulsifs, une grande instabilité dans toutes les actions d'expression.

4° *Traits moraux.*—Légèreté; inconstance; versatilité dans les opinions, dans les projets; saillies d'esprit; éclairs d'imagination; incapacité pour soutenir une discussion longue et sérieuse; facilité pour oublier comme pour apprendre; d'où résulte une éducation quelquefois brillante, presque toujours superficielle. Amour du grand monde; besoin, recherche des plaisirs frivoles; aversion pour la solitude, la retraite, la vie paisible de la campagne; impossibilité de soutenir long-tems le même état et les mêmes impressions. Ce tempérament appartient aux femmes du monde, aux hommes d'une frêle constitution, absorbés par les travaux du cabinet. On le rencontre souvent dans les climats chauds, dans les pays où fleurissent les sciences et les arts.

5° *Altérations particulières.*—Elles affectent spécialement l'encéphale et les nerfs qu'il fournit; dans ce nombre nous voyons l'encéphalite, l'arachnitis, les différens genres d'aliénations mentales, surtout celles qui portent directement et primitivement sur l'intelligence.

L'Hygiène et les moyens thérapeutiques, propres à cette modification, rentrent dans les généralités que nous avons exposées.

TEMPÉRAMENT NERVEUX GANGLIONAIRE.

1° *Base organique.*—Ce tempérament, que les physiologistes n'ont pas même signalé, repose en grande partie sur la prédominance marquée de l'appareil nerveux des ganglions, sous le double point de vue de son développement et de son irritabilité ; caractères dont les manifestations se rencontrent spécialement à la région épigastrique, centre principal de cet appareil. Cette variété du tempérament nerveux ne se trouve établie dans aucun ouvrage, bien qu'elle soit très-positive ; c'est une lacune importante que nous aurons du moins indiquée, si nous ne parvenons pas à la combler.

2° *Causes déterminantes.* — A toutes les influences déjà signalées, nous devons ajouter celles qui portent plus spécialement sur le système nerveux ganglionaire en éveillant surtout *les passions.* Dans cette catégorie nous rencontrons les agens susceptibles d'exalter les impressions affectives ; le développement prématuré de l'amour ; l'ambition, l'émulation, la haine, l'envie, la jalousie, le fanatisme, les rivalités, les chagrins, les contradictions, les revers de fortune, l'abus des liqueurs alcoholiques, des alimens irritans etc.

3° *Traits physiques.* — On observe quelquefois en même tems les caractères du tempérament nerveux encéphalique, souvent aussi nous les voyons manquer complétement, et nous rencontrons des sujets, cachant sous une masse informe, comme frappée de torpeur et d'engourdissement habituels, sous les apparences du tempérament lymphatique porté jusqu'à l'excès, une irritabilité ganglionaire très-prononcée, constituant la base fondamentale de cette variété du tempérament que nous étudions. Les organes auxquels se distribuent les nerfs des ganglions participent à l'excitabilité de cet appareil sensitif ; une anxiété précordiale habituelle, des digestions laborieuses, des flatuosités, des borborygmes, des palpitations, des dyspnées se manifestent souvent dans cette variété qui conduit un assez grand nombre de sujets à la mélancolie, surtout lorsqu'elle est associée au tempérament bilieux.

4° *Traits moraux.* — Sensibilité affective développée jusqu'à l'excès ; amour propre facile à blesser ; irritabilité prompte à s'exalter; impatiences très-vives pour les motifs les plus légers ; passions violentes à côté des sentimens les plus doux ; mélange bizarre de candeur, d'affabilité, de bienveillance, de pitié, de philanthropie, de cruauté passagère, de haine, d'amour de la vengeance. Il semble, dans ce tempérament, que le foyer des impressions n'éprouve aucune influence dans une juste mesure ; ses réactions dépassant toujours les conditions normales des sentimens, soit agréables, soit pénibles. Si d'un côté les emportemens de la colère y sont éveillés par un objet de la plus mince importance, de l'autre une lecture, une anecdote puérile suffisent pour exciter des larmes et des sanglots.

En voyant, chez certains sujets, tous ces caractères unis à l'indifférence habituelle dans le commerce de la vie, à l'insouciance, à l'insensibilité apparente, au défaut d'imagination, à la paresse, à l'éloignement des exercices physiques, des travaux intellectuels, quelquefois même à la nullité morale, pourrait-on ne pas reconnaître la prédominance particulière des ganglions, ne pas admettre cette variété du tempérament nerveux ?

C'est en négligeant une distinction aussi fondamentale que les auteurs n'ont jamais bien établi, dans leurs descriptions, les principales nuances de cette modification constitutionnelle qu'ils ont refusée à des sujets enveloppés sous les traits apparens d'une diathèse lymphatique, et dont les passions vives, souvent exaltées, dès-lors sans aucune base dans l'organisme, ne devaient plus trouver une explication rationnelle.

Pourrions-nous, en négligeant toutes ces considérations, apprécier le moral extraordinaire de notre bon Lafontaine, offrant le concours assez rare des tempéra-

mens lymphatique et nerveux dans ses principales variétés.
N'est-il pas évident que des modifications physiologiques
extra-normales devinrent, chez cet homme célèbre, la
base organique d'une bonhommie crédule , relevée par
la plus grande finesse d'imagination ; de ces négligences,
de ces faiblesses mentales si bien rachetées par l'énergie
intellectuelle , par la justesse et la force de l'expression poétique ; de ce naturel toujours conforme à la
réalité des objets , marchant sans effort avec l'esprit,
la raison et la sagesse qui s'identifient constamment aux
productions du plus admirable auteur ; intéressant tous
les âges par cela même qu'il nous offre, dans une parfaite harmonie, la candeur de l'enfance, l'élévation de
l'âge mur , la profondeur de la vieillesse ; la simplicité
de la nature et la recherche régulière de l'art. On comprendra désormais pourquoi le génie de notre immortel
fabuliste a paru jusqu'alors inimitable. La succession
des siècles ne présente qu'à des intervalles, ordinairement
très-éloignés, ces prodiges remarquables dans les constitutions humaines.

Le tempérament nerveux ganglionaire se rencontre
surtout chez les individus sensuels, exposés, par leurs
habitudes, à l'influence des passions vives et diversifiées ;
dans les climats humides et chauds ; dans les pays où
l'usage du thé, du café , des liqueurs fortes etc. , joignent
leurs effets à ceux de l'envie, de la jalousie, de l'ambition ; c'est consécutivement à ces modifications réunies
que nous le voyons en quelque sorte naturalisé dans la
Grande-Bretagne.

5° *Altérations particulières.* — Elles portent spécialement sur le système nerveux ganglionaire et , par
extension, sur les appareils génital , digestif, respiratoire
et circulatoire central ; ainsi nous les voyons ordinairement représentées par les maladies suivantes : hystérie,

nymphomanie , priapisme , dyspepsies , gastralgies , entéralgies, dyspnées , palpitations , hypocondrie , mélancolie , monomanies etc.

Son hygiène réclame un régime très-doux, l'éloignement de tous les stimulans internes , un genre de vie paisible, soustrait à l'empire des passions violentes et perturbatrices.

Les médicamens doivent être peu nombreux, calmans, surtout choisis dans la classe des gommeux, des acidules et des narcotiques légers.

2° TEMPÉRAMENT LYMPHATIQUE.

1° *Base organique.*—Ce tempérament, que les anciens désignaient encore par les termes de *pituiteux*, *phlegmatique* etc., se trouve établi sur la prédominance du système vasculaire blanc , avec turgescence vitale , hypertrophie des tissus qu'il sert particulièrement à former.

2° *Causes déterminantes.* — Le plus ordinairement congéniale, cette variété paraît naturellement une conséquence des progrès de l'organisation. En effet , la masse gélatineuse, qui représente l'embryon , est en grande partie formée de vaisseaux lymphatiques, et, d'après cette condition native, la spécialité que nous indiquons devient la plus facile à produire au moyen des agens extérieurs, puisqu'il faut alors beaucoup moins changer que développer les dispositions originelles.

Ces considérations nous expliquent aisément pourquoi la grande majorité des sujets élevés dans les hôpitaux et dans toutes les réunions de ces enfans engendrés par la débauche, rapprochés par la misère, offre les principaux traits du tempérament lymphatique, souvent encore avec la dégénération strumeuse et tous ses fâcheux résultats. Sur 800 individus que nous avons observés à l'hôpital du Mans, dans un intervalle de dix années, depuis l'adolescence jusqu'à la vieillesse, tous appartenant à la section des enfans trouvés, nous en avons rencontré 600 du tempérament lymphatique, et 400 affectés de la constitution scrophuleuse.

Des résultats aussi déplorables, aussi positifs, sont de nature à provoquer l'attention des administrateurs philanthropes sur les améliorations qu'il serait facile d'introduire dans l'hygiène de ces malheureux, en rendant leurs promenades plus fréquentes, en diminuant leur encombrement, en ajoutant des viandes saines à leur alimentation trop farineuse et trop débilitante; l'éveil des facultés intellectuelles et des impressions affectives bien dirigées trouverait encore d'utiles applications, et l'on débarrasserait l'humanité d'une plaie d'autant plus grave et plus pénible qu'elle affecte en même tems un grand nombre de sujets.

Parmi les modificateurs susceptibles de favoriser ou d'effectuer, après la naissance, le développement du tempérament lymphatique, nous devons particulièrement noter : l'habitation continuelle des appartemens, loin des influences favorables de l'air libre, de la lumière et de la chaleur naturelles ; un séjour prolongé dans les lieux bas, humides, froids, marécageux où l'atmosphère est encore viciée par la réunion des individus, par les matières animales et végétales en putréfaction ; un régime abondant, mais trop exclusivement lacté, féculent, frugal, herbacé; une existence péniblement traînée sous le poids de l'indifférence et de l'ennui ; la tristesse; la contrainte; les passions dépressives ; le défaut d'activité morale, d'exercices gymnastiques, propres à relever l'énergie musculaire et l'activité du système circulatoire sanguin, à corroborer les tissus en faisant disparaître leur empâtement et leur mollesse; l'engourdissement; la paresse; le sommeil prolongé etc.

On voit des peuplades entières, sous l'influence de ces divers agens, présentant à peine quelques sujets échappés à des modifications d'autant plus fâcheuses que souvent elles entraînent le développement des scrophules, comme on l'observe dans le Valais, et dans plusieurs contrées de l'Angleterre. Jamais les conditions opposées ne sont aussi puissantes pour déterminer les tempéramens bilieux, sanguin, athlétique etc. Il suffit en effet, d'après les principes que nous avons émis, de favoriser l'accroissement des prédispositions natives pour obtenir l'un, alors qu'il faut le plus souvent modifier ou même changer ces prédispositions pour assurer l'établissement des autres.

Si l'on considère actuellement que cette modification de l'organisme est la plus défectueuse relativement à l'énergie physique, et surtout à la force morale, on sentira qu'il est d'un intérêt majeur pour les peuples, de faire adopter des règles d'hygiène commune, suffisantes à l'éloignement des causes principales du tempérament lymphatique, à la propagation des influences capables d'assurer l'envahissement des conditions organiques les plus favorables. A ces lois philanthropiques, se rattache souvent la prépondérance d'un empire dans la balance des nations.

3° *Traits physiques.* — Les causes déterminantes n'ayant pas entravé le développement individuel, on observe une taille élevée, l'empâtement, la succulence, l'hypertrophie des tissus blancs. En raison du volume extra-normal de ces derniers, on voit disparaître les formes gracieuses par l'exagération des unes, et par la destruction des autres. La lymphe en proportion considérable, soit absolument, soit relativement à celle du sang, pénètre, abreuve tous les tissus ; la graisse est également abondante. L'une ou l'autre de ces humeurs peut acquérir une augmentation excessive et même pathologique suivant que cette hypertrophie porte plus spécialement sur le système cellulaire, ou sur le tissu adipeux. Dans le premier cas, on voit survenir une pléthore lymphatique ; alors toutes les parties, et notamment celles que les vaisseaux blancs composent en grande proportion, sont molles, pâteuses, diaphanes ; la peau décolorée, d'un blanc terne, fournit une perspiration huileuse, d'une odeur acescente et nauséabonde ; la graisse est jaunâtre, molle, presque diffluente ; les membres lourds et sans élégance ; les articulations rondes, volumineuses ; les saillies musculaires à peine sensibles ; toute l'habitude extérieure sans agrément et sans distinction. Dans le second cas, l'individu prend quelquefois un volume prodigieux ; toutes ses formes paraissent arrondies et comme noyées dans cette exubérance adipeuse ; il survient alors une disposition en quelque sorte morbifique, désignée par le terme de *polysarcie.*

Lorsque ces deux modifications se trouvent unies d'une manière moins exagérée, l'enveloppe dermoïde offre beaucoup de finesse, elle est sensible, douce au toucher, d'une blancheur éclatante, sillonnée par des veines bleuâtres qui relèvent encore sa beauté. Les cheveux sont d'un blond plus ou moins fade, bouclés ou droits, longs, souples, déliés, soyeux ; les autres divisions du même système partagent ces caractères, se rapprochant ainsi de la mollesse des différens tissus. L'œil naturellement triste, languissant, reste même quelquefois sans aucune expression ; la physionomie souvent passive, laisse voir dans tous les traits, l'in-différence, la froideur et l'insensibilité. Lorsqu'elle s'anime, c'est toujours sans exaltation, le plus ordi-nairement avec douceur et modestie. Le pouls est lent, mou, régulier, les fonctions vitales et nutritives sans anomalies fréquentes; mais d'un autre côté sans ressort et sans développement. Les phénomènes reproducteurs ne sont pas sollicités avec énergie, le fluide spermatique est séreux et mal élaboré ; circonstance qui nous explique en partie la transmission de ce tempérament et celle de la constitution scrophuleuse par voie d'hé-rédité.

4° *Traits moraux.* — Tendance au repos, à l'inac-tion ; éloignement pour les travaux intellectuels et mécaniques, pour tout ce qui nécessite un effort; insouciance; paresse; défaut presque absolu de curiosité relativement aux objets de science et d'art ; indifférence habituelle dans les rapports; intelligence bornée, par fois solide, jamais brillante; perceptions peu nom-breuses, conséquemment, idées nettes, assez positives; imagination obtuse, languissante ; raisonnement en général précis; jugement droit ; patience remarquable, et dès-lors aptitude aux occupations exigeant du tems et de l'assiduité. C'est ainsi que nous trouvons, pour ce tempérament, des hommes célèbres dans les sciences exactes, les mathématiques, la physique, la chimie, la mécanique etc. ; tandis que nous en rencontrons à peine quelques-uns dont les noms soient connus en musique, en poésie, dans les arts où l'imagination reproductrice et le génie créateur deviennent seuls capables d'assurer les véritables succès.

L'instinct répond exactement aux conditions physio-logiques. Les passions sont calmes, sans énergie, sans vigueur ; le caractère languit aussi loin des sublimes dans du patriotisme et de la philanthropie que des effrayantes impulsions de la colère et de la vengeance. Couler des jours paisibles, sans agitation, sans contrainte et sans effort; s'abandonner mollement aux douceurs du repos, loin des affaires et des sentiers ouverts à l'ambition; neprésenter, en dernier résultat, ni vertus, ni vices, tels sont les traits moraux de ce tempérament.

Le sujet lymphatique, étranger à la domination, se laisse volontiers commander sans résistance. Nous en trouvons la preuve positive dans la discipline militaire allemande, russe, prussienne etc., qui nous offre des punitions et des traitemens corporels auxquels on n'assujettirait jamais nos soldats français, plus faciles à guider par les inspirations du courage et par la voix de l'honneur, que sous la verge ensanglantée d'un aveugle et brutal despotisme.

Chaque jour, sur la scène du monde, nous apercevons des hommes débonnaires, sans aucun ascendant capable d'exciter les rivalités, les coteries, les envieux, les ennemis du vrai mérite; sans aucune étincelle du feu divin de la philanthropie; sans la plus faible des qualités éminentes qui peuvent assurer les amis sincères; inoffensifs, étrangers à l'attaque, à la défense, partageant tous les avis, toutes les opinions dans l'impuissance ou la frayeur d'en manifester une qui leur soit propre, convenant à tout le monde également, dès qu'ils n'appartiennent à personne. Ces hommes seront toujours environnés par des indifférens. Lorsqu'ils offrent des qualités et des vertus, il est difficile d'y voir autre chose que des vertus et des qualités inhérentes au tempérament; peu susceptibles d'exciter la reconnaissance générale, de mériter une considération distinguée, par cela même que leur établissement n'exige aucun sacrifice, aucun travail, et devient la conséquence nécessaire de l'organisation et des impulsions instinctives. C'est le ruisseau qui suit sa pente naturelle ; c'est l'arbuste inclinant sa tige flexible dans la direction que vient lui communiquer le souffle des zéphirs.

Ne confondons pas avec la bonhomie , la douceur instinctive du tempérament lymphatique, la douceur, la bonhomie calculées de certains hommes, qui veulent en imposer par le mielleux de leurs discours, de leurs manières, par un abandon factice, par une franchise théâtrale complétement en opposition avec la fausseté, l'égoïsme, l'envie, l'orgueil dont leur âme est incessamment agitée. Des sujets de ce caractère ne peuvent inspirer que la pitié, disons plutôt le mépris, puisqu'ils n'offrent aucune compensation à ce charlatanisme de sentiment.

Le tempérament lymphatique appartient spécialement à l'enfance, au sexe féminin. On le rencontre surtout dans les régions humides et froides, sous les gouvernemens despotiques, chez les peuples ordinairement exposés à la misère, aux privations, à l'ennui.

5° *Altérations particulières.*—Elles portent plus spécialement sur les tissus blancs, marchent assez fréquemment au type chronique, se terminent, dans un grand nombre de circonstances, par des infiltrations séreuses, des hydropisies, des abcès froids, de mauvaise nature, l'engorgement, la dégénération lardacée des ganglions, des parenchymes ; les tubercules mésentériques, pulmonaires etc. ; la diathèse scrophuleuse et toutes ses altérations locales.

L'hygiène de ce tempérament, doit avoir pour objet essentiel d'éveiller les dispositions morales et d'affermir la constitution physique. Ainsi, des passions vives et gaies, des travaux intellectuels variés d'après les moyens du sujet, des exercices gymnastiques sous l'influence de la chaleur solaire ; une activité continuelle, obligée ; l'éloignement du froid, de l'humidité, des passions tristes, de l'inertie générale ; un régime nutritif, surtout animal ; des boissons alcoholiques suffisamment tempérées, constituent l'ensemble des moyens les mieux appropriés à ces dispositions organiques.

La thérapeutique se trouvera naturellement établie sur les mêmes bases ; on évitera les évacuations sanguines abondantes, les narcotiques, les gommeux, les mucilagineux trop long-tems prolongés ; enfin tous les modificateurs susceptibles d'énerver la constitution, d'augmenter les proportions relatives du système lymphatique en diminuant celles des autres appareils.

3° TEMPÉRAMENT SANGUIN.

1° *Base organique.*—Ce tempérament, que l'on pourrait encore nommer artériel, vasculaire rouge, consiste dans la prédominance du cœur, des artères et des capillaires généraux, avec développement proportionné de l'appareil respiratoire, abondance, richesse, caractère fibrineux du sang dont l'hématosine présente une belle coloration pourprée.

2° *Causes déterminantes.*—Cette modification physiologique peut s'annoncer dès la naissance, mais il est rare qu'elle soit déjà bien caractérisée dans cette époque de la vie. D'où l'on peut inférer que les circonstances natives sont ici, plutôt prédisposantes qu'efficientes. Cependant elles offrent, au premier titre, une assez grande part dans l'établissement régulier de ce tempérament, que les influences extérieures ont bien rarement le pouvoir de produire, lorsque les conditions originelles sont opposées

à ses manifestations. C'est en effet de toutes les spécialités, la plus difficile à créer par l'habitude et l'éducation ; véritable bienfait de la nature et de l'organisation
primitive, sa base peut toujours être développée, jamais
essentiellement constituée par les agens artificiels. Au
nombre de ces derniers nous devons spécialement indiquer : une éducation libre et normale, permettant au
jeune sujet de s'abandonner sans contrainte physique et
morale aux jeux, aux exercices de son âge, aux impulsions favorables de son instinct, avec l'attention de mettre un frein insensible à tout ce qu'elles pourraient offrir
de nuisible aux perfectionnemens du tempérament et du
caractère. L'enfant devra s'habituer, par degrés, à braver l'intempérie des saisons et l'action des autres modificateurs dont il est environné, sans toutefois s'exposer
imprudemment à leurs influences nuisibles. Apprendre à
sentir avant d'étudier l'art de penser, de raisonner, de
juger ; vivre par l'instinct avant d'exister par l'intelligence ; exercer les nerfs du mouvement plutôt que ceux
des impressions mentales ; rendre les exercices moraux
une conséquence des goûts, des penchans, de la vocation ;
les présenter comme un délassement aux exercices physiques, au lieu d'en faire une tâche pénible, fastidieuse
dont l'enfant ne s'acquitterait alors qu'avec ennui, dégoût et satiété ; prévenir par des conseils bienveillans
tous les défauts, toutes les imperfections plutôt que
d'en effectuer la correction sévère par de mauvais
traitemens ou des réprimandes acrimonieuses ; choisir
pour lectures, dans l'histoire, les passages remarquables
par la force de l'exemple, offrant les incalculables avantages d'exciter l'émulation, de produire la grandeur
d'âme sans ostentation et sans orgueil, la vertu sans fanatisme et sans hypocrisie ; éloigner toutes les passions
haineuses, violentes, dépressives ; imprimer à la consti-

tution ces développemens naturels dans les facultés sensitives et réactionnelles si souvent entravées d'une manière nuisible par nos habitudes sociales et les abus de la civilisation ; l'usage d'un régime simple, également animal et végétal, constamment étranger à ces mêts délicats, à ces friandises dont on fait un abus si fréquent pour le premier âge, telles sont les circonstances fondamentales qui garantissent le perfectionnement du moral et du physique, avec tous les caractères brillans dont l'ensemble détermine la production du tempérament que nous étudions.

3° *Traits physiques.*—Taille au dessus de la moyenne; peau vermeille, chaude, halitueuse, fine, riche en capillaires sanguins ; organisation large et brillante ; saillies musculaires bien dessinées, mais sans dureté, formes élégantes et gracieuses, mais avec des caractères mâles qui les distinguent des formes efféminées; pose naturelle, ordinairement noble et facile; mouvemens caractérisés par la liberté, l'aisance et l'harmonie ; embonpoint modéré ; système pileux blond, rarement très-noir ; pouls élastique, régulier, souple, développé sans plénitude morbifique. Le sang poussé, par un cœur vigoureux, dans un système artériel avantageusement constitué, parvient avec force à tous les capillaires généraux ; entretient dans l'organisme l'ébranlement et l'excitation favorables aux mouvemens ; engage à l'exercice, et rend l'immobilité, l'application aussi nuisibles qu'insupportables. Incessamment renouvelé par une ample respiration, par une hématose complète, ce fluide apporte, dans les tissus, des matériaux abondans pour l'accroissement et la réparation ; pénètre les capillaires dans toutes leurs divisions, en déterminant cet épanouissement général où viennent se manifester les premiers caractères de la santé. C'est dans ce tempérament privilégié, réunissant la vigueur, la noblesse et l'élégance qu'il faut chercher les plus beaux rudimens de la constitution physique ; c'est en quelque sorte la perfection idéale que l'Apollon du belvédère nous reproduit sous un type céleste et merveilleux.

4° *Traits moraux.*—Nous devons les considérer dans l'intelligence et dans les passions.

Relativement à l'intelligence : esprit vif, perception facile, imagination brillante ; attention peu susceptible de s'arrêter long-tems sur le même objet. Raisonnement et jugement fautifs par cela même que les impressions trop superficielles produisent des idées rapides et sans profondeur ; aussi les sujets sanguins obtiennent-ils plutôt des succès dans les cercles mondains par leur aménité, leurs manières étudiées auprès du beau sexe, qui recherche avant tout la grâce et la frivolité, que des couronnes académiques par l'élévation de leur savoir et de leur génie. Lorsqu'ils se font une réputation dans la carrière des lettres et des arts, c'est toujours avec des romans, des poésies légères, des compositions agréables en musique, en peinture, jamais par des traités scientifiques ou par la solution des problèmes abstraits ; leur expression est vive, animée, pittoresque ; leur style diffus, varié, frivole.

Relativement aux passions : gaieté soutenue ; inconstance, légèreté remarquables dans les projets et dans les affections ; inconséquences, distractions habituelles dans le commerce de la vie ; emportemens quelquefois assez violens, toujours passagers, bientôt suivis d'un retour facile et sincère. La haine invétérée, les criminelles perfidies, les ressentimens durables et toutes ces passions qui dégradent l'âme, en avilissant l'homme à ses propres yeux, ne se rencontrent jamais dans le tempérament sanguin ; il présente au contraire pour base instinctive

l'humanité, la franchise, la bonté, l'obligeance, la philanthropie, la confiance abusive et souvent trompée ; l'héroïsme ; le courage bouillant et voisin de la témérité ;
l'impatience de la contrainte et des obstacles, qui fait
préférer les inconvéniens d'une vie libre et même licen-
cieuse, aux avantages d'une existence uniforme et réglée ;
supportant plus volontiers l'espèce de vague, d'incertitude et les caractères aventureux de la première, que
la position constante, fixe et calculée de la seconde. Des
voyages lointains, des projets plus ou moins chimériques,
tels sont ici les alimens de l'imagination souvent désordonnée dans ses conceptions.

Incapable d'un attachement profond en amitié, surtout en amour, le sujet de ce tempérament prodigue
sans beaucoup de choix et d'examen, les témoignages
d'une affection bannale, et n'exige aucun retour. Voyant
à peine un lendemain dans les services qu'il rend, dans
ses frais continuels de sentiment, il présente sous ce rapport l'instabilité du guerrier dans les camps de Bellone,
jouissant du présent, oubliant le passé, ne s'occupant
jamais de l'avenir.

C'est au bienfait de ce tempérament, que les français,
vainqueurs de toutes les nations, doivent cette valeur
et ce courage indomptable, qui les illustra tant de fois
sur le champ de bataille ; c'est à la gaieté constante, base
naturelle de leur caractère, que, dans les guerres les
plus désastreuses, au milieu des glaces du nord, sous les
feux brûlans du tropique, supérieurs à toutes les adver-
sités, ils surent braver l'infortune, résister aux élémens
contraires, après avoir laissé chez les peuples vaincus ou
triomphans, des souvenirs d'urbanité, de courtoisie qui
vivront à jamais dans ces contrées lointaines où nous
avons porté les sciences, les arts et la civilisation.

Le tempérament sanguin est évidemment celui que

l'on doit préférer pour être heureux ; mais en assurant le bonheur, il ne garantit pas la célébrité ; dès-lors il faut choisir entre les plaisirs du cœur et ceux de la renommée. Ce tempérament est celui de l'adolescence et de l'âge adulte ; on l'observe surtout dans les régions tempérées ; sous les gouvernemens constitutionnels ; il est en quelque sorte naturel au beau sol de la France.

5° *Altérations particulières*— S'adressant spécialement aux capillaires généraux, les plus ordinaires sont des inflammations parenchymateuses, cutanées, cellulaires, muqueuses etc. ; presque toujours à l'état aigu, marchant franchement, quelquefois avec une sorte de violence ; promptement jugées, en raison de l'énergie des réactions vitales ; terminées en peu de jours, soit par des résolutions favorables, soit par des congestions funestes. Les organes sont peu disposés à l'engorgement, aux dégénérations lardacées, un physique bien constitué, soutenu par un instinct difficile à déprimer assurant en général une convalescence régulière et définitive.

L'hygiène consiste à modérer la vivacité des impressions, à régler convenablement les exercices, à donner plus de fixité au moral, moins d'empire au physique par une vie paisible, des travaux appropriés, des alimens doux, en quantité relative aux besoins positifs de l'organisme.

Dans les applications thérapeutiques, il ne faut jamais oublier que le succès dépend des premiers instans ; que l'existence est, dès le début, fortement compromise en raison de la violence des réactions, et que, si l'on n'a pas alors maîtrisé l'énergie désordonnée des efforts conservateurs, par des déplétions sanguines abondantes, le sujet meurt victime de l'ignorance et de l'impéritie.

4° TEMPÉRAMENT ATHLÉTIQUE.

1° *Base organique.* —Pour ce tempérament que l'on devrait appeler *musculaire*, elle se trouve dans le développement extra-normal de l'appareil actif du mouvement, dans sa prédominance relative sur tous les autres, et notamment sur l'encéphale et sur les nerfs sensitifs ; non seulement par l'augmentation de sa masse générale, mais encore par la supériorité de son énergie, de sa vitalité, double circonstance qui constitue les hommes d'une force prodigieuse connus sous le nom d'*Hercules*. L'une ou l'autre de ces conditions isolées n'établit jamais le tempérament athlétique d'une manière bien précise.

2° *Causes déterminantes.* —Sans dépendre absolument de l'influence génératrice, puisque l'on voit des parens très-musclés donner le jour à des enfans grèles, *et vice versâ*, ce tempérament semble particulièrement se rattacher aux dispositions natives. On observe alors en effet le jeune enfant, dès ses premières années, poussé par le sentiment de ses forces naturelles, dirigeant toute son attention et son aptitude vers les efforts employés à vaincre des résistances graduées. Chaque jour, encouragé par le succès, il trouve dans la satisfaction de l'amour-propre un attrait qui lui fait ambitionner des résultats plus difficiles, et, d'après cette loi physiologique invariable, que l'exercice d'une faculté produit son développement, offrir une puissance musculaire supérieure dans ses étonnantes manifestations à celle du commun des hommes ; dès-lors placé dans un cercle vicieux où les causes, les effets s'enchaînent mutuellement, il ne tarde pas à signaler toutes les conséquences des grandes modifications opérées sous l'influence de ses dispositions originelles, secondées par l'habitude et l'éducation. Ainsi le séjour de la campagne, un régime sain et réparateur, l'éloignement de tous les excès, l'éducation physique absorbant celle du moral, avant tout les exercices gymnastiques souvent répétés, sans lassitude excessive et sans efforts disproportionnés aux moyens du sujet nous offrent les circonstances extérieures susceptibles de favoriser les conditions natives dans la production du tempérament athlétique.

3° *Traits physiques*. — Stature moyenne, squelette largement développé, surtout dans sa partie thoracique, saillies musculaires vigoureusement exprimées, avec isolement complet des faisceaux dépourvus, en apparence, du tissu cellulaire, et réduits à la fibre contractile ; de telle sorte que l'on aperçoit les formes et les contours de ces faisceaux dont les mouvemens présentent non seulement une grande force, une liberté remarquable, mais encore une indépendance presque parfaite. Tendons résistans, sans trop de grosseur, bien détachés ; articulations solidement liées, sans empâtement, offrant peu de volume comparativement à celui de la partie charnue des membres ; dispositions analogues pour les mains et les pieds ; faisant disparaître, chez l'athlète, cette pesanteur des formes, ce caractère d'ébauche imparfaite observés chez les sujets lymphatiques, pour y substituer une certaine élégance alors compatible avec le développement et l'énergie de l'appareil moteur. Larges dimensions des épaules qui se trouvent élevées, saillantes en arrière où le dos s'arrondit sensiblement par les grandes proportions des muscles de cette partie ; ampleur de la poitrine dont les mouvemens sont très-étendus, faciles et réguliers ; état analogue du centre circulatoire ; tête comparativement peu volumineuse, dans sa portion

crânienne plus spécialement encore ; système pileux
ordinairement noir, très-fourni, très-abondant ; air
imposant, martial ; station toujours en équilibre ; démarche ferme, assurée ; dans l'état de calme, les mouvemens s'effectuent pesamment, avec lenteur; les gestes
sont rares et bornés ; l'expression faciale peu variée ;
la parole sans chaleur et sans action, circonstances qui
donnent aux hercules physiques l'apparence de ces forces majeures d'autant plus redoutables qu'elles se ména-
gent dans l'inaction, et qu'elles paraissent n'attendre
qu'un signal pour manifester léur puissance, renverser
ou briser les obstacles qui leur sont opposés. L'hercule
Farnèse vient nous offrir l'idéal parfait de ce riche
développement, et de la force organique sur laquelle
repose le tempérament que nous étudions.

4° *Traits moraux.*——Nous devons les envisager sous
le rapport de l'intelligence et des passions.

Relativement à l'intelligence : le perfectionnement
des facultés morales paraît toujours en raison inverse
du développement des facultés physiques ; la faiblesse
des perceptions, de l'imagination et du génie, dans
un rapport direct avec la force des contractions musculaires. Il semble, dans ce tempérament, que toute l'énergie céphalo-rachidienne s'épuise à mouvoir les masses
contractiles, et qu'il en reste a peine quelque faible partie
pour les phénomènes de la pensée ; dès-lors nous voyons
les conceptions difficiles et bornées, l'esprit sans ressort
et sans variété. Le raisonnement et le jugement, en
conséquence de leur étroite circonscription, peuvent
seuls présenter une certaine valeur, surtout beaucoup
de justesse, n'étant jamais égarés par les écarts de
l'imagination. Aussi n'observons nous point les grands
génies dans cette constitution particulière, et les états
d'hercule, moral et physique, se trouvent-ils constam-

ment opposés, le développement de l'un entraînant la destruction de l'autre. De telle sorte que les athlètes en apparence puissans, au milieu du commerce des hommes, obéissent bien plus souvent qu'ils ne commandent. On peut les considérer comme des machines musculeuses capables d'effectuer les plus grands efforts, mais dont la direction a besoin d'une influence étrangère. L'hercule moral fait agir son cerveau, l'hercule physique soumet ses puissances motrices ; de ce concours, de cette action combinée résultent le plus souvent des effets incalculables, en harmonie chez les peuples civilisés, constamment enchainés comme l'effet à sa cause dans l'ordre politique des nations.

Cette admirable disposition est un bienfait de la nature. Si l'on pouvait réunir, dans un même sujet, le génie, l'enthousiasme, l'ambition, l'audace et la violence du tempérament bilieux à la force prodigieuse du tempérament athlétique, nous aurions tout à redouter de cet assemblage aussi dangereux qu'incompatible. La fable d'Hercule en fureur immolant ses propres enfans ne serait qu'une pâle introduction à la carrière de ces hommes qui joindraient une puissance de conception sans limites à toute l'énergie d'exécution dans les projets souvent les plus opposés aux véritables intérêts de la société. Le créateur, prévoyant toutes ces funestes conséquences, a fait naître cette opposition salutaire qui ne permet jamais d'obtenir une grande élévation du pouvoir moral sans un abaissement proportionnel du pouvoir physique, *et vice versâ.*

Relativement aux passions : sensibilité naturellement obtuse contre laquelle viennent s'émousser les impressions ordinaires comme sur un bouclier difficile à pénétrer ; en conséquence réactions à peu près nulles ; confiance entière dans sa puissance physique, et dès-lors négligence, éloignement pour ses applications, comme si la crainte habituelle d'en abuser enchaînait son activité dans la présence d'un adversaire trop faible pour en mériter le développement. Mœurs paisibles, sans ambition, sans désir de la gloire; soumission à l'ordre; obéissance aux lois.

D'un autre côté, par cela même qu'il est difficile d'exalter les passions, et qu'il faut des causes graves pour exciter, dans ce tempérament, la colère et le désir de la vengeance, malheur à celui qui s'est chargé d'une telle provocation! Cette économie, jusqu'alors si tranquille et comme frappée d'une apathie générale, s'anime par degrés, s'échauffe, se met en mouvement; la foudre éclate avec moins de violence, chacun de ses coups est un arrêt de mort! Chez le sujet nerveux la colère est un éclair qui brille et disparaît en même tems; chez l'athlète, c'est la tempête qui gronde, se déchaîne avec fureur, et ne s'apaise qu'après avoir effectué les plus terribles ébranlemens.

Ce tempérament propre au sexe masculin, à l'âge viril, se rencontre surtout chez les peuples du Nord, chez les nations actives et guerrières également affranchies des entraves du despotisme et des abus de la civilisation.

5° *Altérations particulières.*—Elles portent spécialement sur les organes contractiles; ainsi nous observons des phlegmasies le plus souvent aiguës sous le nom de *rhumatisme musculaire*; des congestions sanguines dans ces organes, dans les centres nerveux qui leur communiquent la faculté motrice; consécutivement des douleurs, des engourdissemens et même des paralysies dans les membres; du reste un grand nombre de maladies également communes au tempérament sanguin.

L'hygiène consiste, pour ces individus, à régler tous

les exercices de manière qu'ils dépensent la force musculaire sans favoriser encore son développement extra-normal, à se livrer aux travaux intellectuels, à la culture des arts pour établir un peu d'équilibre entre les organes des sens, de la perception et ceux du mouvement. Un régime doux, végétal plus particulièrement, la proscription des viandes compactes ou trop succulentes forment la base du régime.

La thérapeutique de ce tempérament exige des évacuations sanguines assez fréquentes, et surtout l'emploi des moyens très-actifs au début des maladies graves, marchant avec rapidité.

5° TEMPÉRAMENT BILIEUX.

1° *Base organique.* — On la trouve dans la prédominance de l'appareil digestif, et plus spécialement de l'estomac, du foie, de leurs annexes communs, sous le double rapport du développement anatomique et de l'énergie de la vitalité. Un centre épigastrique irritable, une bile ordinairement âcre, abondante, ce qui portait les humoristes exclusifs à regarder les caractères de ce fluide comme la raison matérielle du tempérament que nous étudions, deviennent aussi les fondemens indirects de cette constitution physiologique. Tous ces organes puisent la plus grande partie de leurs nerfs dans le système ganglionaire, d'où résulte l'agacement, la susceptibité de cet appareil, et dès-lors une disposition plus ou moins fâcheuse aux passions violentes pour les sujets ainsi modifiés.

2° *Causes déterminantes.* — Il est bien rare de trouver le tempérament bilieux précisément indiqué chez l'enfant qui vient de naître, les parens ne le transmettant jamais à leurs descendans avec tous ses caractères; on le voit au contraire se rattacher aux influences des agens extérieurs sur le physique et le moral des individus. Ici les conditions originelles sont le point accessoire, et les modifications acquises, l'objet essentiel. Aucune autre spécialité de cet ordre n'est susceptible d'une création aussi complétement artificielle sous l'influence des agens appropriés que nous réduisons aux suivans : habitation d'un climat sec et brûlant; régime trop exclusivement animal et surtout composé de viandes noires, salées, fumées, épicées, faisandées etc.; liqueurs alcoholiques; boissons excitantes, café, thé etc.; vie sédentaire; travaux de cabinet; contradictions habituelles; lecture des ouvrages sérieux; passions ardentes, concentrées; ambition, envie, haine etc.

3° *Traits physiques.* — Stature moyenne, rarement très-élevée ou très-petite; dans ce dernier cas, le défaut de longueur se trouve compensé par l'accroissement dans les autres dimensions; enveloppe dermoïde épaisse, d'un jaune terne ou basané; système pileux ordinairement noir, crépu; formes carrées; saillies musculaires durement exprimées; station solidement établie; locomotion mesurée; mouvemens brusques, énergiques; fierté dans la contenance; physionomie sombre ou sévère exprimant l'audace, la profondeur et l'indépendance; fibre sèche, compacte, laissant difficilement pénétrer les fluides circulatoires, exprimant avec force tous ceux qui pourraient l'engorger, plus spécialement le sang employé pour sa nutrition ordinairement active, enlevant à ce dernier ses qualités vivifiantes pour lui donner, dans toute leur perfection, les propriétés du sang noir, d'où résulte la quantité proportionnelle de celui-ci, le volume et la dilatation des canaux qui le reçoivent, des veines sous-cutanées plus particulièrement encore. On pourrait établir un antagonisme physiologique assez positif relativement aux tempéramens sanguin et bilieux, en opposant l'arbre artériel du premier à l'arbre veineux du second ; l'hématose, chez l'un, à la conversion du sang rouge en sang noir, chez l'autre ; peut-être ne serait-il pas erroné de rapprocher ici de la condition que nous indiquons l'activité, la perfection sécrétoires du foie recevant un modificateur si bien approprié à ce genre d'élaboration. Toutefois, dans cette économie, la bile est abondante et ses matériaux profondément combinés ; d'un autre côté, le sujet offrant naturellement une constipation plus ou moins opiniâtre, cette humeur abandonnée par son véhicule séreux, excite les intestins, et n'est pas étrangère à l'origine organique des passions violentes et concentrées, si communes pour ce tempérament ; en partie soumise à l'absorption, portée dans le torrent circulatoire, elle concourt alors à la teinte jaunâtre que présente ordinairement la peau chez les individus ainsi constitués ; pouls dur, plein, fort ; urines safranées, rouges, ammoniacales ; perspiration dermoïde ambrée ; excrétions alvines rares et fétides.

4° *Traits moraux.*—Ils sont fortement caractérisés ; nous offrent les plus grands développemens de l'énergie mentale sous le rapport de l'intelligence et des passions que nous devons examiner isolément.

Relativement à l'intelligence : elle est remarquable par le génie plutôt que par l'imagination ; par la profondeur, la précision du raisonnement et du jugement, plutôt que par le brillant de l'esprit et la finesse des perceptions. Les idées sont vastes, moins appliquées aux détails qu'à l'ensemble. Hardiesse, maturité dans la conception des projets ; courage, persévérance dans leur exécution ; attention forte et soutenue, pouvant s'appliquer à tout ; éloignement pour la lecture des romans, les études frivoles etc.; recherche des travaux importans et sérieux. Semblable sous ce rapport à l'estomac robuste appétant des alimens capables de résister à son action, le cerveau du sujet bilieux manifeste un besoin pressant d'élaborations intellectuelles difficiles et prolongées. Style rapide, concis, brûlant, expressif ; élocution mesurée, calme dans les explications ordinaires, âpre, saccadée, foudroyante sous l'influence des violentes émotions.

Relativement aux passions : ce tempérament nous offre les plus grands contrastes. Ainsi, d'une part, ambition, grandeur d'âme, générosité, courage sans exaltation, audace, vertu sévère, dévouement héroïque ; de l'autre, envie, jalousie, désir de la vengeance, perfidie, cruauté, dissimulation etc. ; il fournit en même tems les exemples des plus sublimes vertus et des forfaits les plus monstrueux, en étonnant le monde par la subite apparition de ces hommes extraordinaires, à l'occasion desquels nous répéterons cette assertion pleine de justesse : « Ils « ont fait trop de mal pour que l'on en puisse dire du « bien, et trop de bien pour que l'on en puisse dire du « mal. »

L'homme d'un tempérament bilieux est obligé de surmonter les plus grands obstacles pour maintenir l'empire de la raison sur l'instinct. Dépouillé de l'épiderme moral, que l'on nous permette cette expression, il sent tout avec excès ; la plus légère impression l'irrite, le blesse, entraîne la fermentation de son indomptable et bouillant caractère. Lorsqu'il s'abandonne aux impulsions organiques, il devient fâcheux pour les autres, pour soi-même ; dépassant toujours la mesure naturelle dans les réactions provoquées par la fréquentation et le commerce des hommes ; sans indulgence pour leurs défauts, il gronde, éclate, se fait des ennemis, arrive insensiblement à la misanthropie, à l'isolement, au malheur ! Au contraire si, maîtrisant par une raison supérieure la force et la vivacité de ses passions, il sait les utiliser en leur imprimant une direction avantageuse, les plus grands obstacles paraissent alors s'abaisser devant lui ; secondé par cette vertu magique, il peut établir des religions, des constitutions politiques nouvelles, changer les habitudes, les mœurs des peuples, modifier en quelque sorte le monde entier. Tels furent Pierre-le-Grand, Mahomet, Cromwel, Napoléon !

Ici nous ne rencontrons plus ces vertus faciles du tempérament lymphatique ; elles deviennent, chez le bilieux, un résultat des efforts les plus assidus, une victoire de la raison sur l'instinct. Nous devons par conséquent accueillir avec reconnaissance, les sujets ainsi constitués lorsqu'ils nous donnent l'exemple de la bonté, de la philanthropie, de la modération et du plus sublime dévouement ; nous devons encore, lors même qu'ils succombent dans cette lutte périlleuse, juger leurs écarts avec l'indulgence commandée par une semblable disposition physiologique.

Ce tempérament appartient surtout aux climats brûlans, aux contrées méridionales ; il paraît en quelque sorte naturalisé chez les Turcs, les Arabes, les Espagnols etc.

5° *Altérations particulières.*—Elles affectent spécialement l'appareil digestif ; les plus ordinaires sont : les phlegmasies gastro-intestinales aiguës ou chroniques, les hépatites, la constipation opiniâtre avec chaleur, anxiété, douleur vers l'épigastre ; les engorgemens, le squirrhe du pylore, du foie ; et, par extension sympathique vers l'encéphale, tous les degrés de la monomanie, de l'hypocondrie avec ennui, tristesse, morosité, propension au suicide. De telle sorte que si l'on peut envisager le tempérament bilieux, comme une disposition organique favorable pour acquérir la célébrité dans tous les genres, on doit en même tems y trouver l'un des plus grands obstacles à la paix de l'âme, au véritable bonheur.

L'hygiène la mieux appropriée à ces dispositions consiste dans le régime végétal surtout ; la proscription des irritans intérieurs ; la diversion aux travaux intellectuels par des exercices physiques ; l'attention continuelle de soumettre l'instinct aux déterminations raisonnées ; d'éviter le développement des passions violentes et concentrées, en se créant une source d'affections expansives, douces, paisibles, garanties par le bonheur domestique, les lectures agréables, un éloignement complet de celles qui peuvent inspirer le dégoût des relations humaines et toutes les funestes conséquences de la plus sombre mélancolie.

Les moyens thérapeutiques seront ordinairement représentés par la diète, les tempérans, les boissons acidules, calmantes, les bains, les évacuations alvines modérées ; presque jamais par le vomissement. Les émissions sanguines indispensables à l'invasion des phlegmasies aiguës, dont la marche est souvent grave et rapide, ne devront pas être employées sans réserve et sans discrétion. Il est surtout bien important de faire disparaître jusqu'aux derniers vestiges des lésions organiques, pour s'opposer à des rechutes fâcheuses, à des engorgemens, des dégénérations funestes ; c'est en conséquence de cette indication fondamentale que les mouvemens critiques, effectués par les sécrétions dermoïde, urinaire, par les vésicatoires etc., peuvent offrir des résultats essentiellement avantageux, non-seulement pour opérer la guérison, mais encore pour assurer la convalescence.

En se compliquant avec le tempérament nerveux ganglionaire surtout, en prenant des caractères intermédiaires entre les états normal et physiologique, le tempérament bilieux revêt des conditions particulières, dont l'ensemble est décrit, par quelques auteurs, comme une modification spéciale, sous le titre de *mélancolique*. Sans adopter une idée qui nous paraît fautive, nous étudierons cette variété, non comme un tempérament primitif, mais comme une perversion du *bilioso-nerveux*, et par conséquent devant se placer immédiatement après celui que nous venons d'examiner.

6° TEMPÉRAMENT MÉLANCOLIQUE.

1° *Base organique.*—Nous la trouvons dans un développement assez prononcé des appareils digestif et nerveux ganglionaire plus spécialement, et surtout dans une sorte d'irritabilité morbifique de ces derniers, ainsi placés dans une disposition intermédiaire aux états physiologique et morbide ; appartenant également à tous les deux, sans convenir exclusivement à chacun.

2° *Causes déterminantes.*—A celles des tempéramens nerveux et bilieux, nous ajouterons les suivantes comme plus particulières à cette modification : vie sédentaire ; éloignement du commerce des hommes; lecture de ces livres dangereux, enfantés par des cerveaux malades ou vicieusement constitués, allumant dans l'âme un feu destructeur, minant sourdement avant d'éclater, dont la plus sombre misanthropie rembrunit toutes les pages, et qui, faussant tous les ressorts de l'esprit, pervertissent les plus sublimes inspirations du cœur. Inclinations contrariées ; froissemens de l'amour propre ; chagrins profonds et durables ; injustices fréquemment supportées ; défaut de réciprocité dans les affections ; fréquentation des personnes tristes, difficiles, égoïstes ; habitation des climats chauds, humides, brumeux ; des grandes cités où règnent le luxe, la mollesse et tous les abus de la civilisation ; des lieux solitaires où l'âme, sans intérêt et sans objet extérieurs, s'abandonne exclusivement à l'intuition propre, à toutes les anomalies du vague et de l'irrésolution ; usage habituel des salaisons, des épices, des liqueurs alcoholiques etc.

3° *Traits physiques.*—Taille variable ; peau jaune et sèche ; système pileux modifié du noir au brun clair ; physionomie tantôt sombre, inquiète, sinistre, immobile, tantôt remplie d'aménité, de candeur, exprimant le désir et l'affection ; œil fixe, indécis ou passionné, langoureux, entouré d'un cerne brunâtre ; air pensif, taciturne, rêveur ; démarche incertaine, embarrassée, comme soumise à des entraves par une sorte d'hésitation dans les mouvemens qui la constituent ; digestions pénibles, flatuosités, langueurs d'estomac, appétits dépravés, pica, boulimie, rumination chez plusieurs sujets ; constipation et diarrhées alternatives ; pouls fréquent, irrégulier ; sommeil ordinairement troublé par des rêves et quelquefois par le somnambulisme.

4° *Traits moraux.*—Lors même qu'ils sont analogues à ceux du tempérament bilieux, on les voit perdre l'énergie, le grand développement qui les caractérise pour ce dernier.

Relativement à l'intelligence : esprit bizarre, vif, original ; perceptions, raisonnemens, jugemens avec les manifestations du paradoxe, de l'anomalie, du désordre et de la confusion ; imagination extravagante, plaçant constamment le sujet en dehors des relations naturelles qu'il doit entretenir avec tout ce qui l'environne ; don-

nant à ses habitudes, à ses actions, l'apparence de l'irrésolution et de la folie ; style obscur, passionné, rempli
d'images ; compositions remarquables par un fond commun de tristesse, d'ennui, de souffrance morale ; voix
douce, faible, persuasive ; plaintes continuelles sur l'injustice des hommes, sur des malheurs fictifs et des chagrins imaginaires ; propension à la vie mystique, à la
contemplation, au délire des sectaires et des illuminés.

Relativement aux passions : trop souvent analogue à
ces animaux timides qui vivent dans l'obscurité, le mélancolique ne se montre au grand jour qu'avec une gêne
mêlée de contrainte. Soupçonneux, craintif, pusillanime,
entouré des préventions les plus extravagantes et des
pressentimens les plus fâcheux, il croit, dans ses visions
fantastiques, rencontrer partout des ennemis puissans
attachés à sa poursuite, interessés à l'opprimer, à ternir
sa réputation ; dans sa funeste misanthropie, repoussant
les affections les plus sincères, il ne se borne pas à regarder les autres hommes avec défiance, tous les objets
de la nature lui semblent des êtres dangereux qui s'entendent pour conspirer à sa perte. N'éprouvant que des
impressions pénibles, jamais en mesure de leur cause,
exagérant toutes les sensations, excepté celles qui pourraient lui devenir agréables et charmer ses ennuis,
grossissant ainsi la somme des maux, diminuant celle des
agrémens, il anéantit cette compensation naturelle qui
seule nous rattache à l'existence au milieu des conditions
pénibles dont elle est environnée. Sentir et souffrir deviennent pour lui deux modifications identiques ; aussi
dans les écarts de son imagination quelquefois brillante,
constamment en délire, on l'entend s'exhaler en plaintes
amères sur la triste situation de l'humanité, sur les ennuis de la vie, sur l'injustice, la perfidie, la dépravation de ses semblables ; s'abusant toujours dans l'étio-

logie de ses anxiétés, il en accuse les saisons, les élemens, les qualités défectueuses des agens extérieurs, alors que ces causes résident complétement dans sa malheureuse organisation. Tel était l'infortuné Jean-Jacques dont nous admirons les sublimes pensées, dont nous plaignons les préjugés et les erreurs. Nous chercherions en vain dans ce tempérament toute la profondeur et la force du génie, mais nous y trouvons des auteurs pleins de verve et de sensibilité, Millevoie, Legouvé, Gilbert, Grétry etc. nous en fournissent des exemples ; on y rencontre également des tyrans aussi lâches que barbares dans leurs atrocités, au nombre desquels nous pouvons citer Louis XI, Robespierre et Marat.

Cette variété presque morbifique est ordinairement le partage des climats humides et chauds, des peuples très-civilisés, affaiblis par le luxe et la mollesse ; on l'observe surtout dans les grandes cités, sous les riches lambris des palais, à la cour des souverains, où la dissimulation, la perfidie, la trahison, les disgrâces viennent souvent en provoquer les manifestations ; il semble naturalisé chez les Italiens et les Espagnols.

5° *Altérations particulières.* —On les trouve positivement indiquées dans les caractères même de cette constitution intermédiaire aux tempéramens bilieux et nerveux ; placée, dès son origine, entre les états normal et pathologique. Au nombre de ces altérations nous devons particulièrement indiquer les suivantes : dyspepsie, vapeurs, hypocondrie, mélancolie, monomanie, palpitations, cardialgies, dyspnées, gastralgies, entéralgies, nymphomanie, satyriasis etc. Les sujets ainsi disposés tombent fréquemment dans ces angoisses morales que l'on désigne par les termes de *nostalgie, de monomanie suicide.* Se nourrissant de réminiscences plus fortes, plus attachantes que les impressions et les idées actuelles, comparant les jouissances passées à l'isolement, à l'indifférence du présent, ils éprouvent au fond de l'âme un sentiment instinctif pénible, déterminant, lorsqu'il n'est pas surmonté par la raison, cette anxiété mentale qui flétrit, use l'organisme en frappant l'économie dans les sources principales de la vitalité.

L'hygiène doit éloigner toutes les influences capables d'effectuer le développement de l'intelligence en exaltant les passions ; faire agir toutes les causes propres à favoriser l'accroissement et l'activité des appareils musculaire et circulatoire sanguin., tels qu'un régime simple et doux, l'habitation à la campagne, les exercices gymnastiques proportionnés aux forces du sujet etc.

Sous le rapport du traitement, il est essentiel d'éviter, chez les mélancoliques, tous les agens susceptibles d'exciter douloureusement l'irritabilité nerveuse et l'abus des évacuations sanguines offrant l'inconvénient notable de l'augmenter encore.

Nous avons étudié les tempéramens *simples* ou *primitifs*, dont l'espèce humaine peut offrir la manifestation, qui deviennent un premier pas vers l'état morbide puisque chacun d'eux signale précisément un défaut d'harmonie, d'équilibre parfait entre tous les systèmes et les appareils organiques ; ajoutons que ces modifications spéciales, dans leur condition d'isolement et de simplicité, sont aussi rares que le *tempérament tempéré* des anciens ; que chez la plupart des sujets ces élémens s'unissent au contraire en nombre, en proportions variables pour constituer des états composés qui doivent actuellement fixer notre attention.

TEMPÉRAMENS MIXTES.

La prédominance que nous avons signalée dans les principaux appareils organiques peut affecter en même tems plusieurs de ces derniers ; il en résulte alors des tempéramens *secondaires* ou *mixtes* dont les modifications infinies sont variées d'après le nombre et les proportions relatives des principes constituans. Ces dispositions expliquent pourquoi nous rencontrons des hommes qui, sous ce rapport, n'offrent aucun facies particulier, et d'autres chez lesquels viennent se montrer toutes les oppositions morales et physiques. Les individus placés dans cette catégorie n'ont pas des prédispositions morbifiques aussi prononcées que celles des sujets doués d'un tempérament simple, manifestant la précision de ses caractères ; mais aussi leurs maladies, plus compliquées, sont moins faciles à traiter, les indications et les contre-indications formant un cahos inextricable pour le médecin qui n'est pas constamment guidé par le flambeau de la saine physiologie.

Toutefois, l'alliance des constitutions simples, pour former les tempéramens composés, ne s'effectue pas sous l'influence du hasard, sans règle et sans aucune loi primordiale. Il existe au contraire, dans ces combinaisons, une marche naturelle assez constante, assez positive, et basée particulièrement sur les convenances réciproques de ces dispositions élémentaires. Ainsi le tempérament lymphatique a plus d'affinité pour le sanguin ; celui-ci, pour l'athlétique ; celui-là, pour le bilieux ; ce dernier, pour le nerveux etc. ; tandis qu'il est assez rare de voir le nerveux s'unir au lymphatique, le sanguin, au bilieux etc.

Dans ces mélanges divers, opérés en nombre variable, l'un ou l'autre des rudimens constitutionnels offre
toujours une prédominance plus ou moins marquée,
d'où résultent les principales variétés des tempéramens
secondaires et leurs incalculables modifications.

La nomenclature de ces états mixtes se compose des
dénominations primitives en plaçant d'abord celle de la
condition prépondérante. Ainsi, nous trouvons le plus
ordinairement dans cette catégorie les tempéramens :
sanguin-athlétique, — lymphatique, — nerveux gan-
glionnaire ; *lymphatico*-sanguin, — nerveux ; *bilioso*-
nerveux, — athlétique ; *nervoso*-bilieux. Un grand
nombre d'autres combinaisons deux à deux, trois à
trois etc., peuvent encore se manifester, mais elles sont
beaucoup moins fréquentes et moins naturelles ; il est
d'ailleurs facile de les effectuer et d'en calculer d'avance
tous les résultats.

La base organique, les causes déterminantes, les
traits physiques, moraux, les altérations particulières,
l'hygiène et la thérapeutique de chacun d'eux sont en
raison de la nature, du nombre et des proportions relatives des tempéramens simples concourant à les former.

Après avoir étudié les spécialités de la *constitution
physique*, nous devons envisager celles de la *constitution
morale* en suivant une marche analogue dans l'exposition de cet objet important.

ARTICLE DEUXIÈME.

CONSTITUTION MORALE.

Nous désignons sous ce titre : *la disposition générale
de l'âme considérée dans les rapports de l'intelligence*

et des passions ; dans l'ensemble et l'harmonie des élémens naturels de l'instinct et de la raison.

De même que la constitution du physique, celle du moral peut être bonne ou mauvaise, forte ou faible.

La constitution morale est bonne lorsqu'elle présente un accord parfait entre la raison et l'instinct ; un équilibre normal entre les passions et les facultés intellectuelles. Une perception facile, un jugement sain, des affections modérées, une volonté sage constituent cette première disposition.

Elle devient au contraire défectueuse lorsque les élémens qui la forment sont réunis sans proportion et sans harmonie.

Cette constitution est forte lorsque ses principes offrent un large développement. Là viennent se placer les hercules moraux dont la constance et le génie trouvent bien rarement des obstacles insurmontables. C'est l'image du chêne luttant avec énergie contre l'ouragan dévastateur, se brisant quelquefois en éclats sans avoir jamais courbé sa tête audacieuse. Tel était l'homme d'Horace : « *Si fractus illabatur orbis, impavidum ferient ruinæ.* » Tels furent César, Brutus, Annibal etc. En réunissant à ces caractères fondamentaux ceux de la bonté, de l'ensemble dans les proportions, ses actes sont énergiques, puissans, mais dirigés par la force de la raison. Heureux le pays qui produit des hommes semblables ! Animés par le feu sacré de la philanthropie, ces bienfaiteurs de l'humanité marquent leur passage au milieu des générations par des perfectionnemens apportés à l'ordre social. Lycurgue, Platon, Hippocrate etc. nous en fournissent les plus beaux exemples. En rapprochant au contraire de cette force morale toutes les anomalies d'une mauvaise constitution, elle devient capable d'entraîner aux plus fâcheux excès dans tous les genres.

Malheur au siècle qui voit naître de pareils sujets! Ils deviennent toujours le fléau de leur patrie, quelquefois en offrant le contraste frappant de l'héroïsme et de la dépravation, plus souvent encore par les crimes et les atrocités dont ils épouvantent l'univers! Est-il besoin de rappeler ici Néron, Caligula, Cromwel etc.?

Cette même constitution est faible dans toutes les économies où ses élémens sont établis sur des proportions mesquines. Alors sans énergie, sans puissance elle n'agit, par elle-même, que dans une sphère très-étroite. L'âme trop mollement trempée ne reçoit par les agens extérieurs que des impressions superficielles et légères, ne présente que des réactions sans chaleur et sans résultat; évite le choc et les oppositions; se décourage par le plus faible obstacle, présentant l'image du flexible roseau qui cède mollement à la brise la plus légère. Toutefois, en la supposant douée d'un équilibre parfait, elle peut encore offrir des caractères avantageux par les vertus paisibles dont elle produit la manifestation. Ces caractères nous rappellent Numa, Titus, l'infortuné Louis XVI etc. Au contraire, lorsqu'elle se trouve en même tems vicieuse et dépourvue d'harmonie, guidée par le despotisme d'un pouvoir emprunté, par les suggestions des flatteurs et des courtisans, on la voit sanctionner tous les crimes et tous les forfaits. C'est avec horreur et mépris que nous rappelons, à cette occasion, les noms des tyrans aussi lâches que sanguinaires tels que Denys, Clotaire, Louis XI etc.

Au milieu de ces dispositions générales de force ou de faiblesse, d'équilibre ou d'irrégularité, la constitution instinctive présente sous le nom de *caractère*, chez -la plupart des individus, et dans ses élémens essentiels, des prédominances que nous devons actuellement étudier avec l'intérêt commandé par un sujet aussi nécessaire à la médecine morale qu'à la philosophie.

CARACTÈRES.

Le caractère, φῦσις, des Grecs, *indoles*, des Latins, doit être défini : *disposition mentale particulière effectuée, chez les individus, par la prédominance de plusieurs passions ou facultés intellectuelles.* Détourné de son véritable sens par les acceptions les plus opposées, quelquefois même les plus contradictoires, ce terme exprime donc une modification qui devient pour le moral ce que le *tempérament* est pour le physique.

Pendant toute la durée de sa vie, l'homme est alternativement combattu par deux puissances rivales personnifiées chez les anciens sous les titres de *bon* et de *mauvais génie.* L'une de ces puissances, représentée par l'*ensemble des impulsions instinctives*, l'entraîne souvent au-delà des conditions normales, des véritables intérêts de son bonheur et de sa conservation ; l'autre, constituée par la *raison*, lutte, avec plus ou moins d'empire, contre ces impulsions désordonnées pour le maintenir dans un équilibre indispensable à la sagesse, à la félicité. Au milieu de ces continuelles et nombreuses modifications, il contracte une disposition mentale, un *caractère* dont les passions diverses représentent le fond, et dont la volonté constitue le *vernis.* Si le fond l'emporte, le caractère se prononce avec énergie ; si le vernis prédomine, les traits du caractère s'affaiblissent ou sont masqués avec tant de précaution qu'ils disparaissent entièrement.

Voyez ces peuples dont la civilisation est à peine ébauchée, livrés à des passions impérieuses, ne possédant pour les réprimer qu'un frein impuissant, ils unissent à l'amour de l'indépendance un caractère mâle, facile à déterminer, par cela même qu'il offre des forme largement et profondément établies. Examinez au contraire ces nations énervées par les raffinemens du luxe et des plaisirs, vous y trouverez le désir naturel de la liberté sacrifié pour jamais à la soif des honneurs, de la richesse et du pouvoir! Ici la volonté soumet toutes les impulsions instinctives au joug d'une raison factice; le caractère est sans physionomie, sans chaleur, sans expression; tous les hommes paraissent moulés et façonnés sur un type commun; à peine y rencontrez-vous quelques-uns de ces traits originaux, qui montrent toujours la volonté dominée par les passions. Au milieu d'une pareille société, Molière, Théophraste, Labruyère, n'eussent jamais trouvé les modèles parfaits de leurs immortels et brillans tableaux.

Lorsque l'instinct agit en maître, le caractère devient alors facile à déterminer, comme on le voit surtout chez les animaux où les influences de la raison ne viennent jamais entraver ses manifestations. Ainsi, l'on connaît d'avance les dispositions morales d'une espèce donnée. On sait que le cerf est doux et timide; le cheval, emporté, bouillant; le renard, fin, rusé; le singe, malin, imitateur; le tigre, sanguinaire, féroce; le lion, courageux, noble et fier. Lors au contraire qu'une raison trop exclusive et trop calculée, domine l'instinct et le soumet complétement à l'empire de la volonté, le caractère naturel s'évanouit, la dénomination *d'hypocrite*, ὑποκριτὴς, comédien, s'applique très-bien à l'homme ainsi constitué, dissimulant ses passions sous le voile que nous venons d'indiquer; cachant la haine la plus envenimée sous l'apparence de la bienveillance et de l'amitié; la plus infâme perfidie, sous l'aspect d'un intérêt sincère; tous les raffinemens de la cruauté, sous les dehors d'une généreuse philanthropie etc. Qu'un sujet aussi méprisable soit immédia-tement environné d'une circonstance majeure, imprévue, qui le fasse rentrer un instant sous l'influence des impulsions instinctives, aussitôt le tartufe paraît!« Le masque tombe, et l'homme reste ! »

Il est dès-lors évident que ce n'est pas au milieu des peuples très-civilisés qu'il faut étudier les tempéramens et les caractères pour les bien apprécier. Autant vaudrait chercher la mesure des sentimens naturels, dans une réunion d'artistes dramatiques, dont chacun des acteurs vient simuler à nos yeux, des passions qu'il n'éprouve pas réellement et qu'il exprime en conséquence avec plus ou moins d'imperfection. C'est chez les peuples moins éloignés de l'état primordial, c'est dans les républiques naissantes, qu'il faut choisir ses modèles originaux ; les sentimens y sont neufs, sincères ; les âmes, bien trempées, et les constitutions, dessinées d'après nature.

Pour donner à l'histoire des *caractères*, étudiés soit en général, soit en particulier, la précision qu'elle doit offrir, nous suivrons la marche que nous avons observée dans celle des *tempéramens*. Nous examinerons dès-lors successivement : 1° *La base essentielle ;* 2° *les causes déterminantes ;* 3° *les traits moraux ;* 4° *les traits physiques ;* 5° *les altérations spéciales.*

1° *Base essentielle.* — Pour la constitution physique, nous avons trouvé le fondement des spécialités dans la prédominance d'un système d'organes, et par une conséquence naturelle, des fonctions qui lui sont départies ; pour la constitution morale, nous rencontrons la base essentielle des particularités dans la prépondérance d'un ordre de facultés mentales, et consécutivement des actions qui s'y rattachent plus directement, avec des nuances différentes suivant l'empire exercé par la raison sur l'instinct, *et vice versâ.* Telles sont les conditions prin-

cipales, sur lesquelles nous établirons chacun des caractères.

2° *Causes déterminantes.* — De même que celles des
tempéramens, elles peuvent se trouver dans les dispositions intimes et dans les agens extérieurs.

Nous apportons en naissant un caractère primordial
comme un tempérament naturel ; si l'organisme offre son
état originaire, l'âme présente également ses conditions
natives, l'un et l'autre peuvent être modifiés profondément par l'habitude et l'éducation. Ces dispositions primitives nous sont quelquefois transmises, comme un
héritage, par ceux auxquels nous devons l'existence ;
quelquefois aussi nous les recevons sans analogie remarquable avec celles de nos parens, souvent même dans
un état complet d'opposition. Elles peuvent se conserver,
se pervertir ou s'améliorer par le genre de culture. Chez
certains sujets on les voit, par la résistance de leurs élémens primitifs, surmonter les agressions des modificateurs
étrangers ; développer leurs avantages au milieu des circonstances les plus dangereuses ; avec tous leurs défauts
et tous leurs vices naturels, vaincre l'empire de la plus
sage éducation et des meilleurs exemples.

Si l'on pouvait douter de l'influence exercée par ces
dispositions originelles, il suffirait d'examiner les enfans
très-jeunes, au milieu des rapports et des amusemens de
leur âge, des contestations qui viennent s'élever entre
eux etc., pour démêler aussitôt, dans cette petite répu-
blique, d'une part, des caractères influens et déterminés,
toujours en action pour commander en despotes, faire
adopter leurs intentions et leurs projets ; de l'autre, des
caractères plus réservés, plus timides constamment disposés à suivre, sans examen et sans résistance, les impulsions qui leur sont communiquées. La force morale prédomine déjà sur la force physique ; celui qui leur inspire

le plus de confiance par la supériorité de ses moyens et l'énergie de ses déterminations, est précisément celui qu'ils choisissent volontiers pour chef. Les mêmes conséquences découleraient nécessairement des mêmes principes, dans les relations des hommes arrivés à la maturité, si les mœurs, la civilisation, les usages et les lois n'entravaient cette marche primordiale, en soumettant le génie sans naissance, à la médiocrité revêtue d'un grand nom !

Dans l'état de nature parfaite, cette modification serait un vice, une monstruosité ; dans les rapports artificiels que les individus et les sociétés doivent entretenir mutuellement, elle devient la seule digue salutaire que l'on puisse opposer au désordre, à l'anarchie. Ouvrez l'histoire des révolutions et des républiques chez les grands peuples civilisés, les pages sanglantes qui retracent leurs crimes et leurs forfaits, avanceront beaucoup plus la solution de ce problême tant de fois proposé que les dissertations les plus brillantes et les mieux raisonnées.

Toutefois, le caractère originel est, pour tous les sujets, ce rudiment que les influences ultérieures à la naissance viendront développer ou modifier, suivant leur nature et leurs dispositions. C'est particulièrement dans l'enfance que s'opèrent ces changemens essentiels. Avec quelle attention ne doit-on pas, alors, diriger l'éducation morale du premier âge pour donner à l'esprit, mais surtout au cœur, ces impulsions nobles et généreuses qui seules peuvent assurer la félicité véritable ? A cette époque l'homme est un arbuste naissant dont la tige souple et mobile se redresse avec facilité ; plus tard, c'est un arbre vigoureux dont le tronc sec et rigide, pouvant casser, ne fléchira jamais.

Au nombre des agens extérieurs les plus capables

d'effectuer ces dispositions artificielles, on doit noter ceux dont l'influence attaque l'âme, soit directement, soit par les révolutions organiques. La fréquentation habituelle des personnes dont l'exemple fait beaucoup d'impressions sur nous ; les professions, les situations diverses, les maladies, et notamment celles qui portent sur le système nerveux ganglionaire ou sur les organes auxquels il fournit ses rameaux, deviennent les causes principales du développement ou de la destruction éprouvés par les qualités natives dans la production des caractères.

3° *Traits distinctifs.*— Ils sont moraux et physiques ; nous ne les renfermerons pas avec Gall dans certaines bosses, les unes, pour le plus grand nombre, au moins imaginaires, les autres, étant loin de présenter les fonctions que leur assigne l'auteur d'un système dont la réputation immense peut seule égaler toutes les erreurs. Si nous les cherchons en partie dans les traits du visage, d'après Lavater, ce n'est pas comme l'a fait cet écrivain célèbre, au milieu de ses dissertations vagues et souvent erronées, en considérant les contours passifs de la physionomie primitive, mais en étudiant les traits acquis par le jeu des passions, et les changemens de la prosopose actuellement sous l'influence de l'instinct. Chacun des caractères fondamentaux nous offre également ses particularités remarquables sous le rapport de la station, des mouvemens généraux et partiels, de la voix, de la parole, des productions, de l'écriture, du costume et du genre d'habitation ; nous y puiserons des notions exactes qui nous serviront d'abord à bien distinguer les spécialités de la constitution morale, et consécutivement à poser les bases naturelles d'une physiognomonie raisonnée.

4° *Altérations particulières.* — De même que le

tempérament est un premier degré des maladies physiques, de même le caractère est un premier pas vers l'altération mentale. C'est ainsi que l'excès des plus belles qualités, des plus grandes vertus rompt l'équilibre exigé pour la perfection du cœur et de l'esprit.

En effet, entre la prédominance d'une passion sur toutes les autres et cette aliénation mentale, souvent il n'existe qu'une transition facile ; entre l'homme poussé par un violent accès de colère aux actes les plus condamnables et le maniaque soumis à son délire frénétique, entre le sujet que domine l'amour et celui dont cette passion a perverti la constitution morale, où se trouve la différence essentielle ? N'est-il pas évident que l'un de ces états marque les symptômes précurseurs de l'autre, et que dès-lors toute affection de l'âme qui présente une semblable exagération devient une introduction directe à la folie ?

Le caractère peut donc s'altérer comme le tempérament, et manifester autant de modifications extra-normales qu'il existe de passions capables d'acquérir assez d'empire sur la raison pour l'affaiblir ou la réduire au silence.

Nous ne discuterons pas ici l'importante question de savoir si les altérations mentales, soit intellectuelles, soit instinctives, sont toujours la conséquence des lésions organiques, ou si les affections de l'âme ne pourraient pas également devenir l'occasion des maladies corporelles ; ce grand problème viendra naturellement se placer dans les considérations relatives à l'influence réciproque du physique et du moral.

Après avoir établi ces principes généraux sur les caractères étudiés dans leur ensemble, nous devons en examiner les spécialités basées d'une manière invariable sur la prédominance d'un ordre de passions dans la constitution morale. Nous trouverons, pour chacune de ces particularités, des nuances infinies en conséquence du degré d'empire exercé par la raison et la volonté sur ces impulsions prépondérantes.

Les appareils secondaires n'ont présenté qu'une influence indirecte pour la formation des tempéramens ; les dispositions mentales essentielles deviendront, par la même raison, les seuls élémens fondamentaux des caractères primitifs que nous réduirons à huit : 1° *curieux* ; 2° *indifférent* ; 3° *volontaire* ; 4° *indécis* ; 5° *philanthropique* ; 6° *égoïste* ; 7° *raisonnable* ; 8° *maniaque*. Se combinant en nombre, en proportions différentes, ils pourront constituer des caractères mixtes variés d'une manière infinie.

1° CARACTÈRE CURIEUX.

1° *Base essentielle.* — Plus intellectuel qu'instinctif, ce caractère est fondé sur la prédominance d'un groupe de facultés et de passions au nombre desquelles nous devons plus spécialement noter : *la curiosité*, *l'attention*, *l'activité*, *l'admiration*, *la perception*, *la mémoire*, *l'imagination*, *la versatilité* etc. Ces élémens, variables dans leurs proportions relatives chez les divers sujets, constituent plusieurs nuances de cette modification dont la *curiosité* forme toujours le principe fondamental.

2° *Causes déterminantes.* — Elles se trouvent naturellement dans les dispositions natives et dans les agens extérieurs. Sous le premier rapport, nous rencontrons le plus souvent ce caractère déjà remarquable dans les premiers tems de la vie. Le désir de connaître joint à l'ignorance absolue fait alors, de la curiosité primordiale, un sentiment précieux qui vient s'identifier avec le besoin d'établir des rapports multipliés en raison des progrès de l'existence active. Ainsi la spécialité que nous examinons est propre à l'homme; il s'agit moins, pour l'obtenir, de la faire naître que d'en effectuer le développement. Sous le second rapport, on doit particulièrement indiquer : le perfectionnement de la civilisation ; les commotions révolutionnaires qui, mettant en question le pouvoir, les fortunes, les honneurs, les priviléges, font plus vivement sentir la nécessité d'apprendre, de savoir, d'acquérir, par l'étude et le travail, cette valeur personnelle frayant, dans ces jours de liberté souvent abusive, la voie des dignités et de la domination ; pouvant seuls offrir, dans tous les tems, des trésors inaliénables et des ressources constamment assurées dans l'infortune et l'adversité. Il suffit de comparer au milieu de nous la curiosité, l'éveil, l'activité de la génération présente, à l'indifférence, à l'assoupissement, à l'apathie de la génération passée, pour sentir la force de cette grande vérité physiologique. L'habitation d'un pays, d'une ville où fleurissent les arts, les sciences, le commerce et l'industrie, la lecture des traits saillans de l'histoire, des anecdotes piquantes, l'habitude et le besoin de se maintenir à la hauteur des nouvelles du jour etc. sont autant de circonstances qui, fournissant un aliment à la curiosité, développent graduellement le caractère dont elle forme la base.

3° *Traits moraux.* — Pour satisfaire ses inclinations, ce caractère a besoin d'employer plusieurs facultés intellectuelles dont l'accroissement devient une conséquence naturelle de leur exercice. Ne cherchons point ailleurs la raison qui nous y fait rencontrer d'une manière prononcée : *l'attention*, fixant nos moyens d'investigation sur la chose à connaître ; la *perception*, en saisissant les qualités ; la *mémoire*, nous les conservant au besoin ;

l'imagination, leur prêtant un nouveau charme, en altérant quelquefois la vérité ; *l'admiration*, les appréciant et les goûtant presque toujours avec excès ; *l'activité*, sans cesse en mouvement pour chercher des objets nouveaux, des impressions inconnues à percevoir. L'homme curieux est nécessairement observateur ; il explore avec empressement tout ce qui l'environne, fait des questions nombreuses, parfois indiscrètes, répond assez rarement à celles qu'on lui adresse, beaucoup moins occupé du soin de propager que du désir d'apprendre ; état moral qui lui donne par fois l'apparence d'un sujet distrait, alors que son attention est concentrée sur le point qu'il veut approfondir.

4° *Traits physiques.* — Si l'on rapproche ce caractère d'un tempérament, il faut choisir *le nerveux*, pour les sujets très-superficiels, et *le bilieux*, pour les individus profonds. Étudiez l'homme ainsi constitué, dans une réunion nombreuse, il paraît constamment en activité ; son œil est fixe, inquiet, son oreille attentive, son esprit dans une préoccupation remarquable ; il voudrait examiner tous les objets, participer, au moins comme auditeur, à toutes les conversations. Jamais on ne parvient à l'arrêter sur des faits étrangers à ceux qui piquent sa curiosité. Au milieu d'une collection, d'une bibliothèque, on le voit incessamment regarder, toucher, goûter, flairer tous les corps auxquels chacun des sens peut s'appliquer, les retourner et les examiner dans toutes leurs parties ; en exposer ensuite les détails avec une étonnante fécondité. Voix expressive, modulée, offrant surtout les inflexions naturelles à l'interrogation ; écriture incertaine et sans fermeté ; mise négligée, sans ordre ; habitation peu soignée. L'homme curieux, jouissant d'ailleurs des autres facultés essentielles, est en général bon observateur.

Ce caractère appartient surtout aux enfans, aux femmes, aux peuples civilisés. Il est naturel au français. Nous en trouvons des exemples dans certaines classes d'animaux, comme on le voit chez les singes, les renards, les chiens et pour la plupart des oiseaux très-intelligens.

5° *Altérations particulières.* — Dirigé par la saine raison, le caractère curieux offre beaucoup d'avantages, il devient la première condition pour acquérir de la science, des talens et de la célébrité ; au contraire, dépourvu de ce guide précieux, livré à toutes les aberrations de l'instinct, il représente une véritable perversion mentale, en s'appliquant sans choix et sans distinction, en s'arrêtant à des objets communs, puérils, de manière à fatiguer l'esprit, à surcharger la mémoire des détails les plus inutiles et les plus fastidieux. Combien il est pénible de rencontrer ces nouvellistes affamés, obsédant par leurs questions inconvenantes et ridicules ; ces monomanes détruisant ainsi le charme des relations sociales précisément sous l'influence du mobile qui semble fait pour leur donner le piquant et la variété.

L'hygiène morale de ce caractère doit spécialement faire éviter les choses futiles ; renfermer l'activité dans la sphère des objets qu'il est essentiel d'observer et d'approfondir ; soumettre constamment ses impulsions désordonnées à l'empire de la sagesse et de la raison.

2° CARACTÈRE INDIFFÉRENT.

1° *Base essentielle.*—Plus instinctif qu'intellectuel, ce caractère est déterminé par la prédominance d'un ordre de passions et de facultés mentales, parmi lesquelles nous remarquons surtout les suivantes : *indifférence, paresse, ennui*, *tristesse*, *esprit de servitude*, *bassesse*, *perfidie*, *ingratitude*, *lâcheté* etc. ; la diversité des combinaisons que peuvent offrir ces principes constituans produit des modifications nombreuses dans cette condition morale dont *l'indifférence* présente le rudiment fondamental.

2° *Causes déterminantes.* — Elles sont bien rarement originelles, et ce caractère devient beaucoup plus souvent un résultat des changemens artificiels que des dispositions de la nature. Au nombre des agens extérieurs nous signalerons particulièrement : l'habitation à la campagne ; l'éloignement de tout ce qui peut exciter les sens, l'intelligence et les passions ; la vie monastique et solitaire ; une longue série d'infortunes et de chagrins ; la castration ; l'esclavage ; la servitude ; la domesticité ; l'usure physique et morale par l'abus de toutes les jouissances ; la déception de l'espérance, des affections ; la dureté, la sévérité d'une première éducation ; le défaut de culture de l'esprit et du cœur. Les influences capables d'agir en même tems sur une grande masse de sujets nous offrent surtout un gouvernement despotique et militaire ; l'état sauvage, particulièrement dans les contrées brûlantes où l'homme trouve sans inquiétude et sans travail les objets essentiels à la vie.

3° *Traits moraux.* — Le caractère indifférent présente l'insensibilité mentale pour la réprimande et le châtiment, comme pour la louange et la récompense. N'éprouvant point l'horreur du vice, il ne sent pas davantage l'amour de la vertu. Chez l'homme ainsi disposé, l'âme est frappée d'une paralysie instinctive qui détruit le premier mobile de la sociabilité, le charme attaché naturellement à l'existence de cet être dont le véritable bonheur se trouve dans le sentiment de sa propre intuition, dans l'échange et dans le partage de ses affections et de ses plaisirs. Pour lui, ces illusions de la félicité, ces prestiges des relations extérieures se sont évanouis. Complétement en dehors de l'ordre et du commerce habituels, il a rompu tous ses liens, ne conservant pas même ceux de l'égoïsme et de l'amour propre; sans excitant comme sans frein, toutes ses déterminations sont abandonnées au torrent des événemens, à l'empire de la fatalité. Renfermé dans son écorce passive, il exerce la bienfaisance, la générosité sans intérêt; il commet des crimes et des forfaits avec la plus affreuse insensibilité. Sans motif et sans désir d'apprendre, ennemi de la fatigue, de la contrainte, il est nécessairement conduit à la paresse, et bientôt, par la monotonie de ses actions, à la tristesse, à l'ennui. C'est alors qu'un voile sombre, un crêpe funèbre paraissent immédiatement couvrir les sentimens et les affections d'un sujet aussi malheureusement constitué. Quelques vertus semblent d'abord établir une certaine compensation à des vices nombreux; observez ce caractère avec plus de soin, bientôt vous sentirez que ces vertus ne sont que des illusions. Ainsi, la nullité du savoir, de l'émulation, de l'orgueil y détermine souvent une apparence de modestie; l'insouciance naturelle sur les imperfections, les qualités y fait naître un simulacre d'indulgence; le défaut de susceptibilité pour le blâme et les vexations y prend l'extérieur de la patience. D'un autre côté, l'absence d'énergie pour s'élever dans l'ordre social, y développe cet esprit de servitude, cette bassesse qui deviennent le partage des âmes dégradées; cette fausseté, cette perfidie que l'on peut envisager comme le trait envenimé des esprits faibles et pervers.

Dans cette catégorie, nous trouvons des êtres méprisables, véritables reptiles dont l'abjection forme l'essence, pouvant au besoin se plier, s'abaisser à toutes les humiliations, se mettre au niveau de tous les crimes, excepté de ceux qui supposent du courage, de la fermeté dans leur exécution. La ruse, la flatterie, les complaisances dépravées, l'obéissance à la volonté d'un maître cruel, en trahissant les droits les plus sacrés de l'amitié, de la reconnaissance; la calomnie, le fer, le poison, tels sont les moyens de ces caméléons politiques ou privés, dont tous les gouvernemens et toutes les générations ont à conspuer les personnes, à déplorer, à punir les infâmes actions.

4° *Traits physiques.* — Si nous cherchons à quelle variété constitutionnelle se rapporte surtout le caractère *indifférent*, nous trouvons le tempérament *lymphatique*, manifestant cette langueur et cette inertie particulières.

Voyez l'homme ainsi disposé dans ses relations habituelles, il paraît immobile; ses manières sont insignifiantes; sa physionomie stupide et passive réunit pour attributs la froideur et l'insensibilité; en considérant sa bouche béante, son œil fixe, on pourrait croire qu'il entend les conversations, qu'il examine les objets dont il est environné; c'est une vaine supposition; ses divers sens, que n'excite point la curiosité, sont dans une espèce de léthargie; son imagination roule des idées vagues et sans liaison; en parlant à cet homme, vous pensez qu'il vous écoute et vous comprend; il suit des relations différentes et vous en donne la preuve en répondant à vos questions par des propos incohérens, en vous faisant répéter vingt fois les choses les plus simples et les plus ordinaires. Est-il un seul esprit juste qui n'ait éprouvé l'ennui, le dégoût inséparables des discussions obligées avec ces masses pensantes, que l'indifférence vient narcotiser encore.

Pendant cette somnolence de l'âme, tout l'organisme semble participer à l'inertie morale; voix traînante, monotone et sans expression ; style diffus, sans couleur ; écriture lâche, arrondie ; mise négligée, mal propre ; habitation incommode, n'offrant pas même les choses les plus nécessaires à la vie.

Ce caractère est le partage ordinaire de la vieillesse ; on l'observe plus spécialement chez les peuples abrutis par l'esclavage, démoralisés par le despotisme ; dans les contrées froides, humides, où l'uniformité du ciel et du climat semblent entretenir et développer les dispositions mentales qui le constituent. C'est au concours du plus grand nombre des influences, dont nous venons de présenter l'énumération, qu'il faut attribuer la fréquence de ce même caractère chez les Turcs, les Allemands, les Anglais etc. ; il appartient surtout aux animaux paresseux.

5° *Altérations particulières.*—Elles sont peu diversifiées, peu fréquentes en raison de la monomanie des passions, mais on les voit quelquefois embrasser tous les degrés de la bassesse et de la perversité. Si la raison ne dirige plus avec assez d'empire une constitution mentale aussi vicieusement disposée, descendant au dernier terme de la dégradation, elle commettra les crimes les plus affreux avec sa brutalité imperturbable. Indifférent pour sa propre existence, pour son honneur, un tel sujet n'en craint pas l'aliénation ; dès-lors sans frein dans ses impulsions forcenées, il commet l'empoisonnement, le meurtre et l'assassinat sans inquiétude et sans remords ! Ouvrez les épouvantables annales des monomanies homicides et vous trouverez presque partout les funestes effets du caractère indifférent.

L'hygiène morale de ce caractère se rencontre particulièrement dans l'attention scrupuleuse d'habituer le jeune enfant à s'attacher avec mesure et discernement aux objets de ses rapports ; de lui procurer les distractions et les amusemens de son âge, sans fatiguer la sensibilité de ses organes ; quelquefois même de changer ses habitudes, ses mœurs par des exercices nouveaux et variés, par des voyages lointains, en évitant surtout la solitude et l'uniformité.

3° CARACTÈRE VOLONTAIRE.

1° *Base essentielle.*— Ce caractère, commun à l'intelligence, à l'instinct, nous offre pour élémens les facultés et les passions que nous allons énumérer : *volonté, courage, audace, émulation, ambition, génie, colère, mépris, espérance, orgueil, sévérité, haine, cruauté* etc. Les variétés proportionnelles de ces élémens constituent les nuances principales de ce même caractère dont l'inflexible énergie reconnaît la *volonté* pour fondement essentiel.

2° *Causes déterminantes.*—Elles peuvent être natives ; cette condition morale est celle qui se transmet le plus ordinairement par voie de génération.

Les dispositions acquises reconnaissent alors pour agens principaux : le sentiment prématuré du pouvoir héréditaire que l'on doit exercer ; une éducation environnée des prestiges de la puissance ; la faiblesse des pères qui se laissent dominer par leurs enfans, souscrivent aux caprices les plus bizarres de ces jeunes tyrans domestiques, obtenant bientôt pour prix d'un aussi fâcheux aveuglement ce que l'on nomme des *enfans gâtés* ; l'habitude originairement contractée de commander impérieusement à des esclaves soumis. En effet, si le gouvernement despotique produit l'indifférence chez les sujets, il détermine le développement abusif de la volonté chez les rois. Pour la masse des individus, l'habitation d'un climat sain, tempéré, l'aisance, le commerce, l'industrie, la prospérité, les institutions libérales etc., nous offrent surtout des influences capables d'imprimer à l'âme cette énergie, cette force particulières à la constitution que nous examinons.

3° *Traits moraux.* — Le caractère volontaire se fait remarquer par des vices profonds ou par des vertus sublimes ; il inspire des actions héroïques ou d'épouvantables forfaits. Dans ses nombreux élémens nous avons en effet signalé des facultés supérieures et des passions condamnables. Là se trouvent naturellement le génie qui fait concevoir les plus grands projets ; le courage, soutenant l'activité des moyens indispensables pour les accomplir avec avantage ; l'émulation, l'orgueil, l'ambition alimentant les travaux opiniâtres seuls capables de conduire aux grands succès ; l'espérance, montrant incessamment le but qu'il faut atteindre ; la colère, la haine, la cruauté envers ceux qui résisteraient aux impulsions les plus despotiques ; un mépris involontaire pour les hommes faibles et pusillanimes ; le désir de commander avec une domination absolue ; presque toujours l'impossibilité d'obéir.

Le sujet de ce caractère, surtout lorsque sa force morale est appuyée sur la raison et sur le génie, soumet les populations à son empire ; fait passer dans l'esprit des masses les divers sentimens qu'il éprouve ; semblable au torrent impétueux, entraînant les digues impuissantes qui lui sont opposées, il ne s'arrête qu'après avoir vaincu tous les obstacles et retrouvé les conditions primitives de son équilibre normal. Incessamment en action, toujours occupé des plus grands intérêts, cet homme est ordinairement chef de parti dans les révolutions et conspirateur sous les gouvernemens despotiques.

Au contraire, cette modification mentale jointe à la

nullité des moyens, à la confiance aveugle dans une prétendue supériorité qui n'existe pas, rend audacieux, entreprenant ; expose à tous les écarts d'une ambition faussée dans ses applications par le jugement le plus défectueux. L'imprudent, guidé par une suffisance aussi ridicule, s'élance aveuglément dans toutes les carrières de la fortune et des honneurs, se précipite avec imprévoyance au milieu des périls sans jamais en calculer tous les résultats, et sans même concevoir la possibilité d'une chute proportionnée, dans ses funestes effets, à l'extravagance, à la témérité d'une pareille entreprise. N'offrant aucune mesure dans les rapports d'intérêt, dans les relations sociales, il ne sait pas conserver ces ménagemens, ces égards que, chez les peuples civilisés, on doit aux mœurs, aux lois, aux usages, au pouvoir de convention, à la puissance morale. Incapable de supporter les sages lenteurs des affaires et des procédés les plus ordinaires, il croit se donner un vernis de supériorité, d'importance, obtenir l'estime générale en méconnaissant les distances les mieux établies, en brusquant toutes les convenances reçues.

Quelques hommes de ce caractère, favorisés par les circonstances, par les événemens ont obtenu des succès remarquables ; mais combien d'autres, beaucoup plus nombreux, dirigés par une volonté forte, par une confiance disproportionnée à la valeur des moyens pour accomplir ces conceptions gigantesques, ces projets aventureux, entraînés dans une ruine incapable de réparation, ont compromis le bonheur, la fortune, la considération de leurs proches, souvent même la tranquillité de leur patrie ? Pour se convaincre de la réalité de ces faits, il suffit d'ouvrir l'histoire des familles, et de compulser les archives des nations.

En supposant actuellement que l'envie, la haine, la

jalousie viennent s'allier à ces dispositions fondamentales, ce même caractère prend une physionomie plus effrayante ; il rapproche le sujet des animaux les plus sauvages, en lui donnant les inclinations sanguinaires des tigres et des léopards. L'esprit se refuse d'abord à concevoir cette méchanceté profonde, cette cruauté sans motif, cette gangrène de l'âme. Pourquoi faut-il que l'indignation des peuples ait enregistré dans ses annales, en caractères de sang, les atrocités de ces tyrans farouches dont l'ingénieuse barbarie, s'épuisant à chercher des raffinemens dans les tortures, contemplait avec un infernal sourire les membres de ses victimes palpitans sous le fer des bourreaux ? Il nous resterait au moins des illusions, et nous ne verrions pas l'homme, si sublime dans ses vertus, s'abaisser par ses vices bien au-dessous de la brute qui du moins, dans sa férocité sans conscience, n'a d'autre mobile que les aveugles impulsions de l'instinct.

4° *Traits physiques.* — Le caractère *volontaire* se trouve ordinairement associé au tempérament *bilieux*, dont les impulsions violentes et soutenues, se laissent rarement diriger par une influence étrangère, on le reconnaît aisément aux dispositions suivantes : regard assuré ; contenance fière ; démarche ferme ; gestes expressifs et violens ; ton presque toujours impérieux et tranchant dans les discussions et même dans le commerce habituel de la vie ; prosopose énergique ; voix sonore, quelquefois aigre, dure ; écriture saccadée, anguleuse, le plus souvent illisible ; style précis, laconique ; mise décente ; habitation bien ordonnée.

Le sujet ainsi constitué, surabondamment rempli de ses idées et de ses projets, n'accorde aucune attention aux observations les plus justes, aux conseils obligeans de ses meilleurs amis ; il ne connaît d'autre mobile que son opinion, d'autre loi que sa volonté. Si les passions fortes et concentrées, dénaturent cette âme ardente, le regard est sombre, l'air taciturne et rêveur, le maintien imposant, la physionomie sinistre et menaçante ; pendant les momens de repos, c'est le calme effrayant, précurseur de la tempête; dans les instans d'action, c'est la foudre qui gronde et se déchaîne avec fureur.

Ce caractère appartient souvent à l'homme, rarement à la femme ; on le rencontre surtout dans l'âge viril, dans les climats tempérés, au milieu des républiques naissantes, chez les peuples où toutes les institutions libérales sont en vigueur. La France nous en présenta des exemples nombreux dans les terribles commotions dont elle fut naguère le théâtre !

On trouve ce même caractère pour certaines espèces animales telles que l'hyène, le tigre, l'âne, le mulet etc., avec des variétés relatives aux passions qui leur sont propres, mais toujours avec un fond d'opposition à la sociabilité, d'éloignement pour toutes les relations extérieures.

5° *Altérations particulières.*—Cette modification mentale est susceptible des plus violentes et des plus funestes aberrations. Si la raison perd son empire, si les passions constituantes sont livrées à leurs impulsions fougueuses, dès-lors, sous l'influence aveugle d'un moteur aussi redoutable, cette inflexible volonté commande les plus horribles attentats ; nous offrant en quelque sorte l'image de ces machines destructives dont les coups, dirigés par une force invincible et sans discernement, sèment partout sur leur passage l'épouvante et la mort. Combien l'homme de ce caractère est dangereux pour soi-même, pour ses semblables, alors qu'il n'a d'autre mobile et d'autre guide que les impulsions désordonnées de l'instinct.

L'hygiène morale devient ici d'un intérêt majeur pour

la félicité des individus et des nations. On sent en effet combien il importe à la sécurité des relations publiques et privées d'apprendre de bonne heure à chacun des sujets dont l'ensemble forme le corps social, qu'il doit soumettre sa volonté particulière aux tems, aux lieux, aux circonstances; d'habituer l'homme, dès ses premières années, par une éducation sage et régulière, à développer incessamment l'empire de sa raison, à repousser toutes les insinuations de l'orgueil et du despotisme envers ses inférieurs, à conserver une défiance mesurée de soi-même, à réclamer les conseils de la prudence et du savoir dans les entreprises majeures et dans les circonstances difficiles.

4° CARACTÈRE INDÉCIS.

1° *Base essentielle.*—Ce caractère, plus instinctif qu'intellectuel, nous offre la réunion des élémens les plus faibles et les plus défectueux, au nombre desquels nous devons spécialement indiquer les passions et les facultés suivantes : *indécision, versatilité, prévoyance, discrétion, modestie, prudence, inquiétude, jalousie, timidité, crainte, lâcheté* etc. Les rapports divers, que présentent ces principes dans leurs combinaisons, déterminent des variétés nombreuses pour cette constitution morale dont *l'indécision* forme toujours le point essentiel.

2° *Causes déterminantes.* — Les dispositions natives peuvent exercer une grande influence dans cette occasion; nous voyons en effet quelquefois des familles entières offrir les principaux traits de cette modification mentale. Au nombre des agens extérieurs susceptibles d'en favoriser ou même d'en effectuer le développement, nous devons particulièrement noter : une éducation trop sévère et trop méthodique ; la contrainte ordinaire ; la répression habituelle de tous les élans instinctifs; le maintien du sujet dans l'ignorance et par conséquent dans la défiance de soi-même, en l'accoutumant, dès ses premières années, à se laisser influencer et diriger pour les actions les moins importantes. Cette éducation vicieuse qui détruit l'énergie mentale, presque toujours aliène les sentimens les plus naturels, énerve, anéantit la volonté, rend le sujet qui s'y trouve soumis, incapable de prendre aucune détermination par son propre mouvement, en l'abandonnant à la merci des hommes qui savent le maîtriser ou gagner sa confiance. Le défaut de succès dans les premières entreprises ; la modestie poussée jusqu'à l'excès, portant à méconnaître sa valeur personnelle, deviennent les principales causes de cette irrésolution si capable d'entraver nos relations sociales, de faire échouer tous les projets, et de conduire insensiblement au malheur, au dégoût de la vie.

3° *Traits moraux.* — Le caractère indécis est toujours facile à distinguer, la raison n'offrant jamais un empire assez marqué pour le dissimuler complétement. L'homme ainsi constitué voudrait agir ; toujours inquiet et craintif, il est retenu par cette pusillanimité naturelle· qui lui fait redouter non seulement les dangers d'une entreprise, mais encore les soins qu'elle exige et les obstacles qui peuvent s'y rencontrer. D'une part, les avantages se présentent ; il ne fait que les entrevoir au milieu des appréhensions et des terreurs dont son âme est remplie ; de l'autre, les inconvéniens se multiplient au gré de son imagination qui les grossit et les exagère. Fluctuant entre les uns et les autres, comme le roseau que balancent incessamment les vents contraires, sans prendre aucun parti définitif, et n'adoptant jamais que des mesures provisoires, il se ménage toujours une retraite au besoin, et la faculté de changer vingt fois d'avis pour les questions et pour les objets de la plus mince importance.

Avec des individus semblables, on ne sait point à quel titre s'effectuent les relations d'intérêt, de société, d'affection ; leurs amis d'aujourd'hui ne sont plus ceux d'hier. Inconstans, légers dans leurs opinions comme dans leurs sentimens, pour eux l'existence morale porte constamment sur une base vacillante et précaire. Voyant, avec des yeux prévenus, le fantôme d'une supériorité plus ou moins marquée, dans ceux qui les environnent, ils craignent tous les genres de rivalité, deviennent ainsi naturellement soupçonneux et jaloux. Dans ce caractère, la timidité paraît ordinairement le résultat d'une faiblesse instinctivement révélée ; quelquefois cependant on la voit s'associer à des avantages réels, à des dispositions mentales qui touchent celles des esprits supérieurs; c'est alors qu'il est facile de sentir que si la témérité conduit souvent l'homme à sa perte, la timidité sans motif devient un obstacle plus puissant encore, qui l'empêche d'arriver aux destinées brillantes pour lesquelles il semblait formé. Le sujet présomptueux juge mal ses moyens en les estimant au-dessus de la valeur positive ; l'esprit modeste, pusillanime, déprécie les siens en les plaçant au-dessous. Combien d'illustres auteurs se fussent trouvés ensevelis dans le découragement et l'oubli, si des hommes d'un coup d'œil plus sûr, démêlant à travers ces craintes, ces frayeurs, cette extrême circonspection des étincelles du feu sacré qui n'a besoin que d'une circonstance favorable pour enfanter des merveilles, ne les avaient encouragés dans la carrière épineuse et difficile des succès et de la célébrité. Sans la généreuse perspicacité de Boileau, Racine eût ignoré son génie !

Dans les siècles où l'audace, l'intrigue, les coteries se partagent la fortune, la puissance et les honneurs, où le mérite isolé, modeste vieillit sans gloire et sans réputation, l'homme entreprenant, avec une valeur médiocre, fournit la carrière la plus brillante, et jouit pendant sa vie des avantages passagers de l'usurpation. Après sa mort, le voile est déchiré, les illusions sont détruites ; il rentre dans le néant dont il n'aurait jamais dû sortir. Plus d'un nom sonore vient s'offrir à notre pensée, mais l'heure de la justice approche, et ce tableau ne doit pas renfermer de personnalités ! Le sujet timide, plus occupé d'utiliser ses riches facultés que d'en rechercher et d'en obtenir le prix, consume toute son existence dans le travail et la méditation, érigeant à l'ombre du mystère ces monumens immortels qui révéleront à la postérité l'injustice de ses contemporains. Alors que, sous le marbre des tombeaux les rivalités sont anéanties, nous voyons les cent bouches de la renommée célébrer un génie qui survit aux persécutions, aux intrigues dont la mort seule pouvait arrêter les coupables machinations. Étudiez la vie de nos plus grands hommes dans tous les genres, vous sentirez que nous avons esquissé l'histoire commune à tous les caractères présentant la timidité, l'irrésolution et la modestie pour fondemens essentiels.

4° *Traits physiques.* — Cette modification morale s'applique assez naturellement au tempérament *nerveux*, et plus spécialement encore au *lymphatico-nerveux-ganglionaire* ; on la reconnaît aux dispositions suivantes : attitude gauche, embarrassée, ne reposant jamais d'aplomb sur le centre de gravité ; démarche vague, incertaine ; gestes sans précision et sans grâce ; prosopose exprimant l'embarras, l'incertitude, l'étonnement ; bouche béante ; œil vaguement promené sur les objets extérieurs ;

pose générale d'un homme écoutant sans comprendre, et paraissant égarer son imagination dans l'idéal des mondes chimériques ; actions, mouvemens effectués sans motif, sans objet déterminé ; voix faible, produite avec hésitation ; écriture inégale, tremblée, sans formes constantes et positives ; mise guindée, bizarre ; habitation mesquine, souvent dépourvue des objets indispensables, quelquefois ordrée jusqu'à l'excès. Le sujet de ce caractère est ordinairement incapable d'adopter aucune idée fixe ; on peut le faire changer vingt fois d'opinion sans même observer des transitions bien ménagées ; l'interlocuteur qui s'explique le dernier est toujours celui qui l'emporte dans son esprit.

Nous observons plus spécialement cette variété mentale chez les femmes et les enfans ; nous en trouvons des exemples dans tous les pays, chez toutes les nations ; cependant elle est en général plus commune au milieu des peuples civilisés que parmi les hordes sauvages, plus ordinaire aux Français qu'aux Allemands, aux Italiens qu'aux Anglais etc. Pour les animaux, on la remarque surtout dans les espèces timides.

5° *Altérations particulières.* — Lorsqu'il est abandonné à ses impulsions instinctives, et que la raison n'en vient pas contrebalancer les égaremens, ce caractère ne tarde point à dégénérer en monomanie ; les sujets ainsi disposés passent aisément à l'imbécillité complète ; sans intensité d'action, incapables de suivre aucune affaire, de remplir aucune des obligations de la sociabilité, sortis du cercle des relations les plus ordinaires, on les voit dans la triste nécessité de se laisser gouverner par la volonté des autres.

L'hygiène de cette constitution morale doit surtout l'encourager dans toutes ses actions, lui communiquer l'impulsion sans lui faire sentir la puissance qui la dirige , relever son mérite véritable en dissimulant une partie de sa faiblesse, de ses imperfections, inspirer à cette âme irrésolue , dominée par un excès d'humilité , de modestie, le sentiment d'un amour-propre bien entendu qui développe insensiblement l'indépendance et la volonté.

5° CARACTÈRE PHILANTHROPIQUE.

1° *Base essentielle.* — Ce caractère, le plus beau que l'homme puisse offrir sous le rapport de la sociabilité , présente les passions et les facultés suivantes, au nombre de ses élémens communs : *philanthropie, bienfaisance, générosité, prévoyance, pitié, noblesse, amour, gaieté, bienveillance , amitié, reconnoissance , prodigalité , indulgence* etc. Les proportions de ces rudimens varient, dans chaque sujet, en donnant à la constitution morale une couleur particulière plus ou moins rigoureusement déterminée. Au milieu de ces nuances diverses , la *philanthropie* conserve sa prépondérance comme principe essentiel et fondamental.

2° *Causes déterminantes.* — Comme celles du génie, ces influences appartiennent beaucoup plus à la nature qu'à l'éducation ; le caractère philanthropique est souvent altéré, détruit par les circonstances et les agens extérieurs , il n'est jamais créé par leurs modifications. Presque tous les hommes naissent, en effet, avec des sentimens d'humanité, de bienfaisance , de générosité ; si la jalousie, l'égoïsme, l'envie prennent ultérieurement la place de ces belles qualités, il faut l'attribuer surtout aux vices de l'exemple, de l'éducation et quelquefois aux maladies qui viennent assiéger l'organisme.

Voyez le jeune enfant , il est sensible, aimant, plein

de confiance et d'affection ; il partage volontiers les avantages de sa condition avec les amis de son âge ; entre eux, nulle distinction trop exclusive de la propriété ; les possessions sont en commun, les relations constamment établies sur un fidèle échange d'intérêt et de services ; le plus fort protège le plus faible, et, dans cette société rudimentaire, les traits naissans de la bienveillance et de la philanthropie se laissent apercevoir sous les plus aimables couleurs. Qu'une éducation philosophique largement établie sur les véritables bases de l'intérêt public, développe convenablement toutes ces qualités brillantes, nous verrons l'amour de l'humanité se manifester comme règle générale dont l'égoïsme ne présentera désormais qu'un petit nombre d'exceptions. Combien nous sommes éloignés d'un but aussi grand, aussi noble, aussi nécessaire au bonheur commun ! Mais aussi, combien nous sommes dépourvus de ces institutions grandes et libérales qui développeraient les germes, allumeraient le feu sacré de la philanthropie dans tous les cœurs !

L'exemple de la bienfaisance, de l'empressement à soulager l'infortune, à recevoir obligeamment toutes les réclamations du malheur ; l'habitude contractée dès l'enfance de voir des frères, des sœurs, des membres de la grande famille dans tous les hommes, quels que soient leur pays, leur naissance, leur fortune, leurs opinions ; de placer les élémens essentiels de ses jouissances, de son bonheur plutôt dans les services rendus et dans les améliorations introduites au milieu des classes disgrâciées par la nature, que dans ces attentions recherchées, dans ces précautions minutieuses dont l'application exclusive au *moi* rétrécit l'âme, dessèche le cœur en les fermant complétement aux douceurs de la véritable félicité. Vaincre tous les obstacles nécessairement apportés au désir d'opérer des réformes, des innovations utiles ; oublier l'ingratitude si naturelle **aux** hommes ; les rendre heureux sans autre objet que le bien général , sans autre espoir de rémunération que le témoignage d'une bonne conscience, telles sont les causes principales du caractère philanthropique ; tels doivent être les moyens employés pour développer toutes les impulsions généreuses dont il est susceptible.

3° *Traits moraux.*—Le premier, le plus saillant est cette abnégation de soi-même qui porte à négliger les considérations personnelles pour ne s'occuper que de l'intérêt public , du soulagement de l'infortune, des grandes améliorations dans les systèmes d'économie politique. L'homme philanthrope, constamment guidé par le besoin d'être utile , sans autre motif, sans autre vœu que celui de faire des heureux, n'est point arrêté par l'inconvénient grave et très-fréquent de se créer des ingrats, souvent même des ennemis perfides. Il plaint ces faiblesses du cœur, et ne les condamne pas sans appel. Ce caractère, disons mieux, cette vertu sublime qui nous rapproche du créateur devrait être l'apanage essentiel de tous ceux qui se dévouent par état et par vocation au soulagement des misères humaines ; s'il embrâsait l'âme tout entière des ministres qui sacrifient dans les temples d'Épidaure et sur des autels plus sacrés, la médecine obtiendrait l'estime et la confiance des nations ; la religion , divine dans ses applications comme dans son essence, porterait l'espérance , le respect et la conviction dans tout l'univers !

Ne confondons pas avec ce noble caractère les habitudes empressées , officieuses de certaines âmes serviles guidées par l'intérêt particulier ; le désir de capter la confiance, de s'immiscer aux affaires des autres par des motifs plus condamnables encore ; des sujets aussi vicieux deviennent le fléau de la société par leurs intrigues, par les troubles et les divisions qu'ils cherchent à fomenter dans les intimités, dans les familles, tantôt sous le masque de la bienveillance qu'ils déconsidèrent, tantôt sous celui de la religion qu'ils déshonorent!

Supposez au contraire, au milieu des avantages de la civilisation, un grand peuple animé de la plus saine philanthropie; ses intérêts étant communs, il ne formera qu'une grande famille, excitera l'admiration, deviendra l'exemple de tous les autres; fort de ses institutions, il obtiendra nécessairement le sceptre du monde.

Par cela même qu'il est philanthropique, le caractère se montre généreux; il pardonne les injures; sert dans l'infortune ceux même dont il a supporté les plus injustes offenses; considérant, dans ses actions, plutôt le bien dont elles montrent la perspective que les individus qu'elles intéressent, on le voit exciter la vénération, l'estime générales que ses ennemis, ses envieux et ses détracteurs ne sont même plus en mesure de lui refuser. La douceur et la bienveillance offrent encore ses précieux attributs; jamais les passions violentes, sombres, concentrées n'altèrent son aménité. Lorsqu'il ne peut modifier convenablement les objets de ses rapports, il change ses propres dispositions, et se met en mesure des impressions diverses qu'il doit éprouver, les supportant patiemment et sans trouble pour la sérénité de cette âme dont la plus douce occupation est de reporter sur les autres chacun des sentimens agréables qui viennent l'affecter.

Il ne faut pas identifier cet esprit de tolérance avec la faiblesse morale. On parvient difficilement à faire sortir le caractère que nous étudions de son calme naturel, mais si la mesure de sa patience est dépassée, plus il a combattu par la résistance, plus il éclate avec impétuosité, s'abandonnant quelquefois à des actes qu'il sera le premier à condamner, lorsque, rentré dans ses habitudes paisibles, il pourra les envisager avec sa raison. C'est en conséquence de cette observation qu'un auteur célèbre a dit, en parlant de cette modification morale : *mitis vel ferox.*

Le bien-être intérieur que fait éprouver une conscience toujours satisfaite, garantit à ce caractère la gaieté qui l'accompagne dans les circonstances les plus ardues ; c'est un feu pétillant qui brille sans jamais consumer. L'homme ainsi constitué, soutenu par le plus heureux naturel, se joue des rigueurs du sort, brave les tourmens de l'adversité. Des affaires, des embarras, du bruit, des entreprises, du mouvement, voilà ses goûts ; il semble échapper au souffle destructeur des passions tristes, et, supérieur aux calamités actuelles, goûter, dans la perspective d'un avenir plus heureux, la félicité qu'il est toujours certain de rencontrer au fond de son cœur.

4° *Traits physiques.* — Cette constitution mentale appartient spécialement au tempérament *sanguin* ; elle peut se rencontrer avec les autres, c'est alors par une exception à la règle générale ; on la trouve surtout bien rarement associée au *bilieux*, au *mélancolique* chez lesquels ne s'effectue pas aisément le sacrifice de l'intérêt particulier à l'intérêt commun.

L'homme de ce caractère est facile à distinguer par les dispositions suivantes : noblesse du maintien ; grâce, aisance dans les gestes et les manières ; franchise, élévation de la physionomie ; activité continuelle qui permet à peine de goûter quelques instans de repos lorsque l'intérêt public réclame des veilles et des travaux assidus ; curiosité dirigée vers les objets importans au bonheur des peuples ; attention forte et soutenue dans toutes les discussions relatives à l'économie politique, à l'utilité générale ; accueil gracieux et bienveillant pour tous les hommes en accordant à chacun des témoignages d'estime et de considération mesurés par les convenances ; oubli de soi-même ; abnégation admirable jusque dans les nécessités de la vie qui semble se rattacher au bonheur de l'humanité comme à son élément essentiel ; voix douce, attrayante, persuasive ; écriture distinguée, facile et sans prétention ; mise très-simple, mais soignée ; habitation sans faste, bien administrée, constamment ouverte à l'indigence, au malheur.

Ce caractère appartient surtout à l'homme ; chez la femme il est moins grand dans ses applications, et se rapproche davantage de la bienfaisance. Naturel au Français, il est ignoré des nations courbées sous le joug du despotisme. Plusieurs animaux disposés à la sociabilité nous en offrent, dans l'étroite circonscription de leurs facultés normales, des rudimens qui pourraient servir de modèle à notre espèce.

5° *Altérations particulières.*—Elles sont rares dans le caractère que nous décrivons ; cependant on peut rapporter à cette catégorie : l'exagération d'intérêt public ; l'espèce de monomanie qui porte certains hommes, animés d'ailleurs des intentions les plus pures, à s'introduire dans toutes les affaires, dans tous les événemens, dans toutes les administrations ; à s'agiter incessamment pour modifier les hommes et les choses, remplaçant quelquefois des vérités utiles par les conceptions bizarres d'un cerveau malade.

L'hygiène de cette disposition mentale consiste naturellement à mesurer les entreprises que l'on veut effectuer à ses forces, aux besoins réels de la société, aux tems, aux circonstances, évitant de confondre le désir qui fait chercher, dans les affaires publiques, un aliment à son orgueil, avec cette ardente et noble philanthropie dont le motif, étranger à toute considération personnelle, est exclusivement dans le besoin et la volonté du bonheur général.

6° CARACTÈRE ÉGOISTE.

1° *Base essentielle.*—Ce caractère que nous envisageons comme une véritable monstruosité morale, brisant la chaîne des rapports qui lient tous les hommes, frappant l'ordre social dans ses premiers fondemens, se trouve établi sur des facultés intellectuelles mal dirigées, et sur un ensemble de passions la plupart méprisables. Telles sont : *l'égoïsme, la curiosité, la prévoyance, la discrétion, la prudence, l'ingratitude, l'envie, la bassesse, la jalousie, l'oubli des autres hommes, l'avarice, l'orgueil, la crainte, la timidité* etc. Ces élémens, variables dans leurs combinaisons, forment toutes les nuances de cette constitution morale dont l'égoïsme offre constamment le type commun.

2° *Causes déterminantes.*— Presque toujours acquis, ce caractère est bien rarement originel. En effet si nous trouvons quelques sujets assez malheureusement nés pour le présenter dès-leurs premières années, combien plus souvent encore les institutions politiques, le genre d'éducation, les habitudes, le pouvoir de l'exemple n'en deviennent-ils pas les principales occasions? Ainsi, l'influence d'une éducation mesquine et rétrécie, développant la crainte naturelle de manquer des objets indispensables à l'existence; plaçant le bonheur dans les jouissances personnelles, dans l'amour de l'argent; fermant l'âme à tous les sentimens de bienveillance et de compassion ; offrant les malheureux comme des êtres indignes de partager un bienfait qu'ils sont prêts à payer de la plus affreuse ingratitude ; la fréquentation des sujets habitués à renfermer toutes leurs affections dans la sphère individuelle ; un sentiment intérieur de faiblesse, de nullité physique et morale, conditions ordinaires chez le vieillard ; les gouvernemens despotiques étouffant dans tous les cœurs ces beaux élans du patriotisme et de l'intérêt commun ; les abus de la civilisation ; les excès du luxe qui font craindre l'insuffisance de la fortune en multipliant les besoins ; telles sont les causes principales de cette fâcheuse disposition.

3° *Traits moraux.*—Le caractère égoïste, basé sur l'amour de soi-même, porte incessamment un sujet qui le présente à sacrifier l'intérêt général à l'intérêt particulier. Tant qu'il ne se manifeste pas avec trop d'exagération, nous le voyons se confondre, dans l'ensemble, sous le titre *d'amour propre*, offrant littéralement la signification *d'égoïsme*, et, d'après l'usage, ne se trouvant pas employé dans la même acception ; ainsi le premier soumis à la raison est une qualité, le second devient toujours un vice. L'homme sans amour propre est une machine sans ressort, un être sans but et sans motif convenables dans ses manifestations extérieures. Tel est en effet le mobile secret de nos entreprises les plus nobles et les plus dignes d'éloges ; lors-même qu'elles semblent dirigées par l'oubli du *moi*, par la philanthropie, c'est encore l'amour propre qui les inspire ; ou, pour mieux rendre notre pensée, la satisfaction intérieure que l'on éprouve toujours en faisant une bonne action , le témoignage de la conscience devenant, dans les âmes généreuses, constamment préférable aux illusions les plus brillantes et les plus diversifiées des plaisirs sensuels, offrent les moteurs principaux qui dirigent les hommes bien constitués , et forment la base des intérêts particuliers dont l'ensemble produit l'intérêt général. Dans un pays, plus l'amour propre s'éloigne de l'égoïsme, plus l'intérêt commun acquiert de force et de puissance, plus l'esprit public offre de garanties. Plus au contraire la première de ces impulsions se rapproche de la seconde, plus l'esprit public se détériore, s'énerve et tend à l'anéantissement complet. Le meilleur moyen de connaître positivement le génie d'un peuple, consiste à juger essentiellement le caractère des individus qui le composent ; on s'élève ainsi des investigations locales aux considérations d'ensemble. Si nous avions pour objet de montrer par quel enchaînement les excès de la civilisation entraînent presque toujours la décadence des empires, nous pourrions facilement prouver que c'est, dans presque tous les cas, en faisant naître l'égoïsme par l'accroissement des nécessités personnelles.

Voyez l'homme de ce caractère, il se trouve dans l'ordre social comme la plante parasite au milieu de la nature. Exclusivement occupé de ses propres besoins, il considère, avec la plus froide indifférence, tout ce qui ne rentre pas dans le cercle borné de ses affections. D'un aussi fâcheux état aux manifestations de l'avarice, le pas est glissant et dangereux. Recevoir toujours, ne donner jamais ; vivre pour soi, non pour les autres ; rendre quelques petits services, dans l'assurance d'obtenir des services plus importans ; réduire tout l'univers à l'étroite circonscription du *moi*, tels sont les traits distinctifs de cette condition déplorable qui vient étouffer les plus beaux mouvemens de l'âme, briser tous les liens du cœur, produire l'isolement le plus affreux après avoir desséché les germes de cette amitié naturelle, de cette espèce d'affinité morale qui lie tous les êtres sensibles dans le grand système de la création.

Si l'égoïsme n'est pas le vice le plus apparent, il est

au moins le plus anti-social, celui qu'il faut incessamment flétrir par le mépris et la réprobation !

4° *Traits physiques.*—Ce caractère peut s'unir à tous les tempéramens ; on l'observe souvent avec *le lymphatique*, *le mélancolique* ; rarement avec *le nerveux*, *le bilieux* ; plus rarement encore, avec *l'athlétique* et *le sanguin*. L'homme ainsi constitué, sans aucune idée positive des rapports sociaux, est facile à reconnaître par ses ridicules prétentions. Dans une réunion nombreuse, il témoigne de l'humeur, exprime son mécontentement si toutes les prévenances, toutes les attentions ne se trouvent pas continuellement dirigées vers lui. Toujours occupé de sa personne, on le voit se placer commodément, réclamer les meilleures choses avec un soin minutieux, se faire servir par tous ceux qui l'environnent ; on croirait observer un petit sultan commandant au milieu de ses esclaves. Son air est suffisant et capable ; satisfait de son être, il s'applaudit à chaque phrase, et n'imagine rien de plus spirituel, de plus parfait que ses discours sur lesquels il appelle constamment l'admiration. Sa contenance est libre, nonchalante ; sa marche, prétentieuse, calculée ; sa voix, dure, monotone, sans aucune de ces inflexions qui marquent le sentiment et l'abandon ; son style, affecté, concis, énigmatique ; son écriture, nette, fine, arrondie, sans régularité, mais non pas sans art ; sa mise, très-soignée, relativement à ce qui concerne les petites précautions hygiéniques ; son habitation, offrant toutes les commodités relatives à l'existence, pour les parties qui se trouvent à son usage ordinaire, est quelquefois assez négligée dans les autres, comme s'il éprouvait le besoin d'établir un contraste sensible par le malaise des personnes qui l'entourent, afin de goûter plus délicieusement encore tous les avantages de sa position.

Le caractère égoïste est moins commun chez la femme

que chez l'homme ; on l'observe surtout dans la vieillesse. Très-ordinaire sous les gouvernemens despotiques, il se fait à peine observer dans notre belle patrie. Pour les animaux, il semble avoir été réservé, par la nature, aux espèces les plus immondes et les plus sauvages.

5° *Altérations particulières.*—Ce caractère est susceptible des aberrations les plus fâcheuses, des vices les plus condamnables ; il peut dégénérer en avarice, en misanthropie. Sans affection et sans intérêt pour ses semblables, un tel sujet ne doit pas attendre des sentimens qu'il ne mérita jamais. La froideur, l'indifférence, l'éloignement des autres hommes, voilà ce qu'il peut espérer vers la fin de sa carrière ; triste, isolé, sans appui, sans consolation, il arrive insensiblement au dégoût de la vie ; comme si la nature cherchait à le punir de cet amour excessif de soi-même par la privation d'un bien qu'il avait chéri jusqu'à l'idolâtrie !

L'hygiène de cette fâcheuse disposition mentale consiste à développer, dès-les premières années, cette vérité féconde sur laquelle porte l'ordre social comme sur une base éternelle : que la félicité la plus inaltérable, dont le cœur de l'homme puisse goûter les douceurs, existe naturellement dans le bien qu'il a su répandre autour de lui, dans ses bonnes actions, dans le témoignage de sa conscience. Comme la flamme qui s'accroît en se propageant, le bonheur s'épure et se fortifie par son extension ; le renfermer dans la sphère du *moi*, c'est l'étouffer dans une étroite capacité qui n'a jamais été limitée pour lui. Exercer l'âme aux nobles élans d'une véritable philanthropie, tel nous paraît être le meilleur moyen d'élever l'homme à ses propres yeux, en jetant les premiers fondemens de son avenir. Faire des heureux, tel sera toujours le merveilleux secret qu'il faudra connaître pour le devenir soi-même !

7° CARACTÈRE RAISONNABLE.

1° *Base essentielle.* — Ce caractère, plus intellectuel qu'instinctif, plus solide que brillant, est composé d'élémens avantageux, puisés dans les facultés et dans les passions indispensables au bonheur ; nous y trouvons les suivans : *raison, attention, jugement, coordination, réflexion, prévoyance, discrétion, prudence, amitié, conscience, estime, patience, modestie, indulgence, respect.* Ces élémens peuvent offrir un grand nombre de variétés dans leurs combinaisons, d'où résultent les nuances particulières de cette constitution morale dont la raison forme toujours le point fondamental et commun à ces diverses modifications.

Cette même constitution peut se rattacher à deux états différens. Dans l'un, il existe plutôt défaut d'impulsions instinctives que forte répression de ces dernières ; c'est en quelque sorte une sagesse de tempérament dont plusieurs animaux doux et paisibles nous présentent, si non la réalité, du moins la plus spécieuse apparence. Dans l'autre, nous observons des passions fortes mais gouvernées par une volonté plus forte encore. Pour la première circonstance, le caractère raisonnable est faible et sans beaucoup de valeur ; pour la seconde, il est énergique et doué des plus grands avantages que l'homme puisse revendiquer.

2° *Causes déterminantes.* — Les dispositions natives peuvent concourir à son établissement ; l'habitude et l'éducation semblent, chez la majorité des sujets, y prendre une part encore plus active. Au nombre des influences favorables qui développent ainsi les principales facultés intellectuelles, et consacrent l'empire de la raison sur l'instinct, nous devons spécialement indiquer : l'habitation d'un climat tempéré, d'un pays régi par des lois sages et par des institutions philanthropiques ; où la civilisation sans abus a propagé le commerce, l'industrie, les sciences, les arts et toutes les circonstances relatives au bonheur des peuples, sans les énerver par le luxe, la mollesse, qui deviennent ordinairement l'origine de leur abaissement et de leur servitude ; où la généralisation d'une morale publique, toujours noble, fondée sur la sagesse et la vérité, soutenue par une religion divine que professe le zèle ennemi du fanatisme, par l'exemple des souverains et des chefs de l'état, agrandit l'âme, épure la conscience, adoucit les mœurs. Ajoutons à ces influences communes des actions plus particulières, telles que la vie paisible, agréablement occupée ; l'éloignement des choses futiles et du tracas des affaires ; la culture des lettres, de la saine philosophie, qui nous apprenant à maîtriser nos passions, à les employer utilement sans jamais en redouter les excès, forme l'esprit à la vérité ; le cœur, à la vertu.

3° *Traits moraux.* — Ce caractère, plus emprunté, moins naturel que les autres, pourrait-il s'identifier, en apparence, avec l'hypocrisie, la réserve mensongère qui cachent bien souvent les passions les plus désordonnées sous l'extérieur d'une bonté, d'une bienveillance étrangères au fond du cœur ? Nous ne le pensons pas. Il existe en effet, entre la première de ces dispositions et la seconde, les différences que l'on observe entre l'or et les métaux grossiers dissimulés par une couche légère de ce corps précieux. L'un supporte, sans altération intime, le frottement et l'usure ; les autres ne tardent pas à laisser voir toute leur impureté lorsqu'ils sont dépouillés de cet épiderme factice. De même, si vous soumettez l'homme raisonnable par essence à l'épreuve du tems et des événemens, si vous pénétrez jusqu'au fond de son âme, vous y trouvez ce naturel acquis ou perfectionné, cette fusion des mouvemens instinctifs, cette prédominance habituelle de la raison qui s'exerce dans le calme, dans l'isolement individuel comme dans l'agitation et dans les réunions tumultueuses ; toujours vrai, toujours sincère, il ne perdra jamais de sa valeur essentielle. Scrutez au contraire ces replis du moral chez les sujets pervers, d'autant plus coupables qu'ils connaissent leurs vices, cherchent à les masquer sous le vernis transparant de l'honneur et de la vertu, c'est avec un sentiment de mépris que vous découvrirez, sous les dehors les plus séduisans, des traits hideux et des vices dont le seul aspect fait horreur.

Le caractère que nous étudions, toujours à la hauteur des circonstances, en mesure dans ses rapports, d'accord avec lui-même, ne se livre jamais sans réserve et sans discrétion ; maître de ses penchans, il sait leur imprimer une tendance convenable, et les appliquer à des objets dignes de la préférence qu'il veut bien leur donner. Ami sans exaltation, mais avec persévérance, laissant à peine voir son affection dans la prospérité, mais dévoué, brûlant, sublime au jour de l'infortune, l'homme ainsi constitué nous offre l'image de ces vertus plus solides que brillantes, et de ces qualités fondamentales qu'il faut cultiver long-tems pour en apprécier toute la valeur.

4° *Traits physiques.* — Le tempérament *lymphatico-sanguin* est celui qui s'unit le plus naturellement au caractère raisonnable ; toutefois on rencontre souvent encore ce dernier avec les autres constitutions organiques, il est alors beaucoup plus artificiel que natif. Le sujet de ce caractère n'est jamais difficile à reconnaître : pose en même tems modeste et grave ; démarche lente

et sans affectation ; gestes précis et peu nombreux ;
mouvemens harmoniques ; physionomie calme, toujours
en rapport avec les passions qu'elle doit exprimer ;
aspect réflechi, sérieux sans dureté ; réserve, décence
au milieu des manifestations de la gaieté, comme dans
les angoisses de la douleur ; voix naturelle, mesurée,
constamment en rapport avec les impressions ; écriture
nette, grosse, lisible, sans ornemens empruntés ; mise
décente, propre, soignée, choisie d'après l'hygiène ;
habitation commode, bien distribuée, réunissant tous
les objets d'utilité sans faste et sans profusion ; sagesse
dans le conseil ; régularité dans la conduite publique et
privée.

Ce caractère appartient surtout à l'âge mûr, à la
vieillesse ; il est plus ordinaire chez l'homme que chez
la femme. On le rencontre particulièrement dans les
régions tempérées, chez les peuples du Nord ; moins
fréquemment dans les contrées méridionales ; c'est ainsi
qu'on le voit en gradation décroissante chez les Allemands,
les Anglais, les Français, les Turcs etc.

Les animaux étant dépourvus de raison ne présentent
jamais cette modification mentale dans sa véritable nature.
Si quelques espèces très-sociables, très-douces, telles
qne celles du cheval, du chien etc., paraissent en offrir
les premiers rudimens, il s'agit bien plutôt, chez eux,
du silence des passions violentes que d'une réaction
favorable de la volonté raisonnée sur les impulsions de
l'instinct ; aussi ne devons-nous jamais accorder trop de
confiance à leurs déterminations lorsqu'elles pourraient
nous devenir funestes. A l'instant où nous achevons ce
caractère, la mort affreuse du célèbre Martin, étranglé
par cette lionne qui, depuis long-tems, semblait entièrement soumise aux volontés, aux caprices de son maître,
vient apporter une preuve aussi déplorable qu'évidente
à l'appui des principes que nous établissons.

5° Altérations particulières.—De tous les caractères, celui que nous venons d'esquisser est le moins susceptible des anomalies bizarres dont le cœur et l'esprit peuvent se trouver affectés. La perversion qu'il éprouve chez quelques sujets est ordinairement le résultat d'une prédominance exagérée de la raison sur l'instinct, produisant ce rigorisme en opposition avec la nature ; cette intolérance habituelle qui ne pardonne jamais une faiblesse même en faveur des plus beaux sentimens, et qui, prenant ses modèles au milieu d'un monde idéal, exige des vertus incompatibles avec l'extrême fragilité de nos constitutions humaines. L'homme de ce caractère devient alors insociable ; il est maniaque, il est fou par excès de sagesse et de raison ; dans ses illusions abusives d'un *purisme* impossible, il veut les hommes non tels qu'ils sont, mais tels qu'ils devraient être.

L'hygiène de cette modification mentale consiste à ne pas s'abandonner imprudemment à ses goûts pour la retraite, la solitude et la méditation, en faussant les dispositions les plus heureuses par les travers d'une sévérité mystique ; à craindre l'appréciation trop mathématique et trop rigoureuse des hommes et des choses, pour ne pas descendre ensuite involontairement de la défiance à la misanthropie ; à mitiger l'austérité naturelle des affections et des mœurs par les distractions et même par les délassemens agréables. Malheur à qui, ne comprenant pas ainsi la faiblesse de son être, prétendrait s'élever dans une voie qui n'appartient qu'à la divinité ; la raison ne serait plus son guide, il marcherait sous l'influence de l'orgueil !

8° CARACTÈRE MANIAQUE.

1.° *Base essentielle.* — Ce caractère, beaucoup plus instinctif qu'intellectuel et que l'on pourrait encore nommer *original*, paraît à la constitution morale ce que le tempérament *mélancolique* est à la constitution opposée ; l'un indique un premier degré d'affection mentale, comme l'autre exprime un commencement d'altération physique. Il est formé par des élémens défectueux, n'offrant pas même une compensation utile. Ainsi la *monomanie, la versatilité, l'imagination, l'espérance, l'admiration, l'envie, l'orgueil, la jalousie, la gaieté par boutades, la tristesse par besoin, l'amour sans réflexion, la haine sans motif, l'égoïsme, la prodigalité, l'avarice etc.* concourent à son établissement avec des modifications relatives à leurs diverses combinaisons dont la *monomanie* représente constamment le trait fondamental.

2° *Causes déterminantes.* — Des observations nombreuses nous ont prouvé que le caractère maniaque se rattache fréquemment aux dispositions natives ; plusieurs fois nous l'avons rencontré dans une même famille avec des rudimens et des aberrations identiques ; c'est ainsi que la folie peut être héréditaire, la constitution morale se transmettre par voie de génération à l'instar de la constitution physique. D'un autre côté, les agens extérieurs développent et même produisent quelquefois cette condition particulière ; au nombre de ces derniers, nous indiquerons surtout : une éducation négligée, bizarre ou dirigée par le fanatisme et la superstition, l'isolement ; le défaut de civilisation ; les chagrins profonds, et spécialement ceux qui se trouvent excités par l'injustice, l'amour malheureux etc. ; les contradictions, les espérances déçues et toutes les tracasseries inséparables du commerce des hommes ; la fréquentation des personnes hypocondriaques ; l'abus des liqueurs fortes, du thé, du café, des épices, des salaisons ; les influences d'un climat sec et brûlant etc.

. 4° *Traits moraux.*—Aucun caractère n'est plus facile à reconnaître, par cela même qu'il se livre toujours à l'observateur sans déguisement et sans dissimulation. Ici nous voyons les mouvemens réactionnels sous l'influence à peu près exclusive de l'instinct; la raison plus ou moins aliénée se montre à peine dans quelques phénomènes des relations habituelles ; alors, toutes les anomalies, tous les contrastes viennent se présenter en foule dans cette malheureuse et déplorable constitution. Au milieu de ces impulsions, de ces penchans diversifiés, sans ordre et sans jugement, les préférences pour tel ou tel objet, qui se trouvent insensibles chez l'homme normal, prennent, dans le caractère dont nous parlons, toutes les apparences de la monomanie. Les chevaux, les chiens, les oiseaux, les fleurs et mille autres objets, souvent plus futiles ou plus condamnables, deviennent isolément le point central des affections et des facultés.

L'homme de ce caractère, naturellement éloigné des routes battues, fixe bientôt l'attention publique par l'originalité de ses manières, et par l'humeur sauvage qui, le rendant impropre à la sociabilité, ne tarde pas à le conduire vers la misanthropie. Inconstant et versatile par tempérament, cet individu n'a jamais un projet fixe ; ne trouvant en lui-même aucune garantie pour ses déterminations qui changent comme la succession de ses mouvemens instinctifs, il exécute le soir des conceptions opposées à celles du matin ; dans presque toutes ses actions, ou observe moins un effet des convenances, qu'un résultat des caprices les plus extravagans. Obéissant à ses appétits sans contrainte, après avoir éloigné toutes les idées reçues, toutes les précautions d'égards et d'urbanité, pour suivre en liberté la direction imprimée par ses passions, il nous représente le sauvage du désert au milieu d'un peuple civilisé. Les aberrations des mœurs, des sentimens se retrouvent encore dans les fonctions intellectuelles : idées vagues ; raisonnemens incomplets ; jugemens sans rectitude et sans liaison ; imagination désordonnée, offrant par fois quelques étincelles fugitives etc. ; dispositions qui détruisent toutes les aptitudes, compromettent, pervertissent nécessairement tous les rapports sociaux.

4° *Traits physiques.*—Ce caractère s'unit presque toujours au tempérament *mélancolique*, chez quelques sujets, au *nerveux ganglionaire*, beaucoup plus rarement *au sanguin, à l'athlétique, au bilieux.* On le reconnaît aux modifications suivantes : contenance embarrassée ; poses constamment hors de l'équilibre, communes, sans dignité, sans grâce ; œil vaguement fixé, hagard, incertain ; prosopose mobile, exprimant, sans transition et sans motif, la tristesse, la joie, l'intérêt, l'ennui etc. ; gestes multipliés, ridicules et sans aucun rapport avec les impressions ou les idées qu'ils signifient ; manières triviales, inconvenantes, indiquant la rudesse, la sottise ou la fatuité; voix théâtrale, sans naturel, exagérée dans toutes ses inflexions ; écriture inégale, variable, sans principes et sans régularité ; style burlesque, diffus, inintelligible ; mise ridicule, surannée, dans une entière opposition avec les modes actuelles, quelquefois en présentant l'exagération et la caricature ; habitation incommode, bizarre dans la construction, les distributions et l'ameublement.

Cette constitution morale est plus ordinaire chez la femme que chez l'homme ; elle appartient à l'âge viril, à la vieillesse ; on l'observe surtout dans les contrées méridionales, au milieu des peuples fanatiques et dont la civilisation est à peine ébauchée. Ses manifestations sont remarquables dans un grand nombre d'espèces animales.

5° *Altérations particulières.* — Elles sont fréquentes et portent spécialement sur les impulsions instinctives. De ce caractère, à la véritable monomanie, à la folie complète, souvent il n'existe qu'une transition facile et toujours à craindre. Parcourons les archives de ces vastes établissemens ouverts à tous les genres d'aliénation mentale, et nous verrons que la plupart des sujets, arrivés à cette fâcheuse perversion de l'homme intelligent et sensible, avaient offert d'abord l'une ou l'autre des prédispositions suivantes : fanatisme religieux ; délire d'un amour abreuvé de contrariétés et d'infortunes ; avarice dans toute sa tyrannie ; vaines illusions d'un bonheur imaginaire ; terreurs d'une conscience faussée par les scrupules, d'un esprit affaibli, fatigué par les plus sinistres pressentimens, d'une raison dominée par les funestes impulsions de la monomanie meurtrière et suicide ! Nous sentirons dès-lors tous les inconvéniens, tous les dangers du caractère maniaque, et la nécessité d'en étouffer les germes, d'en extirper les rudimens dès la première enfance.

L'hygiène de ce caractère doit tendre incessamment à fortifier l'empire de la raison sur l'instinct, à soumettre les déterminations même les plus ordinaires au pouvoir d'une volonté ferme, réglée, dans tous ses actes, par la sagesse et la réflexion.

Telles sont les modifications essentielles de la constitution morale dans l'espèce humaine. Après avoir étudié ces élémens fondamentaux, nous devons sommairement indiquer les résultats de leurs différentes combinaisons.

CARACTÈRES MIXTES.

Nous avons reconnu huit caractères simples : *curieux*, *indifférent*, *volontaire*, *indécis*, *philanthropique*, *égoïste*, *raisonnable*, *maniaque* ; il est assez rare de les observer dans cet état d'isolement parfait ; ils se combinent presque toujours en nombre, en proportions variables pour former des caractères composés, dont il serait par conséquent impossible d'énumérer toutes les modifications. Si les hommes se trouvent diversifiés par une physionomie propre à chaque sujet, les nuances de leur constitution morale sont tellement individuelles, qu'il ne s'en rencontre pas deux que l'on puisse précisément identifier sous ce dernier rapport. D'un autre côté, *la fusion homogène* des caractères primitifs, qui présenterait pour l'âme ce qu'offrirait le *tempérament tempéré* pour l'organisme, se conçoit par l'imagination, mais n'appartiendra jamais à la réalité.

L'union des caractères simples, pour établir les caractères composés, prévue dans ses effets, se trouve naturellement ordonnée dans son choix. Les constitutions opposées par leurs élémens, sont dans un état d'antipathie qui les éloigne en prévenant leur incohérent et monstrueux assemblage. C'est au contraire par une sorte d'affinité mutuelle que nous voyons les dispositions analogues se grouper avec une préférence marquée. En conséquence de ces lois harmoniques et primordiales, on trouve presque toujours les caractères fondamentaux associés de la manière suivante : le curieux, à l'égoïste ; celui-ci, au maniaque ; ce dernier, à l'indécis ; le raisonnable, au philanthropique ; celui-ci, au volontaire ; l'indécis, à l'indifférent etc. Dans toutes ces combinaisons, il existe une prédominance variable, de tel ou tel groupe de passions, donnant aux caractères mixtes une couleur essentielle et des nuances très-diversifiées.

Les constitutions mentales secondaires, moins susceptibles d'altération que les constitutions primitives, sont en même tems plus compliquées et plus difficiles à traiter dans leurs anomalies. Le physiologiste philosophe est alors seul capable d'établir un diagnostic précis, et d'appliquer des moyens rationnels au milieu de cet enchaînement invisible de causes, d'effets, de lésions principales et de phénomènes accessoires. En suivant l'homme dans toutes ses relations publiques et particulières, il ne tarde pas à s'apercevoir des perversions multipliées auxquelles son moral est naturellement exposé. Les altérations du physique paraissent innombrables, celles de l'intelligence et de l'instinct sont plus diversifiées encore. A peine, sur la scène du monde, rencontrons-nous quelques sujets dans l'état de perfection mentale. Si le génie se montre la plus rare des facultés, la raison devient le moins commun de tous les biens !

La base essentielle des caractères mixtes, leurs motifs déterminans, leurs traits moraux et physiques, leurs altérations particulières, l'hygiène et la thérapeutique appropriées à chacun d'eux, se trouvent en raison du nombre et des proportions relatives que présentent les caractères simples employés à leur formation.

Après avoir isolé dans ces considérations les deux élémens indispensables de la condition humaine, étudions actuellement cet admirable ensemble, et, pour mieux en approfondir la nature et les dispositions, établissons des généralités, sur les influences réciproques du physique et du moral ; nous y trouverons le complément de l'étude la plus indispensable à notre bonheur.

ARTICLE TROISIÈME.

INFLUENCES RÉCIPROQUES DU PHYSIQUE ET DU MORAL.

Les philosophes, qui dans tous les tems ont écrit sur la nature de l'homme, se partagent, d'après leurs principes, en trois sectes fondamentales. 1° *Les matérialistes* qui l'envisagent comme une simple modification corporelle, jouissant de plusieurs propriétés spéciales, se distinguant des animaux seulement, par quelques perfectionnemens d'organisation et de facultés innervatrices. Ainsi, pour ces auteurs, parmi lesquels nous trouvons avec regret, dans toutes les époques, des hommes de génie complétement égarés par l'esprit de système, *la pierre, le végétal, l'animal et l'homme*, telles sont les modifications de la matière, les seules gradations des êtres dans l'économie de l'univers. 2° *Les animistes*, qui le regardent comme un esprit pur ; ne voyant dans les substances corporelles que des apparences mensongères et des illusions fantastiques de l'imagination. Il nous est impossible de croire à la parfaite conviction de ces philosophes, et nous trouvons dans leurs ouvrages la preuve assez positive qu'ils cherchaient plutôt à renverser une théorie grossière par ses principes, immorale par ses inductions, qu'à fonder l'édifice de leur croyance et de leur persuasion intime. Toutefois, plus soutenable que celle du matérialisme, cette hypothèse n'en devient pas moins fautive et ruineuse. 3° *Les physiologistes* qui professent la réalité, l'union de *l'âme* et du *corps* dans tous les êtres organisés pensans et voulans. C'est dans ce moyen terme que se rencontrent la raison et la vérité; c'est entre les deux extrêmes précédens que nous cher- cherons à fixer l'opinion.

Il existe évidemment chez l'homme deux élémens différens ; l'un, identique à la matière, pouvant offrir toutes ses modifications ; l'autre, immatériel, véritable émanation de la divinité, réunissant plusieurs de ses perfections aux caractères propres qui lui sont imprimés par sa destination et son alliance au premier.

Plus nous étudions cet être supérieur dans ses rap- ports avec tout ce qui l'environne, plus nous analysons les principes de son organisation, plus nous soulevons ce voile mystérieux qui dérobe à nos regards les secrets de son admirable existence, plus nous sommes forcés d'apprécier et de reconnaître en lui ces deux élémens opposés.

Ici nous trouvons des propriétés inhérentes à la ma- tière, appréciables par nos organes sensitifs ; là ce sont des facultés que notre intelligence peut seule entrevoir. D'un côté, nous voyons un corps dont la souffrance vient altérer les formes et flétrir la beauté ; dont la mort va rendre l'aspect hideux, repoussant ; que la pu- tréfaction détruira bientôt sans retour ; de l'autre, nous concevons un être qu'il nous est difficile de bien défi- nir, mais dont l'essence nous paraît sublime ; un être qui s'ennoblit par la vertu, se dégrade par le vice, et que sa nature doit rendre à jamais impérissable !

Sous le rapport du physique, l'homme est au rang des animaux ; mêmes désirs, mêmes besoins, mêmes fonctions, même existence, même fin. Qu'elle serait déplorable sa destinée, si tels étaient les seuls mobiles de ses actions ! Nous le verrions souvent plus féroce et plus cruel que les animaux sauvages, par cela même qu'il aurait des besoins plus multipliés et plus impérieux à satisfaire, s'abandonner sans frein à la fougue de ses passions. Ne l'observons-nous pas encore bien souvent au milieu des conditions élevées de sa nature, étouffant dans son cœur cette voix de la conscience qui lui crie : Arrête malheureux !.... arrête !.... ; l'abîme est ouvert sous tes pas !...... Alors que tous les liens de la raison, et de l'honneur sont brisés, plus farouche et plus impitoyable que les tigres du désert, il s'abreuve de sang et se rassasie de crimes. Toutefois plus infortuné que ces animaux, dans l'abrutissement qui semble l'identifier avec eux, il éprouve bientôt l'angoisse du remords. Là s'évanouissent, comme des ombres mensongères, toutes les illusions du matérialisme ; là commence le premier des châtimens, le plus terrible des supplices !

Sous le rapport du moral, quelle noblesse, quelle élévation, quelle sublimité ! D'un côté c'est l'esprit qui, tourmenté par le désir brûlant d'acquérir des connaissances nouvelles, trouve, exclusivement dans les profondeurs infinies des études sérieuses, l'aliment indispensable à ses besoins ; c'est le génie qui mesure par un coup d'œil l'immensité des cieux, ou s'enfonce avec assurance dans les abîmes des mers ; de l'autre, c'est un cœur généreux et pur qui se nourrit des plus tendres émotions, des sentimens les plus affectueux, qui présente le dépositaire des secrets de l'amitié, le consolateur de l'infortune, le bienfaiteur des malheureux ! Tel est assurément le plus beau côté de l'homme ; c'est là qu'il puise une véritable grandeur. Nous le voyons tout entier, relativement à ses perfections, dans cette prérogative céleste que chercheraient envain à lui ravir des doctrines erronées ou perverses que la prostitution du plus beau titre a si faussement décorées du nom de *philosophie*.

Ces deux élémens, le *physique* et le *moral*, différens dans leurs propriétés, opposés dans leur nature, ont été réunis d'après la volonté du créateur ; comme nous voyons des rudimens chimiques essentiellement disparates se combiner sous l'influence de l'affinité. C'est à cette alliance merveilleuse et dont notre faible raison est incapable de pénétrer les secrets, que nous devons accorder le nom d'*homme*.

Notion précieuse, consolante idée ! Toi seule peux l'empêcher de rougir du néant de son origine, l'éloigner du crime, le soutenir dans la vertu, lui permettre d'envisager sans inquiétude et sans effroi le dénouement de sa vie ! Toi seule peux ouvrir ses yeux à la lumière, lui révéler intérieurement le secret de ses hautes destinées, lui faire entrevoir un plus doux, un plus heureux avenir !

Monstrueux matérialisme, chercherais-tu donc à le rapprocher encore de la brute par tes sophismes insensés ; voudrais-tu, par tes maximes empoisonnées, ouvrir enfin sous ses pas le sentier des regrets en lui fermant pour jamais celui de l'espérance ? Fuis de ces lieux !...; tu désolas assez long-tems notre belle patrie !... Ne viens plus par ton soufle empesté corrompre l'air qu'on y respire !... Si l'immortalité de l'âme est une chimère, si nos croyances les plus relevées sont des faiblesses, des puérilités, laisse-nous du moins d'aussi belles illusions ; avec de telles erreurs nous jouirons d'un bonheur que tes effrayantes réalités nous raviraient pour toujours !

En faisant l'histoire des actions de combinaison intellectuelle, nous avons démontré physiologiquement l'existance de l'âme et du corps ; lors même que les preuves de cette vérité ne seraient pas aussi positives, dans le doute, il nous paraîtrait encore plus philosophique d'en consacrer la réalité que d'en rejeter entièrement l'admission. En conséquence de ces principes nous devons actuellement considérer ces deux élémens dans leurs influences mutuelles.

Étudiez l'homme dans toutes les circonstances de sa vie, bientôt vous découvrirez que cette existence n'est autre chose qu'un enchaînement d'actions et de réactions du moral sur le physique et du physique sur le moral.

Si le moral est affecté par d'agréables impressions, ce bien-être intérieur, produisant une expansion générale, favorise le jeu des appareils, le développement des fonctions organiques, et présente l'une des garanties les plus assurées de cette richesse, de cette perfection des formes ordinairement alors si remarquables par leur fraîcheur et leur pureté. Mais si l'âme devient le siége d'un sentiment habituel de tristesse et d'amertume, le plus sombre voile paraît alors se déployer sur toute la constitution ; les fonctions languissent, le teint se flétrit, l'économie s'affaiblit et s'épuise par degrés.

Si le physique est actuellement sous l'influence d'une maladie rebelle et profonde, le moral en éprouve aussi-tôt les funestes atteintes. Bien souvent le sujet, qu'un médecin ignorant ou superficiel qualifie du titre facile de *malade imaginaire*, porte, au sein même de son organisme, la cause matérielle des agitations des inquiétudes et des fâcheux pressentimens dont il est tour-menté. Qu'un œil plus pénétrant découvre cette cause inaperçue, qu'un observateur plus judicieux la combatte et la détruise par des moyens appropriés, la tristesse, les anxiétés et le cortége de ces précautions puériles, de ces attentions, de ces soins minutieux disparaissent avec l'altération pathologique dont ils n'étaient que les effets.

La médecine moderne, guidée par le flambeau de l'expérience, de la raison et de la saine philosophie, n'a-t-elle pas déjà prouvé jusqu'à l'évidence que l'hypo-condrie, la démence, la monomanie, le plus grand nombre des aliénations mentales, dont on ignorait eucore naguère la nature et le véritable traitement, dépendent, chez la plupart des sujets, d'une lésion des appareils de l'économie vivante? N'a-t-elle pas également démontré cette vérité plus anciennement appréciée : que les maladies, chez l'homme, ne doivent pas être, comme celles des animaux, exclusivement combattues par des médicamens et des opérations. C'est à l'âme qu'il faut s'adresser en même tems, c'est la corde sensible du cœur dont il faut savoir exciter les vibrations salutaires. Des faits innombrables viennent se présenter pour établir la réalité de ces principes.

Voyez ce guerrier valeureux qui, pendant vingt années, a bravé le trépas, toujours fidèle au sentier de l'honneur ; maintenant étendu sur un lit de souffrance, il se décourage et s'afflige ; l'idée seule de la mort le glace d'épouvante et d'effroi ! Cette inconcevable pusillanimité rend les dangers de son état plus redoutables, en paralysant les secours de l'art. Que le médecin devienne son ami, qu'il sache gagner sa confiance, qu'il lui parle de ses glorieuses campagnes, des périls qu'il a tant de fois affrontés, des nombreux lauriers qu'il a cueillis ; aussitôt son visage s'anime, son moral se relève, son courage renaît ; il sort de ce fâcheux abattement, et dès-lors, supérieur au mal qui l'accablait, prend une existence nouvelle.

Un jeune homme idolâtré de sa famille, dont il offre les plus belles espérances, loin du toit paternel, éprouve toutes les rigueurs de la maladie la plus pénible. Dès son enfance, habitué à ces ménagemens, à ces soins affectueux qui dans la santé font le charme de la vie, le principal soulagement dans la souffrance ; maintenant, comme la tendre fleur courbée languissamment vers la terre, sans culture et sans appui, l'infortuné va périr flétri par les chagrins, affaibli par la douleur !.....

Mais non.... ; le médecin philanthrope, seul capable d'arriver assez directement à son cœur, lui parlera des lieux de sa naissance, d'un père tendrement aimé, d'une sœur chérie, d'une mère adorée! lui peindra, sous les plus vives et les plus riantes couleurs, toute la félicité qui doit bientôt accompagner sa convalescence au milieu d'objets aussi désirés! Son oreille est excitée par des noms qu'il ne peut entendre sans émotion!... Son âme toute entière, ouverte aux délicieux souvenirs du passé, aux charmantes illusions de l'avenir, est insensible aux horreurs du présent!.... La nature ainsi ranimée fait un effort salutaire et couronné du plus heureux succès.

Antiochus, à peine au printems de la vie, fatigué, vieilli par la douleur, semble chaque jour descendre vers la tombe. Envain les oracles de Cos ont été consultés; envain les remèdes les plus puissans, les spécifiques les plus infaillibles ont été mis en usage. Déjà le deuil et les regrets se peignent dans tous les yeux; déjà la consternation est au fond des cœurs; Antiochus va succomber!... Cependant on appelle à la cour Érasistrate, médecin également profond dans la connaissance du moral et dans celle du physique. Homme supérieur, il franchit alors ces bornes étroites que la médiocrité vient trop souvent imposer à l'art de guérir. Pendant qu'il interroge dans un profond recueillement tous les mouvemens de la nature, comme une autre Vénus dont la tendre sollicitude embellit encore les traits enchanteurs, Sratonice paraît en ces lieux!.... Les mouvemens du pouls s'accélèrent par degrés, le visage s'épanouit, le flambeau de la vie semble se ranimer!... Érasistrate a surpris la nature!....; il pénètre d'un regard le voile mystérieux dont s'enveloppait l'âme du jeune prince, découvre l'amour qui le consume en secret, détermine l'alliance de ces deux cœurs entraînés l'un vers l'autre par le charme de la sympathie ; les sombres nuages de la souffrance et des chagrins s'évanouissent pour toujours ; la santé la plus brillante renaît avec un bonheur parfait.

Si nous passons actuellement des conditions anormales aux circonstances physiologiques, nous trouvons les mêmes preuves et la même réalité pour nos principes.

« Les hommes replets, dit Bacon, sont en général peu « spirituels ; *venter obesus non parit intellectum subti-* « *lem.* Les sujets très-grands, offrant un col très-allongé, « sont rarement des génies ; dans les grandes maisons, « le grenier est le plus mal meublé. »

En puisant, dans la nature même, deux tableaux essentiellement opposés, nous y trouverons partout les mutuelles influences de l'esprit et de la matière.

Examinez cet homme à la taille colossale, aux formes athlétiques, au teint vermeil, à la face épanouie ; qui ne voyant rien au-dessus, rien au-delà des jouissances physiques, laisse paisiblement couler ses jours sous l'empire absolu des impulsions instinctives et des appétits sensuels ; développe chaque jour ses puissances musculaires par des travaux mécaniques ; tient son âme captive, enchaînée dans le cercle étroit des passions les plus communes, éloignant toutes les influences capables d'agrandir le domaine de l'intelligence en donnant un libre essor aux facultés mentales. Chez un tel sujet, le physique s'accroit avec richesse ; les fonctions animales sont faciles et régulières ; la santé la plus brillante forme l'apanage exclusif de cette économie robuste. Mais aussi, quelle torpeur, quelle inertie ! Combien sont rares et bornées les conceptions de cette machine vivante ! combien est étroite la sphère de ses affections et de ses idées ! telle est positivement ici l'influence du physique sur le moral, du tempérament sur le caractère.

Considérez maintenant cet autre sujet au teint pâle,

aux formes grêles, au front sévère, à l'œil vif et plein de feu ; s'abandonnant aux phénomènes de relation, souvent il néglige ceux de la conservation individuelle. Constamment occupé des études sérieuses, des méditations profondes, sans cesse agité par des passions énergiques, son existence est un enchaînement de commotions morales. Combien ses déterminations sont instantanées et positives; ses mouvemens, brusques, rapides et précis ! Il offre en même tems la pénétration dans l'esprit; la finesse, l'audace, la justesse dans la conception d'un projet; l'habileté, la constance, la fermeté dans son exécution ; la sensibilité du cœur ; l'indépendance du caractère ; mais d'un autre côté, quelle faiblesse, quel épuisement dans l'organisme ; combien de langueur et d'irrégularité dans les fonctions vitales ! Des infirmités précoces, des souffrances continuelles, une existence bien souvent compromise et toujours agitée ; c'est à ce prix que le génie supérieur achète la science, les succès et la célébrité ! Telle est, d'un autre côté, l'influence du moral sur le physique, du tempérament sur le caractère.

Quel vaste sujet de méditations pour le philosophe dont tous les efforts se proposent, comme but essentiel, de frayer avantageusement le sentier qui conduit au véritable bonheur ! combien d'utiles réflexions émanent de ces principes fondamentaux, et s'appliquent naturellement à l'éducation de la jeunesse ? Fidèle au titre de cet ouvrage, nous devons présenter ici des considérations relatives à ces deux objets importans.

PRINCIPES NATURELS D'ÉDUCATION.

Nous établissons en thèse générale que toutes les circonstances capables d'effectuer un grand développement du physique, ralentissent, bornent le développement du moral dans les mêmes proportions ; et que toutes les causes d'agrandissement, pour la sphère du génie, deviennent des influences contraires à l'accroissement, au perfectionnement de l'organisation.

Établir ces deux élémens dans leurs proportions harmoniques et naturelles, voilà, sans aucune exception, la règle fondamentale d'après laquelle on peut assurer à l'homme une économie peu susceptible des infirmités nombreuses qui menacent incessamment notre espèce, et lui laisser en même tems une extension morale, une mesure de sensibilité bien suffisantes aux besoins de son esprit, aux désirs de son cœur.

Chez les peuples anciens qui dominaient par la guerre, dont les conquêtes et les envahissemens territoriaux faisaient toute l'ambition, peut être sacrifiait-on beaucoup trop au développement du physique. Aujourd'hui que l'homme règne par le génie, que la vertu, l'esprit, l'instruction, les talens donnent seuls une véritable considération, une célébrité méritée, n'accordons-nous pas, d'une manière trop exclusive, aux perfectionnemens du moral ?

Parens dont les yeux sont fascinés, qui vous laissez entraîner par cette manie du sciècle, c'est à vous que je dois m'adresser. Voyez ces enfans élémens actuels de votre bonheur et destinés à préparer la consolation de votre vieillesse ; vous désirez sincèrement qu'ils soient heureux, mais avant tout vous cherchez à leur ouvrir le brillant sentier de la fortune et des honneurs ; vous y précipitez leurs pas, vous en faites, avant l'âge, des artistes ou des savans distingués ! êtes-vous dans la meilleure voie ? Nous ne le pensons pas.

A peine votre fils a quitté le sein maternel et manifesté quelques dispositions, déjà vous êtes impatiens d'agrandir le domaine de son intelligence par des études bien souvent disproportionnées à ses forces morales, embrassant toujours un trop grand nombre d'objets. Méthode funeste ! méthode illusoire !

L'appareil intellectuel soumis à des travaux pénibles, avant l'accroissement indispensable pour en soutenir le poids, est bientôt frappé d'un épuisement complet. Vous obtenez des fruits précoces, par cela même ils n'offriront ni saveur, ni durée.

Supposons un instant que l'organe de la pensée résiste à ces efforts destructeurs, quels seront les résultats d'une éducation aussi prématurément obtenue ?

Le système nerveux, le cerveau plus spécialement, excités par des impressions fortes et continuellement diversifiées, acquièrent une prédominance remarquable sur tous les autres. Les passions s'exaltent, les intellectualisations s'étendent, l'imagination brille de tout son éclat. Productions sublimes, traits de génie, couronnes littéraires, lauriers d'Apollon, quels beaux titre de gloire dans les essais du premier âge ! Quels sujets de ravissement pour le cœur d'un père affectueux, d'une mère tendre et sensible ! quel digne prix de leurs soins et de leur sollicitude ! combien d'aimables, de précieuses consolations pour leurs vieux ans !.....Qu'ai-je dit ?..... Vains prestiges, mensongères espérances !..... Malheureux parens, celui qui devait être l'occasion de vos jouissances les plus pures, va devenir la cause de vos plus cruels tourmens. Voyez cette coupe enchantée dans laquelle vous buviez déjà le nectar de la félicité ; que je vous plains, elle ne contiendra désormais qu'un breuvage amer, qu'un funeste poison ! considérez ce fils objet de toutes vos affections ; il est faible, triste, languissant, en butte aux infirmités d'une vieillesse anticipée ; le charme est détruit, les illusions dissipées à jamais ; son repos et votre bonheur sont aliénés sans retour ; sa gloire le fatigue et l'importune ; la vie lui semble un fardeau pesant qu'il supportera par devoir !

L'éducation d'un sexe plus faible encore nous présente les mêmes abus et les mêmes résultats. On veut qu'une jeune personne fasse de l'effet dans le monde, qu'elle obtienne des succès dans les cercles distingués et nombreux. Les sciences, plus spécialement encore les arts, sont mis à contribution pour opérer ces merveilles. Comme si la femme avait besoin, pour accomplir ses destinées en répondant au vœu de la nature, d'un savoir profond, d'une instruction abusive et de talens portés à la plus funeste perfection. Ses attraits, ses grâces, mais avant tout la bonté de son cœur, le charme de ses vertus n'offrent-ils pas des ornemens plus vrais par leur essence et plus assurés dans leur empire ? La musique, cet art délicieux qui devrait, pour son éducation, constituer un délassement agréable, y devient aujourd'hui la partie la plus importante et la plus péniblement cultivée ; les études solides, les perfectionnemens du caractère, les leçons d'ordre, d'économie intérieure, les exercices physiques appropriés aux dispositions du sujet, ne sont plus dans nos mœurs. Quel sera l'avenir d'un jeune enfant dont l'appareil innervateur, déjà si délicat et si mobile, aura vibré sans discrétion sur nos instrumens les plus susceptibles d'électriser l'âme ?

Sans parler des travers de l'esprit, des vices du cœur, des perversions mentales, qu'il nous serait trop pénible de signaler dans un sexe fait pour les plus belles et les plus aimables qualités, examinons seulement les conséquences de cette fâcheuse éducation, pour l'organisme vivant.

Mère infortunée, considérez ce tendre objet de tous vos soins, cette fille chérie ; quelle frêle constitution, quelle chétive existence ! chaque année fournit ses accidens; chaque jour, une infirmité nouvelle; chaque instant, une souffrance de plus ! cette brillante époque de notre carrière, l'adolescence, paraît communiquer un salutaire développement à toutes les facultés et rallumer le flambeau de la vie qui déjà ne jetait plus qu'une lueur pâle, incertaine ! même précipitation dans l'acte le plus important ; les nœuds de l'hyménée viennent d'être serrés pour jamais ! sinistres pressentimens, vous glacez ma pensée !.... L'échange des plus tendres affections, le touchant espoir de la maternité semblent animer cet être si faible d'une impulsion empruntée. L'aurore qui doit éclairer le bonheur des nouveaux époux, en donnant un gage précieux à leurs mutuels sermens, cette aurore paraît. Cruel désespoir !.... Le fruit de leurs amours ne verra jamais la lumière ; le souffle de la vie, comme une vapeur fugitive, s'en est exhalé pour toujours ! Oh douleur ! sa mère aussi vient de payer le dernier tribut à la nature ! le plus beau songe a fini par cet affreux réveil ; les prestiges du bonheur, les illusions de l'espérance ont fait place à des larmes amères, à des regrets éternels !

Ces tableaux esquissés d'après nature prouvent assez positivement que l'éducation, pour l'homme, jette les fondemens essentiels du malheur ou de la félicité. Quelle attention ne devons nous pas dès-lors apporter dans ses applications, afin d'éloigner tous les inconvéniens dont elle est environnée sous l'influence de la routine, de l'ignorance et des préjugés. Nous réduisons à quatre principes généraux tous les préceptes relatifs à cet objet important. 1° *Développer le physique et le moral dans un équilibre parfait ;* 2° *exercer les facultés organiques et mentales, d'après la mesure et la proportion de leur établissement ;* 3° *distinguer soigneusement l'éducation et l'instruction ;* 4° *dans la culture du moral, faire toujours marcher celle du cœur avant celle de l'esprit.* Examinons sommairement chacun de ces principes.

1° *Développer le physique et le moral dans un équilibre parfait.* — Nous avons signalé, par des exemples nombreux, les dangers d'une éducation trop exclusive et pour jamais incompatible avec le bonheur de l'homme. En effet tant que l'on ne prendra point pour base les influences réciproques de l'âme sur l'organisme et de l'organisme sur l'âme, on suivra nécessairement une route opposée, non seulement à la santé de l'économie physiologique, mais encore aux progrès intellectuels. Poursuivant une double chimère, l'homme ne reconnaît alors ses erreurs qu'après avoir dissipé les illusions dont elles se trouvaient environnées. Il s'aperçoit trop tard qu'une bonne constitution matérielle servie par des fonctions normales, offre sans doute l'un des élémens de la félicité, mais n'en présente pas la condition fondamentale ; il reconnaît également que l'esprit, le savoir et même le génie sont loin d'assurer le vrai bonheur, lorsqu'ils se trouvent unis à des diathèses morbifiques, à la faiblesse, à la perversion des appareils vitaux. Au contraire en soumettant le physique à des exercices réguliers et gradués, tandis qu'en même tems on cultive le moral avec circonspection et sans abus, les résultats qu'il peut offrir ne sont pas aussi rapides, aussi prodigieux, mais ils deviennent plus solides, plus durables et surtout plus utiles dans leurs applications. Le tempérament et le caractère se prêtent constamment alors un mutuel se cours ; les développemens de l'esprit et du cœur marchent de concert avec ceux de la vitalité.

2° *Exercer les facultés organiques et mentales d'après la mesure et la proportion de leur établissement.* — Il semble d'abord qu'un tel principe n'a pas besoin de commentaire, et que tous les hommes doivent naturellement l'adopter dans les circonstances relatives aux perfectionnemens de leur espèce. A peine observons-nous cependant les bases de l'éducation au milieu des peuples même les plus civilisés, que nous les voyons dangereusement faussées par l'imagination dont l'impatience ne connaît pas les entraves, et vient remplacer les fondemens inébranlables des lois primordiales par le mobile et vain échafaudage des théories et des systèmes illusoires. Exercer des facultés qui n'existent pas encore, en négliger d'autres qui se trouvent déjà développées ; soumettre les intelligences les plus opposées, les caractères les plus différens à des mesures communes, sans jamais consulter la vocation instinctive et la tournure de l'esprit ; parler toujours à la mémoire en négligeant de s'adresser au jugement ; tels sont, parmi les vices nombreux de notre enseignement public, ceux que nous devons particulièrement signaler. Des réclamations s'élèvent de toutes parts ; on reconnaît la réalité de leurs motifs ; c'est toute la satisfaction obtenue ; la routine, l'usage et les préjugés s'entendent pour consacrer leurs faux principes en repoussant dédaigneusement ceux de la raison. Espérons toutefois qu'il n'est pas éloigné ce tems de lumière et de vérité dans lequel on s'apercevra généralement que suivre une marche aussi défectueuse, aussi contraire à la science, au bonheur, c'est précisément lancer dans les airs un jeune oiseau qui présente à peine des ailes rudimentaires ; confondre les inclinations des espèces les plus opposées ; adapter un habit de la même taille à tous les sujets admis dans l'établissement qui doit en faire des hommes.

Le moyen d'éviter ces graves inconvéniens est simple et fondamental ; il consiste, d'une part, à donner plus de soin à l'éducation physique ; de l'autre, à suivre dans celle du moral précisément l'ordre naturel dans lequel se développent toutes les facultés. Ainsi 1° dans l'enfance : — *éveil des sens, de la perception, de la mémoire* ; lecture, écriture, dessein, géographie, musique etc. 2° Dans l'adolescence : — *mêmes facultés, de plus imagination, esprit, raisonnement à sa naissance, passions expansives, agilité musculaire* ; langues, histoire, poésie, botanique, minéralogie, peinture, composition musicale, exercices gymnastiques, danse, escrime, équitation etc. 3° Dans l'âge viril : — *Raisonnement, jugement, coordination, génie* ; mathématiques, physique, chimie, philosophie, médecine, économie politique etc. 4° Dans la vieillesse : — *maturité, diminution graduée de ces facultés* ; l'homme ne doit plus songer qu'à l'entretien, au perfectionnement de ses connaissances. Il peut encore enseigner ce qu'il a bien appris, jamais approfondir avec fruit et sans inconvénient pour sa conservation, ce qu'il ne sait pas encore.

D'après leurs influences particulières sur l'homme, nous rangeons toutes les études en trois catégories, et leurs applications habituelles en trois genres de professions exerçant plus spécialement : 1° *les sens*. — La musique, la peinture, la géographie, la physique, la chimie, l'art culinaire, celui du parfumeur etc. 2° *Le cerveau*. — La poésie, les lettres, les mathématiques, l'histoire, la philosophie etc. 3° *Les appareils moteurs.* —La danse, l'escrime, l'équitation, l'art gymnastique, tous les travaux mécaniques.

Chaque sujet a reçu de la nature une somme de

moyens peu susceptible *d'augmentation absolue*, mais en mesure de présenter des *accroissemens relatifs* proportionnés à l'activité d'un ordre de facultés et d'organes. Il résulte nécessairement de ces dispositions, communes à tous les êtres intelligens et sensibles, qu'en donnant plus d'importance et de valeur à l'un des appareils, à l'une des fonctions, on diminue, dans un rapport constant, la valeur et l'importance des autres fonctions et des autres appareils. Avec l'hypothèse contraire, l'économie soutenue dans un état d'excitation extra-normale, par des moyens artificiels, ne tarde pas à succomber, comme le prouve trop souvent la mort prématurée des génies entraînés au-delà des bornes imposées à leur développement. Ainsi prétendre à l'universalité du savoir, c'est méconnaître les lois primordiales de la condition humaine, c'est fausser les intentions naturelles, c'est poursuivre une chimère. Le plus sûr moyen d'être médiocre dans les différens genres consiste à les embrasser tous. Voltaire, le plus remarquable des auteurs par la variété prodigieuse de son esprit, commande notre admiration au premier aspect de ses œuvres, portant le caractère d'une véritable encyclopédie générale; mais, lorsque nous y cherchons le poète, le mathématicien, le voyageur, le philosophe, le chimiste, le physicien, le physiologiste etc., nous sommes loin d'y rencontrer, avec le même enthousiasme, Racine, Pascal, Barthélemy, J. J. Rousseau, Fourcroy, Nollet, Haller etc. Le premier secret, pour acquérir une célébrité méritée, se trouve dans l'attention soutenue de concentrer ses facultés vers un même foyer, après avoir bien reconnu l'objet que la nature indique à leur capacité. L'homme très-fort dans une science ou dans un art est toujours faible dans les autres ; le savant littérateur brille par le développement de l'intelligence ; le musicien, par la justesse de l'oreille et la délicatesse des sensations ; le danseur, par la précision des mouvemens et la grâce des manières. Le premier est érudit, spirituel, mais souvent sans goût et sans habileté pour les talens agréables, sans énergie, sans adresse dans les appareils moteurs ; le second, rempli d'admiration pour les beaux arts, et plus spécialement pour la musique, excellant dans cette partie, soit pour la composition, soit pour l'exécution, n'offre souvent qu'un instruction littéraire bornée, des gestes empruntés et bizarres ; le troisième, remarquable par l'aplomb de ses poses, la noblesse de ses attitudes, la facilité, l'élégance de toutes ses actions musculaires, présente ordinairement des facultés intellectuelles bornées et sans culture. Enfin, pour nous servir d'une locution vulgaire exprimant très-bien cette pensée : Le premier a son esprit dans la tête ; le second, dans le cœur ; le troisième, dans les jambes. La conséquence de ces principes est évidente et nécessaire : vouloir tout apprendre, c'est vouloir tout effleurer sans rien approfondir.

3° *Distinguer soigneusement l'éducation et l'instruction.* — On identifie généralement, sous le titre d'éducation, deux objets essentiellement disparates, *l'éducation* proprement dite et *l'instruction*. La première est l'application des moyens destinés à former la constitution et le cœur de l'homme, à modifier son caractère et son tempérament de la manière la plus avantageuse aux relations publiques et privées qu'il doit ultérieurement entretenir ; la seconde représente l'emploi des méthodes les plus rationnelles pour développer et perfectionner l'esprit ; pour enrichir l'intelligence des précieux trésors qu'offrent les sciences et les arts.

Dans nos établissemens publics surtout, on sacrifie l'éducation à l'instruction, ou, pour mieux dire, on s'occupe de l'une à l'entière exclusion de l'autre. Veut-on la preuve positive des graves inconvéniens d'une marche aussi défectueuse, que l'on examine les jeunes gens, même les plus remarquables, sortis de nos lycées, ayant alors donné des gages d'un savoir aussi diversifié que brillant ; souvent leur physique est détruit, leur santé ruinée pour jamais. Ignorant entièrement les usages, les convenances, les égards de la sociabilité, ces jeunes docteurs paraissent avoir grandi sous le joug d'une longue enfance dont ils offrent les défauts sans en présenter les qualités. A leur entrée dans le monde, ils y portent la gaucherie, l'inexpérience, le pédantisme, la suffisance, un ton tranchant qui, laissant des impressions fâcheuses, leur font éprouver des désagrémens d'où naissent le dégoût, l'éloignement de ces relations, la misanthropie. C'est alors que l'on s'aperçoit, avec regret, des vices de l'instruction sans éducation. On reproche à la jeunesse de notre époque, la turbulence, l'indocilité, les égaremens etc ; ces défauts ne sont pas dans sa nature ; leur cause toute entière se trouve dans les principes de nos institutions. Le sujet dont l'esprit maîtrise le cœur est perdu pour les rapports sociaux, pour la félicité personnelle.

4° *Dans la culture du moral, faire toujours marcher l'éducation du cœur avant celle de l'esprit.*—Le génie, la profondeur scientifique, l'habileté relative aux arts, nous offrent assurément des genres de mérite que l'homme doit ambitionner ; mais, dans la pureté de son essence, dans la sublimité de sa nature, ces qualités ne sont que des accessoires ; il en est une qui doit dominer tout l'ensemble et constituer le fondement du moral ; cette qualité première est la *vertu* ; c'est elle qui forme le grand ressort de l'âme. En effet, sans ce mobile précieux, l'homme ne présente que vague, incertitude, néant. Sa force est de l'exaltation ; son courage, du délire; son

élévation, un vain échafaudage ; son bonheur, une chimère que le souffle de l'adversité peut incessamment
renverser. Établies sur cette base inébranlable, ses facultés s'étendent, s'ennoblissent et se perfectionnent ;
les élans de son génie prennent alors ces caractères de
grandeur surnaturelle qui le rapprochent de la divinité !

Heureux dans les souvenirs du passé, dans les actions
du présent, dans les espérances de l'avenir, il n'a point
à redouter l'inconstance d'une félicité précaire, la sienne
est étrangère au caprice des hommes, il en trouve le
principe dans son cœur, au fond de sa conscience !

Avec quel soin, dans l'éducation de la jeunesse, ne
doit-on pas dès-lors préparer, établir avant tout les fondemens d'une bonne moralité, pour y développer ensuite
les germes des plus heureuses dispositions. C'est en
quelque sorte à la naissance, aux premières manifestations de l'intelligence et de la sensibilité qu'il faut appliquer ces modifications normales. Plus tard on trouverait des vices déjà profondément enracinés; on aurait
alors péniblement à défricher, avant de cultiver ; à dé-
blayer, avant de construire.

Nous déplorons la faiblesse des parens qui se plaisent
à voir leurs enfans exercer des duretés envers les animaux, ou se donner un air d'importance en maltraitant
des hommes que le sort, bien souvent injuste, a placés
dans un rang inférieur. N'est-ce pas en effet laisser croî-
tre, dans ces âmes encore neuves, les funestes principes
de la cruauté, de l'égoïsme et du plus sot orgueil ?
En suivant un tel sujet dans la carrière qu'il va parcourir
nous sentirons aussitôt les conséquences fâcheuses d'une
pareille éducation.

Méchant par habitude autant que par nature, cet individu qui fait les premiers pas dans le sentier du vice
ne respire déjà plus que le besoin du désordre et de la

destruction. Il tourmente, avec une effrayante insensibilité, les animaux dont il n'a rien à craindre, et, dans sa férocité naissante, contemple d'un œil satisfait leur supplice, leurs souffrances, leur agonie. Avec les sentimens de haine et de vengeance, la soif du sang fait des progrès dans ce cœur farouche ; cette main forcenée désormais ne craindra pas d'attaquer impitoyablement la vie de ses semblables, de ses amis, de ses parens eux-mêmes !.... Ouvrez l'histoire, observez autour de vous, et des exemples nombreux viendront s'offrir à vos yeux épouvantés !

Admettons pour un instant que cet *enfant gâté* n'ait pas des inclinations aussi barbares, en sera-t-il moins un fléau pour sa famille et pour la société ?

Jouissant du triste privilége d'insulter ses inférieurs, non seulement sans réprimande, mais encore avec une sorte d'encouragement tacite, vous le verrez bientôt bouffi de suffisance et d'orgueil, se croire d'une matière plus noble que celle dont l'espèce humaine est formée ; se placer au premier rang, lorsque son ignorance et sa nullité personnelle sans cesse le rappellent au dernier. Ne reconnaissant que sa volonté pour mobile, ses caprices pour loi, son égoïsme pour arbitre, quel frein peut désormais l'arrêter ? Oubliant tout sentiment de convenance et de respect, c'est aux auteurs de ses jours qu'il adressera les prémices de ses violences, de ses emportemens en leur donnant à savourer toute l'amertume des fruits que promet une éducation aussi déplorable !

Abandonnons ce deuil de famille, observons des résultats plus généraux et plus fâcheux encore. Si la fortune versatile et quelquefois bizarre dans ses faveurs à destiné cet homme au gouvernement d'un empire, quelle sera la destinée des peuples régis par un tel maître ? Répondez innocentes victimes que moissonna le glaive impitoyable et sanguinaire des Néron, des Clotaire et des Caligula !

Reposons actuellement nos regards sur cet enfant accoutumé, dès ses premières années, à considérer les animaux comme des êtres sensibles qu'il ne peut maltraiter sans devenir cruel ; à trouver tous les hommes égaux suivant la nature et les lois, les distinguant seulement par les qualités du cœur et par les talens de l'esprit ; à placer dans ses amis les dépositaires de sa tendresse, les confidens de ses peines et de ses plaisirs ; à chercher dans ses parens les régulateurs de sa conduite, les objets de sa reconnaissance, de ses soins, de ses plus tendres affections ; arrivé à cet âge qui donne le titre d'homme, vous le verrez ami dévoué, bon fils, bon époux, tendre père ; si le diadème doit enrichir son front, l'orgueil et la vanité n'en viendront point ternir l'éclat ; monarque dirigé par la plus saine philanthropie, ses obligations envers la société, envers lui-même, occuperont toujours sa pensée ; un illustre nom lui paraîtra constamment une dette sacrée qu'il faut acquitter par de grands talens et de sublimes vertus ; un titre imposant qu'il faut honorer et même relever encore, si l'on ne veut pas être écrasé par lui ! son empire n'offrira plus l'image d'un maître servi par des esclaves que la crainte a subjugués, que la terreur enchaîne, mais celui d'un père environné par le respect et l'amour de ses enfans.

Quels exemples ; quels sujets de méditations pour les familles, pour les peuples et pour les rois !

L'éducation de l'esprit, moins directement nécessaire au bonheur de l'homme qu'au tribut d'utilité qu'il doit payer dans ses relations ultérieures, devient cependant encore un moyen, lorsqu'elle est bien dirigée, d'assurer sa félicité personnelle, en lui faisant trouver dans le charme de l'étude une source inépuisable de jouissances toujours pures qu'il chercherait vainement dans la dissipation et la sensualité.

Nous avons signalé tous les vices des applications relatives à cet objet important ; il en est un qui domine encore l'ensemble, et sur lequel nous devons nous arrêter pour faire disparaître les inconvéniens majeurs dont il est incessamment environné.

Le philosophe qui considère, avec attention, la route communément suivie dans l'instruction de la jeunesse, éprouve un étonnement indicible en voyant se généraliser, sans amélioration, les systèmes les plus opposés aux véritables progrès de l'esprit humain. Surcharger la mémoire des idées les plus incohérentes, quelquefois même seulement des mots qui servent à les exprimer, tel paraît être le principe fondamental qui depuis long-tems asservit la plupart de nos universités. Apprendre dans une syntaxe des phrases plus ou moins barbares, au lieu de règles positives qu'il faudrait avant tout raisonner et concevoir par le jugement ; expliquer littéralement des auteurs, sans jamais en approfondir le sens et la philosophie ; étudier, par l'amplification, l'art de délayer ses pensées dans un déluge de termes surabondans, loin de s'habituer, par l'analyse, à coërcer, à fortifier ses intellectualisations d'après ce précepte d'un sage : *multa paucis* ; rejeter l'histoire, la géographie, la physique, la chimie, les mathématiques, la physiologie philosophique etc. parmi les accessoires, en supposant même qu'on ne les néglige pas entièrement, telles sont les applications erronées de ce principe lui-même, en opposition évidente avec le bon sens et la vérité. Une science de mots, incapable de porter aucun fruit, obligeant l'homme qui veut avancer dans la carrière à recommencer lui-même son instruction d'après une marche plus naturelle et mieux calculée ; tels sont les résultats de ces applications fautives, et contre lesquelles nous ne cesserons jamais d'élever la voix, tant que la plus aveugle routine les maintiendra dans l'enseignement.

Depuis quelques années, on commence à juger les graves inconvéniens d'exercer ainsi la mémoire à l'exclusion des autres facultés. C'est probablement en conséquence de cette observation que M. Aimé Paris eut là première idée de sa méthode mnémotechnique dont les avantages incontestables seraient plus généralement reconnus, si l'auteur, en évitant de la fausser par des extensions abusives, n'avait pas adopté cette prodigieuse quantité de formules plus ou moins bizarres qui masquent la bonté du fond sous le défectueux extérieur de la forme. D'un intérêt beaucoup trop ignoré, cette méthode rentre assez directement dans le sujet que nous étudions pour qu'il nous semble utile d'en offrir les principes essentiels avec des modifications que leur examen approfondi, nous a fait envisager comme absolument indispensables.

MNÉMOTECHNIE.

La *mnémotechnie*, prise dans sa véritable acception, n'est point, comme on le pense vulgairement, l'art de développer cette faculté mentale désignée par le nom de *mémoire*. Des essais dirigés dans ce dernier sens, en conséquence du système d'éducation essentiellement vicieux qui règne encore de nos jours, auraient le fâcheux résultat de fausser les applications intellectuelles ; de substituer à l'homme pensant, raisonnant et jugeant, un être analogue à ces oiseaux parleurs qui répètent, comme l'écho stérile, tous les sons dont leurs oreilles ont été frappées. Cette science, envisagée sous le point de vue qui seul peut lui convenir, a donc bien plutôt pour objet de remplacer des caractères isolés, des mots sans liaison et sans réminiscence par des faits enchaînés entre eux, au moyen des inductions les plus simples et les plus naturelles ; de substituer aux impressions fugitives de la mémoire, celles du raisonnement et du jugement qui ne s'effacent jamais

C'est en conséquence de ces principes, c'est d'après ces idées fondamentales relatives à l'investigation des moyens mnémoniques susceptibles de faciliter nos intellectualisations les plus arides et les plus réfractaires à la raison, que nous allons examiner et simplifier une méthode avantageuse lorsqu'elle est renfermée dans la sphère des sujets qu'elle peut embrasser ; puérile et dérisoire, en lui faisant comprendre des faits qui ne doivent jamais entrer dans son domaine. Pour établir avec précision les bases de la mnémotechnie, pour utiliser les inductions dont elle est susceptible nous diviserons son histoire en deux parties : la première comprendra la *théorie* ; la seconde, les *applications*.

1° THÉORIE. —.Dans toutes les langues, nos idées sont rendues par des *mots*, les mots exprimés par des *sons*, les sons représentés par des caractères visibles et de convention nommés *lettres*. Il est dès-lors évident que l'on doit toujours distinguer dans un mot, signe réprésentatif d'une pensée, deux objets essentiels à noter, l'un appartenant à l'oreille, le *son* ; l'autre, à l'œil, le *caractère* figuratif de ce même son.

Relativement à l'oreille, les sons, quelque soit leur nombre, se rattachent nécessairement à l'une de ces deux catégories, *sons: 1° vocaux, 2° articulés*.

Relativement à l'œil, tous les signes rentrent dans l'une de ces deux classes, 1° *voyelles*, 2° *consonnes*. Les premières expriment les sons vocaux ; les secondes, les sons articulés.

En mnémotechnie, pour simplifier davantage, on désigne les uns par le titre de *voix*, les autres par celui d'*articulations*; on supprime complétement les voix. En appréciant les articulations, on ne consulte que l'oreille, on s'attache à la consonnance, jamais à l'orthographe; toute consonne qui, dans la prononciation naturelle d'un mot, n'est pas appréciée par l'ouïe, demeure absolument nulle. Ainsi, dans le terme *prix*, nous trouvons grammaticalement les trois articulations P, R, X; et mnémoniquement P, R. L'X n'étant pas senti par l'oreille, tant que ce mot n'est pas suivi d'une voix; en écrivant d'après la prononciation, nous trouvons en effet *pri*; dans l'hypothèse contraire, l'X étant reconnu, devrait être noté.

Pour tous les mots dans lesquels se trouvent plusieurs articulations sans voix intermédiaires, il faut encore s'en rapporter à l'oreille, et toutes les fois que l'on entend plusieurs articulations, les traduire et les noter séparément. Ainsi, dans le mot *plume*, bien que les articulations P, L ne semblent former qu'un son, l'ouïe distingue bien P, L, dont le concours est indispensable à cette expression; il faut donc admettre pour traduction de ce mot P. L. M, comme si l'on écrivait régulièrement *pelume*.

Si les *voix* sont nulles en langage mnémotechnique, si les *articulations* seules ont une valeur positive, il devient indispensable d'établir une distinction précise entre ces voix et ces articulations; trois caractères essentiels doivent servir à la fonder. 1° *Mécanisme de formation*. — Les *voix* sont produites sans influence active de la langue et des lèvres, il suffit pour les rendre de certaines modifications du canal laryngo-buccal traversé par l'air expiré; les *articulations*, au contraire, ne peuvent jamais être effectuées sans l'action positive des lèvres et de la langue. 2° *Divisibilité du son.*— Les *voix* sont toujours indivisibles dans leur manifestation ; il est impossible d'en faire entendre une partie seulement sans dénaturer et même détruire la voix toute entière ; les *articulations*, au contraire, peuvent être fractionnées dans leur expression ; ainsi, R , S ; l'un et l'autre seront aisément prononcées en deux tems, comme si l'on écrivait *erre*, *esse*. 3° *Prolongation du son.* — Les *voix* peuvent être soutenues indéfiniment, c'est à dire tant que la position respective des parties buccales sera conservée, tant que l'expiration fournira l'air indispensable à la vibration du larynx ; les *articulations*, au contraire, sont toujours un effet du moment, et ce n'est qu'en les reproduisant, par la répétition d'un même acte, que l'on peut effectuer leur succession toujours facile à distinguer de la prolongation véritable.

D'après ces principes généraux, il nous reste seulement à régler conventionnellement les rapports qui doivent, en mnémotechnie, s'établir entre les chiffres et les articulations. Les premiers sont au nombre de dix : 0, 1, 2, 3, 4, 5, 6, 7, 8, 9 ; les secondes seront par conséquent réduites à des types essentiels en proportion identique, avec l'attention de placer, comme fondamentales, celles qui présentent le plus d'importance ; et, comme dérivées, celles dont l'intérêt est secondaire. Le tableau suivant, que l'on peut envisager comme base de toute la méthode, nous présente, pour chacune de ses colonnes, le *chiffre*, *l'articulation principale* correspondante, les *dérivées* de cette articulation.

TABLEAU DES CHIFFRES ET DES ARTICULATIONS CORRESPONDANTES.

0	1	2	3	4	5	6	7	8	9
S	T	N	M	R	L	J	Q	V	P
ç	d	gn	. . .	. . .	ill	g	gue	f	b
x	. . .	. . .	. . .	. . .	. . .	ch	c	. . .	. . .
z	. . .	. . .	. . .	. . .	. . .	. . .	k	. . .	. . .

D'après ces dispositions conventionnelles il est actuellement facile de traduire les chiffres par leurs articulations correspondantes. Ainsi 1832 nous donne T. V. M. N. Les *voix*, avons-nous dit, n'offrent aucune valeur numérique en mnémotechnie ; par conséquent, nous pouvons en introduire autant qu'il nous conviendra dans les intervalles de ces *articulations*, et les varier à l'infini pour former des mots différens, sans changer le chiffre. Dès-lors, pour ne pas sortir de l'exemple : *tu veux me nier* ; — *ta voix me nuit* etc., sont autant de phrases dont chacune donne, en résultat, 1832 ; puisqu'on les réduit aux articulations sensibles à l'oreille, T. V. M. N; qui sont rendues numériquement par 1832.

Il est déjà facile de comprendre les avantages que présente la traduction d'une série de chiffres qui n'offre aucun sens, aucune liaison raisonnée avec le fait dont elle précise la date, par l'expression d'une idée que l'on peut identifier à celle du même fait en introduisant un rapport naturel entre l'une et l'autre. Cet exemple suffira pour démontrer la valeur et la simplicité du principe.

Léonidas fut sommé de rendre les armes en 480. Il n'existe aucune réminiscence pour le jugement entre ce chiffre et l'action essentielle ; aucun moyen raisonné de conserver le souvenir du premier, lors même que l'on n'oublie pas la seconde. Rendons le chiffre 480 par les articulations correspondantes R. F. S. Nous pourrons ensuite composer le mot *refusa* : établissant actuellement un rapport entre cette expression et le fait historique, nous dirons : Léonidas, sommé de rendre les armes, *refusa*. Ici la liaison est si naturelle, si vraie entre ce fait et l'expression introduite, sous le titre de *mot sacramentel*, qu'il est impossible de rappeler ce même fait sans en retrouver aussitôt le complément. Or, en traduisant le mot sacramentel *refusa* par ses articulations R. F. S, celle-ci par leurs chiffres correspondans nous retrouvons 480, nombre qu'il est actuellement impossible d'oublier.

Dans l'obligation de retenir un grand nombre de chiffres, de faits ou d'objets sans liaison, la mémoire se livre à des efforts prodigieux, toujours nuisibles au développement des autres facultés intellectuelles ; c'est pour éviter cet inconvénient grave, que la mnémotechnie rassemble dans un système calculé des points de rappel dont le jugement retrouve l'ordre au besoin, pour les associer à ces objets, à ces faits, à ces chiffres, qui, passant ainsi de l'incohérence à la coordination parfaite, sont conservés par le raisonnement, sans fatiguer désormais la mémoire.

Nous réduirons à six les groupes de ces points de rappel, en désignant chacun d'eux par le nom de la base qui sert essentiellement à les constituer. Ainsi, tableaux ; 1° *des rapports*, — offrant le produit des comparaisons établies entre une série de substantifs et d'adjectifs déterminés. 2° *Euphonique*, — d'après l'analogie vocale des mots introduits et de ceux qui servent à l'expression des chiffres correspondans. 3° *Des formes*, —en conséquence du rapprochement que l'on peut faire de l'aspect des objets signifiés et de celui du chiffre analogue. 4° *Des dé-sinences*, — offrant la terminaison univoque des mots adoptés avec l'attention de les disposer de manière que leur initiale soit toujours l'articulation correspondante au numéro d'ordre. 5° *Des localités*, — présentant dix lieux invariables que l'on peut choisir à son gré ; dans chacun de ces lieux, dix objets également inamovibles et que l'on fait répondre aux chiffres depuis un jusqu'à cent. 6° *D'ampliation*, — formé par le tableau des rapports au moyen d'une série plus considérable de noms exprimant des idées associées.

Il paraît surabondant, au premier aspect, d'admettre une aussi grande quantité de moyens mnémoniques. Sans doute, si l'on ne devait appliquer la méthode qu'au même objet, si les chiffres et les mots à conserver ne dépassaient jamais le nombre cent, l'observation serait fondée. Mais d'une part, l'emploi de la mnémotechnie se trouve diversifié, chaque tableau nous offre des avantages particuliers à ces différens usages ; de l'autre, la botanique et plusieurs sciences de nomenclature présentent, par leurs dispositions, des termes beaucoup plus multipliés et sans réminiscence. Parmi ces tableaux ceux des *localités et des rapports*, sont les plus importans. Le premier facile à disposer peut être pris dans une ville, relativement aux édifices ; dans une maison, d'après les appartemens ; dans une bibliothèque, sous le rapport des livres qui s'y trouvent placés etc. Chaque sujet devant avoir le sien propre, il est inutile d'en présenter un modèle commun. Le second, fondamental pour la méthode, et plus compliqué dans sa formation, doit exclusivement nous occuper.

On peut le composer avec des mots différens, mais leur coordination se trouve établie sur des règles invariables. Les deux extrémités offrent le chiffre o et le nombre 100. L'un et l'autre exprimés par les termes euphoniques *héros*, pour le premier ; *sang*, pour le second. Les neuf chiffres radicaux sont representés par neuf substantifs dont *l'articulation* initiale répond à ces chiffres. Ainsi I. T. *temple*. 2. N. *nation.*—3. M. *mêts.* —4. R. *roi.*—5. L. *lien.*—6. J. *jeu.*—7. Q. *quadrupède.* — 8. V. *vaisseau.*— 9. P. *pays.*

Pour obtenir les mots correspondans aux nombres, depuis 10 jusqu'à 99, on choisit dix adjectifs, en observant toujours le rapport de l'initiale avec le chiffre. Ainsi: O. S. *saint.*—I. T. *terrible.*— 2. N. *nu.*—3. M. *malheureux.* — 4. R. *rond.* — 5. L. *long.*—6. J. *joli.*—7. C. *carré.*—8. V. *vieux.*—9. P. *petit.* En rapprochant actuellement, d'après l'ordre établi, les substantifs des adjectifs on voit naître, sans effort, des mots complexes qui viennent se ranger si naturellement, que leur invention ultérieure, dans les instans du besoin, n'exigera plus aucun effort de mémoire. Ainsi pour le nombre 10 nous dirons temple saint, mot naissant du rapport, *église* ; 11, temple terrible, *loge* ; 12, temple nu, *ruine* ; 13, temple malheureux, *hermitage* ; 14, temple rond, *mosquée* ; 15, temple long, *clocher* etc. Le tableau suivant deviendra la preuve complémentaire des avantages et de la solidité des principes que nous venons d'exposer.

TABLEAU DES RAPPORTS.

0 HÉROS.	0 S SAINT.	1 T TERRIBLE.	2 N NU.	3 M MALHEUREUX.	4 R ROND.	5 L LONG.	6 J JOLI.	7 Q CARRÉ.	8 V VIEUX.	9 P PETIT.
1 TEMPLE.	10 Église.	11 Loge.	12 Ruine.	13 Ermitage.	14 Mosquée.	15 Clocher.	16 Paphos.	17 Bourse.	18 Capitole.	19 Chapelle.
2 NATION.	20 Israélites.	21 Tartares.	22 Cafres.	23 Juifs.	24 Anglais.	25 Patagons.	26 Géorgiens.	27 Turcs.	28 Chinois.	29 Lapons.
3 MÂTS.	30 Hostie.	31 Poison.	32 Bôti.	33 Pain bis.	34 Pâté.	35 Saucisse.	36 Nouga.	37 Chocolat.	38 Fromage.	39 Petits. Pois.
4 ROI.	40 David.	41 Néron.	42 Stanislas.	43 Priam.	44 George.	45 Phil.-le-Long.	46 Phil.-le-Bel.	47 Bajazet.	48 Hérode.	49 Pépin-le-Bref.
5 LIEN.	50 Vœu	51 Serment.	52 Cilice.	53 Esclavage.	54 Corde.	55 Câble.	56 Hymen.	57 Carcan.	58 Amitié.	59 Fil.
6 JEU.	60 Musique.	61 Guerre.	62 Natation.	63 Loterie.	64 Boule.	65 Paume.	66 Danse.	67 Echecs.	68 Pugilat.	69 Petits Jeux.
7 QUADRUPÈDE.	70 Bœuf.	71 Tigre.	72 Grenouille.	73 Ane.	74 Hérisson.	75 Belette.	76 Cheval.	77 Tortue.	78 Eléphant.	79 Souris.
8 VAISSEAU.	80 Arche.	81 Brûlot.	82 Bateau.	83 Méduse.	84 Pirogue.	85 Gabarre.	86 Gondole.	87 Bac.	88 Argonautes.	89 Nacelle.
9 PAYS.	90 Palestine.	91 Tauride.	92 Sahara.	93 Pologne.	94 Bohême.	95 Italie.	96 Provence.	97 Espagne.	98 Égypte.	99 Sardaigne.
100 — SANG.										

Ces considérations générales étant suffisantes à l'intelligence de la mnémotechnie renfermée dans la sphère de son utilité, nous terminerons l'histoire de cette méthode par l'examen des résultats avantageux qu'elle peut offrir.

2° APPLICATIONS.— Lorsqu'il s'agit de coordonner des mots sans liaison, de donner à des chiffres, à des signes abstraits, une valeur *morale* que le raisonnement enchaîne, que le jugement puisse apprécier, la mnémonique offre des effets satisfaisans. C'est ainsi que nous la voyons aplanir les difficultés jusqu'alors souvent insurmontables des sciences de nomenclature, des études chronologiques, historiques, géographiques etc. Lors au contraire que l'on veut substituer des formules plus ou moins embarrassées à des sujets rationnels et liés par la suite naturelle des inductions, elle ne présente plus qu'une surabondance vicieuse de termes indigestes et d'applications forcées, plus capables d'entraver la marche de l'esprit, que d'en faciliter les progrès. Telles sont les applications de cette méthode aux sciences musicale, mathématique, à la mnémonisation des ouvrages en vers, en prose etc. ; applications qui la déconsidèrent entièrement. Nous éviterons cet inconvénient grave en la bornant à la géographie, aux nomenclatures, à l'histoire et surtout à la chronologie.

Géographie.— On arrive aisément à la mnémonisation des différentes parties du globe, en le figurant sur un tableau que l'on divise en *cases* et *sous-cases*. La direction des chaînes de montagnes, le cours des fleuves indiqués par les articulations initiales des points cardinaux, d'après la rose des vents, se réduit à des formules dictées par le raisonnement. La succession des provinces des départemens etc. rentre dans les principes au moyen desquels on parvient à coordonner des objets sans liaison raisonnée, tels que ceux dont nous allons parler.

Nomenclatures etc. — Pour cette application, nous devons chercher le moyen simple de fixer dans la mémoire par les secours du jugement, une suite de chiffres ou de mots sans enchaînement naturel, et qu'il est impossible de conserver par les réminiscences fugitives dont ils sont environnés, si l'on n'exerce pas abusivement cette faculté locale dont nous avons signalé tous les inconvéniens.

On retient une série de chiffres, quelle que soit sa longueur, en les traduisant par des articulations, et formant avec ces dernières, les mots, les phrases d'un discours. Dès-lors un sens précis devient l'objet signifié par la substitution de ces caractères numériques. En traduisant ensuite ces phrases, ces mots et ces articulations par leurs chiffres correspondans, on obtient le nombre mnémonisé dans toute son étendue. Pour l'observateur, l'énumération régulière des ces chiffres présentera quelque chose de merveilleux; en effet, n'introduisant aucun rapport entre ces derniers, il ne conçoit pas comment la mémoire naturelle peut ainsi les coordonner et les reproduire à volonté ; pour l'acteur de cette opération, elle présente la plus grande simplicité, puisquelle se réduit à la seule traduction d'un discours, dont l'enchaînement des idées se retrouve sans effort et sans contention. Si l'on nous présente la série des chiffres suivants : 018 79420134414901541841145140520910558500741 00 2014202584391 etc., il n'est aucune mémoire locale assez prodigieuse pour les retracer dans cet ordre sans aucune erreur ; avec la méthode, nous les fixerons dans notre souvenir au moyen du raisonnement, et nous les reproduirons avec la plus grande facilité par la traduction suivante ; « C'est envain qu'au parnasse un téméraire « auteur—pense de l'art des vers atteindre la hauteur :

« — s'il ne sent point du ciel l'influence secrète, — si son
» astre en naissant ne l'a formé poète, » etc. En répétant ces vers rendez numériquement la valeur des articulations, et vous aurez parcouru toute la série des chiffres indiqués. On sent aisément les précieux résultats que peut offrir ce genre de mnémonisation.

Les mêmes avantages se retrouvent encore pour la nécessité de fixer dans le souvenir une succession de mots sans liaison et sans réminiscence. Plus les expressions d'un discours se trouvent enchaînées par le rapport nécessaire des pensées qu'elles signifient, moins leur conservation exige les efforts de la mémoire. Il peut même arriver un terme où cet enchaînement devient tellement rigoureux, que la première phrase amène tout naturellement la seconde; celle-ci, la troisième etc. ; de sorte que la mémoire se trouve complétement remplacée dans ses fonctions au moyen du raisonnement. D'après une conséquence nécessaire, moins les mots offrent de liaison entre les choses qu'ils expriment, plus leur mnémonisation devient difficile par les moyens naturels ; puisqu'il arrive un point où leur isolement est si complet que, dans leur fixation, le raisonnement se trouve entièrement suppléé par la mémoire locale. Dans toute bonne application de la méthode, il faut s'éloigner le plus possible de ce dernier état pour se rapprocher du premier. On y parvient en ayant recours aux tableaux que nous avons indiqués, et notamment à ceux des localités ou des rapports. De cette manière, on lie ces mots isolés à des points de rappel connus ; dans l'impossibilité de les enchaîner par des rapports qu'ils n'offrent pas entre eux, on les assujettit à des lois méthodiques assurant les moyens d'en retrouver l'ordre et la succession.

Si nous avons par exemple à mnémoniser les mots 1° *autel*, 2° *paix*, 3° *cuisinier*, 4° *justice*, 5° *escla-*

vage , 6° *passion*, 7° *utilité*, 8° *commerce*, 9° *lois* etc. qui n'offrent au raisonnement aucun lien mutuel, aucune réminiscence positive; il suffira, pour ne jamais les oublier, et pour les reproduire au besoin dans l'ordre naturel qu'ils présentent, de rapprocher chacun de ces termes des noms du tableau correspondant par le chiffre, et d'introduire entre eux une liaison rationnelle constituant une formule dont le point de rappel deviendra l'*initiale*, et le mot à mnémoniser le *terme sacramentel*. Nous dirons en conséquence : 1° *temple*, autel. — 2° *Nation*, paix. — 3° *Mêts*, cuisinier. — 4° *Roi*, justice.— 5° *Lien*, esclavage.—6° *Jeu*, passion.—7° *Quadrupède*, utilité.—8° *Vaisseau*, commerce.—9° *Pays*, lois. Nous ajouterons, en établissant les rapports : 1° Le *temple* nous offre ordinairement un *autel*.—2° La *nation* heureuse est celle qui jouit d'une *paix* inaltérable.—3° Les *mêts* n'exercent que trop l'art des *cuisiniers*. — 4° Le *roi* le plus grand est celui qui fait observer la *justice*. —5° Un *lien* devient toujours le premier degré de l'*esclavage*.—6° Le *jeu* présente la plus funeste des *passions*. —7° Les *quadrupèdes* offrent, parmi les animaux, la première *utilité*.—8° Les *vaisseaux* agrandissent constamment les moyens du *commerce*.—9° Le *pays* le plus libre est celui que régit l'empire des *lois*. Si nous voulons actuellement retrouver la succession de ces mots, d'abord isolés, nous revenons à l'ordre connu des expressions du tableau : temple nous rappelle *autel ;* nation, *paix ;* mêts, *cuisinier* etc. Ce que nous faisons ici pour neuf mots seulement, on peut l'effectuer pour cent au moyen du tableau des *rapports ;* pour cinq cents, avec le tableau d'*ampliation ;* pour un plus grand nombre, avec celui des *localités*. Il est aisé de sentir les précieux avantages de cette méthode relativement à la mnémonisation des objets analogues.

Dans une science, la partie la plus aride, celle qui paraît la plus fastidieuse aux bons esprits, est la *nomenclature* ; succession de termes souvent bizarres, toujours sans liaison calculée, constituant une langue dont il faut apprendre les signes représentatifs et conventionnels. Aussi les branches des connaissances humaines, dans lesquelles prédomine cette nomenclature, appartenant à la capacité des mémoires locales, sont-elles repoussées avec dégoût par les intelligences qui raisonnent et jugent. Il est rare en effet de voir l'homme d'un vaste génie, déprimer ses plus belles facultés mentales sous le poids des numéros d'ordre que présentent la botanique descriptive et le code indigeste de nos lois. C'est en facilitant des études aussi mécaniques, en leur imprimant un caractère beaucoup plus rationnel que la mnémotechnie peut encore offrir des avantages incontestables.

Chronologie. — Cette application est évidemment la plus utile et la plus simple. Aucune science n'est aussi abstraite que celle des nombres ; aucune signification n'est aussi difficile à retenir que celle d'une époque. On conçoit dès-lors pourquoi les efforts de mémoire auxquels sont obligés les chronologistes produisent ordinairement, en proportion rigoureuse, l'affaiblissement de l'esprit et du génie. On sait en général que les sujets qui se distinguent, dans leurs études, par une mémoire étonnante, sont peu remarquables sous le rapport du raisonnement. Nous voyons, dans un âge plus avancé, l'homme qui s'est nourri de réminiscences, peu susceptible de parler d'après ses propres idées, fatiguer l'attention de ceux qui l'écoutent, par des citations multipliées sans à propos et sans originalité.

C'est précisément pour éviter ces abus et développer la seule mémoire convenable à notre intelligence, *la mémoire du raisonnement et du jugement*, que nous employons cette méthode à la mnémonisation des nombres et des époques dont ces derniers sont l'expression.

Un fait, quel qu'il soit, renferme toujours plusieurs idées ; l'une d'elles, fondamentale, devient le centre de toutes les autres qui présentent ses accessoires. Tout dans ce même fait est lié par le raisonnement, conservé dans le souvenir par le jugement, excepté la date exprimée par des chiffres sans aucune réminiscence véritable. Si nous trouvons le moyen d'en former une idée secondaire, venant, comme les autres, se rattacher à la pensée dominante, nous aurons débarrasé l'esprit d'une contention pénible, assuré la reproduction d'un objet d'abord au pouvoir de la mémoire locale si fautive dans ses résultats.

Tel est le but vers lequel nous tendons avec des moyens assurés pour l'atteindre. Ici les règles sont aussi simples dans leur théorie, que faciles dans leurs applications.

Il faut traduire les chiffres de l'époque à mnémoniser par leurs articulations correspondantes ; former avec ces dernières un ou plusieurs mots, exprimant une ou plusieurs idées accessoires, pouvant s'enchaîner à l'idée fondamentale du fait qu'il s'agit de retenir chronologiquement ; plus tard, lorsque l'on veut retrouver cette époque, il suffit de traduire *ces mots sacramentels* par leurs articulations, celles-ci par les chiffres qui les représentent.

Les historiens ont deux manières de compter, sous le rapport qui nous occupe ; l'une porte le nom *d'ère naturelle*, classant les années depuis l'origine du monde ; l'autre, celui *d'ère chrétienne*, comptant seulement depuis la naissance de Jésus-Christ. Un pareil ordre de choses, produirait les erreurs les plus fréquentes en mnémothechnie, s'il n'existait pas un moyen de bien distinguer ces deux ères l'une de l'autre. Ainsi, lorsque nous trouvons une époque répondant à 1200, il serait quelquefois difficile de savoir si le fait s'est passé 1200 ans après la création du monde ou l'avénement de Jésus-Christ. Le procédé, pour éviter cette cause d'incertitude et d'erreur, est très-simple. S'agit-il de l'ère chrétienne, on traduit le chiffre de l'époque tel qu'il est ; si l'on mnémonise un fait antérieur à la naissance de Jésus-Christ, on ajoute un zéro avant le chiffre de l'époque, et l'on conserve cette addition. Lorsqu'ensuite on signifie, par des chiffres, les articulations du *mot sacramentel*, aucun nombre ne pouvant commencer par un zéro, celui que l'on rencontre dans la traduction de l'époque indique précisément qu'elle est antérieure à l'ère chrétienne.

Afin de simplifier davantage, si l'on mnémonise un fait assez récent, assez vulgaire pour qu'il soit impossible de commettre une erreur de mille ans, on peut retrancher le quatrième chiffre et n'exprimer que les trois premiers ; ainsi, rendre 1830 par V. M. S. En traduisant ensuite ces articulations au moyen des chiffres, on restitue le mille supprimé pour obtenir l'époque.

Nous terminerons ces généralités par des exemples confirmatifs de tous les principes que nous venons d'établir.

Mnémonisation ordinaire. — La fondation de Rome appartient à l'an 752. Articulations correspondantes C. L. N., avec lesquelles nous pouvons faire le mot sacramentel *colline* ; en introduisant un rapport avec le fait nous disons : Rome fut bâtie près de sept *collines*. Traduction C. L. N. 752.

Époque antérieure à l'ère chrétienne.—Les proscriptions de Marius ont eu lieu dans l'année 88 avant Jésus-Christ. En faisant précéder ce nombre par un zéro nous trouvons o,8,8. Traduction, S. V. V. Nous faisons, avec ces articulations, les termes sacramentels *sont veuves*; introduisant le rapport nous disons : en conséquence des proscriptions de Marius un grand nombre de dames romaines *sont veuves*; traduction : S. V. V. o,88. La position du zéro nous indique une époque avant Jésus-Christ; ne pouvant avoir aucune valeur numérique dans cette position, il est retranché; résultat, 88.

Suppression du mille.—Napoléon est mort en 1821. Élagant le mille, reste 821; traduction : V. N. T. ; articulations qui nous donnent le mot *vanité* ; en introduisant le rapport nous pouvons dire : la mort de Napoléon prouve que tout ici bas n'est que *vanité*. Traduction V. N. T. 821 ; en rendant le mille supprimé, 1821.

Ces exemples et tous ceux que l'on pourrait ajouter encore démontrent évidemment combien cette application est exacte et satisfaisante. Il n'existe aucun fait historique, aucune époque remarquable, aucune invention utile dont la date positive ne soit aisément conservée dans le souvenir, par cette méthode, avec une rigueur mathématique si grande qu'il est impossible que cette découverte, cette époque, ce fait soient désormais attribués à d'autres tems qu'à ceux qui leur sont essentiellement relatifs. Ainsi, la réminiscence qui se trouvait, avant ce genre de mnémonisation, l'objet le plus fugitif, celui dont on pouvait le moins garantir l'exactitude, acquiert par cet ingénieux procédé la justesse, la précision et la solidité géométriques; *les termes sacramentels, colline* rapporté à la fondation de Rome ; *sont veuves*, aux proscriptions de Marius ; *vanité*, à la mort de notre plus grand capitaine, laissent désormais l'esprit dans l'impossibilité de ne pas attribuer directement ces faits : le premier à l'an 752 ; le second à 88 avant Jésus-Christ ; le troisième à 1821 de l'ère chrétienne.

Signalant parmi les vices de l'instruction actuelle surtout celui d'exercer la mémoire locale au préjudice du raisonnement, nous avons pensé que ces principes généraux de mnémotechnie, dont l'objet fondamental est de substituer en quelque sorte le raisonnement à la mémoire, offriraient leur à propos et leur utilité. La nature de cet ouvrage ne comportant pas tous les détails et les développemens dont cette méthode peut devenir l'objet, nous les exposerons dans un travail ultérieur et spécial.

En terminant ces considérations relatives à l'éducation physiologique et philosophique de l'homme, nous devons insister sur la nécessité d'apprécier constamment, dans ses applications, les influences du physique sur le moral, et du moral sur le physique; les actions du tempérament sur le caractère et du caractère sur le tempérament. Ces modifications positives et réciproques s'observent pendant toute la vie, surtout entre les impulsions instinctives et les circonstances de l'organisation. Les facultés intellectuelles n'y paraissent pas aussi directement soumises, le raisonnement, le jugement, l'imagination etc. ne sont jamais appropriés à tel ou tel tempérament avec cette affinité naturelle qui semble indentifier la gaieté, la légèreté, l'inconstance *au sanguin* ; l'ambition, l'envie, la haine *au bilieux* ; la modestie, la patience, la douceur *au lymphatique* etc.

De toutes les actions des corps extérieurs sur notre constitution physico-morale, des influences que nous venons de signaler entre les deux élémens essentiels qui s'unissent pour en effectuer la formation, résultent nécessairement l'un ou l'autre de ces trois états : 1° *plaisir*, 2° *peine*, 3° *indifférence*.

Le *plaisir*, susceptible d'un grand nombre d'anomalies et de variétés, est l'état moral consécutif aux modifications physiques appropriées ; établissant un bien-être intérieur dont les irradiations s'opèrent avec plus ou moins de vivacité dans toute l'économie vivante, quelquefois seulement après avoir offert une concentration qui n'est pas toujours sans danger.

La *peine*, également très-diversifiée dans ses manifestations, est une disposition contraire, accompagnée d'angoisse, d'anxiété mentales plus ou moins profondes et capables d'entraîner soit brusquement, soit avec lenteur, des anomalies graves dans les principales fonctions organiques.

L'indifférence indique cette condition passive de l'âme restant complétement étrangère aux impressions agréables ou pénibles, laissant tous les appareils dans la torpeur et l'engourdissement funestes aux relations sociales, plus ou moins dangereux pour l'homme en raison du dégoût de la vie , des sinistres déterminations qu'ils inspirent.

Le premier de ces états agrandit les facultés mentales en augmentant presque toujours leurs qualités ; le second les affaiblit ou les exalte en les pervertissant ; le troisième les neutralise et s'oppose à leur expansion.

Lorsque ces dispositions affectives intéressent moins l'intelligence que l'instinct, la raison que les appétits sensuels, elles prennent les noms plus particuliers de *jouissance*, *de douleur* et *d'insensibilité*. On ne les voit jamais alors effectuer, dans l'économie, des résultats aussi remarquables par leurs développemens avantageux ou par leurs anomalies destructives.

Le plaisir, la peine, l'indifférence , la jouissance, la douleur, l'insensibilité ne sont pas toujours en mesure , en proportion des agens extérieurs qui les occasionnent ; souvent au contraire on les voit se modifier, se changer même entièrement sous l'influence de nos lésions morbifiques, de nos désirs et de nos passions. Ainsi des circonstances qui nous font éprouver actuellement une satisfaction vivement sentie, nous occasionnent plus tard les angoisses des chagrins et de la douleur ; nous laissent, dans un autre tems, sous l'empire de la plus froide indifférence. Tel sujet se trouve heureux au milieu d'un ensemble d'objets qui deviendraient pour tel autre des occasions de souffrance et d'ennui.

Lorsqu'il s'agit de statuer sur les conditions de l'infortune ou du bonheur, on ne doit donc jamais le faire d'une manière absolue, mais toujours avec des notions relatives au tempérament, au caractère, à l'état physiologique, aux habitudes, aux dispositions actuelles du sujet. Inférons de ces grands principes d'une morale sur laquelle on n'a point assez fixé l'attention : que la cause première du malheur ou de la félicité se trouve en nous, dans notre propre conscience ; et qu'en raison des directions qu'il sait imprimer à son être, l'homme, environné des circonstances les plus opposées de la vie, peut goûter le plaisir dans toute sa pureté, s'abreuver des chagrins avec toute leur amertume !

Au milieu des résultats natifs et des influences multipliées que nous venons de signaler, il s'établit un type physique et moral, pour chaque sujet, dont les modifications offrent, dans l'espèce, des nuances diversifiées entre deux termes extrêmes, la *laideur* et la *beauté*. Les idées nous paraissent encore si vagues relativement à la détermination positive de ces deux caractères, que nous éprouvons le besoin d'établir au moins quelques principes généraux sur cet objet, en les rattachant plus spécialement aux considérations physiologiques.

THÉORIE DU BEAU.

Le beau, τὸ καλὸν, des Grecs, *pulchrum*, des Latins, n'a jamais été bien compris et surtout bien défini, par la raison toute naturelle que l'on a renfermé sous ce titre des conditions essentiellement opposées, et que l'on n'a fait aucune distinction relative aux différentes acceptions d'un terme commun à plusieurs objets.

Il suffit, pour se convaincre de la réalité des assertions que nous ne craignons pas d'avancer, en abordant un sujet aussi périlleux, de consulter les auteurs qui paraissent en avoir surtout fait une étude plus particulière.

Platon, l'un des philosophes dont le génie s'est exercé dans la recherche et les déterminations du beau, s'exprime ainsi : « L'homme expié dans les mystères sacrés « quand il voit un beau visage décoré d'une forme di- « vine, ou bien quelque espèce incorporelle, sent « d'abord un frémissement secret, et je ne sais quelle « crainte respectueuse ; il regarde cette figure comme « une divinité..... Quand l'influence de la beauté entre « dans son âme par les yeux, il s'échauffe : les ailes de « son âme sont arrosées ; elles perdent la dureté qui « retenait leur germe ; elles se liquéfient. Ces germes « enflés dans les racines de ses ailes s'efforcent de sor- « tir par toute l'espèce de l'âme etc. »

Ce galimatias paraissait-il sublime deux mille ans avant notre époque? Cela n'est pas impossible, mais il est certain qu'aujourd'hui le nom de Platon lui-même devient incapable d'en faire disparaître le vague et l'obscurité.

Winckelmann, si connu par son histoire de l'Art chez les Anciens, n'est pas beaucoup plus précis lorsqu'il aborde le même sujet. « Pour se former quelque idée

« positive de la beauté, il est à propos d'examiner l'idée
« de la qualité contraire, qui est l'idée négative du
« beau ; car on peut dire de la beauté ce que Cotta
« dit de Dieu chez Cicéron ; savoir qu'il est plus aisé
« de dire ce qu'elle n'est pas, que de bien énoncer ce
« qu'elle est.... La beauté est un secret de la nature ;
« nous la voyons, nous la sentons, nous en éprouvons
« les effets ; malgré cela, il n'est pas aisé de se former
« une idée claire et précise de sa nature. Son essence, si
« précieuse, est encore une découverte à faire. Si l'idée
« de la beauté était d'une évidence géométrique, le ju-
« gement des hommes sur le beau serait unanime et sans
« différence.... La beauté suprême est en Dieu. L'idée
« de la beauté humaine se perfectionne à mesure qu'elle
« approche davantage de la pensée que Dieu même en
« a, ce qui nous apprend à la distinguer de la matière.
« On peut donc dire que l'idée de la beauté est comme
« un esprit produit par le feu de la matière qui tâche
« de se former une créature d'après l'original de la
« première créature raisonnable projetée dans la sagesse
« de la divinité. »

Des efforts pour démontrer que nous ne savons rien sur
la nature du beau, des assertions contradictoires et souvent
sans liaison, un assemblage de mots quelquefois bizarres,
incohérens voilà ce que nous trouvons dans ces passages
de Winckelmann, intitulés : *Idée positive de la beauté.*

Voltaire a-t-il mieux traité la question ? « Demandez
« à un crapaud ce que c'est que la beauté, le grand
« beau, le τὸ καλὸν ; il vous répondra que c'est sa cra-
« paude avec deux gros yeux ronds, sortant de sa petite
« tête, une gueule large et plate, un ventre jaune, un
« dos brun. Interrogez un nègre de Guinée ; le beau est
« pour lui une peau noire, huileuse, des yeux enfon-
« cés, un nez épaté. Interrogez le diable ; il vous dira

« que le beau est une paire de cornes, quatre griffes et
« une queue. Consultez enfin les philosophes ; ils vous
« répondront par du galimatias ; il leur faut quelque
« chose de conforme à l'archétype du beau en essence,
« au τὸ καλόν. » Ici nous retrouvons encore l'esprit de
Voltaire, mais des idées positives, des considérations
élevées à la hauteur du sujet, il ne faut pas les chercher
dans cet article qui porte le cachet plutôt d'une ingénieuse facétie que celui d'un travail sérieux sur l'un des
plus beaux sujets que l'on puisse approfondir.

M. Joseph Droz, que nous admirons pour ses études
sur le beau dans les arts, a traité son sujet avec un
sentiment exquis, avec une élégance, une pureté d'expression soutenues dans toutes les parties, mais il nous
laisse encore dans le vague et l'indécision que la nature
même de son titre ne lui permettait pas de faire disparaître, puisqu'il n'envisage le terme, dont nous recherchons la valeur essentielle, que dans une de ses acceptions. « Je m'arrête avec surprise à l'entrée même de la
« carrière que je dois parcourir. J'ai goûté les délices
« dont le beau pénètre à la fois nos sens et notre cœur ;
« maintenant je veux le définir et mon esprit s'égare
« dans les idées confuses. »

Les livres se taisent, les auteurs sont muets ou complétement obscurs, lorsqu'il s'agit d'établir positivement
les véritables caractères du beau, interrogeons donc
la nature, examinons immédiatement les choses, peut
être obtiendrons nous des renseignemens plus précis.

En imaginant cette nature seule dans l'univers, il
n'existe qu'un *beau*, c'est *le vrai*.

En créant les arts, imitations de la nature, il se forme
une variété du beau primitif, essentiel, c'est *le beau
de convention*.

Sans l'établissement invariable d'une distinction aussi

fondamentale, nous pensons qu'il est à jamais impossible de s'entendre sur la valeur et les caractères de cette importante condition.

Diderot avait senti la nécessité de reconnaître plusieurs modes relatifs à cet objet. Quelle froideur, quelle obscurité dans l'expression de sa pensée : « J'appelle « *beau*, hors de moi, tout ce qui contient en soi de quoi « réveiller l'idée de rapports ; et *beau* par rapport à moi « tout ce qui réveille cette idée. »

LE BEAU NATUREL, — de tous les tems, de tous les pays, est cette condition intrinsèque d'une chose dont le développement normal, fondé sur *le vrai*, présente un concours parfaitement *harmonieux* dans tous ses élémens. Principes, actions, phénomènes, corps avec leurs variétés, minéraux, végétaux, animaux, hommes nous offrent ce caractère lorsqu'ils ont *la vérité*, *l'harmonie*, pour base essentielle.

Cette maxime de Confucius : « Oublie les injures, « n'oublie jamais les bienfaits. » La générosité du Béarnais, faisant distribuer en secret des provisions à sa capitale révoltée qu'il aurait pu soumettre par la famine ; le soleil s'élevant radieux sur un ciel d'azur, au-dessus de notre immense horison ; un cristal, un arbre, un cheval, une femme, un homme constitués d'après ces lois dans leurs types respectifs, nous montrent le beau dans sa réalité, pour tous les siècles, indépendamment des révolutions, des progrès de l'esprit, des modes et de leurs plus bizarres conceptions.

Ne confondons jamais l'impression religieuse du beau sur les âmes bien trempées, avec la séduction des objets qui fascinent les yeux prévenus. La première invariable est dans la nature, dans la vérité, dans l'essence des choses ; elle établit l'unité de rapport entre l'agent et l'appareil du sentiment effectué. La seconde, mobile et versatile appartient au caprice ; dès-lors sans unité de relation entre le modificateur et l'organe, on la voit diversifiée par les conditions actuelles de l'économie vivante, et par les changemens que les mœurs, les habitudes et la civilisation viennent imprimer aux sujets de nos communications ordinaires.

Plus nous y réfléchissons, plus nous sommes pénétrés de cette identité naturelle *du beau* et *du vrai*. Leurs élémens sont communs, leurs manifestations persuasives éprouvent une entière fusion dans notre âme, c'est *l'unité primordiale* !

« Il existe dans la vérité je ne sais quel attrait essen-
« tiellement convenable aux besoins de notre âme.
« Laissons les métaphysiciens expliquer ce fait ; il me
« suffit de l'observer, et partout j'en aperçois les preu-
« ves. D'ingénieuses fictions nous séduisent, des fables
« nous plaisent dès l'enfance, nous captivent jusque dans
« notre vieillesse ; tandis que nous leur donnons notre
« oreille et notre cœur, la vérité fait encore reconnaître
« ses droits ; et jamais de riants mensonges ne nous
« attachent mieux que lorsque la raison, agréablement
« abusée, peut les admettre pour vrais. » (Droz).

Les mêmes considérations s'appliquent positivement au *beau naturel*, en démontrant la réalité du grand principe que nous venons d'établir.

Quelques auteurs, étrangers à ces idées fondamentales, ont été jusqu'à se demander si l'on ne pourrait pas dire : *un beau crime, une belle maladie, une belle catastrophe* etc. Ces choses nous faisant éprouver des émotions supérieures par leur intensité ?

D'après la distinction que nous venons d'établir, il est facile de répondre à cette question. De tels objets ne sont pas dans les intentions de la nature, ils en constituent des anomalies plus ou moins bizarres, et ne rentrant point dans la *vérité primitive*, ne peuvent jamais appartenir au domaine *du beau fondamental*. Dès-lors, pour donner à ces objets un titre aussi peu légitime, l'homme a besoin, sous l'influence des modifications extérieures, d'être déjà plus ou moins éloigné de l'état natif. Le sujet abruti par le vice dira seul, un *beau crime* ; le médecin, *une belle maladie* ; le voyageur qui recherche des émotions fortes, *un bel orage*, *une belle tempête*.

« Pour trouver des charmes à de tels spectacles, il « faut vivre dans une civilisation avancée. Alors ces gran- « des scènes reçoivent quelque attrait de leur contraste « avec la mollesse et la sécurité des villes ; elles en re- « çoivent aussi de leur analogie avec les sentimens som- « bres et mélancoliques dont les cœurs sont tourmentés. « Mais alors la dépravation des hommes influe sur leurs « jugemens à tel point qu'ils admirent des horreurs mo- « rales, aussi bien que des horreurs physiques, dès qu'elles « étonnent l'imagination par un caractère de grandeur « et d'audace. » (Droz)

Ces considérations sur *le beau naturel*, envisagé d'une manière générale, nous conduisent directement aux notions positives de *la beauté* physiologiquement étudiée.

Pour les végétaux, les animaux et l'homme, cette précieuse condition naît également de la *vérité du type et de l'harmonie des rapports*. Plus un sujet s'éloigne de ces dispositions fondamentales, plus il tend vers *la laideur et la difformité*. L'homme, l'animal et le végétal qui se rapprocheraient, par leur construction, d'une espèce étrangère, lors même qu'ils offriraient du reste les plus riches proportions, ne pourraient jamais prétendre à la beauté par cela seul qu'ils n'auraient pas cette *vérité du type*. Jouissant de ce dernier avantage, ils ne posséderaient pas non plus un modèle du beau, si leurs diverses parties se trouvaient développées sans proportions relatives, puisqu'ils ne présenteraient pas *l'harmonie des rapports.* Le peuplier, rapproché des formes du chêne, le cheval, prenant celles du chameau, l'homme, rappelant celles du singe etc., nous offrent des monstruosités plus ou moins disgracieuses dont la beauté ne peut jamais faire partie. L'homme avec une grosse tête, des membres grêles et *vice versâ* ; le cheval avec un corps long et des jambes courtes ; l'arbre dont les branches sont plus volumineuses que le tronc etc., s'éloignent positivement du beau naturel.

Pour l'espèce humaine, ce dernier avantage est bien plus rare que chez les animaux et les végétaux, par cela même qu'il exige beaucoup plus de perfection, et que des élémens plus nombreux sont plus difficiles à maintenir dans un équilibre normal.

Ainsi, les caractères qui déterminent la beauté de l'homme sont entièrement opposés à ceux qui constituent la beauté de la femme. En les prenant isolément dans leur essence la plus pure, il suffirait de les unir pour en détruire le charme et la réalité. L'homme aux formes arrondies, à la taille flexible, au visage imberbe, décoloré etc.; la femme aux saillies musculaires carrées, à la stature droite et ferme, à la face ombragée de poils etc., nous offrent des êtres hibrides également éloignés de toutes les conditions du beau fondamental.

Il ne faut pas croire que les dispositions morales soient étrangères à l'établissement de la beauté. Pour la constituer dans toutes ses perfections, l'harmonie que nous exigeons dans les appareils organiques doit encore se trouver entre les conditions de l'âme et celles du corps. Un esprit stupide, un cœur vicieux cachés sous les formes physiques les plus régulières, se montrent toujours à travers des voiles aussi transparens, et forment un ensemble incapable d'exciter le plaisir, souvent même touchant d'assez près la laideur. J'admire la statue de Pygmalion ; mais, pour me charmer, il faut qu'elle s'anime par degrés insensibles, et que la candeur de son âme respire dans la pureté de ses traits !

Il existe une troisième condition du beau, moins absolue peut être que celles dont nous venons de parler, offrant cependant encore une influence assez positive ; c'est *le développement relatif* dans chacun des types fondamentaux. L'accroissement qui s'arrête bien au-dessous de la mesure commune prend les caractères d'une miniature, présentant quelquefois les qualités du *joli*, n'atteignant jamais celles de la *beauté*. La construction, qui dépasse notablement cette mesure, devient exagérée, massive, et, comme l'a dit heureusement M. Joseph « Droz : Le gigantesque est la caricature du grand. »

Le beau de convention,— dont le règne est plus ou moins éphémère, doit être défini : l'ensemble des conditions susceptibles de flatter l'esprit d'un observateur modifié dans ses goûts par les tems, les usages, les habitudes et les mœurs. En quelque sorte étranger à la nature essentielle, invariable des choses, reposant tout entier sur les modes les plus versatiles, il est superficiel et passager comme elles. « Quand les femmes, avec leurs « hautes coiffures et leurs immenses paniers, se prome- « naient dans les allées parfaitement alignées des jardins « français, les psalmodies de Lulli faisaient leurs délices; « et dans le bal qui suivait le concert, elles dansaient le « grave menuet avec un imperturbable sangf-roid. »(Droz)

Que l'on exécute actuellement, dans nos salons, une danse, une musique semblables, on cherchera vainement des yeux pour voir, et des oreilles pour écouter.

Placer le *beau* dans ces dispositions conventionnelles, c'est en quelque sorte en profaner l'élévation, en méconnaître la pureté. Lorsqu'il se trouve établi sur l'utile et sur le vrai, son existence est plus durable, il conserve même toujours une certaine valeur ; au contraire, lorsqu'un aveugle caprice a déterminé sa naissance, autant il avait d'abord excité d'admiration, autant il provoque de répugnance lorsque les illusions sont dissipées. Naguère un nez busqué, des jambes très-déliées etc. étaient les premiers caractères du beau dans un coursier ; aujourd'hui qu'une tête de bélier semble contraire à la noble fierté du cheval, que son corps paraît mal supporté par quatre *fuseaux* incapables d'offrir la solidité nécessaire aux mouvemens qui lui sont naturels, ces conditions se trouvent rangées au nombre des vices de conformation.

C'est par une conséquence du même principe que les accessoires ajoutés, comme ornemens, à la vérité passent avec le tems alors que la vérité reste seule. Voyez ce portrait d'une belle femme ressemblant et peint dans le quinzième siècle avec le costume et les entourages de cette époque ; la jolie figure vous plaît encore, mais vous éprouvez le besoin de la débarrasser, par la pensée, de ces objets surannés, aujourd'hui du plus mauvais goût. Ce que nous disons d'un tableau, nous pourrions l'appliquer également aux compositions musicales, poétiques etc., dont la valeur et la durée sont ordinairement relatives à la proportion des élémens *vrais* ou *conventionnels* qui servent à les constituer. Si la *nature*, la *vérité*, le *génie* forment la base essentielle de ces compositions, leur immortalité se trouve désormais assurée ; sont-elles au contraire plus spécialement établies sur *l'art*, sur le *caprice* et *l'imagination* ? elles se détériorent, s'affaiblissent par les circonstances, quelquefois même semblent entièrement oubliées avec les autres aberrations du siècle dont les fantaisies bizarres ne les avaient que trop asservies. Manquant de cette indépendance qui caractérise les esprits supérieurs , celui qui sacrifie ses œuvres aux exigences de l'époque est un auteur perdu pour la postérité ; en rapprochant Mozart de Rameau , Raphaël de Téniers, Racine de Quinaut etc. , l'évidence de ces principes n'a plus besoin d'une autre démonstration.

Le beau dans les arts, si bien envisagé par M. Joseph Droz , que nous aurons encore l'occasion de citer , ne doit donc pas être complétement identifié avec le beau de convention. Le second appartient aux modes, aux coutumes, parle surtout à l'esprit ; le premier, fondé sur la nature et la vérité , s'adresse au cœur , et, devant exciter l'admiration, s'élève dans la sphère des perfections idéales. Zeuxis avait bien compris ses obligations lorsque, voulant faire, de Junon, l'image la plus parfaite, il choisit, à Crotone, cinq beautés remarquables, afin de réunir, pour son chef-d'œuvre, des traits qu'il n'eût jamais rencontrés dans un de ces modèles exclusivement étudié. La Vénus de Médicis, l'Apollon du Belvédère nous offrent, dans toute sa pureté, le merveilleux type que nous cherchons.

Pour s'élever à cette source divine, pour apprécier des modèles aussi parfaits, il faut, avant tout, posséder une âme grande, généreuse, capable d'expansion. « Le « charme des beaux-arts résulte de ce qu'ils inspirent l'élé- « vation qui convient aux facultés humaines. Plus un être « est doué de sensibilité, de noblesse, mieux il jouit des « prodiges des arts. Ces prodiges existent à peine , au « contraire, pour les âmes que la nature fit étroites et froi- « des, ou qui sont devenues telles par l'habitude d'occu- « pations intéressées, minutieuses et serviles. Le beau ne « peut les enchanter ; c'est une douce lumière vainement « répandue sur des yeux fermés à son éclat. » (Droz.)

Plus libre, disons même plus licencieux dans ses écarts, le beau que nous examinons rencontre cependant plusieurs conditions dont il ne peut, sans inconvéniens graves, négliger les salutaires influences ; nous devons, sous ce rapport, indiquer particulièrement : la *vérité*, le *naturel*, la *simplicité*, la *variété*, *l'élévation* et *l'originalité*. Les artistes sont mal inspirés lorsqu'ils négligent ces principes fondamentaux ; et malheureusement le plus grand nombre vient justifier cette prévention de l'auteur que nous venons de citer : « Évitez de répéter les « décisions des gens du métier ; ils préfèrent presque « toujours le difficile au beau. » Est-ce ma faute ou celle de l'art si tel morceau d'un compositeur à la mode, surchargé d'agrémens, de notes et de modulations, envisagé comme un chef-d'œuvre par les modernes *dilettanti*, me paraît moins beau que les airs simples et naïfs de *Charmante Gabrielle* et de *Nina*? Je m'en rapporte à la décision de ceux qui jugent avec le cœur. « Les airs « simples sont les seuls durables, les seuls qui s'adressent « à l'âme, et que tous les hommes comprennent. La mu- « sique savante est pour l'esprit ; annonçât-elle de rares « talens, elle ne serait toujours qu'un bruit difficile à « produire... Les moyens simples enfantent les émotions « vives, mais ils exigent du génie ; tandis que les moyens « compliqués sont à la disposition des hommes obstinés et « médiocres. » (Droz.)

Ce que nous disons ici de la musique s'applique, avec la même précision, à tous les autres arts imitatifs ou créateurs des objets qu'ils savent embellir ; quelles merveilles ne peuvent-ils pas opérer en suivant ces directions naturelles dans leurs audacieux élans ! C'est la vérité qui, pénétrant l'âme par ses irrésistibles impulsions, charme les sens électrisés par les illusions et les prestiges dont elle se trouve alors environnée. « Le feu qu'ils ali-

« mentent dans les cœurs moins pur que celui de la vertu,
« est cependant un feu descendu du ciel ! » (Droz.)

C'est par une erreur palpable que l'on a cherché deux
extrêmes du beau dans les termes *joli, sublime*. Le beau,
simple comme la vérité, n'est jamais susceptible d'éprouver des modifications qui tendraient à dénaturer son
essence. Laissons à M. Joseph Droz le soin de placer un tel
principe dans tout son jour. « Le joli n'élève pas notre
« âme, il amuse notre esprit ; il n'enchante pas la vue,
« il la récrée. Le sublime, le beau et le joli inspirent un
« sentiment de plaisir ; mais produit par le beau, ce
« sentiment est sérieux et grave; excité par le sublime,
« le trouble l'accompagne; en naissant du joli, il obtient
« un sourire. »

Telles sont les considérations qu'il nous semblait nécessaire d'établir sur la théorie du *beau* dans l'intention
de prouver qu'il peut être : 1° de *convention*, appartenir aux arts avec des qualités plus ou moins durables,
avec des charmes plus ou moins impérieux ; 2° *naturel*,
formant le domaine exclusif de la vérité, présentant des
caractères imposans, et, dans son règne universel, ne
pouvant avoir d'autres limites que celles de l'éternité !
Renfermant cette précieuse condition dans la sphère
plus spéciale de la physiologie, nous avons réduit ses
élémens à la vérité du type, à l'harmonie des rapports,
en plaçant leur cause dans les lois primitives de l'organisation. Ne voulant pas faire d'une considération accessoire un objet essentiel, nous laissons à d'autres le soin
d'accorder à ces principes vrais les beaux développemens
que la nature de cet ouvrage ne comporte pas. Revenons
actuellement aux phénomènes de combinaison intellectuelle envisagés sous le point de vue de leurs habitudes
propres, des sympathies qu'ils entretiennent, et des
altérations dont nous les voyons chaque jour affectés.

§ V. INFLUENCE DE L'HABITUDE SUR LES FONCTIONS DE COMBINAISON INTELLECTUELLE.

Aucun phénomène de l'économie vivante n'est plus positivement soumis au pouvoir de l'habitude que les actions de combinaison intellectuelle, surtout dans les phénomènes relatifs à la pensée, les mouvemens instinctifs n'étant pas également prédisposés à recevoir les impressions effectuées par ce puissant modificateur.

Nous apportons en naissant des conditions morales qui nous sont propres, mais l'éducation, le genre de vie, les autres circonstances principales qui nous environnent peuvent les perfectionner, les pervertir ou même les changer entièrement. Ainsi l'enfant dont un cœur vertueux, une intelligence bien constituée formaient les dispositions originelles, se trouve quelquefois abruti par une éducation dure, grossière, et devient alors vicieux à l'exemple des sujets qu'il prend pour modèles; tandis qu'un autre individu moins avantageusement doté par la nature, mais développé sous l'influence d'une éducation solide et brillante, au milieu d'une famille estimable, se distinguera lui-même ultérieurement par ses talens, son instruction et ses qualités morales.

Dans l'état natif, l'instinct prend un ascendant marqué, développant ainsi des vices plus ou moins dangereux; dans l'état de civilisation, les habitudes, lorsqu'elles sont bien dirigées, favorisent la prédominance de la raison et l'établissement des vertus exigeant toujours un effort comme l'indique assez positivement le terme qui sert à les exprimer.

Chez la plupart des sujets, la nature crée les défauts, l'éducation développe les qualités. Il devient alors facile de comprendre pourquoi les *enfans gâtés* offrent autant d'imperfections, lors même qu'ils ne présentent pas de vices ; tandis que ceux dont l'éducation est plus mâle et plus régulière se font remarquer par la valeur et la solidité de leurs qualités morales. Pour mieux apprécier les influences que nous étudions, il faut les considérer sous le rapport de l'instinct et de l'intelligence.

1° *Relativement à l'instinct.* — Nos appétits et nos passions assujettis à des lois sages ne sont pas incapables d'une certaine régularité. Chaque jour l'habitude imprime à nos besoins les plus impérieux une coordination qui les fait revenir à des époques assez rigoureusement déterminées ; elle communique aux résultats des impulsions instinctives une espèce de routine qui nous permet d'exercer, en quelque sorte machinalement, des séries de mouvemens et d'actes souvent assez compliqués. Le climat, les commotions générales qui bouleversent les empires ; le calme, l'abondance et la paix qui garantissent leur tranquillité ; les institutions politiques, religieuses, la civilisation ou l'état sauvage etc., en agissant sur les masses ; la santé, la maladie, les professions, la richesse, la pauvreté, l'éducation particulière etc., en affectant les individus, en offrant pour dernier résultat les effets de l'habitude, apportent des changemens profonds dans la nature, la direction des passions et des appétits organiques, peuvent les développer de la manière la plus funeste ou les soumettre au pouvoir de la raison. Dans la première hypothèse, l'homme s'abandonnant à ses inclinations désordonnées, aux emportemens de la colère, aux sombres inspirations de l'envie, de la jalousie etc., rétrécit l'empire de sa raison, enchaîne de plus en plus sa liberté, perd insensiblement l'avantage de réprimer des mouvemens aussi contraires à l'intérêt général qu'au bonheur particulier ; il devient une brute, un animal féroce ou *vénéneux* qu'il faut éviter, et dont la société doit faire justice.

2° *Relativement à l'intelligence.*—On dit vulgairement: *l'esprit ne se donne pas ;* nous pourrions appliquer le même principe au raisonnement, au jugement, à l'imagination, à l'intelligence entière, en ajoutant que ses facultés sont modifiées si profondément par la culture et l'habitude, qu'au premier aspect on pourrait accorder au perfectionnement les caractères d'une véritable création. Pour trouver la vérité sous ce rapport, il faut prendre un moyen terme entre l'opinion d'Helvétius qui considère l'homme natif comme une masse informe que doit entièrement façonner l'éducation ; et celle de Lavater qui, négligeant cette influence, rapporte plus spécialement les défauts ou les qualités aux circonstances de l'organisation primitive.

Combien de grands hommes n'ont dû leur célébrité qu'à des occasions favorables au développement du génie ; combien d'entre eux, au milieu d'objets différens, auraient langui dans un oubli qui leur eût permis de s'ignorer eux-mêmes ? Combien d'esprits supérieurs se consument dans une espèce de nullité relative pour avoir fait choix d'un genre de vie, d'une profession étrangers à leurs moyens, et qui les empêchent de cultiver un talent dont ils possédaient les germes naturels ? Si d'une part il existe chez l'homme des prédispositions originelles, de l'autre, l'éducation devient la *pierre de touche*, sur laquelle on peut essayer ses facultés mentales dans tous les pays et dans toutes les conditions. Aussi les inconvéniens que nous venons de signaler sont-ils d'autant moins nombreux chez un peuple, que l'instruction et les lumières s'y trouvent plus libéralement et plus universellement répandues. Craignons les ténèbres dans l'ordre moral comme dans l'ordre physique. Pour le second, elles favorisent les attentats les plus criminels ; pour le premier, elles entretiennent la superstition, le fanatisme, la brutalité non moins déplorables dans leurs fâcheuses conséquences ; dans l'un et dans l'autre, la lumière écarte le vice et laisse un champ plus libre à la vertu !

L'habitude peut donc neutraliser ou développer les facultés intellectuelles et la raison. Que l'homme sache distinguer celles qui chez lui sont le plus faites pour la perfection, en les soumettant à la culture la mieux diri-gée par l'intermédiaire d'une attention soutenue, d'un raisonnement, d'un jugement précis ; bientôt supérieur à lui-même, il s'étonne le premier de ses progrès, et marche rapidement vers la célébrité la mieux méritée. En suivant une route contraire, en effleurant tout sans rien approfondir, sans régler ses aptitudes, en négligeant ce beau précepte d'Horace : *age quod agis*, il reste bien au-dessous des moyens qui s'offraient à son usage, et souvent avec des dispositions assez remarquables se condamne à languir dans la plus incurable médiocrité.

Relativement à ces influences, ne perdons jamais de vue que l'exercice particulier d'une faculté produit son développement en retardant celui des facultés opposées. Ainsi l'emploi continuel du raisonnement et du jugement, dans les sciences abstraites, émousse l'imagination et l'esprit ; de même que l'application répétée de ces deux modifications mentales affaiblit notablement les deux premières. Aussi voyons-nous rarement un mathématicien poète, un poète mathématicien. En conséquence des mêmes dispositions physiologiques, ce génie profond qui nous fit connaître le système du monde eût envain cherché les beaux vers d'Athalie dans son intelligence ; et Racine, les lois de l'attraction céleste si merveilleusement découvertes par Newton.

L'habitude soutenue d'apprendre et de conserver les idées des autres détruit ordinairement la faculté d'en créer qui soient propres ; l'homme d'une mémoire extraordinaire est presque toujours sans originalité, sans génie ; l'homme d'un génie supérieur, sans mémoire locale. Nous l'avons déjà dit, il existe dans notre intelligence une somme de forces déterminées qu'il nous est moins facile d'augmenter absolument que de répartir d'une manière différente sur les premières conditions mentales. Vouloir acquérir la science universelle est précisément tendre à la médiocrité dans tous les genres.

§ VII. Sympathies des fonctions de combinaison intellectuelle.

Nous devons également les considérer sous le rapport de l'instinct et de l'intelligence.

1° *Relativement à l'instinct.* — Il n'existe pas dans l'économie vivante une seule fonction essentielle dont les anomalies ou le développement régulier n'exercent une influence positive sur les passions et les appétits. Au nombre de ces actions physiologiques nous devons plus particulièrement indiquer les phénomènes *générateurs* et *digestifs*.

Avant la puberté, les penchans des deux sexes offraient de l'analogie, nous dirions presque une identité parfaite ; aucune impulsion forte ne les entraînait l'un vers l'autre. En éveillant l'activité des organes génitaux, cette époque donne à l'instinct une physionomie nouvelle et particulière. L'amour en devient la passion dominante ; les besoins qu'il fait naître sont quelquefois alors plus impérieux que ceux de la réparation organique. L'imagination s'agrandit et brille d'un plus bel éclat, l'économie semble commencer une existence inconnue, recevoir une impulsion soudaine favorable à ses perfectionnemens soit au moral, soit au physique.

Les dispositions actuelles de l'appareil digestif produisent constamment, sur l'instinct, les passions et le caractère, des effets appréciés même par le commun des hommes. Ainsi, chez le plus grand nombre des sujets, une excitation modérée de la muqueuse gastrique amène l'expansion mentale, occasionne les impressions agréables et la gaieté. Des irritations trop fortes, portées sur le même viscère, déterminent au contraire un état de crispation épigastrique, une tristesse profonde, une mélancolie pénible, quelquefois même les emportemens de la fureur maniaque. C'est ainsi que nous voyons les boissons alcoholiques développer l'hilarité chez les uns, amener chez les autres un véritable délire frénétique. Il est également démontré que l'abus des viandes rend le caractère plus dur, imprime à l'instinct des inclinations en quelque sorte rapprochées de celles des animaux carnassiers et féroces ; tandis qu'un régime végétal et des boissons aqueuses maintiennent le moral dans l'uniformité, la douceur et la paix si favorables au bonheur de l'homme, au charme des relations qu'il entretient avec tous les objets de ses rapports. On connaît généralement l'influence qu'exerce la régularité des évacuations alvines sur les modifications de l'instinct. Combien de sujets ont observé sur eux-mêmes des alternatives de bizarreries, de raison, de gaieté, de tristesse, d'exigence, d'amabilité, d'aptitude au travail, d'incapacité presque absolue suivant les états de constipation ou de liberté dans ces excrétions indispensables. Nous verrons bientôt la valeur de ces influences digestives dans la monomanie, l'hypocondrie, la mélancolie, etc. ; nous apprécierons davantage encore les influences du régime, de l'éducation et de l'habitude sur la nature des passions, du caractère et du tempérament.

2° *Relativement à l'intelligence.*—Nous observons la même généralisation dans les rapports sympathiques. Ces derniers sont plus spéciaux encore avec la circulation et la digestion. Ainsi, les mouvemens du cœur se trouvent-ils modérément excités, l'intelligence paraît s'agrandir ; éprouvent-ils un abaissement notable, on voit aussitôt les phénomènes de la pensée tomber dans un état de langueur et d'épuisement. Tels sont, pour la première disposition, les effets des liqueurs alcoholiques, du café, du thé etc.; pour la seconde, ceux des narcotiques et des boissons aqueuses. D'un autre côté, lorsque l'estomac est rempli d'alimens outre mesure, ou bien encore, lorsqu'il existe une constipation opiniâtre, l'esprit devient lourd, incapable d'application ; l'intelligence entière paraît si profondément engourdie que toute composition littéraire, poétique ou musicale est absolument impossible ; le génie se trouve embarrassé par la matière, les facultés sommeillent dans la torpeur et l'inaction. Aussi les hommes qui mangent beaucoup, sont-ils en général des penseurs médiocres, et, comme nous l'avons déjà dit, *la digestion des idées est-elle en opposition manifeste avec celle des alimens.* Ces résultats sympathiques sont réciproques ; d'une part, les travaux pénibles de l'appareil digestif altèrent, suspendent les actions de combinaison ; de l'autre, l'exercice abusif des facultés intellectuelles détériore, pervertit les élaborations gastro-intestinales. Quiconque veut s'observer sent combien il est *journalier*, pour nous servir d'une expression vulgaire, surtout dans les productions mentales. En remontant à la cause première de cet effet, on la trouve presque toujours dans les précautions de la tempérance ou les excès de la gourmandise, dans l'embarras ou la liberté des intestins.

En se renfermant dans les avantages d'une alimentation modérée, l'homme peut aisément laisser à son esprit toute l'extension et tout le ressort dont il a besoin pour les travaux difficiles. Tel sujet qui paraît médiocre deviendrait souvent un auteur distingué s'il renonçait pour jamais à ses habitudes gastronomiques. On sent dès-lors toute la nécessité d'une hygiène spéciale pour ceux qui veulent parcourir la brillante carrière des lettres, des sciences et des arts. Ils auront à choisir entre un régime léger, des compositions marquées au coin du génie, de l'esprit et de l'imagination ; une diète succulente, excessive, des productions triviales, froides, sans couleur et sans vie.

§ VIII. ALTÉRATIONS DES FONCTIONS DE COMBINAISON INTELLECTUELLE.

Elles constituent les nombreuses maladies que l'on désigne sous le titre commun *d'aliénations mentales,* qu'il est indispensable de classer physiologiquement pour en apprécier la véritable nature, et pour en établir convenablement les indications thérapeutiques.

Il existe altération morale toutes les fois que les actions de combinaison ne s'exécutent pas absolument dans l'état normal ; en d'autres termes, lorsque les facultés de l'esprit et les impulsions instinctives ne se trouvent pas dans un équilibre parfait. Cette harmonie devenant aussi rare que le *tempérament tempéré,* doit être envisagée comme un type idéal. Chaque sujet a son premier degré de folie, même avec toutes les apparences de la raison. Celui qui voudra s'étudier attentivement découvrira bientôt son côté faible et la confirmation de cette importante vérité. Nous possédons tous un *caractère spécial* ; or une semblable disposition est déjà le premier pas dans la carrière des perversions intellectuelles, comme le tempérament est la première modification relative à telle ou telle maladie.

Les auteurs ont longuement discuté sur la question de savoir si, pour les aliénations mentales, on doit placer le principe essentiel de ces altérations dans l'âme ou dans les instrumens de la pensée. Il nous semble qu'une réflexion bien naturelle et bien simple doit mettre fin à tous ces débats.

L'intelligence humaine est incapable d'exister sans le concours de l'être immatériel possédant les facultés morales, et de l'appareil encéphalique instrument nécessaire au développement, à l'application de ces facultés. Dèslors, chez un sujet dont les phénomènes intellectuels se trouvent actuellement plus ou moins affectés, comment isoler, au milieu de ces désordres, la lésion de l'âme et celle du cerveau ? Ne sont-ils pas également compromis? Il est évident que les sectateurs de ces opinions contraires ont pris l'influence de la cause pour les résultats de son action. Sans doute les modificateurs pathologiques attaquent d'abord le principe immatériel lorsqu'ils sont moraux ; et la substance même du viscère, lorsqu'ils deviennent physiques.

Pourquoi supposerait-on l'inaltérabilité du principe immatériel; quelle preuve pourrait-on fournir à l'appui de cette étrange assertion ? S'il existe naturellement des degrés et des modifications dans ce même principe, on doit en inférer la susceptibilité aux maladies, à moins que l'on ne veuille supposer, entre le génie de Newton et la stupidité d'un idiot, d'autre différence que celle des dispositions viscérales, en considérant les âmes, de ces deux sujets comme absolument identiques ; à moins que l'on ne persiste à confondre, sous le rapport que nous examinons, la folie d'un homme dont les facultés ont été brusquement perverties sous l'influence du déshonneur, d'un chagrin violent ; n'offrant, à la nécropsie la plus scrupuleuse, aucun vestige capable d'indiquer une lésion organique ; avec la frénésie d'un sujet dont les mêmes facultés ont été profondément altérées par une lésion physique du cerveau, laissant voir à l'autopsie des désordres substantiels bien caractérisés. N'est-il pas au contraire plus naturel de penser que, dans le premier cas, l'affection morbifique s'est propagée du principe immatériel à l'encéphale ; et, dans le second, de l'encéphale au principe immatériel ? Ces faits sont patens, incontestables ; il nous paraît difficile de leur opposer autre chose que des écarts d'imagination, des sophismes plus ou moins spécieux. Distinguons dès-lors, pour les aliénations que nous venons de signaler, des causes les unes morales et les autres physiques, mais n'isolons jamais les altérations matérielles des lésions de l'esprit, et les perversions mentales des anomalies organiques, dans un être où l'âme et le corps sont en quelque sorte pénétrés l'un par l'autre, pour ne pas dire complétement identifiés.

Une autre question relative au siége anatomique des aberrations instinctives et surtout intellectuelles vient encore se présenter. Le plus grand nombre des auteurs l'établissent dans les différens appareils, et notamment dans les viscères abdominaux ; quelques-uns, parmi lesquels nous devons citer Georget et M. Falret, veulent qu'il soit exclusivement placé dans l'encéphale. Ici, comme partout, les opinions extrêmes touchent immédiatement l'erreur. Si, d'une part, dans la cérébrite caractérisée, la cause matérielle du délire peut être limi-

tée par la circonscription du crâne, de l'autre, les monomanies qui, se développant avec la gastrite, sont guéries
par le traitement de cette inflammation, ne doivent
jamais être bornées à l'altération du cerveau. Nous ac-
corderons volontiers qu'il ne peut se manifester aucun
trouble dans les intellectualisations sans lésion vers le
centre nerveux, mais nous ajouterons que ces lésions ne
sont pas toujours primitives, essentielles; qu'on les voit
souvent au contraire, surtout dans les différentes variétés de la monomanie, se rattacher, comme affections
secondaires et consécutives, aux altérations du système
nerveux ganglionaire ou des organes dans lesquels il
distribue ses principales divisions. Ainsi, toute perversion intellectuelle signale positivement une maladie cérébrale, mais avec des degrés et des modifications essentielles à noter. Pour les unes, le défaut, l'excès ou l'anomalie des intellectualisations se bornent aux phénomènes
de combinaison mentale, et sont alors essentiellement
relatifs à l'appareil encéphalique ; nous en trouvons
des exemples dans *l'idiotisme*, les ramollissemens lobu-
laires avec *perte de la mémoire*, de la *parole* etc. ; dans
la *démence* et toutes ses modifications particulières etc. ;
pour les autres, ces désordres comprennent les impulsions instinctives, et se trouvent dès-lors au moins communiqués à l'appareil des ganglions, souvent même
d'abord effectués dans ce dernier avant de s'étendre au
cerveau, comme on le voit dans la *mélancolie*, *la monomanie*, *l'hypocondrie*, *le suicide* etc.

C'est en négligeant une distinction aussi naturelle,
aussi simple, que les auteurs ont embarrassé l'histoire
des affections mentales par des théories et des controverses le plus ordinairement fastidieuses, constamment
réductibles à des abus de principes, à des logomachies
sans utilité.

Notre savant et modeste Esquirol, dont l'opinion est d'un si grand poids en pareille matière, avait déjà pressenti l'inconvénient grave, disons même l'erreur de ces exclusions systématiques, lorsqu'il s'exprimait ainsi :
« Tout ce que j'ai dit jusqu'ici prouve qu'il ne faut pas
» chercher un siége unique au suicide, puisque ce phé-
» nomène s'observe dans des circonstances si opposées.
» Nous éprouvons ici la même incertitude que pour les
» maladies mentales en général ; sans doute le suicide
» est idiopathique, mais il est plus souvent secondaire. »

Nous partageons entièrement ces idées, et croyons avoir dissipé *l'incertitude* exprimée dans le passage de notre habile confrère par la distinction que nous venons d'établir et dont nous développerons les conséquences dans la pathologie physiologique.

L'observateur qui considère avec attention les hommes dont il est environné, s'aperçoit bientôt que leur majorité présente, soit par intervalles, soit d'une manière continue, les caractères plus ou moins prononcés d'une aliénation mentale superficielle ou profonde. Il place dès-lors au nombre des sujets exceptionnels ceux dont les facultés saisissent tous les rapports dans leurs véritables acceptions, et dont les réactions volontaires se trouvent constamment dans la juste mesure des impressions qui les ont sollicitées ; il forme nécessairement deux catégories, celle des esprits *forts* et *raisonnables*, comprenant la minorité des individus ; celle des esprits *faibles*, *instinctifs*, renfermant la majorité des hommes.

Les uns et les autres peuvent offrir des lésions morales ; très-rares chez les premiers, elles deviennent très-fréquentes chez les seconds. Lorsque ces influences perturbatrices de l'instinct sur la raison ne sont pas développées et permanentes, on les désigne par les termes *d'originalité*, de *bizarrerie*, de *singularité*, *d'étour-*

derie etc., sans les envisager comme des aliénations mentales caractérisées, bien qu'il n'existe souvent entre ces prédispositions et ces maladies qu'un intervalle peu sensible et toujours facile à dépasser.

De même que toutes les altérations morbifiques, elles peuvent se rattacher aux cinq types fondamentaux, 1° *augmentation*, 2° *diminution*, 3° *perversion*, 4° *suspension*, 5° *extinction partielle*. Chacun de ces modes essentiels doit être considéré sous les rapports de l'intelligence et de l'instinct.

1° *Augmentation.* — On l'observe souvent chez les jeunes sujets, dans les contrées brûlantes, elle peut entraîner des désordres variés.

Relativement à l'intelligence, on la voit assez fréquemment coïncider avec les phlegmasies encéphaliques; alors des sujets, très-ordinaires dans l'état normal, excitent notre étonnement par les éclairs d'esprit et d'imagination qu'ils n'avaient point encore présentés ; la mémoire devient si puissante qu'elle reproduit des impressions en apparence effacées pour toujours. Haller cite l'histoire d'un paysan qui, pendant un accès de fièvre cérébrale très-intense, débita sans hésitation plusieurs vers d'Homère. Le fait sembla d'abord merveilleux ; on apprit ensuite que cet homme, dans son enfance, avait reçu, pendant quelque tems, des leçons de grec dont il croyait n'avoir conservé aucun souvenir.

Dans les premières années de la vie, lorsque les actions de combinaison prennent un ascendant exagéré sur les autres phénomènes organiques, on peut envisager cette rupture d'équilibre comme une véritable maladie. Ces jeunes prodiges, surtout lorsque d'aussi fâcheuses dispositions ont été favorisées dans leur développement, ne tardent pas à succomber, ou tendent vers un collapsus encéphalique voisin de l'imbécillité.

Cette augmentation de l'intelligence, manifestée subitement dans un âge avancé, devient presque toujours un symptôme précurseur de la folie.

L'une des facultés peut s'agrandir aux dépens des autres avec des inconvéniens positifs et diversifiés. Si l'imagination l'emporte, le sujet nous étonne par le clinquant de son esprit, mais incapable d'aucune conduite régulière il fait des inconvenances proportionnées à cette apparente supériorité, se trouvant alors engagé dans une sphère plus vaste, au milieu d'objets plus nombreux. Lorsque le jugement étouffe en quelque sorte l'expansion du génie, toutes les relations, effectuées en proportions géométriques, provoquent incessamment le dégoût et l'ennui. La mémoire envahit-elle complétement le domaine du moral, on n'y trouve désormais que les idées étrangères, la nullité du moi ; c'est exclusivement aux yeux de l'ignorance que l'homme ainsi constitué peut usurper la réputation d'une intelligence distinguée.

Relativement à l'instinct, on observe plus particulièrement cette augmentation dans les phlegmasies gastro-intestinales et dans les irritations du centre nerveux ganglionaire. Toutes les passions peuvent alors se trouver successivement exaltées. La crainte, la pusillanimité, la défiance, l'envie, la jalousie, la cruauté, l'impatience, la colère etc., viennent tour à tour effectuer leurs dangereuses manifestations. Dans toutes ces variétés, il existe un caractère essentiel, une disposition commune, la prédominance de l'instinct sur la raison, avec toutes les fâcheuses conséquences de cette rupture dans l'équilibre moral. C'est ainsi que l'on voit cette altération devenir assez fréquemment le prélude certain de la démence ou de la monomanie.

2° *Diminution*. — Elle est plus ordinaire chez les

vieillards, les sujets lymphatiques usés par les maladies et les chagrins, dans les pays froids, humides et marécageux.

Relativement à l'intelligence, on observe cette altération consécutivement à l'influence d'un grand nombre de causes différentes ; les unes originelles, tiennent à l'organisation primitive, au défaut d'extension cérébrale, comme on le voit chez les idiots ; les autres consécutives, impriment directement ou sympathiquement divers changemens pathologiques à l'appareil des fonctions de combinaison. Ainsi l'état habituel de compression encéphalique chez les sujets disposés à l'apoplexie ; les ramollissemens consécutifs à la phlogose du centre nerveux ; l'éloignement de toutes les circonstances propres à développer les facultés mentales ; une sorte d'abrutissement du physique et du moral par la débauche, la misère, le découragement, les progrès de l'âge, les chagrins profonds, les malheurs etc., déterminent cet affaiblissement intellectuel qui devient le premier pas vers un état complet d'imbecillité.

Relativement à l'instinct, l'abaissement de la sensibilité affective se trouve déterminé par le plus grand nombre des causes que nous venons d'énumérer, et plus spécialement encore, par l'abus des jouissances ou par le défaut d'exercice des passions : ces deux extrêmes se rapprochant dans les productions d'une indifférence plus ou moins absolue. Cette modification mentale est une des plus pénibles à supporter lorsqu'elle se manifeste avant la vieillesse, et sous les conditions d'une usure anticipée ; c'est alors surtout qu'elle conduit au dégoût de la vie, au suicide.

3° *Perversion.* — Nous accordons ce titre aux altérations qui portent sur la nature même des actions de combinaison intellectuelle, indépendamment de l'augmentation ou de la diminution qu'elles peuvent offrir. C'est dans ce genre de lésion que nous rencontrons les anomalies les plus bizarres et les plus diversifiées.

Relativement à l'intelligence, elle détermine toutes les aberrations de la perception, du raisonnement, du jugement, de l'imagination etc. quelquefois sans désordre instinctif, sans impulsion dangereuse. Percevoir, raisonner, juger avec erreur, imaginer sans ordre et sans précision, tels sont les principaux caractères de cette affection morale. Tant qu'elle n'est pas assez prononcée pour intervertir l'ordre naturel des rapports sociaux, elle constitue ce que l'on nomme un esprit *faux, original*. Combien de sujets ainsi disposés ne rencontrons-nous pas dans le commerce habituel de la vie, chez lesquels un degré de plus amènerait positivement la démence.

Relativement à l'instinct, cette anomalie provoque des réactions plus ou moins extravagantes, souvent même directement nuisibles à la conservation individuelle. C'est dans cette catégorie que viennent se ranger toutes les aliénations mentales, depuis le plus faible égarement de la raison jusqu'aux emportemens frénétiques ; toutes les monomanies, depuis cet amour exclusif des livres, des fleurs, de la musique etc., jusqu'à ces effrayantes impulsions du suicide. Pendant le premier de ces états, l'homme conserve encore assez de raison pour jouir de sa liberté sans inconvénient notable ; dans le second, tournant contre lui-même son délire et ses fureurs, il a besoin qu'une main bienfaisante et protectrice arrête incessamment le fer impitoyable toujours prêt à frapper !

Notre âme arrive ordinairement par degrés insensibles à ces funestes conséquences. *L'hypocondrie, la mélancolie, la monomanie* avec ses plus effrayans résultats ne sont bien souvent que les différentes phases d'une même altération. Vivre seul, après avoir brisé tous les liens d'intérêt et d'affection ; s'éloigner des autres hommes; s'abîmer dans les précipices de la plus affreuse misanthropie ; céder au poids d'une idée fixe , à l'instigation d'un sentiment trompeur ; s'abandonner aux caprices les plus aveugles de la volonté subjugée par les implusions organiques, tels paraissent être les progrès habituels de ces aliénations mentales.

C'est avec une sorte d'effroi que nous avons écouté les rapports confidentiels de plusieurs mères de famille, chérissant leurs enfans; placées, dans l'ordre social, au nombre des personnes raisonnables. Tenant à la main des instrumens dangereux, plus d'une fois elles ont rejeté ces armes avec horreur, après avoir éprouvé la funeste pensée d'accomplir un dessein criminel sur les objets de leurs plus tendres affections !

Ces premiers symptômes indiquent l'invasion du despotisme instinctif sur la raison qui perd insensiblement tous ses droits. Le maniaque , poussé par un moteur aveugle, ne conserve pas même la moralité de ses actions , souvent alors dangereuses pour les autres hommes, destructives de sa propre économie. Tantôt c'est un animal furieux dont il faut enchaîner les mouvemens ; tantôt un être , en apparence doué de raison par intervalles, dans certaines relations , mais dont il faut craindre et prévenir les déplorables anomalies revenant à des époques irrégulières , pour des objets et pour des actes spéciaux.

Tel est ce dédale affreux dans lequel peut s'égarer à jamais la raison humaine, et dont on a mal à propos, sous les titres de *nostalgie*, d'*érotomanie*, de *lycanthropie*, de *démonomanie* etc. , voulu faire un grand nombre d'altérations différentes par le fond, alors qu'elles ne sont diversifiées que par la forme. Plaignons les sujets dont l'existence morale est ainsi compromise, garantissons-les de leurs propres atteintes, mais ne les condamnons pas.

Toutefois en consacrant ce principe d'impunité pour les malheureux dont la raison est aliénée, craignons d'élever un refuge impénétrable au criminel agissant avec conscience ; et, dans ces graves occasions, ne prononçons jamais qu'après la plus profonde et la plus scrupuleuse investigation. Pourrions-nous confondre les attentats d'un homme vicieux, agissant avec discernement sous l'influence d'une violente passion, d'un grand intérêt, prenant toutes les précautions pour dissimuler jusqu'aux traces les plus fugitives de ses assassinats, et les déterminations funestes d'un sujet naturellement vertueux, conduit au meurtre, au suicide par les raisonnemens fautifs d'un esprit en délire et par des impulsions instinctives que la raison n'est plus en mesure de contrebalancer ?

Entraînée par ces déplorables spéculations de la monomanie homicide, une mère tendre, affectueuse, dans le calme et le recueillement le plus religieux, prenant le ciel à témoin du sacrifice qu'elle va consommer pour le bonheur des êtres qui lui sont chers, immole ses propres enfans ! La vue de leur sang dont elle est inondée, les convulsions de la mort, le dernier cri de l'agonie, rien ne peut l'émouvoir ! Un sentiment vague de satisfaction profonde semble rayonner dans ses yeux ! Elle s'étonne des reproches qu'on lui fait, raconte froidement les détails de l'horrible scène qui lui paraît, au lieu d'un crime affreux, l'accomplissement du plus saint de tous les devoirs !

Que fera la justice humaine dans ces tristes conjonctures ? Elle ne sévira pas. Ce n'est jamais la matière du crime, c'est toujours l'intention, la liberté de conscience qu'elle punit ; et, devant elle, un malheureux, sans raison et sans moralité, n'est plus comptable de ses actions.

En conséquence de cette monomanie, l'homme va jusqu'à surmonter les appréhensions de la mort, les efforts du principe conservateur, et tourne contre soi-même l'aveugle instrument du suicide !

N'identifions pas davantage le sujet qui périt victime de ses funestes illusions et celui qui termine volontairement une existence dont il n'a pas le courage de supporter les événemens. Le premier mérite notre commisération, nos regrets ; le second a perdu ses droits à nos souvenirs, à notre estime.

Le philosophe qui considère l'influence des lois, des religions, des mœurs, des préjugés, des habitudes et de l'éducation sur la fréquence et le nombre des suicides, a lieu de s'étonner en voyant cet acte répréhensible encouragé dans certains pays, honoré chez plusieurs peuples, toléré par le plus grand nombre.

A Coulis, nous dit M. Falret, la loi permettait de se tuer après soixante ans. Les citoyens de cette ville de la Grèce consacraient le dernier jour par une fête ; c'était au milieu de leurs amis qu'ils se délivraient de la vie. Les Stoïciens et les Brachmanes se dérobaient aux infirmités de la vieillesse par une mort volontaire. Nous savons avec quelle déplorable inconséquence les attentats de Jason, de Lucrèce, de Caton, de Déjanire ont été célébrés !

Un objet de cette importance devrait fixer l'attention des philanthropes et des législateurs, surtout dans une époque où la turbulence de l'imagination entraîne le corps social hors du domaine de cette philosophie calme et raisonnée, qui seule peut assurer le bonheur de l'homme et le règne de la vertu. Sans réclamer cette loi d'Athènes qui, faisant couper la main du suicide, la privait de sépulture ; celle de Thèbes qui précipitait le cadavre tout entier dans les flammes avec ignominie ;

l'ordonnance du sénat de Milet qui fit cesser une aussi coupable monomanie chez les jeunes filles de cette ville, en les menaçant d'une exposition sur la place publique, dans un état de nudité complète, nous dirons avec M. Esquirol : « Le suicide est plus fréquent depuis que « les lois qui le condamnent sont sans vigueur ; dans « l'intérêt de la société, le législateur peut donc établir « des lois, non pénales, mais comminatoires pour le pré- « venir. Il ne m'appartient pas d'indiquer ces lois, mais « je pense qu'elles doivent varier suivant les caractères, « les mœurs et même les préjugés des peuples, et se « trouver dirigées contre les causes sociales qui sont « propres à développer la tendance au suicide. »

Si des institutions sages doivent agir sur les masses, nous pensons qu'avant tout une éducation morale dans son objet, dans ses moyens et dans ses applications est indispensable aux individus pour les garantir de ces funestes excès.

Lorsque nous entendons le célèbre et malheureux Chatterton s'écrier avec l'accent du plus sombre désespoir: « Je vais abandonner mon ingrate patrie ; je verrai cette « sablonneuse Afrique où retentissent les rugissemens « des tigres, mille fois moins impitoyables que les hom- mes ! » nous sentons au fond de notre âme toute la force, toute la puissance que doivent offrir les digues opposées à d'aussi formidables impulsions. La sagesse profonde, l'incorruptible raison de la philosophie divine, tel nous paraît être le seul frein qui puisse arrêter l'homme tou- chant déjà, d'un pas mal affermi, les bords d'un abîme éternel !

Écoutons un instant Bernardin de Saint-Pierre ; le charme de son élocution ajoutera quelque chose de plus à la vérité de nos principes.

« Avec le sentiment de la divinité, tout est grand,

« noble, invincible dans la vie la plus étroite ; sans lui
« tout est faible, déplaisant, amer au sein même des
« grandeurs. Ce fut lui qui donna l'empire à Sparte, à
« Rome, en montrant, à leurs habitans vertueux et pau-
« vres, les dieux pour protecteurs et pour concitoyens.
« Ce fut sa destruction qui les livra riches et vicieux à
« l'esclavage, lorsqu'ils ne virent d'autres dieux dans
« l'univers que l'or et les voluptés. L'homme a beau s'en-
« vironner des biens de la fortune, dès que ce sentiment
« disparaît de son cœur, l'ennui s'en empare ; si son
« absence se prolonge, il tombe dans la tristesse, ensuite
« dans une noire mélancolie, enfin dans le désespoir.
« Si cet état d'anxiété est constant, il se donne la mort.
« L'homme est le seul être sensible qui se détruise lui
» même dans un état de liberté. La vie humaine, avec
» ses pompes et ses délices, cesse de lui paraître une vie
« quand elle cesse de lui paraître immortelle. »

4° *Suspension.*—Elle peut également se rencontrer
dans l'intelligence et dans l'instinct, se manifester d'une
manière particlle ou générale. Ainsi, nous voyons l'absence passagère de toutes les facultés intellectuelles dans
un assez grand nombre de syncopes, d'apoplexies encéphaliques ; la perte momentanée de la mémoire, l'impossibilité de rendre ses idées par les mots propres, dans
les congestions ou les ramollissemens des lobes antérieurs du cerveau etc. ; la nullité des impressions affectives sous l'influence d'un grand désastre, d'un chagrin
profond, le sujet paraissant alors frappé de stupeur et
d'insensibilité.

Nous pourrions à peine comprendre la réalité de cette
altération, l'angoisse, le découragement qu'elle entraîne,
si plusieurs malades n'avaient pris le triste soin de nous
peindre eux-mêmes toutes les nuances de leurs anxiétés.
Laissons parler deux sujets cités par M. Falret dans le

savant ouvrage qu'il a publié sur le suicide et l'hypocondrie.

« Ma vie n'est qu'une vie purement animale, dépour-
« vue de raison ; mais, dans mon esprit, une vie en
« opposition aux devoirs est une mort morale, une mort
« plus affreuse que la mort naturelle. Puisque je ne puis
« vous rendre heureux (sa femme et ses enfans) je dois
« du moins ne pas vous accabler de ma misère ; je dois
« vous soulager d'un fardeau qui, un peu plutôt, un peu
« plustard , ne peut manquer de vous écraser. »

Nous voyons dans cette esquisse morale un dégoût de
la vie profondément éprouvé. Cet autre va nous offrir
le sentiment de la nullité mentale exprimé de la manière
la plus positive.

« Je suis privé d'intelligence, de sensibilité ; je ne sens
« rien, je ne vois ni n'entends, je n'ai aucune idée, je
« n'éprouve ni peine ni plaisir ; toute action, toute sen-
« sation m'est indifférente ; je suis une machine, un au-
« tomate incapable de conception, de sentimens, de
» souvenirs, de volonté, de mouvement ; ce qu'on me
« dit, ce qu'on me fait, mes alimens, tout m'est indif-
« férent. »

5° *Extinction partielle.*—Il n'est pas très-rare d'observer la perte irrévocable d'une ou plusieurs facultés
mentales, d'une ou plusieurs passions. L'homme représente alors un sujet imparfait dans tous ses rapports, et
d'autant plus malheureux qu'il conserve davantage le
sens et le jugement pour apprécier les déplorables conditions de son état.

Nous livrons ces principes aux médecins philanthropes
se consacrant particulièrement à l'investigation raisonnée des aliénations mentales ; seuls ils peuvent en sentir
l'importance, en apprécier toute la vérité.

Telles sont les considérations que nous devions établir sur *l'homme moral*, dans un traité de physiologie philosophique. Nous savons actuellement de quelle manière l'être intelligent et sensible reçoit les impressions extérieures, se les approprie, les combine pour en former des pensées, des raisonnemens et des jugemens ; pour en constituer les *alimens* de l'esprit et de l'instinct ; il nous reste à voir par quels moyens il réagira sur les objets de ces impressions, leur manifestant ses désirs et ses volontés, entretenant, avec les uns et les autres, des rapports suggérés par les idées et les passions qu'ils auront fait naître. C'est l'ensemble de ces moyens que nous allons maintenant envisager sous le titre de *fonctions d'impression.*

FIN DU TOME TROISIÈME.

9 782019 226480